電子部品ご

べる！

アルドゥイーノ

Arduino 電子工作 実践講座

改訂第3版

福田和宏

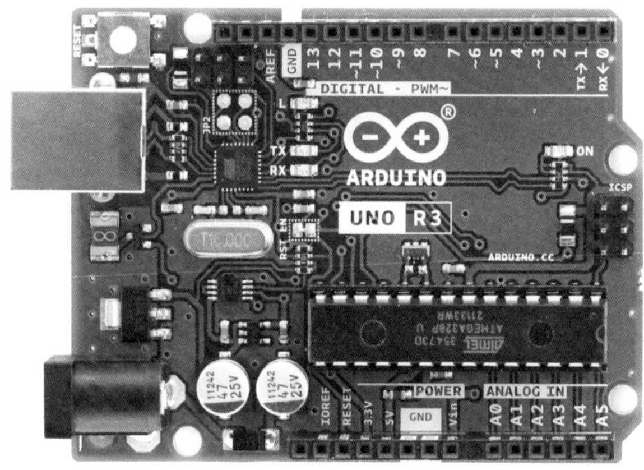

ソーテック社

はじめに

走ったり、踊ったり、音楽を流したり、話したり……。ロボットや家電製品、配送車、おもちゃなど様々な機器が，複雑な動作をするようになりました。これらの多くに電子部品が使われ、マイコンで制御されています。マイコンはプログラムで電子部品を制御し、様々な動作を実現しています。

Arduino（アルドゥイーノ）は、マイコンを使いやすい「マイコンボード」にしたものです。マイコンボードに電子部品を接続することで、個人でも様々な電子工作が可能です。Arduinoはシンプルな構成で、20年近く利用され続けています。

電子部品には、光を発する「LED」、音を鳴らす「スピーカー」、ものを動かす「モーター」、外部の様々な状態を調べる「センサー」など様々なものがあります。LEDには、複数のLEDをカラフルに点灯できる「シリアルLED」もよく利用されています。

電子部品は、電源をつなぐだけで動作するものもあれば、所定のつなぎ方をしないと動作しないもの、またプログラムで制御する必要があるものもあります。このように言うと「難しそう」と感じるかもしれません。しかし、決まりを守れば電子部品を動かすことは難しくありません。

本書ではLEDやモーター、各種センサー、ディスプレイなどといった代表的な電子部品を、種類ごとにArduinoで制御する方法を解説します。接続方法や制御プログラムの組み方だけでなく、電子回路を作成する上で必要となる知識や注意点についても詳しく説明します。

各電子部品の制御方法が分かれば、複数の電子部品を組み合わせて応用することも可能でしょう。例えばグラフィックディスプレイと温湿度センサーを組み合わせれば、現在の室温と湿度を表示するデジタル温度計を作れます。

Arduinoでいろいろな電子部品を動かしてみて、自分だけの作品を制作してみましょう。

2022年6月

福田和宏

CONTENTS

▶本書の使い方

本書の使い方について解説します。本文中で紹介しているサンプルプログラムや設定ファイルの場所、また配線図の見方などについても紹介します。

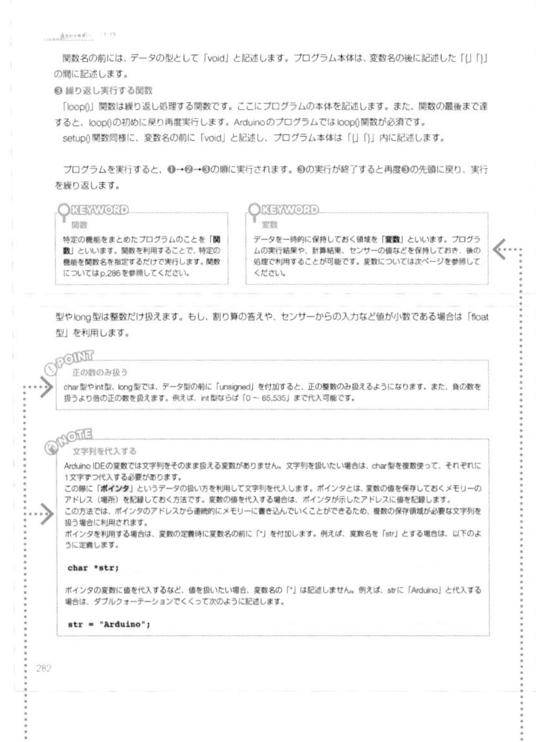

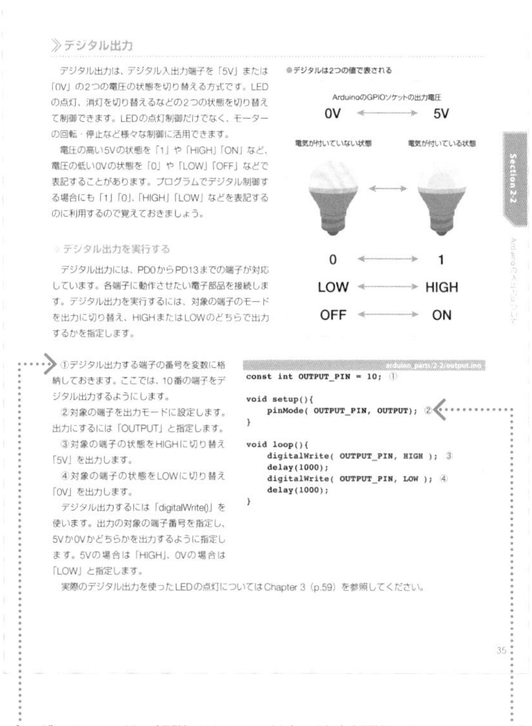

注意すべき点やTIPS的情報、またキーワードなどを適宜解説しています

プログラムコードの解説では、コード中に適宜解説をするとともに、本文中と対応する箇所が分かりやすいように丸数字（①②など）をふっています

●プログラムファイルの格納場所

arduino_parts/2-2/output.ino

```
const int OUTPUT_PIN = 10;  ①

void setup(){
    pinMode( OUTPUT_PIN, OUTPUT);  ②
}

void loop(){
    digitalWrite( OUTPUT_PIN, HIGH );  ③
    delay(1000);
    digitalWrite( OUTPUT_PIN, LOW );  ④
    delay(1000);
}
```

本書サポートページで提供するサンプルプログラムを利用する場合は、右上にファイル名を記しています。ファイルの場所は、アーカイブを「arduino_parts」フォルダに展開した場合のパスで表記しています

●ブレッドボードやArduinoの端子への配線図の見方

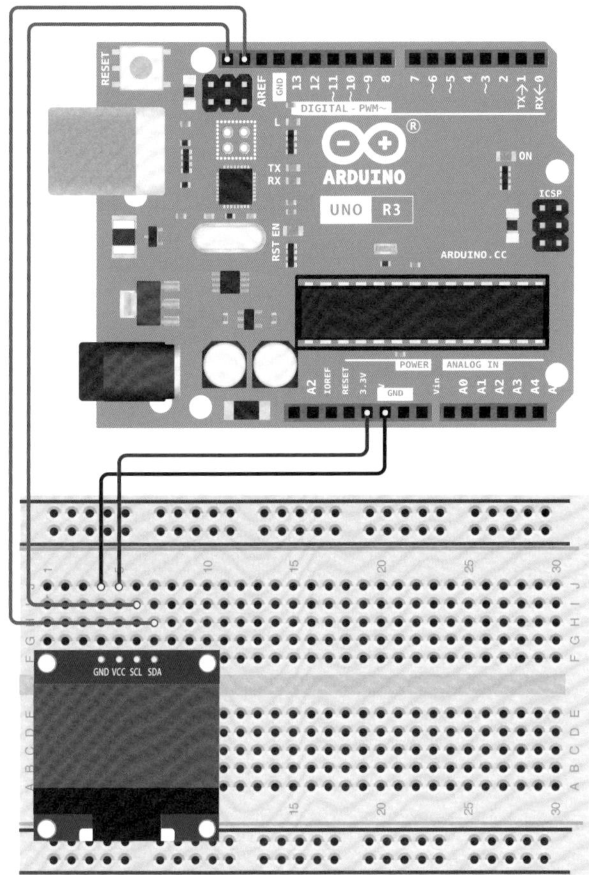

ブレッドボード上やArduinoの端子に配線する際のイラストでは、端子を挿入して利用する箇所を黄色の点で表現しています。自作の際の参考にしてください

注意事項

- 本書の内容は2022年6月の原稿執筆時点での情報であり、予告なく変更されることがあります。特に電子部品に関しては、生産終了などによって取り扱いが無くなることが予想されますので、あくまで執筆時点の参考情報であることをご了承ください。また、本書に記載されたソフトウェアのバージョン、ハードウェアのリビジョン、URL、それにともなう画面イメージなどは原稿執筆時点のものであり、予告なく変更される場合があります。
- 本書の内容の操作によって生じた損害、および本書の内容に基づく運用の結果生じたいかなる損害につきましても著者および監修者、株式会社ソーテック社、ソフトウェア・ハードウェアの開発者および開発元、ならびに販売者は一切の責任を負いません。あらかじめご了承ください。
- 本書の制作にあたっては、正確な記述に努めていますが、内容に誤りや不正確な記述がある場合も、当社は一切責任を負いません。また著者、監修者、出版社、開発元のいずれも一切サポートを行わないものとします。
- サンプルコードの著作権は全て著作者にあります。本サンプルを著作者、株式会社ソーテック社の許可なく二次使用、複製、販売することを禁止します。
- サンプルデータをダウンロードして利用する権利は、本書の購入者のみに限ります。本書を購入しないでサンプルデータのみを利用することは固く禁止します。

Chapter 1

Arduinoの準備

Arduinoは手のひらに載るサイズの小さなマイコンボードです。プログラムを書き込むことで、Arduinoに接続した電子部品を自由に制御できます。LEDの点灯などの簡単な制御から、センサーからの情報を使ってロボットを制御する、といった用途にも使えます。
Arduinoで電子部品を制御するには、パソコンにArduinoの開発環境をインストールするなどの準備が必要となります。ここでは、Arduinoの概要と初期準備について説明します。

Section 1-1

Arduinoとは

「Arduino」は、プログラムで電子部品などを自由に制御できるワンボードマイコンです。手のひらに載るほどの小さな基板で、ICや端子などたくさんの部品がむき出しで付けられています。この小さなボード1つで、LEDやモーターの制御やセンサーから周囲の状態を読み取るなど、電子部品を制御できます。

簡単に電子部品を制御できるマイコンボード「Arduino」

「**Arduino**」は、Arduino Foundation及びArduino Holdingが開発、提供する**マイコンボード**（**ワンボードマイコン**）です。電子部品を接続することで、プログラムを利用して自由に制御が可能です。大きさは手のひらに載る程度で、製作する作品に取り付けることも可能です。

電子工作では電子部品をつなぎ合わせることで様々な動作を実現しています。電子工作には電子回路の深い知識が必要なほか、部品同士を接続するには「はんだ付け」など特別な技法が必要であるなど、一般ユーザーにはハードルが高いものでした。また、電子工作でマイコンを使う場合は、プログラムを書き込むために専用の機器が必要だったり、プログラムの言語がマシン語（直接マイコンが理解できる形式で記述するプログラミング言語）を使う必要があるなど、開発に専門的な知識が不可欠でした。

しかし、Arduinoの誕生により、電子工作が一般ユーザーでも簡単にできるようになりました。

Arduinoは、イタリアのMassimo Banzi氏らが開発しました。Banzi氏は、イタリアの大学院でデザインとテクノロジーを融合させたインタラクションデザインについて教鞭を取っていた当時、コンピュータや電子回路などについて学生に教える必要がありました。しかし、それらの知識がない学生に、基本的な内容を説明するだけで手間がかかります。そこでBanzi氏は、簡単にLEDなどの電子部品を制御できるマイコンボードの開発を手がけた、というのがきっかけです。

Arduinoを用いれば、制御用プログラムの書き込みを専用の開発環境（**Arduino IDE**）で簡単にできるほか、Arduino上に用意されたインタフェースに電子部品を接続するだけで動作可能です。また、ブレッドボードを使うことではんだ付けなどの手間も解消されます。

Arduinoは初心者でも比較的簡単に使えることから世界的にヒットし、現在ではインタラクションデザインだけでなく、電子工作や教育など幅広い分野で活用されています。

●ワンボードマイコン「Arduino Uno」

NOTE

Arduino の分裂と再統合

Arduinoは従来、米国のArduino LLC社が設計を担当し、イタリアのArduino S.R.L.社が生産を担当する形で提供されていました。2015年に、両社に仲違いが生じ、一時期それぞれが独自にArduinoを提供していた時期がありました。このときは、Arduinoの商標を世界各国で所有するArduino S.R.L.が「Arduino」を全世界で販売し、Arduino LLCは米国内では「Arduino」を、米国以外では「Genuino」ブランドを展開していました（米国の商標は使用主義で販売実績が必要なため、分裂時はArduinoの商標権をめぐって係争中でした）。この間、それぞれが異なるバージョンのArduino IDEを配布するなど、混乱が生じました。
しかし、2016年10月に両社の和解が成立し、再び共同で製品の販売や製品およびArduino IDEを開発するようになりました。なお、一時期Genuinoブランドの製品が販売されたこともあり、現在でも電子パーツショップなどで見かけることがあります。
ArduinoとGenuinoはどちらも正規品ですので、いずれを購入しても問題なく動作します。
なお、2016年10月以降は、開発に関してはArduino Foundation、販売などの営利関係をAdruino Holdingの2つの団体で構成されています。

＊様々なエディションを提供

Arduinoには、大きさや搭載インタフェースの数が異なるいくつかのエディションが提供されています。作品の用途や大きさに応じたエディションを選べます。

「**Arduino Uno**」は、基本機能を搭載したエディションです。手のひらサイズ程度の大きさで、デジタル入出力やアナログ入力が可能となっています。Arduinoを始める初心者によく利用されるエディションです。本書ではこのArduino Unoを前提に解説します。

●高機能なエディション「Arduino Due」

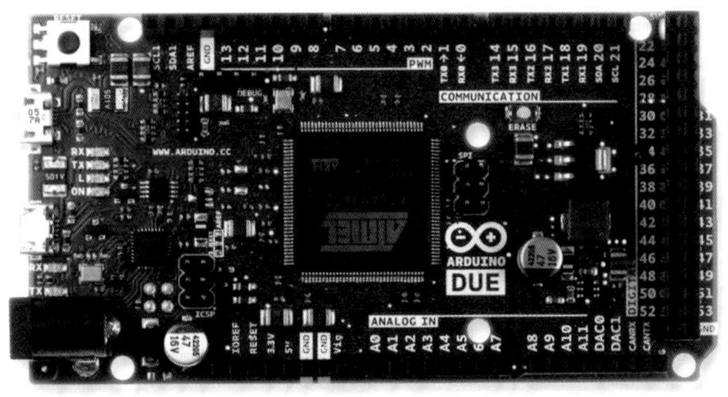

「**Arduino Due**」はArduino Unoの機能を強化したエディションです。Arduino Unoに比べデジタル入出力端子を約4倍（54端子）、アナログ入力端子を約2倍（12端子）搭載しています。また、アナログ出力を2端子備えています。プロセッサも強化されており、Arduino Unoに比べ約5倍（84MHz）の処理性能となっています。たくさんの電子パーツを動作させたり、高速に処理したい場合に向いています。

●小型のエディション「Arduino Nano Every」

また、指に載るほどの小さなエディションについても展開しています。「**Arduino Nano**」シリーズは18×45mmと小さな形状をしており、端子を取り付けることでブレッドボードに直接接続して試すことも可能となっています。Arduino Unoと同様な機能を搭載した「**Arduino Nano**」「**Arduino Nano Every**」のほか、高性能なCPUを搭載した「**Arduino Nano 33 IoT**」、Raspberry Pi Picoのマイコンとして利用されているRP2040を搭載した「**Arduino Nano RP2040 Connect**」、センサーを搭載した「**Arduino Nano 33 BLE Sense**」などが販売されています。

どのエディションであっても、利用方法はさほど変わりません。必要に応じて利用するエディションを選択するようにしましょう。

なお、本書ではArduino Unoを例に解説を行います。他のエディションでは解説通りに動作しないこともあり得ますのでご注意ください。

●主なエディションのスペック

	Arduino UNO R3	Arduino Due	Arduino Mega2560 Rev3	Arduino Micro	Arduino Zero	Arduino Nano	Arduino Nano Every	Arduino WiFi Rev2
プロセッサ（動作周波数）	ATmega 328P（16MHz）	AT91 SAM3X8E（84MHz）	ATmega 2650（16MHz）	ATmega 32u4（16MHz）	Arm Cortex -M0+（48MHz）	ATmega168 または ATmega328（16MHz）	ATmega 4809（20MHz）	ATmega 4809（16MHz）
メイン メモリー	2Kバイト	96Kバイト	8Kバイト	2.5Kバイト	32Kバイト	1Kバイト または 2Kバイト	6Kバイト	6Kバイト
フラッシュ メモリー	32Kバイト	512Kバイト	4Kバイト	32Kバイト	256Kバイト	16Kバイト または 32Kバイト	48Kバイト	48Kバイト
デジタルI/O	14	54	54	20	20	14	14	14
PWM出力	6	12	15	7	10	6	5	5
アナログ入力	6	12	16	12	6	8	8	6
アナログ出力（DAC）	–	2	–	–	1	–	–	–
端子の 定格電流	各端子40mA	端子の合計 130mA	各端子20mA	各端子40mA	各端子7mA	各端子40mA	各端子20mA	各端子20mA
動作電圧	5V	3.3V	5V	5V	3.3V	5V	5V	5V
電源入力電圧	7～12V	7～12V	7～12V	7～12V	7～12V	7～12V	～21V	7～12V
出力電圧	5V、3.3V	5V、3.3V	5V、3.3V	5V、3.3V	5V、3.3V	5V、3.3V	5V、3.3V	5V、3.3V
プログラム 書込端子	USB（タイプB）、ICSP	USB（micro-B）、ICSP	USB（タイプB）、ICSP	USB（micro-B）、ICSP	USB（micro-B）、ICSP	USB（mini-B）、ICSP	USB（micro-B）、ICSP	USB（タイプB）、ICSP
その他インタフェース	UART、I²C、SPI	UART、I²C、SPI、CAN、USB	UART、I²C、SPI	UART、I²C、SPI	UART、I²C、SPI	UART、I²C、SPI	UART、I²C、SPI	UART、I²C、SPI、IEEE 802.11b/g/n
サイズ	74.9×53.3mm	101.6×53.3mm	101.52×53.3mm	48.2×17.8mm	68×53mm	43.2×17.8mm	45×18mm	68.6×53.4mm

	Arduino Nano 33 IoT	Arduino Nano 33 BLE	Arduino Nano 33 BLE Sence	Arduino Nano RP2040 Connect
プロセッサ（動作周波数）	ARM Cortex-M0+（48MHz）	ARM Cortex-M4F（64MHz）		Raspberry Pi RP2040（133MHz）
メインメモリー	32Kバイト	256Kバイト		530Kバイト
フラッシュメモリー	256Kバイト	1Mバイト		16Mバイト
通信モジュール	NINA W102	NINA B306		Nina W102
無線LAN	IEEE 802.11 b/g/n	—		IEEE 802.11 b/g/n
Bluetooth	Bluetooth 4.2	Bluetooth 5.0		Bluetooth 4.2
デジタルI/O	14			20
PWM出力	11	14		20
アナログ入力	8			
アナログ出力（DAC）	1	—		
端子の定格電流	各端子7mA	各端子15mA各端子15mA		各端子4mA
慣性センサー	—	LSM9DS1（加速度、地磁気、ジャイロ）		LSM6DSOXTR（加速度、ジャイロ）
気象センサー	—	—	HTS221（温湿度）、LPS22HB（気圧）	—
光センサー	—	—	APDS9960（カラー、ジェスチャー、接近）	—
マイク	—	—	MP34DT05	MP34DT05
動作電圧	3.3V			
電源入力電圧	～21V			5～21V
出力電圧	3.3V			3.3V、5V
プログラム書込端子	USB（micro-B）			
その他インタフェース	UART、I^2C、SPI			
サイズ	45×18mm			

NOTE

高機能なCPUを搭載した「Arduino Proシリーズ」

近年、AIや機械学習・深層学習技術が浸透し、様々な状況で活用されています。カメラで撮影した画像から人物を判別するなどといったことが実用化されています。しかし、機械学習のような機能を実現するには、末端のマイコンが高速に処理できる必要があります。Arduinoは、CPUの動作周波数が数十MHzで、搭載するメインメモリーも数Kバイトと、コンピュータとしての処理性能は高くありません。電子部品の制御であれば十分ですが、機械学習などの処理には向いていません。
そこで、IoTの開発向きのモデルとして「Arduino Portenta H7」が販売されています。Portenta H7は高機能なデュアルコア32ビットCPUを搭載し、無線通信機能、暗号モジュール、GPUも搭載されています。また、カメラやディスプレイモジュール、SDカードリーダー、リチウムイオンバッテリーなどを接続できるコネクタも用意されています。
Portenta H7ではARMのMbed OSが動作します。また、Arduinoのプログラムが実行できるほか、PythonやJavaScriptの実行も可能です。さらにTensorFlow Liteに対応しており、機械学習が可能です。
さらに、高機能な「Arduino Portenta X8」も用意されています。

オープンソースハードウェアで公開

Arduinoの特徴の1つに、設計図を一般に公開する「**オープンソースハードウェア**（Open source hardware）」の配布形態を採用していることが挙げられます。Arduinoは設計図などが公開されていて誰でもそれを閲覧して利用できるので、Arduinoに利用されている電子部品を集めれば、誰でもArduinoと同様のマイコンボードを作製できます。また、Arduinoの設計図を元にマイコンボードを開発したり、販売することも可能です（ただしArduinoの名称を使用するには許可が必要）。そのため、Arduinoの機能を拡張した「**Arduino互換機**」が販売されています。

現在では、カスタマイズして利用しやすい「**Fraduino**」、Arduino Nanoよりさらに小さい「**Trinket**」などのArduino互換機が販売されています。これらについても、Arduino同様に電子部品の制御などが可能です。ただし、本書で解説した内容の互換機での動作は保証しませんのでご了承ください。

●小サイズが特徴のArduino互換機「Trinket」

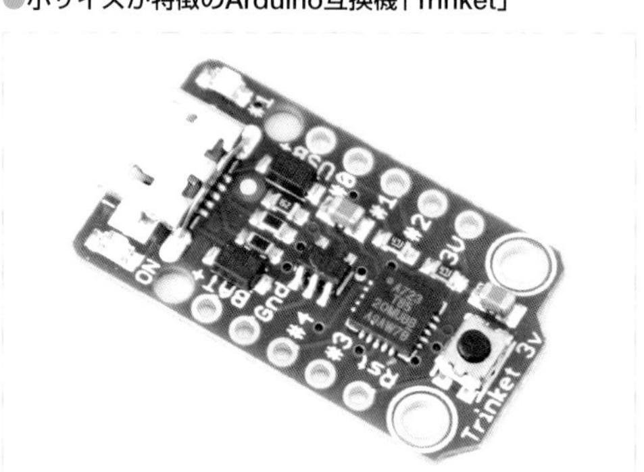

Arduino Unoの外観

Arduinoは、電子部品がむき出しで配置されている基板に、様々なインタフェースを搭載しています。このインタフェースに電子部品やパソコンなどを接続して、プログラムの書き込みや電子部品の制御をします。ここでは、Arduino Unoを例に、外観とそれぞれの機能について説明します。

●Arduino Unoの外観

❶ プロセッサー

プログラムの実行や各種インタフェースの制御などの中核となる部品です。メインメモリーやプログラムなどを保存しておくフラッシュメモリーも同梱されています。
Arduino Unoでは、プロセッサーに米Microchip Technology社（旧米Atmel社）の「ATmega328P」が使われています。ATmega328P以外では、マイコンボードの求める性能や基板のサイズなどにより、AT91SAM3X8E、ATmega32u4、ATmega168といったプロセッサーを利用するArduinoのエディションもあります。

❷ USBポート

USBケーブルを差し込み、パソコンとの間で通信します。パソコン上で作成したプログラムをArduinoに書き込んだり、Arduinoとシリアル通信をしてパソコンから制御できます。また、USBを介して給電ができます。
エディションによってはminiUSBやmicroUSBの形状をしている場合もあります。

❸ 電源ジャック

ACアダプタを接続してArduinoに電気を供給します。外形5.5mm、内径2.1mmのプラグを搭載したACアダプタを利用します。USBケーブルを使って給電している場合、電源の接続は不要です。

❹ リセットボタン

Arduinoを再起動するボタンです。プログラムを実行し直したい場合や、Arduinoの挙動がおかしくなった場合に利用します。

❺ 各種インタフェース

Arduinoの上部と下部には、電子回路に接続するためのインタフェースが、多数の小さな穴の空いたソケット（端子）で配置されています。ここにLEDなどを接続すれば、プログラムから点灯や消灯を自由に制御可能です。それぞれのソケットは、デジタル信号の入出力、アナログ信号の入力、電源の供給など、それぞれの役割が決まっています。

❻ LED

Arduinoの状態を表示するLEDです。Arduinoに電気が供給されると「ON」のLEDが点灯します。また、パソコンなどとシリアル通信している状態は「TX」（送信）と「RX」（受信）が点滅します。さらに、「L」のLEDは、デジタル入出力端子の13番に接続されており、13番のデジタル出力をHIGH（5V）にすることで点灯します。

NOTE

ICSP端子

本体の右側には「ICSP」という6本の端子が搭載されています。ICSP端子にライター（書き込み器）を接続することで、直接プロセッサーにプログラムを書き込むことが可能です。また、左上にある6本の端子では、シリアル信号をUSB規格の通信に変換してパソコンと通信を可能とする、シリアル変換ICへプログラムの書き込みが可能です。
ただし、通常はどちらの端子も使いません。これらの端子に電子回路を接続しないようにしましょう。

Section 1-2

Arduinoの準備

Arduinoで電子部品を制御するには、パソコン上で作成したプログラムをArduinoへ転送する必要があります。プログラムの作成とArduinoへの転送には、専用の開発環境「Arduino IDE」を用います。

Arduinoを動作させる

制御したい電子回路をArduinoの各インタフェースに接続して電源を投入しただけでは、電子回路は動作しません。電子回路を制御するプログラムを作成し、Arduinoに転送しておく必要があります。

制御プログラムはパソコン上で作成し、書き込みツールを利用してArduinoに転送します。転送が完了すれば、Arduino上でプログラムが実行され、電子回路が動作するようになります。

転送したプログラムはArduino上のフラッシュメモリー内に保存され、電源を切ってもそのまま保持されています。再びArduinoの電源を投入すれば、自動的に保存されたプログラムが読み込まれます。プログラムの実行にパソコンは必要ありません。

NOTE

電源の供給方法

Arduinoへの電気の供給方法についてはp.273を参照してください。

●パソコンで作成したプログラムをArduinoに転送する

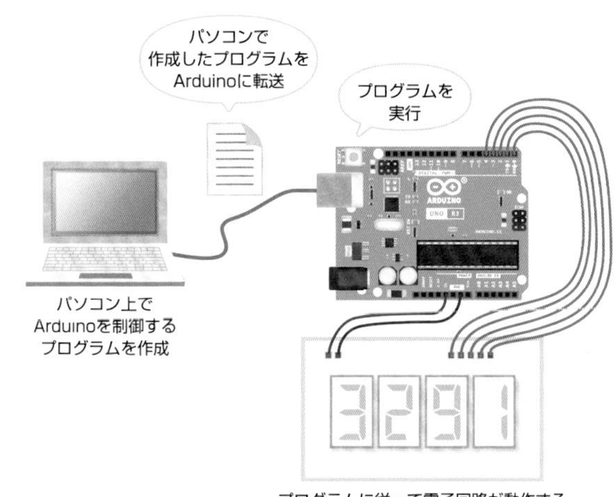
パソコンで
作成したプログラムを
Arduinoに転送
プログラムを
実行
パソコン上で
Arduinoを制御する
プログラムを作成
プログラムに従って電子回路が動作する

●保存されているプログラムが起動する

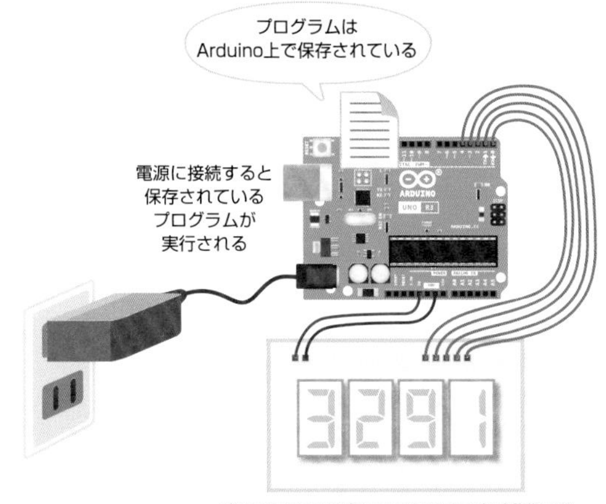
プログラムは
Arduino上で保存されている
電源に接続すると
保存されている
プログラムが
実行される
パソコンにつながなくても電子回路が動作する

NOTE

プログラムの動作がおかしい場合

転送したプログラムが途中で正常に動作しなくなった場合や、プログラムを最初から動作させたい場合は、Arduino本体上にある「リセット」ボタンを押します。Arduinoが再起動してプログラムを一から実行します。

●Arduinoを再起動する「リセット」ボタン

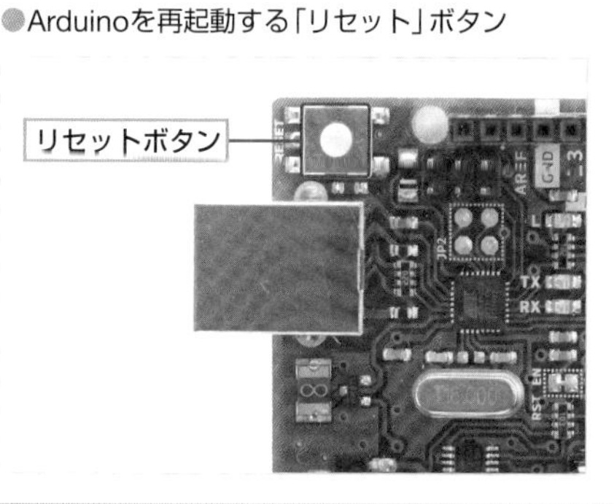

》Arduinoが提供する開発環境「Arduino IDE」

Arduinoには、Arduino用の開発環境である「**Arduino IDE**」が提供されています。Arduino IDEをパソコンにインストールすることで、Arduino用のプログラム開発、プログラムのArduinoへの転送、Arduinoから送られてきたデータの確認などといった、開発に必要な一連の作業が可能です。

Arduino用の開発言語は「C++」に似た形態です。C言語やC++以外にC言語に似た形態のJavaなどを利用したことのあるユーザーであれば、苦労なくArduinoのプログラムの製作ができます。なお、Arduino IDEで作成するプログラムのことを「**スケッチ**」と呼びます。

まずArduino IDEをパソコンにインストールして、Arduinoへプログラムを転送できる環境を準備しましょう。

●Arduino開発環境の「Arduino IDE」

Blink | Arduino 1.8.19

ファイル 編集 スケッチ ツール ヘルプ

Blink

```
  https://www.arduino.cc/en/Tutorial/BuiltInExamples/Blink
*/

// the setup function runs once when you press reset or power the board
void setup() {
  // initialize digital pin LED_BUILTIN as an output.
  pinMode(LED_BUILTIN, OUTPUT);
}

// the loop function runs over and over again forever
void loop() {
  digitalWrite(LED_BUILTIN, HIGH);   // turn the LED on (HIGH is the voltage level)
  delay(1000);                       // wait for a second
  digitalWrite(LED_BUILTIN, LOW);    // turn the LED off by making the voltage LOW
  delay(1000);                       // wait for a second
}
```

1　COM5のAdafruit QT PY (SAMD21), Small (-Os) (standard), Arduino, Off

NOTE

Webブラウザを使った開発

Arduinoには、オンラインで開発できる「**Arduino Web Editor**」のサービスが用意されています。Webブラウザでこのサービスにアクセスすることで、Arduinoのプログラムが作成できます。専用のプラグインを導入しておくことで、WindowsやMacなどにArduinoを接続して、作成したプログラムをArduinoに送信することも可能です。
作成したプログラムはArduinoの公式サイト（www.arduino.cc）が提供するサーバー上に保存でき、再度プログラムを編集することも可能です。Webブラウザさえあれば利用できるため、スマートフォンやタブレットなどからでも扱えます。ただしAndroidやiOS向けプラグインが用意されていないため、直接Arduinoへの送信はできません。

●Web上で開発が可能な「Arduino Web Editor」

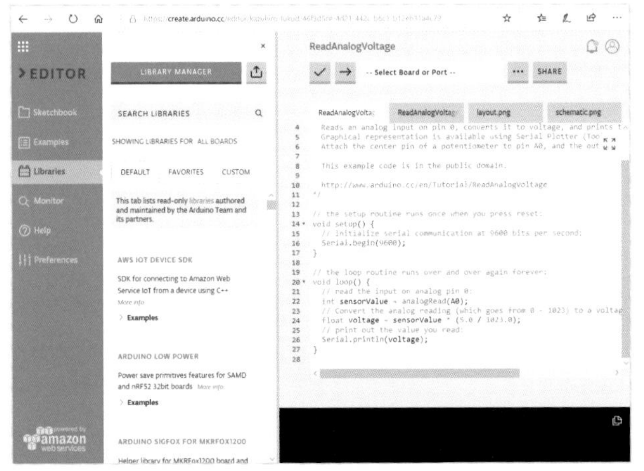

NOTE

タブレットやスマートフォンでの開発

ArduinoにはWindows、macOS、LinuxなどのパソコンOS用の開発ツールが提供されていますが、AndroidやiOSなどのスマートフォン／タブレット用OSで開発できる開発ツールは提供していません。
Android端末を利用している場合、公式ではありませんが、第三者が用意した開発ツールが利用できます。Androidスマートフォンやタブレットの場合は、「**ArduinoDroid**」を使用することでプログラムの作成やArduinoへプログラムの転送などができます。ArduinoDroidは、Android用アプリストアである「Google Play」からインストールできます。また、Arduinoへのデータ転送のために、USB AからUSBマイクロBに変換するケーブルが別途必要です。
iPhoneやiPadなどのiOS搭載端末で開発するためには、Arduino開発ツール「**ArduinoCode**」が提供されています。ArduinoCodeを導入すれば、iPhoneやiPadなどでプログラム作成が可能です。ただし、iPhoneやiPadからArduinoへは直接接続できません。そのため、ArduinoCodeで作成したプログラムは、MacやWindowsパソコン経由で転送する必要があります。

Arduino IDEを入手する

Arduino IDEをダウンロードしてパソコンにインストールしましょう。Arduino IDEはWindows版、macOS（OS X）版、Linux版が用意されています。それぞれArduinoの公式サイトのダウンロードページから入手可能です。本書ではWindows版とmacOS版（10.7以降用）のインストール方法について紹介します。Arduino IDEは随時更新され最新版が公開されていますが、本書では1.8系（バージョン1.8.19）を使用して解説します。

パソコンでWebブラウザを起動して「https://www.arduino.cc/en/Main/Software」にアクセスすると、これまでリリースされたArduino IDEをダウンロードできるページにアクセスします。「Download the Arduino IDE」の下にあるインストールするOSの種類をクリックします。Windowsの場合は「Windows Win 7 and newer」を、macOSの場合は「Mac OS X 10.10 or newer」をクリックします。

●Arduino IDEのダウンロード

寄付するかを尋ねる画面が表示されます。Arduino IDEは寄付をしなくても利用可能です。寄付をする場合は「CONTRIBUTE & DOWNLOAD」を、寄付しない場合は「JUST DOWNLOAD」をクリックします。

ダウンロードしたファイルは、通常「ダウンロード」フォルダに保存されます。

●寄付の選択

NOTE

Java 実行環境が必要

Arduino IDEの起動には、Javaの実行環境が必要です。パソコンにJavaがインストールされていない場合（例えばmacOS Sierraには、工場出荷状態ではJava実行環境がありません）は、https://java.com/ja/download/へアクセスして「無料Javaのダウンロード」をクリックしてJavaをインストールしておきます。

NOTE

Arduino IDE 1.8系以外のバージョンがリリースされた場合

Arduino IDEは開発が継続されており、将来バージョンが変わる可能性があります。本書はArduino 1.8系を前提に記事を執筆・検証していますが、1.8系内のマイナーバージョンアップの範囲内であれば、新しいバージョンのArduino IDEを利用しても問題はありません。
しかし、Arduino IDEがメジャーバージョンアップ（例えば2.0系など）した場合、機能の大幅な変更が予想されます。そのため、本書記載内容通りに読み進める場合は、必ず1.8系をインストールしてください。
Arduino IDEがメジャーバージョンアップされ、前ページで解説したダウンロードページでArduino 1.8系のダウンロードが出来なくなった場合は、https://www.arduino.cc/en/Main/OldSoftwareReleases#previousへアクセスして1.8系の最新バージョンを入手してください。

＊Arduino IDEをWindowsにインストールする

ダウンロードが完了したらWindowsにArduino IDEをインストールしましょう。

1 ダウンロードフォルダに保存されている、Arduino IDEのインストーラをダブルクリックします。

2 ライセンスが表示されます。「I Agree」ボタンをクリックします。

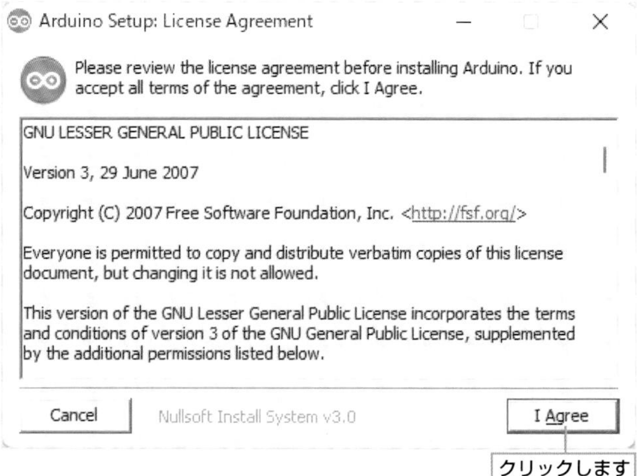

3 インストール方法を指定します。通常はそのまま「Next」ボタンをクリックします。

4 インストール先を指定します。通常はそのまま「Install」ボタンをクリックします。

5 インストールが開始されます。途中で、必要となる2つのドライバーをインストールします。いずれも「インストール」をクリックします。

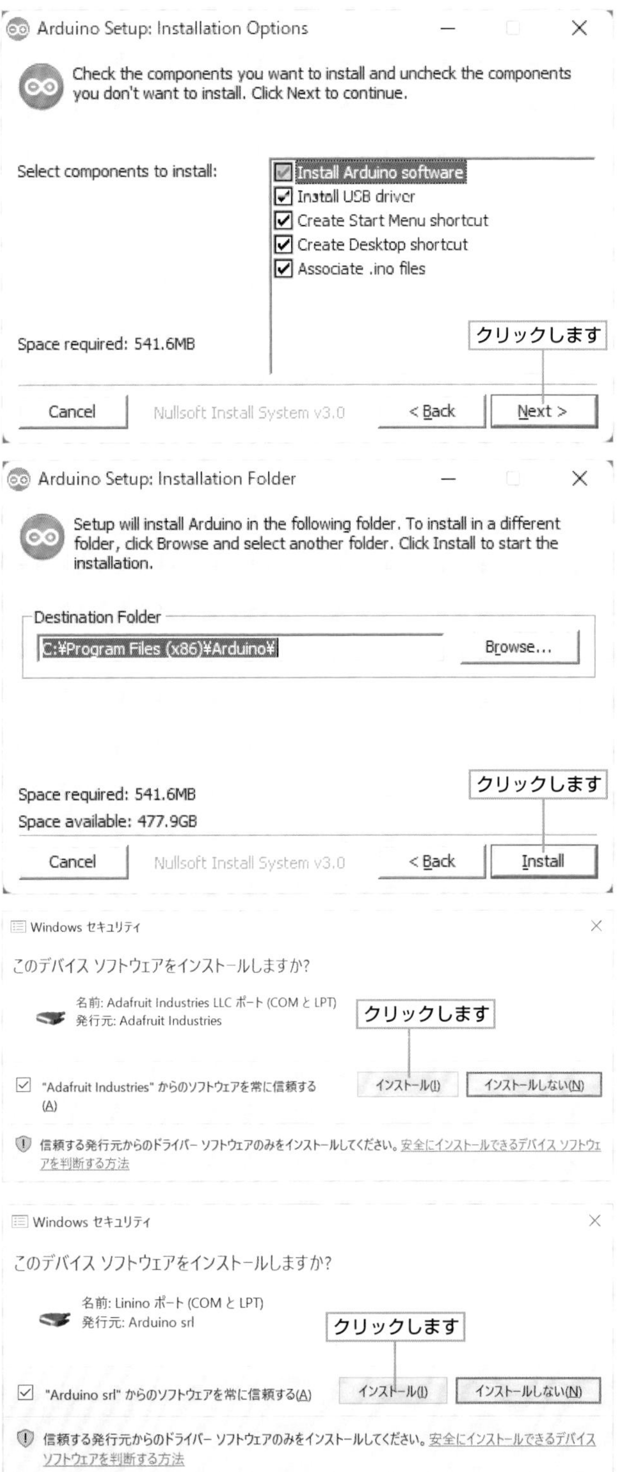

6 これですべてのインストールが完了しました。「Close」をクリックします。

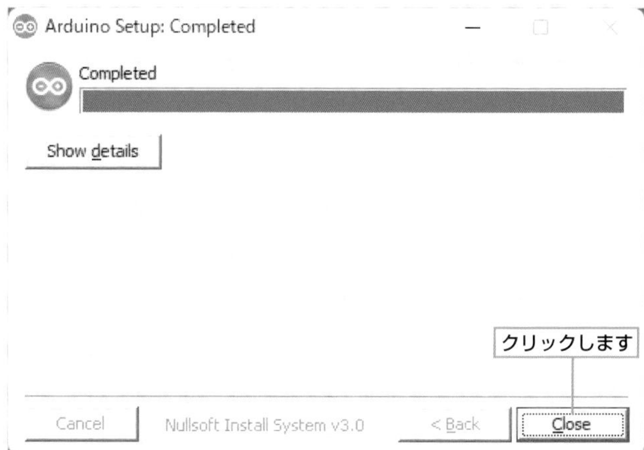

7 Arduino IDEを起動しましょう。スタートメニュー内にある「Arduino」をクリックします。

8 Arduino IDEが起動し、プログラムの編集画面が表示されます。

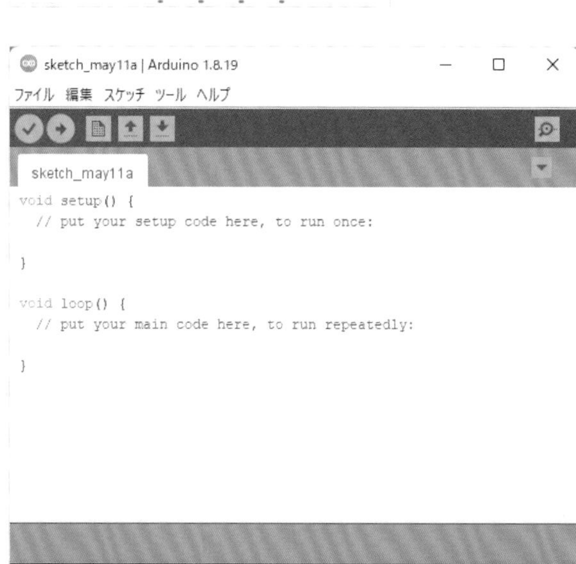

≫Arduino IDEをMacにインストールする

MacにArduino IDEをインストールしましょう。

1 Finderで「ダウンロード」フォルダを開き、ダウンロードしたArduino IDEのファイルを左の「アプリケーション」へドラッグ＆ドロップします。

2 Arduino IDEを起動するには、Finderの「移動」メニューから「アプリケーション」を選択します。

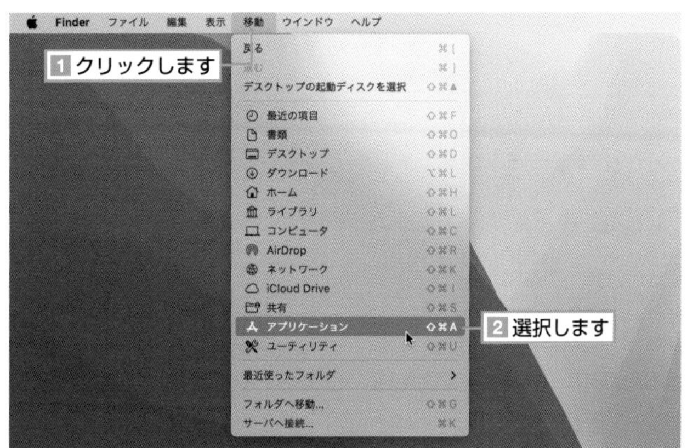

3 アプリケーションの一覧から「Arduino」を探し出し、ダブルクリックします。

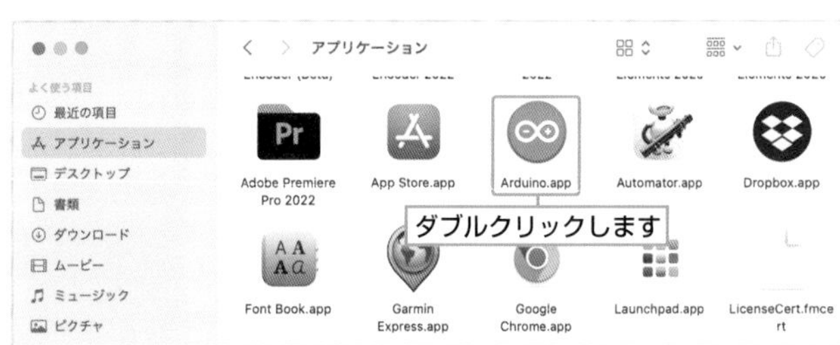

4 初めて起動する場合は、警告メッセージが表示されることがあります。「開く」ボタンをクリックします。
また、設定によっては書類フォルダへのアクセス権を求められることもあります。「OK」ボタンをクリックします。

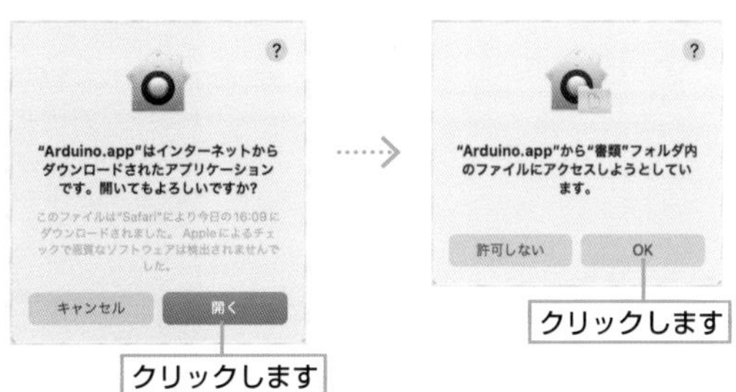

5 Arduino IDEが起動し、プログラムの編集画面が表示されます。

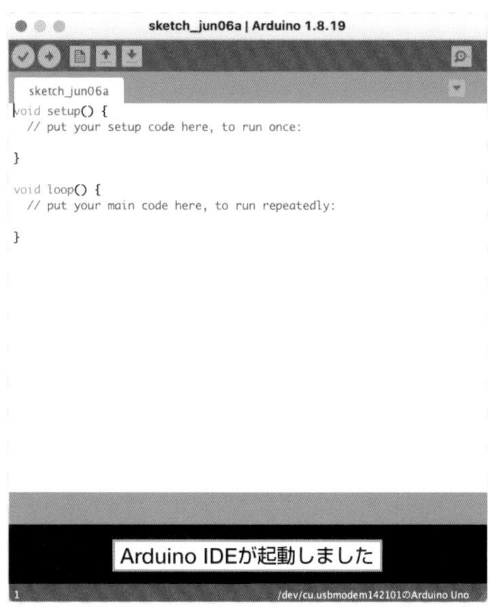

書き込み対象の製品を選択する

Arduino IDEを使う前に、あらかじめ設定しておくべきことがあります。対象となるArduinoのエディション（Arduinoボード）を選択することです。ボードを選択しておくことで、書き込みなどの設定がボードに合わせた状態になります。

ボードを設定するには「ツール」メニューの「ボード」を選択して、一覧から利用するArduinoを選択します。例えば、Arduino Unoを使う場合は「Arduino Uno」を選択します。他のエディションを利用している場合は、それぞれに合ったボードを選択するようにします。なお、ツールメニューのボードには選択中のボード名が表示されています。

●対象となるArduinoボードを選択する

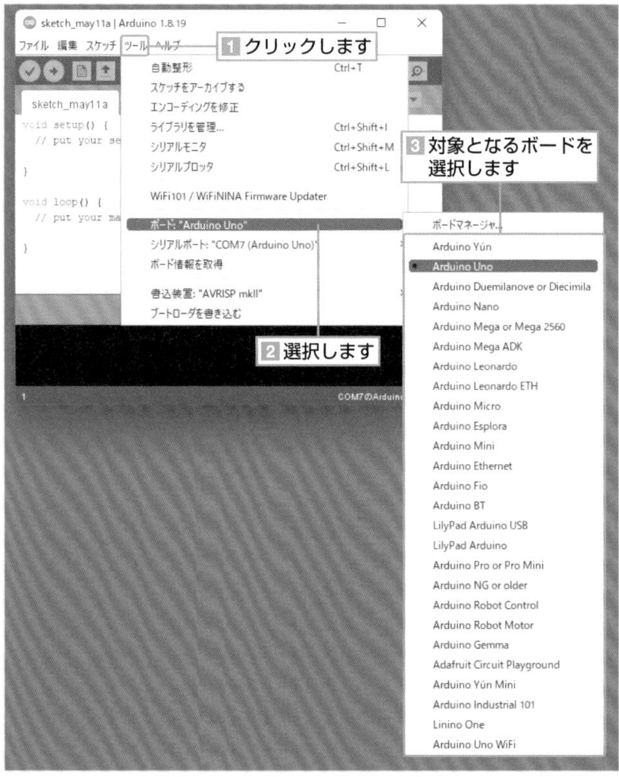

シリアルポートを選択する

Arduino IDEで作成したプログラムは、**シリアル通信**を利用してArduinoへプログラムを転送します。パソコンで作成したプログラムをArduinoへ転送すると、Arduino単体で動作できます。

しかし、Arduino自体にはディスプレイなどが搭載されていないので、Arduino上でプログラムが正常に動作しているかなどの確認をするために、シリアル接続機能（**UART**）を利用できます。

パソコンにArduino IDEを導入すれば、USBケーブルを介してArduinoとシリアル接続ができます。実際にシリアル接続する場合には、パソコン上で**シリアルポート**をあらかじめ選択して設定する必要があります。WindowsおよびmacOSでシリアル接続ができるように設定する方法を紹介します。

＊Windowsでのシリアルポート選択

ArduinoをUSBケーブルでパソコンに接続すると、自動的にシリアルポートが割り当てられます。シリアルポートは「COM1」や「COM2」などの名称で割り当てられます。

Arduino IDEを起動し、「ツール」メニューの「シリアルポート」を選択すると、認識されているシリアルポートが一覧表示されます。Arduinoを接続しているシリアルポートは、シリアルポート名の後に「Arduino」の名称が表示されます。右図の例では「COM7（Arduino Uno)」と表示されています。これを選択します。

●シリアルポートの選択

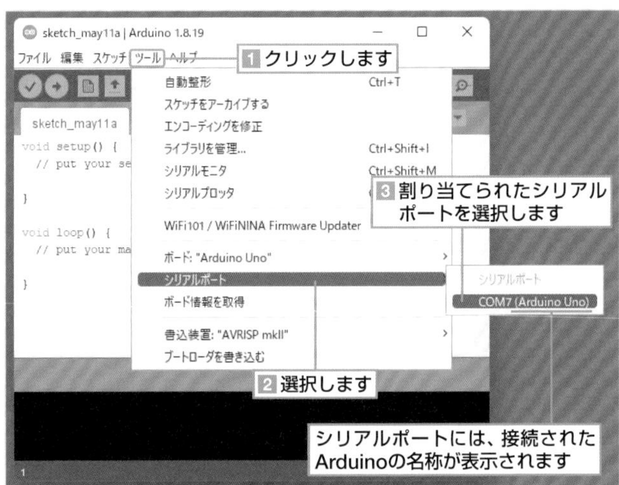

＊macOSでシリアルポートを選択する

Arduino IDEを起動してから、「ツール」メニューの「シリアルポート」を選択します。利用可能なシリアルポートが一覧表示されるので、「/dev/cu.usbmodem」から始まるシリアルポートを選択します。下図の例では「/dev/cu.usbmodem142101」を選択しています。これでシリアル通信が可能になります。

●シリアルポートの選択

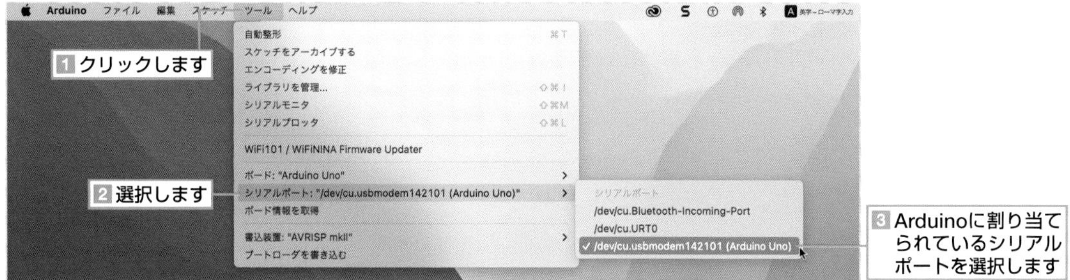

》ライブラリのアップデート

Arduino IDEでは、ボードやライブラリなどで更新があると画面下にメッセージが表示されます。このメッセージのリンクをクリックすることで、ライブラリ等を最新に更新が可能です。

すると、ライブラリマネージャまたはボードマネージャ画面が表示され、アップデート可能なプログラムが一覧されます。アップデートするライブラリ等をクリックして「更新」をクリックすると最新版に更新されます。

●更新を知らせるメッセージ

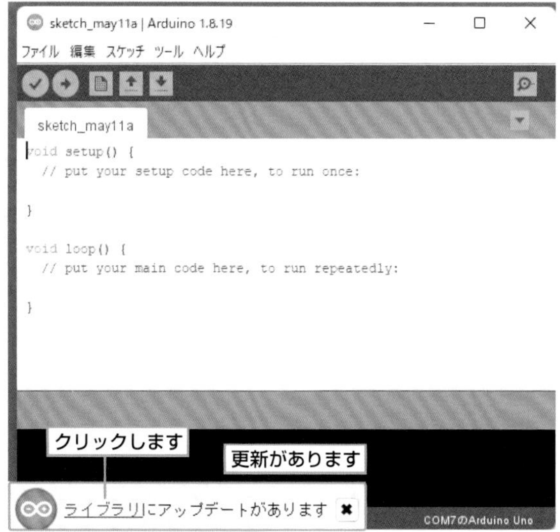

●ライブラリの更新

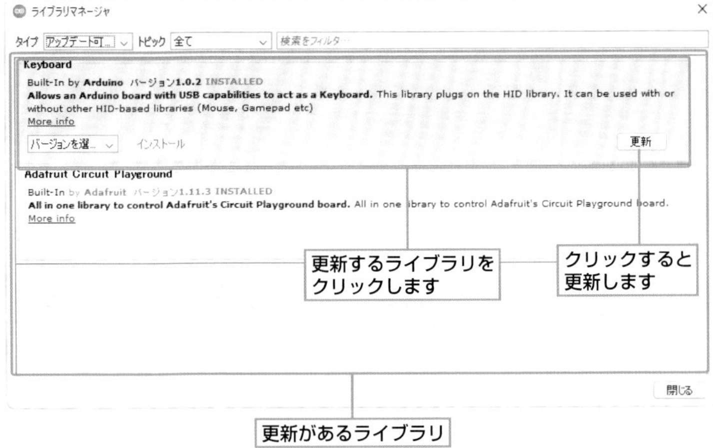

●ボードの更新

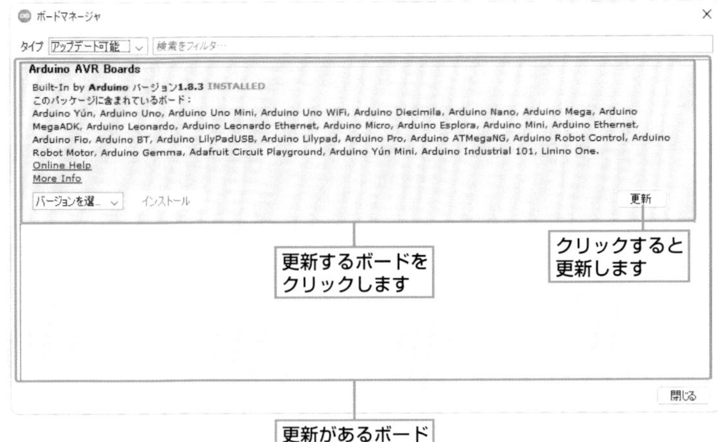

もし、更新を知らせるメッセージが消えてしまった場合は、ライブラリマネージャまたはボードマネージャから更新が可能です。

ライブラリマネージャは「スケッチ」メニューの「ライブラリをインクルード」➡「ライブラリの管理」の順に選択します。次に画面左上のプルダウンメニューで「アップデート可能」を選択するとアップデートのあるライブラリに絞って一覧されます。

ボードマネージャは「ツール」メニューの「ボード:<ボード名>」➡「ボードマネージャ」の順に選択します。画面左上のプルダウンメニューで「アップデート可能」を選択するとアップデートのあるボードに絞って一覧されます。

ライブラリの管理

電子部品によっては、メーカーなどが動作用のライブラリを配布していることがあります。このライブラリを導入すれば、プログラムで読み込むことで電子部品を動作させることが可能です。

ライブラリを管理するには、「スケッチ」メニューの「ライブラリをインクルード」➡「ライブラリの管理」の順に選択して「ライブラリマネージャ」を表示します。

ライブラリマネージャが起動すると、ライブラリが一覧表示されます。一覧から、画面左上の「タイプ」を選択することで、インストールされているパッケージ、アップデートのあるパッケージのみなどに絞り込めます。「トピック」ではデータの入出力関連やセンサー関連などカテゴリーごとに絞り込めます。右のテキストエリアではキーワードを入力して検索ができます。

表示されたライブラリでは、ライブラリ名の他に簡単な説明文が表示されています。「More info」をクリックすると関連するWebサイトにアクセスして、詳細を閲覧できます。既にインストールされているライブラリには「INSTALLED」と表示されています。

●ライブラリの管理

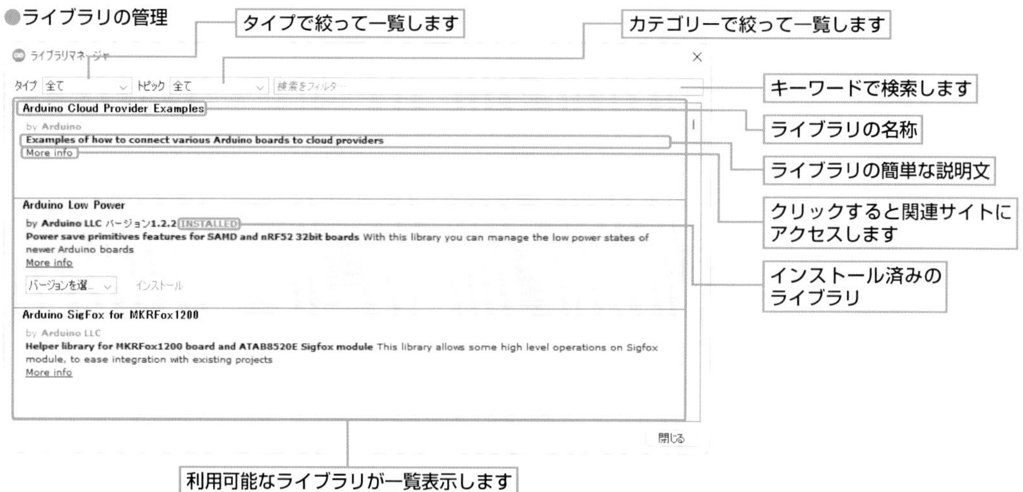

＊ライブラリのインストール

ライブラリを追加するには、一覧から利用するライブラリを探し出します。「トピック」やキーワード検索などを使うと見つけやすくなります。

見つけたらライブラリ名をクリックします。すると、右下にバージョンとインストールのボタンが表示されます。「インストール」をクリックするとダウンロードおよびインストールが開始されます。また、ライブラリにいくつかのバージョンが存在する場合は、プルダウンメニューから対象のバージョンを選択できます。

●ライブラリのインストール

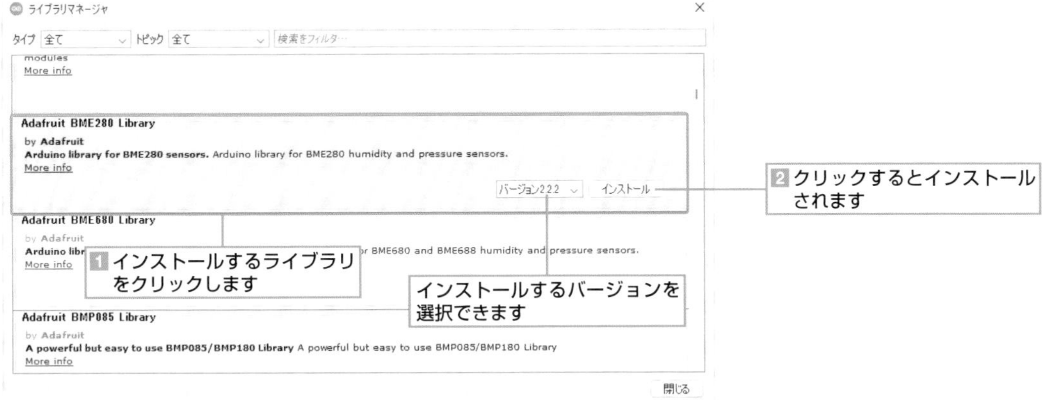

＊パッケージファイルからのインストール

独自に配布しているライブラリなどでは、Arduinoのライブラリマネージャで管理されておらず、一覧に表示されないことがあります。この場合は、ライブラリをダウンロードしてArduino IDEに読み込むことで利用可能になります。

ライブラリを配布しているWebサイトからArduino用のライブラリをダウンロードします。次にArduino IDEの「スケッチ」メニューから「ライブラリをインクルード」➡「.ZIP形式のライブラリをインストール」を選択します。ダウンロードしたライブラリを選択することでArduino IDEにインストールされます。

●ファイルからライブラリをインストール

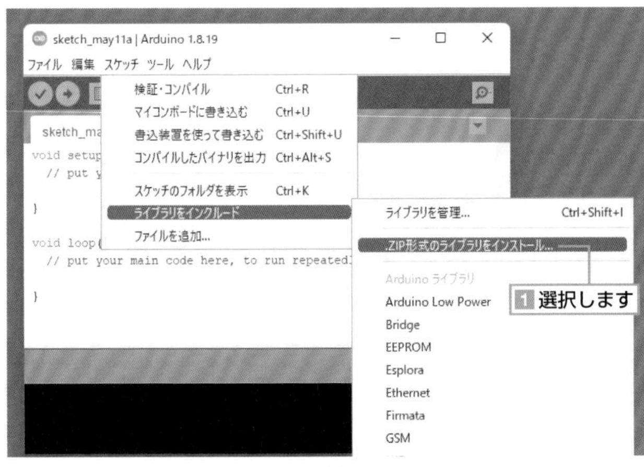

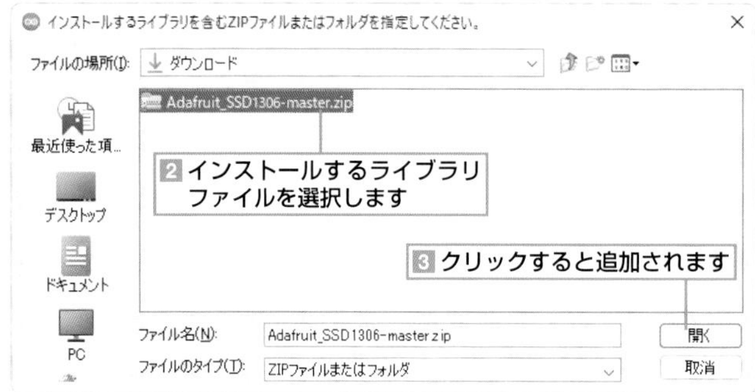

＊ライブラリの削除

ライブラリマネージャでは、インストール済みライブラリの削除ができません。不要なライブラリを削除する場合は、直接ライブラリの保管されているフォルダを削除します。

ライブラリが保存されているフォルダはOSによって異なります。Windowsの場合はユーザーのドキュメントフォルダ内の「Arduino」➡「libraries」（\Users\ユーザー名\Documents\Arduino\libraries）フォルダです。macOSの場合、ログインユーザーの「書類」フォルダ内の「Arduino」➡「libraries」フォルダに保管されています。

フォルダを開いたら、削除したいライブラリのフォルダを削除します。これで、Arduino IDEを起動するとライブラリが利用できないようになります。

●ライブラリの削除

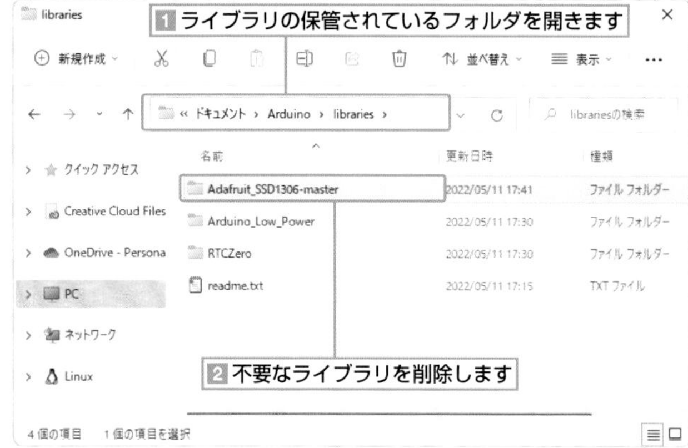

Chapter

2

Arduinoのインタフェースと入出力

Arduinoで電子部品を制御するには、電子部品へ信号を出力したり、電子部品からの信号を受け取って状態を読み取ったりする必要があります。Arduinoに搭載されているインタフェースを使うと入出力が可能です。I^2C、SPI、UARTといった通信方式にも対応しており、電子部品と通信してデータのやりとりが可能です。

Section 2-1

Arduinoのインタフェース

Arduinoに搭載されているデジタル入出力やアナログ入力などのインタフェースを利用すれば、電子回路を制御できます。Arduinoのインタフェースを知ることで、電子回路をどこに接続するかを理解しておきましょう。

Arduinoで電子回路を制御できる

Arduinoを使えば**電子回路**の制御ができます。電子部品やセンサーなどをArduinoに接続して、電子部品の制御やセンサーの状態の取得ができます。センサーから取得した情報を元に他の電子部品を動作させたり、情報を表示したりもできます。ユーザーが作成したプログラムで電子回路を制御できます。

デジタル入出力・アナログ入力で電子回路を操作

Arduinoで電子回路を操作するには、デジタル入出力、およびアナログ入力インタフェースを利用します。**Arduino Uno**の右図の位置のソケット状の端子が各インタフェースです。ここから導線（ジャンパー線）を使って電子回路に接続し、Arduinoから操作したり、センサーの情報をArduinoで受け取ったりします。

●上と下に搭載する端子に電子回路を接続する

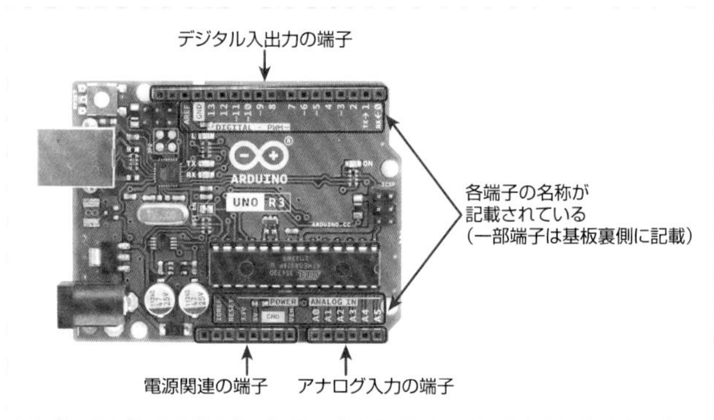

上部のソケットはデジタル入出力とアナログ出力（PWM）ができ、右下の端子はアナログ入力ができます。アナログ出力はPD3、PD5、PD6、PD9、PD10、PD11の6端子（番号の前に「~」が付いている端子）が対応しています。また、下中央には電源を供給する端子が搭載されています。

それぞれの端子には番号や名称が付いており、上部端子の右端が「PD0」、その左が「PD1」と続き、「PD13」まであります。

右下のアナログ入力端子は、左から「PA0」、「PA1」と続き、右端が「PA5」となっています。そのほかの端子には電源を供給する「5V」、「3.3V」、0Vとなる「GND」、Arduinoをリセットする「RESET」などが配置されています。

●Arduino Unoの各端子の名称

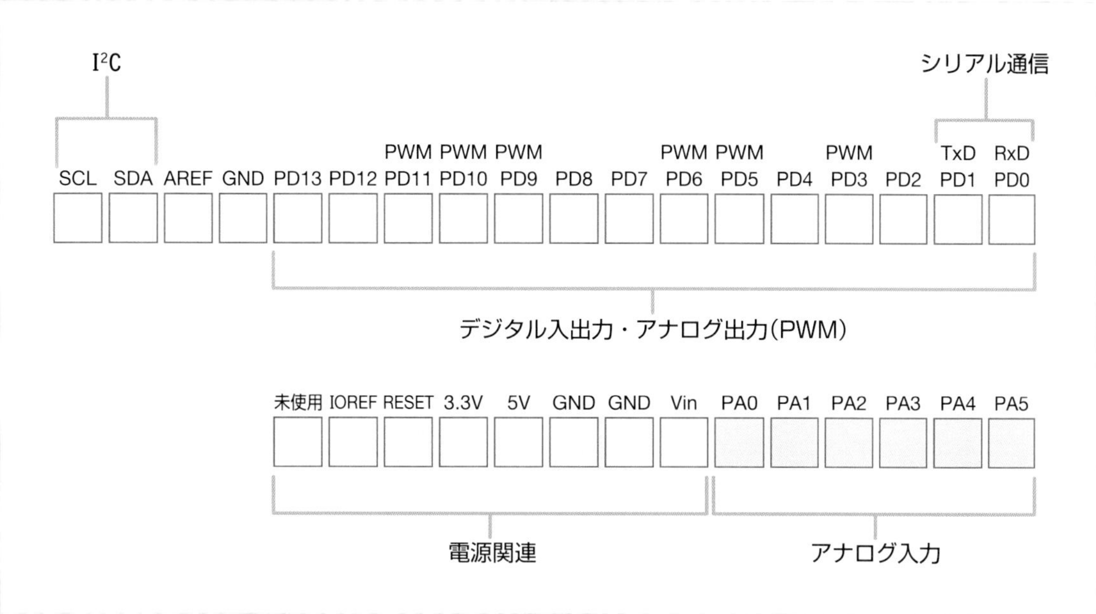

I²C

シリアル通信

PWM PWM PWM PWM PWM PWM TxD RxD

SCL SDA AREF GND PD13 PD12 PD11 PD10 PD9 PD8 PD7 PD6 PD5 PD4 PD3 PD2 PD1 PD0

デジタル入出力・アナログ出力(PWM)

未使用 IOREF RESET 3.3V 5V GND GND Vin PA0 PA1 PA2 PA3 PA4 PA5

電源関連

アナログ入力

2つの機能を併用する端子もあり、モードを切り替えることで用途を変更できます。例えば「PD0」は、シリアル通信の「RxD」と併用されています。

NOTE

他の Arduino の端子

Arduino Uno以外の機種も、同様の機能を持つ端子が搭載されています。Arduino UnoとサイズがArduino Duemilanoveは、Arduino Unoとソケットの位置が同じです。ただし、Arduino UnoにあるI^2Cソケットが無いなど、一部端子が実装されていないことがあります。

Arduino Unoとサイズが違うエディションの場合、端子形状や配置が異なることがあります。その場合は、それぞれの製品の端子情報を参照してください。

NOTE

汎用入出力（GPIO）

Arduinoのデジタル入出力端子のように外部との入出力を制御できる端子のことを「汎用入出力（GPIO：General Purpose Input/Output）」と呼ぶこともあります。このため、ドキュメントや記事などによってはGPIOと記載されていることがあります。本書ではGPIOは用いずにデジタル入出力やアナログ入力と表記しています。

Section 2-2

Arduinoの入出力について

電子部品の制御やボタン・スイッチなどの状態の読み取り、各種センサーの状態の取得などは、部品に応じた方式でArduinoへ入力します。Arduinoでの代表的な入出力方式の概要と、初期設定について説明します。

Arduinoと電子部品との入出力

Arduinoから電子部品を制御したりスイッチやセンサーの状態を読み込んだりするのは、**デジタル入出力**や**アナログ入力端子**を介して行います。ArduinoのPD0からPD13の端子はデジタル入出力に対応しており、オン・オフの入出力が可能です。さらに高速でオン・オフを切り替えることで、擬似的なアナログ出力（**PWM**）やデジタル通信に対応します。Arduinoは大きく分けて「**デジタル出力**」「**デジタル入力**」「**PWM出力**」「**アナログ入力**」「**デジタル通信**」に対応しています。

デジタル通信では「**UART**」「**I²C**」「**SPI**」が電子部品との通信によく利用されます。どの方式も1～4本と少数の配線で、センサーなどで計測した値の取得や制御信号の送信などが可能です。

●Arduinoと電子部品との入出力

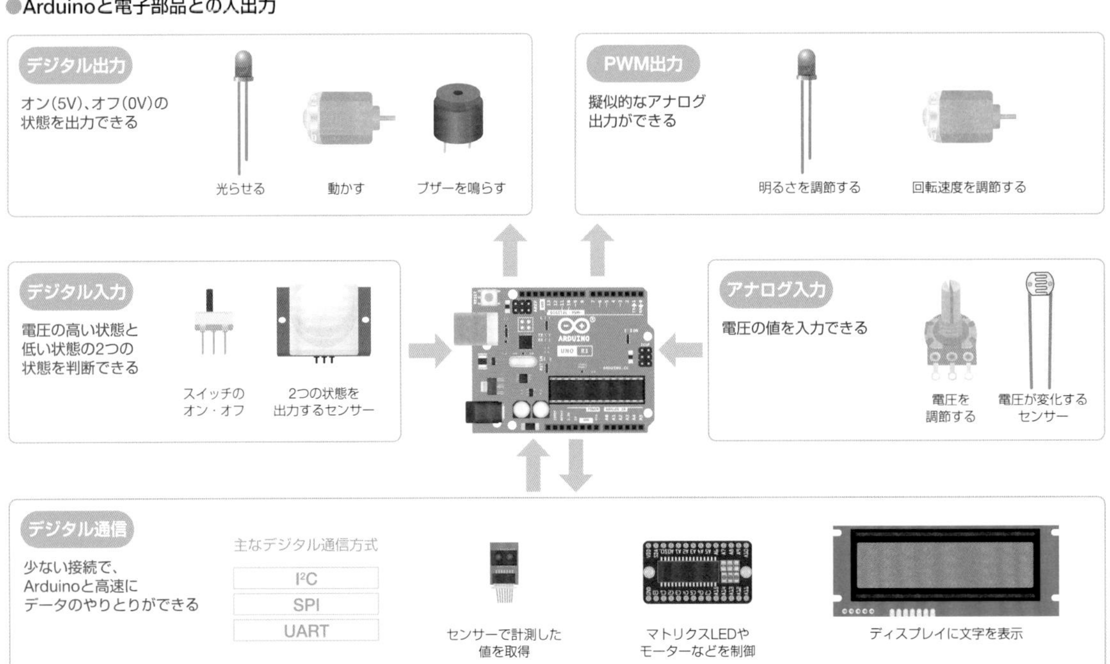

デジタル出力

デジタル出力は、デジタル入出力端子を「5V」または「0V」の2つの電圧の状態を切り替える方式です。LEDの点灯、消灯を切り替えるなどの2つの状態を切り替えて制御できます。LEDの点灯制御だけでなく、モーターの回転・停止など様々な制御に活用できます。

電圧の高い5Vの状態を「1」や「HIGH」「ON」など、電圧の低い0Vの状態を「0」や「LOW」「OFF」などで表記することがあります。プログラムでデジタル制御する場合にも「1」「0」、「HIGH」「LOW」などを表記するのに利用するので覚えておきましょう。

●デジタルは2つの値で表される

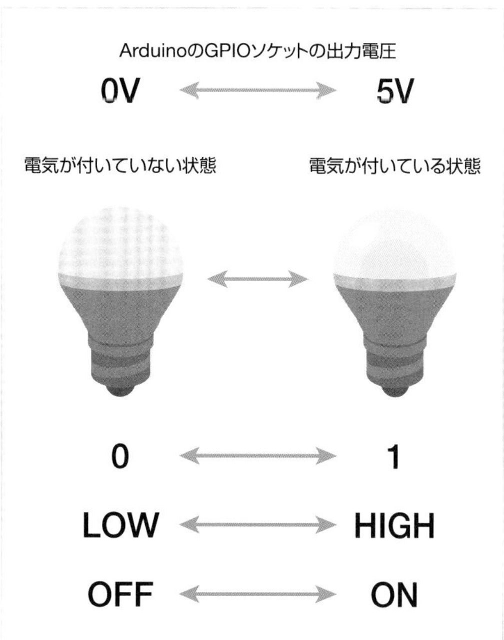

＊デジタル出力を実行する

デジタル出力には、PD0からPD13までの端子が対応しています。各端子に動作させたい電子部品を接続します。デジタル出力を実行するには、対象の端子のモードを出力に切り替え、HIGHまたはLOWのどちらで出力するかを指定します。

①デジタル出力する端子の番号を変数に格納しておきます。ここでは、10番の端子をデジタル出力するようにします。

②対象の端子を出力モードに設定します。出力にするには「OUTPUT」と指定します。

③対象の端子の状態をHIGHに切り替え「5V」を出力します。

④対象の端子の状態をLOWに切り替え「0V」を出力します。

デジタル出力するには「digitalWrite()」を使います。出力の対象の端子番号を指定し、5Vか0Vかどちらかを出力するように指定します。5Vの場合は「HIGH」、0Vの場合は「LOW」と指定します。

arduino_parts/2-2/output.ino

```
const int OUTPUT_PIN = 10; ①

void setup(){
    pinMode( OUTPUT_PIN, OUTPUT); ②
}

void loop(){
    digitalWrite( OUTPUT_PIN, HIGH ); ③
    delay(1000);
    digitalWrite( OUTPUT_PIN, LOW ); ④
    delay(1000);
}
```

実際のデジタル出力を使ったLEDの点灯についてはChapter 3（p.59）を参照してください。

デジタル入力

デジタル入力は、端子にかかっている電圧によって、電圧の高い状態と低い状態の2つでArduinoへ入力する方式です。スイッチやボタンがオン・オフのどちらの状態にあるかや、2つの状態を出力するセンサーの状態を取得するなどの目的に利用できます。

Arduinoの端子をデジタル入力に切り替えると、端子にかかった電圧の状態を確認し、高い状態（3.3V）であれば「HIGH」、低い状態（0V）であれば「LOW」として判断します。この入力した状態で条件分岐することで、異なる処理を施すことができます。

●端子にかかる電圧の状態によってHIGHかLOWを判断できる

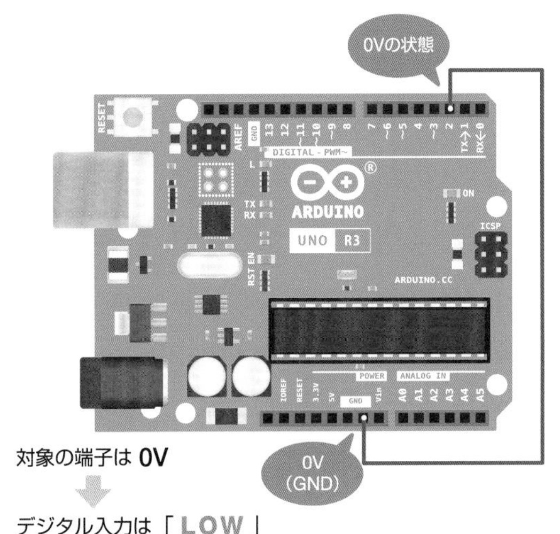

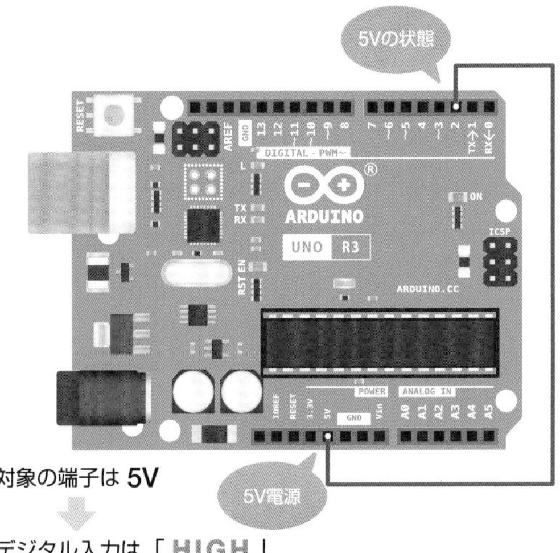

＊デジタル入力を実行する

デジタル入力には、デジタル出力同様にPD0からPD13までの14端子が対応しています。各端子に動作させたい電子部品を接続します。また、単体では電圧を出力しない電子部品については、分圧などをして電圧が変化するように工夫が必要となります（分圧回路についてはp.126を参照）。

デジタル入力を実行するには、対象の端子を入力の状態に切り替えます。

arduino_parts/2-2/input.ino

```
const int INPUT_PIN = 2; ①

void setup(){
    pinMode( INPUT_PIN, INPUT ); ②
    Serial.begin( 9600 );
}

void loop(){
    int input_val;

    input_val = digitalRead( INPUT_PIN ); ③

    Serial.println( input_val ); ④
    delay(1000);
}
```

①デジタル入力する端子の番号を変数に格納しておきます。ここでは、PD2の端子をデジタル入力するようにします。

②対象の端子を入力モードに設定します。入力は「INPUT」と指定します。

③端子の状態は「digitalRead()」を使って調べます。読み込み対象の端子番号を指定することで電圧の状態を確認して、HIGH(1)またはLOW(0)を取得できます。取得した値はinput_val変数に格納します。

④取得した値をシリアル通信で出力すれば、端子の状態を確認できます。HIGHの状態の場合は「1」、LOWの状態の場合は「0」と表示されます。

また、if()を使って条件分岐すれば、デジタル入力によって処理を分けられます。

```
if ( input_val == HIGH ){
    HIGHの状態の場合に処理する内容
} else {
    LOWの状態の場合に処理する内容
}
```

変数に取得した値を入れなくても、直接if()にデジタル入力を指定できます。

```
if ( digitalRead( INPUT_PIN ) == HIGH ){
    HIGHの状態の場合に処理する内容
} else {
    LOWの状態の場合に処理する内容
}
```

POINT

HIGH、LOWの判断はスレッショルドで決まる

デジタル入力は5Vと0Vの状態でHIGH、LOWと判断すると説明しましたが、実際は5Vよりも低い電圧や0Vより高い電圧でもHIGHやLOWと判断します。プロセッサや論理ICなどのデジタル信号を扱う電子部品では「**スレッショルド**」という電圧のしきい値が設けられており、スレッショルドよりも電圧が高いか低いかで入力が変化します。

HIGHを判断するスレッショルドとLOWを判断するスレッショルドの二つの判断基準があります。Arduinoの場合はHIGHを判断するスレッショルドレベルが「約2.7V」、LOWを判断するスレッショルドレベルが「約2.1V」となっています。HIGHを判断するスレッショルドレベルは、それよりも低い電圧からスレッショルドレベルを超えて高くなるとHIGHに切り替わります。逆にLOWを判断するスレッショルドレベルは、それよりも高い電圧からスレッショルドレベルを超えて低くなるとLOWに切り替わります。

もし、LOWの状態でHIGHを判断するスレッショルドを超えない場合は、LOWの状態を保つことになります。

●デジタル入力を判断するスレッショルド

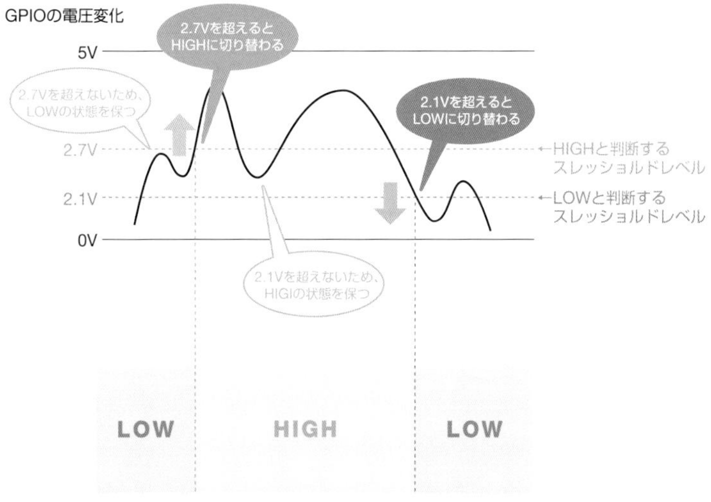

Arduinoのデジタル入力の結果

Section 2-3

PWM(疑似的アナログ出力)

Arduino Unoはアナログ出力には対応していません。しかし、PWM(パルス変調)という出力方式を利用することで、擬似的にアナログ出力が可能です。ここではArduinoでのPWM出力について解説します。

擬似的にアナログ出力をする

Arduinoのデジタル出力は、点灯・消灯の2通りしか出力できません。これに対し「**アナログ出力**」では無段階に電圧を変化させられます。アナログ出力を利用できれば、例えばLEDの明るさを自由に調節する、といったことが可能です。5Vの出力をすればLEDを最大限明るくでき、2.5Vで出力すれば5Vで点灯するよりも明るさを抑えて点灯できます。

Arduinoでは、擬似的アナログ出力として「**パルス変調**」(**PWM**:Pulse Width Modulation)という出力方式を利用できます。

PWMは、0Vと5Vを周期的に切り替えながら、擬似的に0Vと5V間の電圧を作り出す方式です。5Vになっている時間が長ければ、LEDは明るく点灯し、0Vになっている時間が長ければ暗く点灯できます。いわば、それぞれの時間の割合によって擬似的な電圧で出力できます。例えば、3Vの電圧を得たい場合、5Vの時間を3、0Vの時間を2の割合で出力するようにします。

●パルス変調での疑似アナログ出力

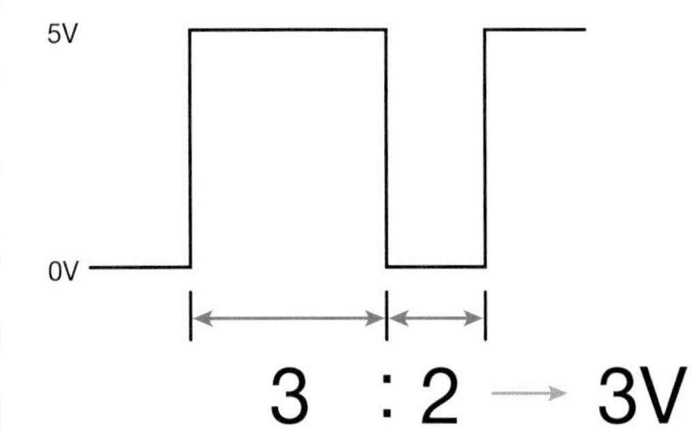

5Vと0Vの時間の割合で擬似的なアナログ出力ができる

なお、PWMの周期(HIGH、LOWを1回切り替える時間)を短くすることで、人間には切り替えが分からなくなります。LEDであれば、実際には高速に点滅している状態ですが、人間の目では判断できないため、暗めに光っているように見えます。

PWMのアナログ電圧は実効値

PWM信号は、短い時間で見ると0Vと5Vのいずれかの電圧でしか出力されていません。しかし「実効値」と呼ばれる電圧の表現方法を使うと、擬似的にアナログ電圧で表現が可能です。本文で説明したように、1周期の電圧を平均化した電圧として求められます。

NOTE

ハードウェアPWMとソフトウェアPWM

Arduinoの「~」記号が付いた端子では、マイコンに内蔵したPWM生成回路を利用して波形を出力しています。このようなPWM生成回路を使った方法を「**ハードウェアPWM**」と呼びます。これに対し、プログラムで波形を生成する方法を「**ソフトウェアPWM**」と呼び、デジタル出力できる端子であればどこでも出力ができますが、ソフトウェアPWMはハードウェアPWMに比べて波形にブレが生じることがあります。なお、Arduinoの標準ライブラリで用意されているPWM出力はハードウェアPWMのみです。ソフトウェアPWMで出力する場合は別途プログラムやライブラリを用意する必要があります。

＊PWMで出力する

Arduinoでは、PD3、PD5、PD6、PD9、PD10、PD11とPWM出力に対応した端子が決まっています。PWM対応の端子には基板に「~」マークが記載されています。ここにPWMで動作させたい電子部品を接続しておきます。

PWMで出力するには、プログラム上で対象の端子を出力モードに切り替え、analogWrite()で出力する割合を指定します。

①PWM出力するデジタル入出力端子の番号を変数に格納しておきます。ここでは、3番の端子をPWMで出力するようにします。

②対象の端子を出力モードに設定します。

③実際の出力は「analogWrite()」で指定します。対象の端子番号の後に、出力する度合いを0から255の範囲で指定します。「0」を指定すれば0V、「255」を指定すれば5Vが出力するようになります。出力したい電圧の値を求めるには、「出力したい電圧÷5×255」と計算することで求まります。もし、2Vを出力したい場合は、「102」を指定します。なお、計算結果が小数の場合は、四捨五入などをして整数化した値を指定します。

arduino_parts/2-3/pwm_output.ino

```
const int OUTPUT_PIN = 3;  ①

void setup(){
    pinMode( OUTPUT_PIN, OUTPUT );  ②
}

void loop(){
    analogWrite( OUTPUT_PIN, 102 );  ③
}
```

NOTE

アナログ出力するにはD/Aコンバータを利用する

PWMは擬似的なアナログ出力する方式です。もし、擬似的でないアナログ出力をしたい場合は、「D/Aコンバータ」という電子部品を使うことで任意の電圧の出力が可能です。ちなみにArduino DueはD/Aコンバータを搭載しているため、PWMを使わない実際のアナログ電圧を出力できます。

Section 2-4 アナログ入力

Arduinoでは、任意の電圧値を調べるアナログ入力が可能です。アナログ入力端子の状態を読み取り、0から1023の範囲の値として入力できます。ここでは、アナログ入力の方法を説明します。

アナログ入力とは

電子回路には0Vや5Vだけでなく、1.5Vや3Vなど様々な電圧が利用されます。例えば、電池1本であれば1.5Vですし、Arduinoの一部のエディションには電源電圧が3.3Vのものがあります。LEDを暗く点灯させたり、ボリュームを使って調節したりすると、様々な電圧に変わります。このように電子回路上の電圧はアナログ的に変化します。

●電子回路はアナログ値

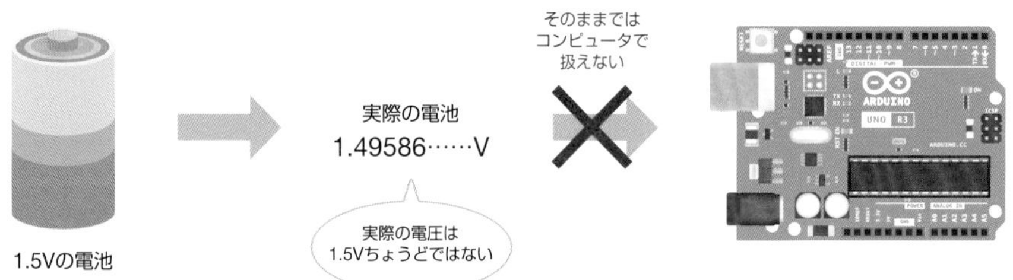
1.5Vの電池
実際の電池
1.49586……V
実際の電圧は
1.5Vちょうどではない
そのままでは
コンピュータで
扱えない

電子回路の電圧はアナログ値であるため、直接コンピュータで扱うことはできません。コンピュータはデジタルデータで処理しており、「1」または「0」の2通りの状態しか表せないためです。これだけでは一般的な数値は扱えないため、1と0のデータをいくつかまとめて数値で表せるようにしています。一般的には8ビット（0～255)、16ビット（0～65,535）などが利用されます。

本来電圧というのは、「1.5V」などといった「切りのいい値」ではありません。電池1本の場合「1.521456298……V」といった小数点以下が無限に続く無理数です。コンピュータで電圧を扱うには、このような無理数でも読み込めるようにデジタルデータ化する必要があります。

アナログ電圧をデジタルデータに変換するには「**A/Dコンバータ**」(Analog-to-Digital Converter：アナログ―デジタル変換回路）を使います。A/Dコンバータは電源の（アナログ）電圧を等間隔で分割します。分割する数はA/Dコンバータの**分解能**によって異なります。例えば分解能が10ビットであれば1023段階、16ビットであれば65,535段階に分割します。Arduinoには10ビットのA/Dコンバータを搭載されており、5Vを1023段階に分けた数値として入力できます。つまり、約4.89mVごとに値が1ずつ増えていきます。そして、入力したアナログ電圧に最も近い、分割した値に変換します。例えば約2.5Vの電圧が入力されると、「512」に変換されます。

●アナログ電圧をデジタル信号に変換するA/Dコンバータの仕組み

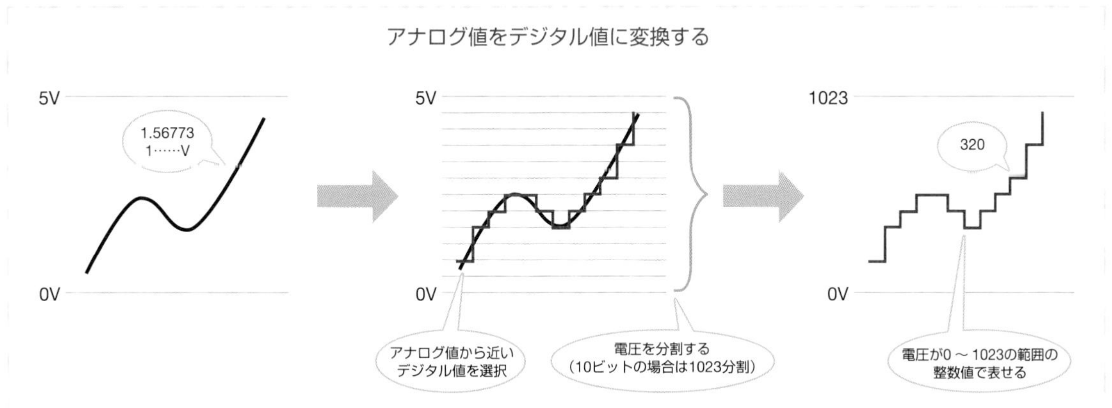

＊アナログ入力を実行する

Arduino Unoでは、基板の右下にアナログ入力する端子をPA0からPA5までの6端子備えています。それぞれの端子に電子パーツを接続することで、端子の電圧を取得できます。アナログ入力はanalogRead()で対象の端子を指定します。

①対象の端子番号を変数に格納しておきます。ここでは、1番の端子から入力するようにします。

②analogRead()で対象の端子を指定することで、端子の電圧を0から1023の範囲の値で取得できます。

③もし、電圧として取得したい場合は、「取得した値÷1023×5」と計算することで求まります。

プログラムを書き込むと、入力した値を「Value」、電圧値に変換した値を「Volt」として表示します。

arduino_parts/2-4/analog_input.ino

```
const int INPUT_PIN = 1;  ①

void setup(){
    Serial.begin( 9600 );
}

void loop(){
    int analog_val;
    float volt_val;

    analog_val = analogRead( INPUT_PIN );  ②
    volt_val = (float)analog_val / 1023.0 * 5.0;  ③

    Serial.print( "Value:" );
    Serial.print( analog_val );
    Serial.print( " Volt:" );
    Serial.println( volt_val );

    delay(500);
}
```

●アナログ入力した結果

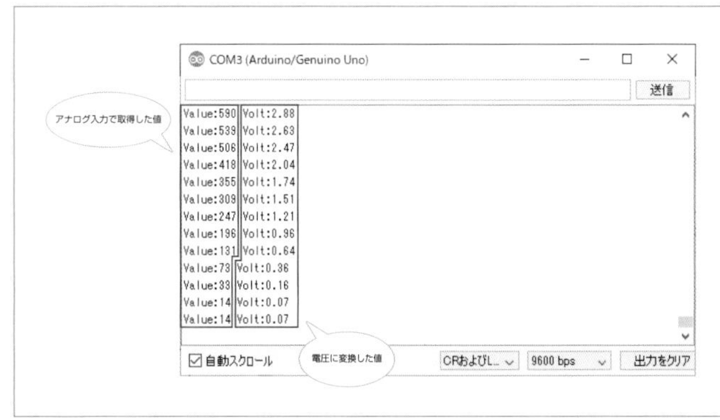

Section 2-5

デジタル通信方式（1）—I²C通信方式

I²Cは、IC間で通信をするために開発された、デジタル通信方式です。ArduinoでもI²C通信を用いて電子部品の制御が可能です。ここではI²Cの概要と、ArduinoでI²Cを利用するための準備について解説します。

I²C通信方式

センサーなどのデバイスを利用するには、それぞれの素子を駆動するための回路を作成し、データをコンピュータ（Arduino）などに送ったり、逆に命令を与えたりするような回路の作成が必要です。また、作成した回路に合ったプログラムを用意する必要もあります。デバイスが複数あれば、デバイスごとにこれらの作業が必要で、多くの手間がかかります。

このような処理を簡略化するのに、「**I²C**」（Inter Integrated Circuit：アイ・スクエアド・シー、アイ・ツー・シー）を利用する方法があります。I²Cは、IC間で通信することを目的に、フィリップス社が開発したデジタル通信方式です。

I²Cの大きな特徴は、データのやりとりをする「**SDA**」（Serial Data：シリアルデータ）と、IC間でタイミングを合わせるのに利用する「**SCL**」（Serial Clock：シリアルクロック）の2本の線を繋げるだけで、お互いにデータのやりとりができるようになっていることです。実際には、デバイスを動作させるための電源とGNDを接続する必要があるため、それぞれのデバイスに4本の線を接続することになります。

●2本の信号線で動作するI²Cデバイス

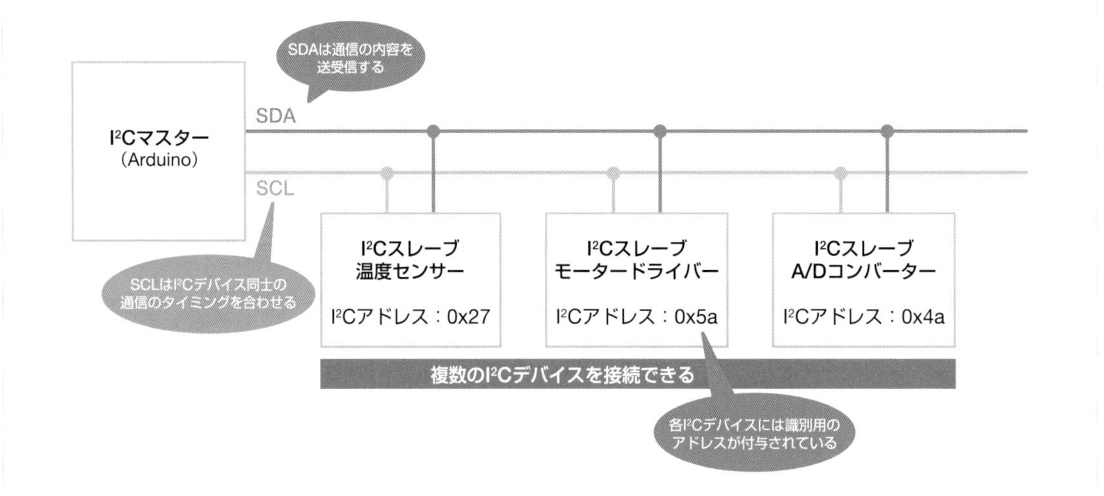

表示デバイス、温度・湿度・気圧・圧力・光などの各種センサー、モーター駆動デバイスなど、豊富なI^2Cデバイスが販売されており、電子回路を作成する上で非常に役立ちます。

また、I^2Cには様々なプログラム言語用のライブラリや操作用のプログラムが用意されているのも特徴です。Arduinoでも、利用する言語用のライブラリを導入しておけば、I^2Cデバイスを比較的簡単に操作できます。

I^2Cは、各種デバイスを制御する「マスター（**I^2Cマスター**）」と、マスターからの命令によって制御される「スレーブ（**I^2Cスレーブ**）」に分かれます。マスターはArduinoにあたり、それ以外のI^2Cデバイスがスレーブにあたります。

複数のI^2Cデバイスを接続できるため、通信対象のデバイスを明確にする必要があります。そこで、それぞれのI^2Cデバイスには「**I^2Cアドレス**」という番号が割り振られており、通信対象のデバイスに割り当てられているI^2Cアドレスを指定して通信を実現しています。

I^2Cデバイスには、「**レジスタ**」と呼ばれるデータを格納しておく領域が用意されています。センサーなどで計測した値は一時的にレジスタに保存されます。Arduinoでセンサーの計測した値を取得するには、レジスタからデータを取り出すことでセンサーの計測値を取得できるようになります。逆にArduinoからI^2Cを介してレジスタへ書き込むことにも対応しています。例えば、レジスタへ書き込んでディスプレイに文字を表示させるなどが可能です。

レジスタは、いくつかのデータ保存領域があり、レジスタアドレスを指定することで特定のレジスタのデータを読み込んだり書き込むことが可能となっています。

●I^2Cはレジスタに保管されているデータを転送する

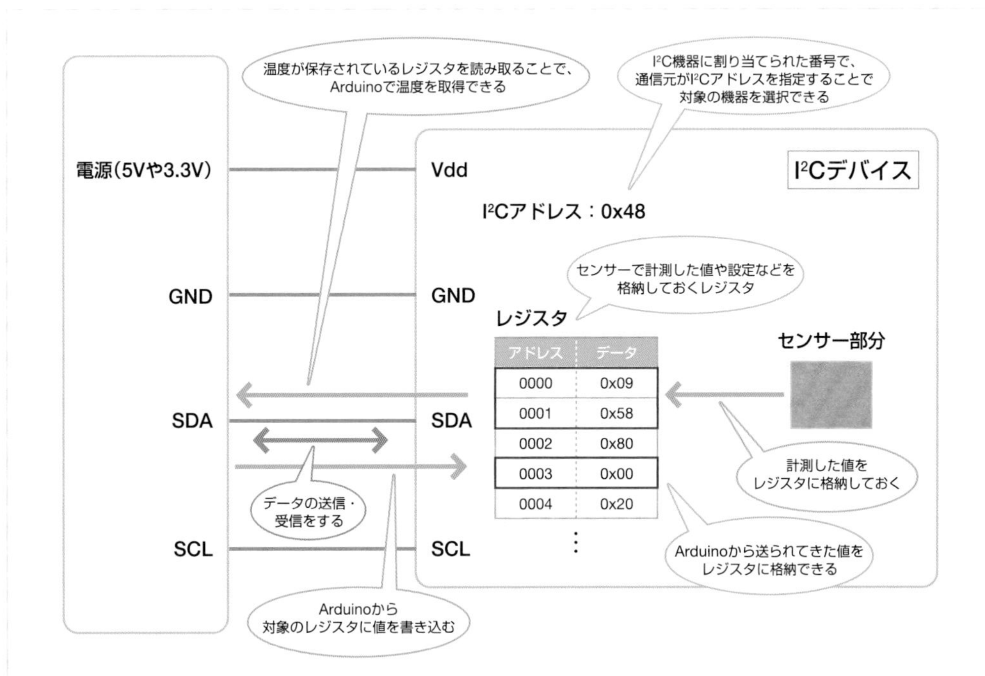

ArduinoのI^2C端子

I^2CデバイスをArduinoに接続するには、デジタル入出力端子の左に配置されたI^2C関連の端子を利用します。データの送受信をする「SDA」、同期信号をやり取りする「SCL」に接続します。I^2Cデバイスの電源とGNDを接続するのを忘れないようにします。

複数のI^2Cデバイスを接続する場合は、それぞれの端子を枝分かれさせて接続します。しかし、ArduinoにはSDAとSCLがそれぞれ一つずつしかありません。そこで、次図のようにまずArduinoからブレッドボードに接続し、その後それぞれのI^2Cデバイスに分けて接続します。

●ArduinoとI^2Cデバイスを接続する

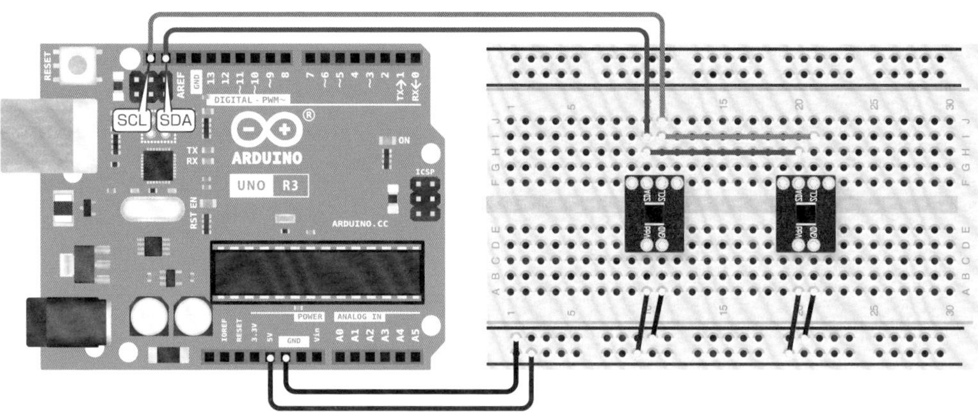

NOTE

駆動電圧に注意

I^2Cデバイスに接続する場合は、駆動電圧を必ず確認します。I^2Cデバイスによっては、3.3Vで駆動し、5Vは動作範囲外になっていることがあります。この場合は、3.3V電源を接続し、SDA、SCLを5Vから3.3Vに変換する必要があります。電圧の変換（レベルコンバータ）についてはp.240を参照してください。

NOTE

PA4とPA5をI^2Cの端子として利用可能

Arduino Unoなど最近のArduinoにはSDAおよびSCL用の端子が用意されています。しかし、エディションによってはSDA、SCL端子が用意されていません。この場合は、アナログ入力をするPA4をSDAとして、PA5をSCLとして利用可能です。Arduino UnoでもPA4とPA5をI^2Cソケットとして利用できます。
また、I^2Cで通信している場合は、PA4とPA5がI^2Cに使われるため、アナログ入力として使えないので注意が必要です。

≫ArduinoでI²Cデバイスを使う

Arduinoには、スケッチでプログラムを作成する際に、I²Cデバイスを簡単に利用できる「**Wire**」ライブラリが用意されています。ライブラリを読み込むよう設定することで、I²C制御用の各関数が使えるようになります。

Wireライブラリを利用するには、右のようにプログラムの先頭にWireのヘッダを読み込むよう指定します。

●Wireライブラリのヘッダを読み込む

```
#include <Wire.h>
```

setup()関数では、I²Cの初期処理をするように、右のように「Wire.begin()」関数を記述しておきます。

●Wireライブラリの初期処理

```
void setup()
{
    Wire.begin();
}
```

これで、プログラム内でI²C制御用のライブラリが使えるようになりました。

Wireライブラリでは次の表のような関数が使えます。

●Wireライブラリで利用できる関数

関数名	用途
begin()	Wireライブラリの初期処理をします
requestFrom()	通信対象となるI²Cデバイスのアドレスおよびデータ量を指定します
beginTransmission()	指定したI²Cデバイスとの送信を開始します
endTransmission()	I²Cデバイスとの送信を終了します
write()	I²Cデバイスにデータを書き込みます
available()	読み込み可能なデータ量を取得します
read()	I²Cデバイスからデータを読み込みます
onReceive()	マスターからデータが送られてきたときに呼び出す関数を指定します
onRequest()	マスターから割り込みした際に呼び出す関数を指定します

＊所定のレジスタに値を書き込む

I²Cデバイスに値を送る場合には、「beginTransmission()」で対象のI²Cデバイスに接続し、「write()」で所定の値を送り込み、「endTransmission()」で通信を終了する手順を踏みます。接続中にwrite()で値を順に指定することで、連続した値を送り込むことができます。

```
Wire.beginTransmission( I²Cアドレス );
Wire.write( 送信する値 );
Wire.endTransmission();
```

所定のレジスタに値を書き込む場合は、「レジスタのアドレス」「送信する値」の順にwrite()で送り込みます。

```
Wire.beginTransmission( I²Cアドレス );
Wire.write( 書き込み先のレジスタのアドレス );
Wire.write( 送信する値 );
Wire.endTransmission();
```

例えば、I²Cアドレスが「0x76」のデバイスでレジスタアドレス「0xf2」に「0x01」の値を書き込みたい場合は、右のように記述します。

```
Wire.beginTransmission( 0x76 );
Wire.write( 0xf2 );
Wire.write( 0x01 );
Wire.endTransmission();
```

レジスタのアドレス指定が不要なデバイス

I²Cデバイスによっては、書き込みレジスタを指定することなく、初めに送信した値を書き込むデバイスもあります。また、複数のデータを送る場合は、write()を連続して記述することで、順にデータを送れることもあります。デバイスによって使い方が異なるので、詳しい利用方法については、それぞれのデバイスのデータシートなどを参照ください。

＊所定のレジスタの値を読み取る

I²Cデバイスからデータを受信する場合には、requestFrom()で指定したバイト数だけ受け取ります。

```
Wire.requestFrom( I²Cアドレス, バイト数 );
保管する変数 = Wire.read( );
```

requestFrom()では、対象となるI²Cアドレスと、取得するバイト数を指定します。受け取ったデータはread()で取り出すことができます。

複数のデータを取得した場合は、read()を続けることで順に値を取り出せます。残っているデータ数はavailable()で確認できます。もし、すべての値をread()で読みだした場合は、「-1」が返ってきます。

右のように記述することで、所定の値を配列に記録できます。この例では4バイトのデータを取得してdata配列に格納しています。格納した値はdata[1]のように指定することで利用できます。

```
char data[4];
int i;

Wire.requestFrom( I2C_ADDR, 4 );
i = 0;
while( Wire.available() ){
    data[i] = Wire.read();
    i++;
}
```

所定のレジスタに記録されている値を取得したい場合は、write()で所定のアドレスに移動してから読み取りをします。

```
Wire.beginTransmission( I²Cアドレス );
Wire.write( 読み込み対象のレジスタのアドレス );
Wire.endTransmission();

Wire.requestFrom( I²Cアドレス, バイト数 );
保管する変数 = Wire.read( );
```

例えば、I²Cアドレスが「0x76」のデバイスで、レジスタアドレス「0xf7」から「0xfa」まで保管されているデータを取得したい場合は右のように記述します。

```
char data[4];
int i;

Wire.beginTransmission( 0x76 );
Wire.write( 0xf7 );
Wire.endTransmission();

Wire.requestFrom(0x76, 4);
i = 0;
while( Wire.available() ){
    data[i] = Wire.read();
    i++;
}
```

NOTE　レジスタの選択ができない

I²Cデバイスによっては、読み込むレジスタを指定することができません。この場合は、初めから必要なデータが格納されたアドレスまでrequestFrom()で読み取り、必要なデータ部分だけ取り出して利用します。

前述したように、I^2Cは複数のデバイスを接続することが可能です。そのため、デバイスを制御する場合、対象デバイスを指定する必要があります。各I^2Cデバイスにはアドレス（**I^2Cアドレス**）が割り当てられており、I^2Cマスターから対象となるデバイスのアドレスを指定することで制御できます。アドレスは、16進数表記で0x03から0x77までの117個のアドレスが利用できます。

各デバイスは、特定のアドレスがあらかじめ割り当てられていることがほとんどです。アドレスはデバイスのデータシートなどに記載されています。I^2Cデバイスによっては、VddやGNDなどに接続したり、ジャンパーピンを導通させることで、アドレスを選択できるものもあります。

もし、I^2Cアドレスが分からない場合は、アドレス取得プログラムをArduinoに書き込むことで調べられます。

✻ I^2Cデバイスのアドレスを調べる

デバイスのI^2Cアドレスを調べるには、「**I2C_scanner**」プログラムを取得して、Arduinoに書き込みます。

プログラムはI2C_scannerのWebページで入手できます。Webブラウザを起動し、「https://github.com/asukiaaa/I2CScanner」にアクセスします。右上にある「Clone or download」をクリックして「Download ZIP」をクリックするとファイルをダウンロードできます。

ダウンロードしたファイルはZIP形式で書庫化されています。ファイル上で右クリックして「すべて展開」を選択して展開します。展開したフォルダ内にある「I2CScanner.ino」をArduino IDEで開き、Arduinoへ転送します。

転送が完了したら、「ツール」メニューの「シリアルモニタ」を選択してシリアルモニタを表示します。右下の通信速度を「115200bps」に変更します。すると、I^2Cデバイスから取得したアドレスが表示されます。

●I2C_scannerのプログラム取得
（https://github.com/asukiaaa/I2CScanner）

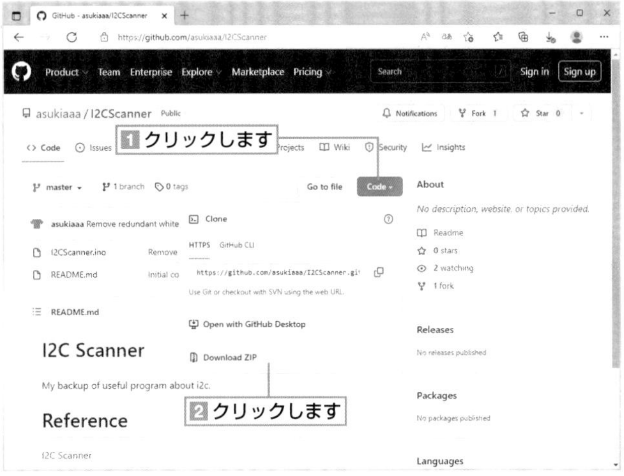

●接続されたI^2Cデバイスのアドレスが表示される

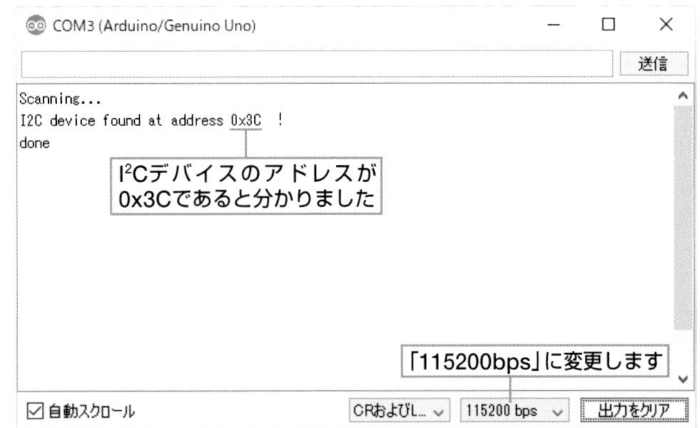

NOTE

I^2C アドレスが表示されないデバイスもある

I^2Cデバイスによっては、I2C_scannserでI^2Cアドレスを取得できないこともあります。

NOTE

10進数、16進数、2進数

一般生活では、0～9の10個の数字を利用して数を表しています。この表記方法を「**10進数**」といいます。しかし、コンピュータでは10進数での数字表記だと扱いが面倒になる場合があります。
コンピュータではデジタル信号を利用しているため、0か1の2つの状態しかありません。これ以上の数字を表す場合、10進数同様に桁を上げて表記します。つまり1の次は桁が上がり、10となります。この0と1のみで数を表記する方法を「**2進数**」といいます。
しかし、2進数は0と1しか無いため桁が多くなればなるほど、どの程度の値かが分かりづらくなります。例えば、「10111001」と表記してもすぐに値がどの程度なのかが分かりません。
そこで、2進数の4桁をまとめて1桁で表記する「**16進数**」をコンピュータではよく利用します。2進数を4桁で表すと、右表のように16の数字が必要となります。しかし、数字は0～9の10文字しか無いため、残り6個をa～fまでのアルファベットを使って表記します。つまり、先述した「10111001」は、16進数で表すと「b9」と表記できます。また、アルファベットに大文字を利用して表記する場合もあります。

●10進数、16進数、2進数の表記

10進数	16進数	2進数
0	0	0
1	1	1
2	2	10
3	3	11
4	4	100
5	5	101
6	6	110
7	7	111
8	8	1000
9	9	1001
10	a	1010
11	b	1011
12	c	1100
13	d	1101
14	e	1110
15	f	1111

NOTE

Arduinoでの16進数、2進数の表記方法

「a4」のようにアルファベットが数字表記に入っていれば16進数だと分かります。しかし、「36」と表記した場合、10進数であるか16進数であるか分かりません。そこで、Arduinoのプログラム上で16進数を表記する際には、数字の前に「0x」を付加します。つまり、「0x36」と記載されていれば16進数だと分かります。
同様に2進数で表記する場合は「0b」を付けます。一般的に10進数の場合は何も付けず、そのまま数値を表記します。

Section
2-6

デジタル通信方式(2)—SPI通信方式

前節で解説したI²Cと同じく、SPIは電子部品の通信のために開発された規格で、ArduinoではSPI通信方式も利用できます。SPIは最大通信速度が速く、ストレージなど大量のデータ通信が必要なデバイスでの利用に適しています。

SPI通信方式

I²Cと同様に、ICなどの電子部品との通信のために開発された通信方式に「**SPI**」(Serial Peripheral Interface)があります。旧モトローラが提唱した通信規格で、ICや電子デバイスとの通信が可能です。

SPIの特徴は高速通信に対応していることです。I²Cは標準モードで100Kbps、高速モードに対応したデバイスでも3.4Mbpsでしか通信できず、ストレージやディスプレイなどの大量のデータ転送が必要なデバイスには向きません。デバイスによって最大通信速度が異なりますが、SPIは最大数十Mbpsでの通信も可能です。

I²C同様、SPIは複数のデバイスを接続して個別に制御します。制御するデバイスを「マスター(**SPIマスター**)」、制御されるデバイスを「スレーブ(**SPIスレーブ**)」と呼びます。Arduinoからデバイスを操作する場合は、Arduinoがマスターになります。

●4本の信号線で動作するSPIデバイス

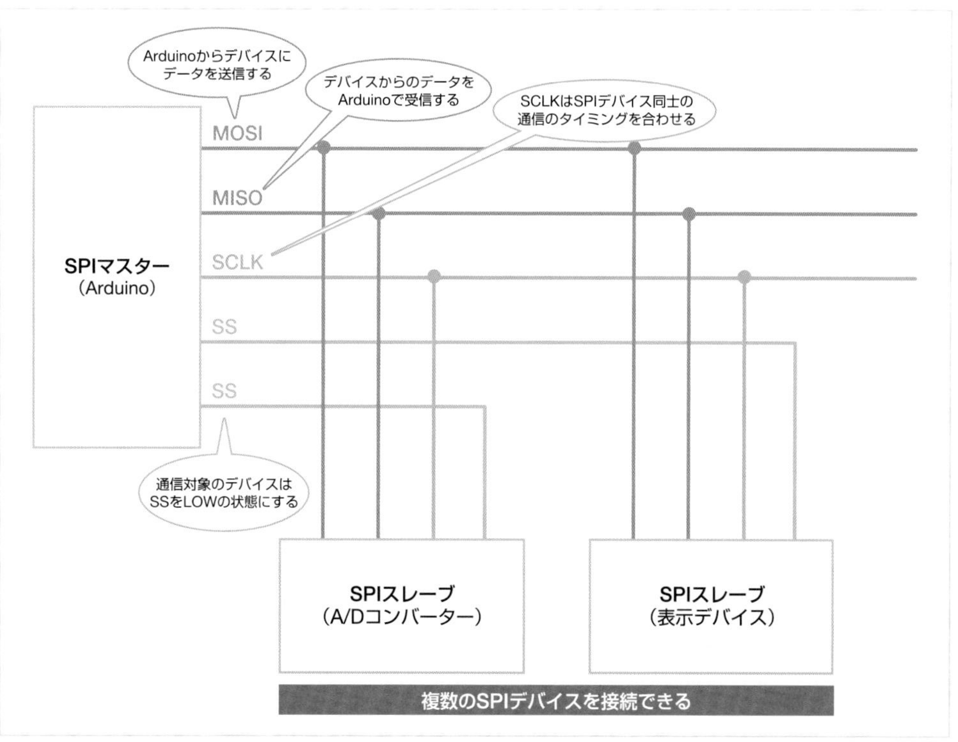

SPIは4本の通信線で制御します。通信データは2本の線を利用して転送します。「**MOSI**」(Master Out Slave In）はマスターからスレーブ方向にデータを転送し、「**MISO**」（Master In Slave Out）はスレーブからマスター方向にデータを転送します。

「**SCLK**」（Serial Clock。機器によっては「SCL」とも）は、通信するデバイス同士のタイミングを合わせるのに利用します。「**SS**」（Slave Select）では、制御対象のデバイスを選択します。対象のデバイスのSSを0V（LOW）にすることで通信可能になります。なおSSのことを「**CS**」（Chip Select）や「**CE**」（Chip Enable）と呼ぶ場合もあります。

複数のSPIデバイスを制御する場合は、各デバイスのSSをArduinoの開いているデジタル入出力端子にそれぞれ接続します。通信しない場合はHIGHの状態にしておき、通信対象のSSだけをLOWに変更してデータのやり取りをします。

SPIのデータ通信方法

SPIでは、データのやりとりが送信（MOSI）と受信（MISO）に分かれています。それぞれのデバイスには送信データを格納するシフトレジスタが用意されています。SPIではデータの送受信は同時にします。

●それぞれのシフトレジスタに格納されたデータを送受信する

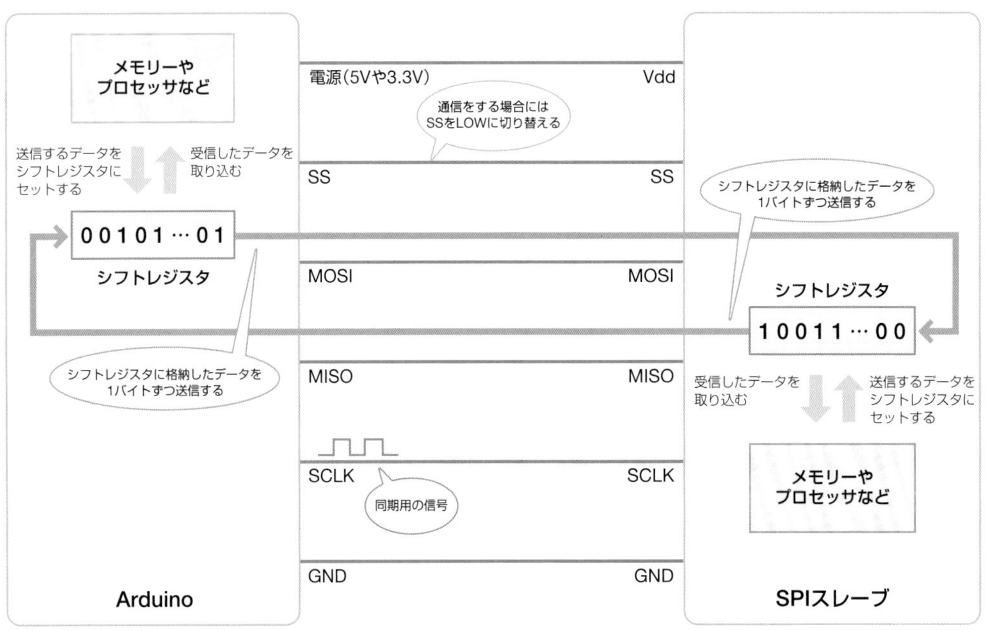

マスターではシフトレジスタ先頭の1ビットをMOSIを通じてスレーブに送信します。同時にスレーブもシフトレジスタ先頭の1ビットをMISOを通じてマスターに送信します。送信後に先頭の1ビットを取り除き次のビットが先頭になるよう全体をずらします。末尾に受信したビットを格納するようにします。

この作業を8回繰り返すと、マスターのシフトレジスタに入っていたデータはスレーブのシフトレジスタに移ったことになります。逆にスレーブのデータもマスターのシフトレジスタに格納されています。

このシフトレジスタに格納されたデータを取り出してプロセッサなどで処理をします。

ArduinoのSPI端子

SPIデバイスをArduinoに接続するには、デジタル入出力と同じ端子を利用します。データ送信用「MOSI」はPD11、受信用「MISO」はPD12、「SCLK」はPD13に接続します。SSは任意の空いているデジタル入出力端子に接続します。また、SPIライブラリでは「SS」という定数が定義されており、この定数を利用するとPD10を制御できるようになっています。このため、通常はPD10に接続するようにしておきます。

また、SPIデバイスの電源とGNDを接続するのも忘れないようにしてください。

なお、複数のSPIデバイスを接続する場合はMISO、MOSI、SCLKを枝分かれして接続します。しかし、Arduinoには各端子が1つずつしかありません。そこで、Arduinoからブレッドボードに接続してから、それぞれのSPIデバイスに分けて接続します。

また、SSはデバイスごとにArduinoへ接続する必要があります。

●ArduinoとSPIデバイスを接続する

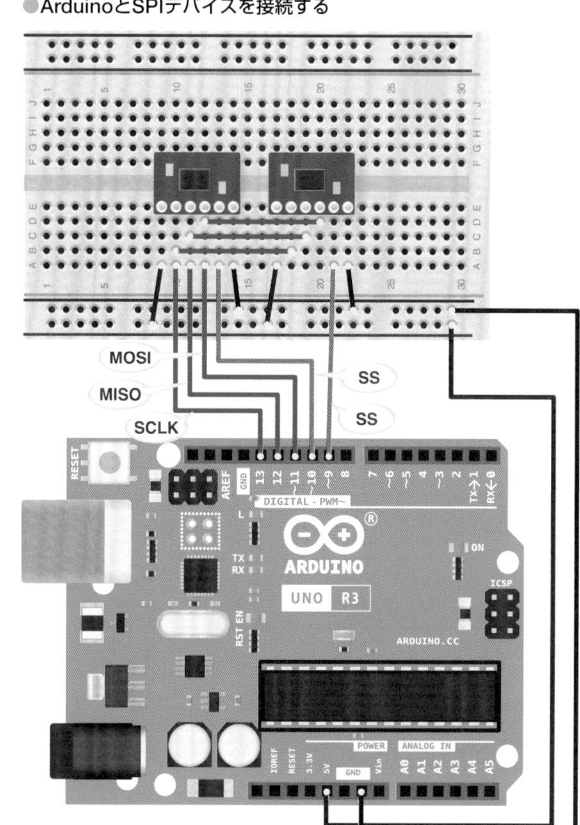

ArduinoでSPIデバイスを使う

SPIデバイスをArduinoから制御するには、SPI用の「**SPI**」ライブラリを利用します。ライブラリには通信用の関数などが準備されており、簡単に通信ができます。

SPIライブラリを利用するには、右のようにプログラムの先頭にSPIライブラリを読み込むヘッダを記述しておきます。

●SPIライブラリのヘッダを読み込む

```
#include <SPI.h>
```

setup()関数で、SPIに関する設定を記述します。

通信するSPIデバイスを選択するため、SSに接続したデジタル入出力端子をデジタル出力モードに設定しておきます。PD10をSSに接続した場合は、「pinMode(SS, OUTPUT)」のように対象の端子番号に「SS」と指定できます。また、最初は通信対象にしないよう「HIGH」を出力しておきます。

●SPIライブラリの初期処理

```
void setup() {
    pinMode( SS, OUTPUT );
    digitalWrite( SS, HIGH );

    SPI.setBitOrder( MSBFIRST );
    SPI.setClockDivider( SPI_CLOCK_DIV4 );
    SPI.setDataMode( SPI_MODE0 );

    SPI.begin();
}
```

SPI.setBitOrder()では、ビッドの上位と下位のどちらから送信するかを指定します。「MSBFIRST」とすると、上位ビットから順に下位ビットまで送信するようになります。逆に下位ビットから上位ビットの順に送る場合は「LSBFIRST」と指定します。

SPI.setClockDivider()では、SPIの同期クロックの周波数を指定します。周波数はArduinoの動作クロックに対して何分の1にするかを指定します。「SPI_CLOCK_DIV2」と指定した場合は2分の1、「SPI_CLOCK_DIV4」と指定した場合は4分の1となります。Arduino Unoの動作クロックは16MHzなので、「SPI_CLOCK_DIV4」と指定するとSPIの同期クロックは4MHzとなります。通常は「SPI_CLOCK_DIV4」と指定します。

SPI.setDataMode()では、データを取得するタイミングを指定します。通常は「SPI_MODE0」と指定します。

設定の後に「SPI.begin()」関数を記述することでSPIでの通信が有効になります。

これで、プログラム内でSPI制御用のライブラリが使えるようになりました。

SPIライブラリでは次の表のような関数を使えます。

●SPIライブラリで利用できる関数

関数名	用途
begin()	SPIライブラリの初期処理をして有効にします
end()	SPI通信を無効にします
setBitOrder()	データを送信するビットの順序を指定します
setClockDivider()	SPIの同期クロックの周波数を指定します
setDataMode()	データの取得するタイミングを指定します
transfer()	データの送受信をします

＊データを送信する

SPIデバイスにデータを送る場合には、右のような形式で通信をします。

```
digitalWrite( SSの端子番号, LOW );
SPI.transfer( 送信する値 );
digitalWrite( SSの端子番号, HIGH );
```

まず、対象となるSSに接続したデジタル出力端子を「LOW」に切り替え、SPIデバイスとの通信ができるようにします。次にSPI.transfer()で送信する値を指定します。もし、複数の値を送信したい場合は、連続してSPI.

transfer()で送信する値を順に指定します。

なお、SPIデバイスによっては、送るデータの間に数ミリ秒の待機時間が必要になる場合があります。この場合は、右のようにdelay()で所定の時間（ミリ秒単位）だけ待機するようにします。

```
SPI.transfer( 0x10 );
delay( 10 );
SPI.transfer( 0x20 );
```

これでSPIデバイスに目的のデータが送信できました。

通信が完了したらSSをHIGHに切り替えておきます。

＊データを受信する

SPIの場合は、送信と受信を同時にやりとりするような仕組みとなっています。このため、SPI.transfer()でデータを送信すると共にSPIデバイスからデータが送られてきます。送られてきたデータはSPI.transfer()の戻り値となっています。送られてきた値をプログラムで利用したい場合は、次のように変数などに戻り値を代入します。

```
digitalWrite( SSの端子番号, LOW );
データを格納する変数 = SPI.transfer( 送信する値 );
digitalWrite( SSの端子番号, HIGH );
```

しかし、SPIデバイスによっては、Arduinoの命令を受け取ってから次にタイミングで結果を送るようにしています。このため、初めの通信のタイミングの戻り値にはデータが格納されていません。この場合は、命令を送った後に「0x00」などのデータを送り、SPIデバイスからのデータを受け取るようにします。

例えば、0x10という命令をSPIデバイスに送って、その結果を取得するには次のように記述します。

```
SPI.transfer( 0x10 );          ── 命令を送信する
delay( 10 );
data = SPI.transfer( 0x00 );   ── 値を取得する
```

これで、dataにはSPIデバイスから送られてきた値が「data」変数に格納されます。

もし複数の値が送られてくる場合は、連続してSPI.transfer()で取得するようにします。

```
SPI.transfer( 0x10 );
delay( 10 );
data1 = SPI.transfer( 0x00 );   ── 1つ目の値を取得する
data2 = SPI.transfer( 0x00 );   ── 2つ目の値を取得する
```

Section 2-7

デジタル通信方式（3）―UART通信方式

本書では対応機器の紹介はしませんが、I²CやSPIと同様に、Arduinoで利用可能な電子部品とのデータ通信規格に「UART」があります。ここではUARTの概要の解説と、ArduinoでのUARTの利用方法について解説します。

UART通信方式

I²CやSPIと同様に、電子部品とデータ通信する方式に「**UART**」（Universal Asynchronous Receiver Transmitter）があります。ICなどの電子部品との通信だけでなく、コンピュータ同士やコンピュータ周辺機器との通信のために用意されていた通信方式です。かつて、インターネット接続する際などに利用したアナログモデムとパソコン間でデータ転送するために、UARTの一種である「**RS-232C**」が利用されていました。UARTでの通信を「**シリアル通信**」と呼ぶこともあります。

UARTでは、データ送信用の「TxD」と、データ受信用の「RxD」の2本を接続します。I²CやSPIのように、同期用の信号線は用いず、送信側デバイスと受信側デバイスがあらかじめ通信速度などを同じにしておくことで通信のタイミングを合わせ、正しくデータをやりとりできるようにしています。

UARTの通信速度は、一般的に最大115.2kbpsとなっています。ただし、デバイスによっては16Mbpsでの通信が可能なものもあります。デバイス同士の通信速度が同じであれば通信が可能で、最大通信速度が異なる場合でも、遅いデバイスに速度を合わせることで通信できます。

●2本の信号線でやりとりするUART通信

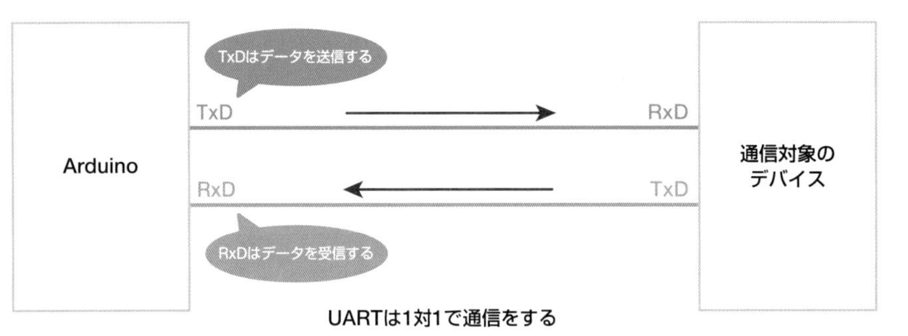

NOTE

同期機能を備えた「USART」方式

UARTはデバイス同士が同期をとらない「非同期」方式であるため、通信速度の設定が異なると正しく通信できません。そこで、UARTに同期機能を実装した「**USART**」（Universal Synchronous Asynchronous Receiver Transmitter）という方式があります。USARTでは、7または8ビットのデータを転送するごとに同期用の信号を送り、デバイス間で通信のタイミングを取っています。

≫ArduinoのUART端子

ArduinoでUARTで通信するにはGPIOを利用します。データ送信用の「TxD」はPD1番、データ受信用の「RxD」はPD0番に接続します。デバイス間の電圧のレベルを合わせるためにGNDを接続します。

実際の接続は、ArduinoのTxD端子を通信対象デバイスの「RxD」に、ArduinoのRxD端子を通信対象デバイスの「TxD」に繋ぎます。

●ArduinoとデバイスをURATで通信する接続

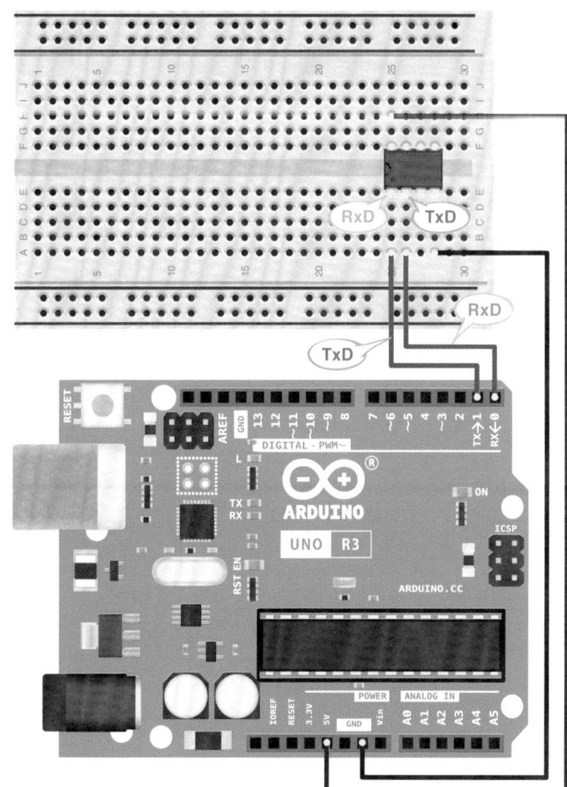

NOTE

USBシリアル通信と共用

Arduinoのシリアル通信端子は、USBのシリアル通信と共用されています。このため、パソコンからArduinoへプログラムを転送する際には、USBを介してPD0とPD1を利用して送り込んでいます。また、プログラムの動作状態を確認するために、シリアルモニターで監視する場合にもPD0とPD1を使っています。このため、他のUART通信をするデバイスと接続して、シリアルモニターで動作を確認するような使い方はできません。このような場合には、p.56で後述するソフトウェアシリアル通信を利用します。

≫UARTのデータ通信方法

UARTで通信する場合のライブラリは標準で読み込まれているため、そのままの状態で利用できます。

UARTの初期化などのため、setup()にSerial.begin()を記述します。この際、通信速度を指定しておきます。通信速度は「9600」や「115200」などを指定できます。

●UART通信の初期処理

```
void setup() {
    Serial.begin(通信速度);
}
```

なお、接続するデバイスによって通信速度の上限が異なります。速すぎると正しく通信できないので、データシートなどを確認して正しい通信速度を指定します。

通信が完了したらSerial.end()でUARTでの通信を切断できます。ただし、継続的に通信を続ける場合は切断の必要はありません。

＊データを送信する

Arduinoからデバイスへデータ送信する場合は、Serial.write()を利用します。指定した値をUARTを介してデバイスに送ります。

例えば、0xa4という値を送りたい場合は右のように記述します。

文字列の送信もできます。例えば、「Arduino」という文字列を送信したい場合は右のように記述します。

●データを送信する

```
Serial.write( 値 );
```

●値を送信する例

```
Serial.write( 0xa4 );
```

●文字列を送信する例

```
Serial.write( "Arduino" );
```

＊データを受信する

UARTで受信したデータはArduinoの一時保管用の領域「バッファ」に保管されます。受信したデータはバッファに保管されているデータを取り出すことで利用可能です。

バッファからデータを取得するには、Serial.read()を使います。

最初の1バイトを取り出すには右のように記述します。これでdata変数に取得した値が格納されます。受信したデータが何も無い場合は「-1」が格納されます。

複数のデータを取り出すには、Serial.read()で連続してデータを取得するようにします。

これを受信したデータの数だけ繰り返せば、送られてきた全データを使えます。この場合には、Serial.available()でバッファ内に残っているデータの数を確認でき、データが無くなるまで繰り返しデータを読み取ることができます。右の例では、受信したデータをmsg配列に格納しています。

●データを取得する

```
格納する変数名 = Serial.read( );
```

●1バイトのデータをdataに格納する例

```
data = Serial.read( );
```

●2バイトのデータを取り出す例

```
data1 = Serial.read( );
data2 = Serial.read( );
```

●バッファが無くなるまでデータを取り出す例

```
void loop(){
    char msg[128] = {0};
    i = 0;

    while ( Serial.available() > 0 ){
        msg[i] = Serial.read( );
        i = i + 1;
    }
```

ソフトウェアシリアル通信

Arduinoのマイコンチップにはハードウェアで UART通信ができる機能が実装されていて、PD0とPD1に接続することでデータのやりとりができます。しかし、Arduino UnoではUART接続ポートが1つしか用意されておらず、複数のUARTデバイスを接続したり、パソコンでシリアル通信しながら他のUARTデバイスと通信するといったことができません。

複数のUARTデバイスと通信したい場合には「**ソフトウェアシリアル通信**」を利用します。ソフトウェアシリアル通信は、プログラムでシリアル通信の機能を実現した方法です。PD0、PD1以外のデジタル入出力端子を利用して通信ができるようになっているので、複数のUARTデバイスとの通信が可能です。

なお、ソフトウェアシリアル通信に対して、Arduinoのマイコンチップで処理するUART通信のことを「**ハードウェアシリアル通信**」とも呼びます。

●プログラムでシリアル通信を実現する「ソフトウェアシリアル通信」

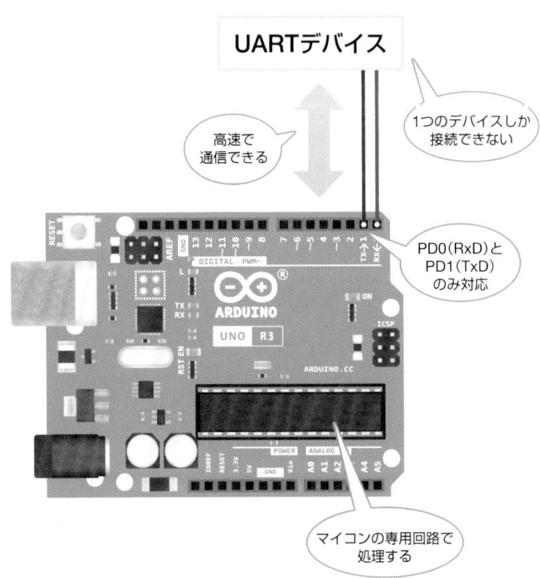

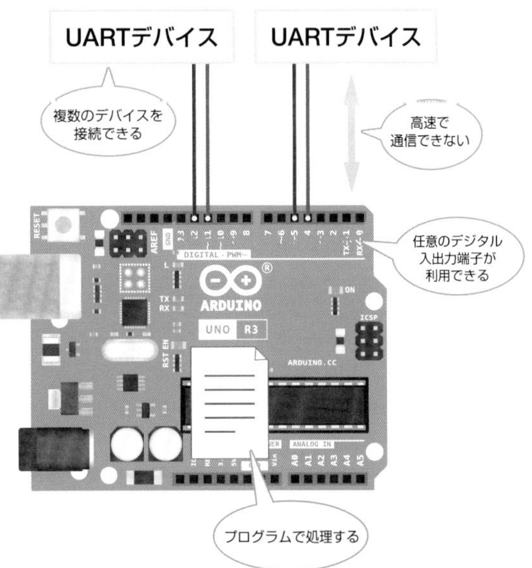

ソフトウェアシリアル通信は、任意のデジタル入出力端子を指定できるため、複数のUART通信デバイスを接続できます。しかし、ソフトウェアでの処理は時間がかかるため、通信速度が速すぎると正しく通信ができません。正しく通信できない場合は、通信速度を遅くしてみましょう。

●ソフトウェアシリアル通信を使ってURATデバイスに接続

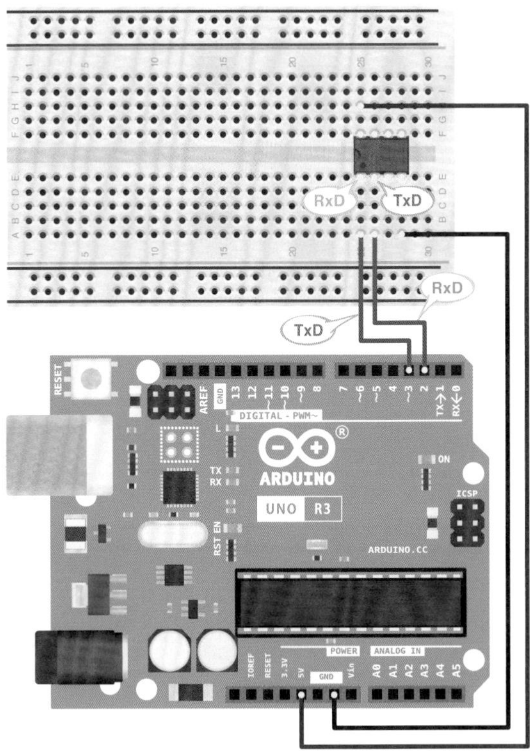

＊UARTでバイスとのソフトウェアシリアル通信

ソフトウェアシリアル通信を利用して通信するには、任意のデジタル入出力端子にUARTデバイスのRxDとTxD端子に接続します。例えば、PD2をRxD、PD3をTxDとして利用する場合は、UARTデバイスのRxDをPD3に、TxDをPD2にそれぞれ接続するようにします。

プログラムでソフトウェアシリアルで通信するには、「**SoftwareSerial**」ライブラリを利用します。ライブラリには通信用の関数などが用意されています。

プログラムの先頭で、右のように記述してSoftwareSerialライブラリを読み込んでおきます。

●SoftwareSerialライブラリのヘッダを読み込む

```
#include <SoftwareSerial.h>
```

次に、どのデジタル入出力端子を利用しているかを指定します。この際、インスタンスを作成して別名を付けておきます。

●利用する端子の指定とインスタンスの作成

```
SoftwareSerial インスタンス名( RxDの端子, TxDの端子 );
```

例えば、RxDをPD2、TxDをPD3に接続して、インスタンス名をmyserialとする場合には、右のように指定します。

●インスタンス名をmyserialにする例

```
SoftwareSerial myserial( 2, 3 );
```

次に、setup()でソフトウェアシリアルの初期化および通信を開始します。begin()で通信速度を指定します。

●初期設定と通信の開始

```
void setup() {
    インスタンス名.begin(通信速度);
}
```

例えば、myserialに指定したインスタンスを使って9600bpsで通信する場合は右のようにします。

●9600bpsで通信する例

```
void setup() {
    myserial.begin( 9600 );
}
```

これで通信の準備が完了しました。また、通信を終了する場合は「インスタンス名.end();」と記述します。

＊データの送受信

実際にデータを送受信する場合は、ハードウェアシリアルと同じです。この際、作成したインスタンス名を指定するようにします。

データを送信する場合は右のように記述します。

●データを送信する

```
インスタンス名.write( 値 );
```

インスタンス名myserialで0x80を送信する場合は、右のように記述します。

●1バイトのデータを送信する例

```
myserial.write( 0x80 );
```

文字列の送信も可能です。右は「Arduino」と送信する例です。

●文字列を送信する例

```
myserial.write( "Arduino" );
```

データを受信する場合は、read()を使ってバッファからデータを取り出します。例えば、data変数に格納するには、右のように記述します。

●データを取り出す

```
格納する変数 = インスタンス名.read( );
```

また、p.56と同じように、available()でバッファに保管されているデータの数を確認しながら受信した文字列の取得もできます。この場合は、Serialの代わりに作成したインスタンス名を指定します。

Chapter

3

LED（発光ダイオード）

LED（発光ダイオード）は、電圧を加えると発光する電子部品です。照明のように明るく照らしたり、イルミネーションとして利用したりするだけでなく、電子工作の状態表示などにも利用できます。ここでは、LEDの正しい点灯方法やフルカラーLEDの制御方法などを解説します。

Section 3-1 LEDの点灯・制御

LEDは電気を加えると点灯する電子部品です。Arduinoに接続すれは、点灯や消灯を制御でき、照明として自動点灯させたり、ユーザーに作品の動作状況を知らせるなど幅広い用途で利用できます。

光を発する「LED」

LED（Light Emitting Diode）は、電源に接続してLEDに電流を流すと発光する電子部品です。電化製品などのオン・オフの状態を示すランプ、電光掲示板などに利用されています。最近では、省電力電球としてLED電球が販売されていることもあり、知名度も高くなってきました。

●明かりを点灯できる「LED」

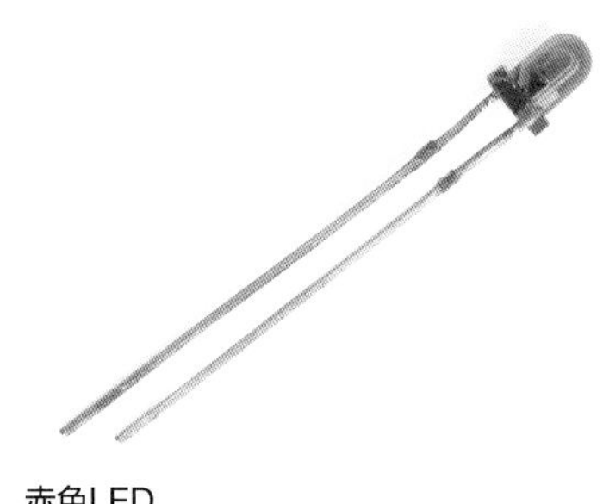

赤色LED

LEDは様々な形状のものが販売されています。先端が丸まっている砲弾型、四角い形状の角型、チップ状の表面実装型などがあります。利用する形状は、配置する場所などを考慮して選択します。まず、LEDの点灯を試したい場合には、砲弾型のLEDが扱いやすくおすすめです。

●LED形状は様々

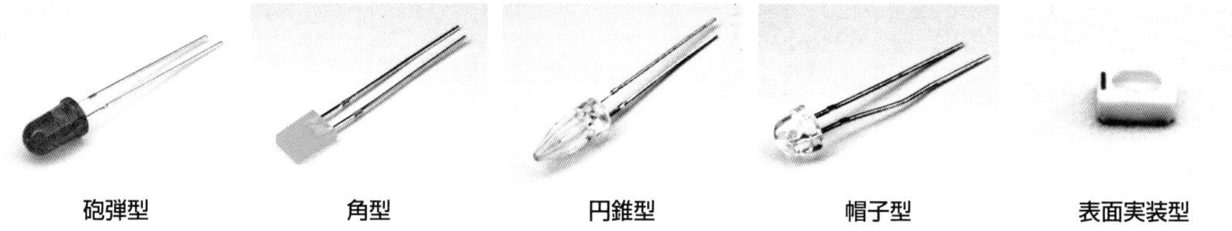

砲弾型　角型　円錐型　帽子型　表面実装型

色も赤や緑、青、黄色、白、ピンクなど様々なLEDがあります。単色ではなく、赤、緑、青のLEDがパッケージ化されて様々な色で点灯できる「**フルカラーLED**」や、虹色に変化するLEDなどもあります。さらに、赤外線や紫外線などの目に見えない光を発光するLEDも販売されています。LEDの発色に関しては、LEDの素子自体がその色で発光するものと、パッケージしている樹脂の色で発光した光の色を変更するものの2種類があります。一般的に素子自体が発光する方が明るい傾向にあります。

●様々な色で点灯するLED

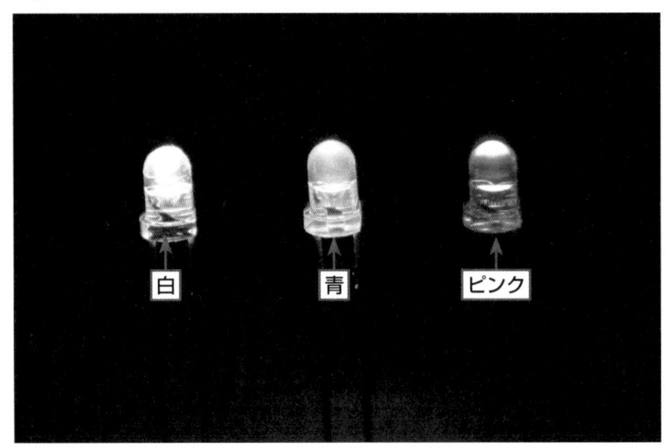

NOTE
フルカラー LED の点灯

フルカラーLEDの点灯方法についてはp.81を参照してください。

LEDの選択

LEDを選ぶ際は、形状や点灯色以外に、LEDの特性を確認しておきましょう。

最初に確認するのが「明るさ」です。プログラムの状態などを通知する用途でLEDを使うケースと、照明として周囲を照らすケースでは、求める明るさが違います。

各商品には、LEDがどの程度の明るさで点灯するかを示す「**光度**」が記載されています。光度とは光の強さを表す値です。値が高いほど明るく点灯し、小さいほど暗く点灯します。単位は**cd**(Candela：**カンデラ**）で表します。例えば、太陽の光度は3150秭cd(秭は数字の後に0が24個付加される)、月は6400兆cd、100Wの白熱電球が120cd、40Wの蛍光灯ランプが370cd、ろうそくの光が0.9cd程度となっています。例えば、20cd（20000mcd）と表記があるLEDの場合は、100Wの白熱電球の6分1程度の明るさだと分かります。

暗いLEDを複数組み合わせれば明るくなります。20cdのLEDでも、6個をまとめて点灯すれば100Wの白熱電球程度の明るさを得られることになります。

次に、電気的特性を確認します。LEDには、点灯のために必要な情報として「**順電圧（Vf）**」と「**順電流（If）**」が記載されています。順電流に記載された電流をLEDに流したい場合には、順電圧に記載された電圧をかけることを表します。このLEDを点灯するのに推奨する電圧、電流が記載されているのが一般的です（LEDは記載された順電流以下で点灯します)。

Arduinoのデジタル入出力端子に直接接続してLEDを点灯、消灯する場合は、順電圧が4V以下、順電流は30mA以下の製品を選択します。なお、実際に流す電流はArduinoのデジタル入出力に流せる電流の制限を考慮する必要があります。

●商品ごとの順電圧と順電流

パッケージ表記

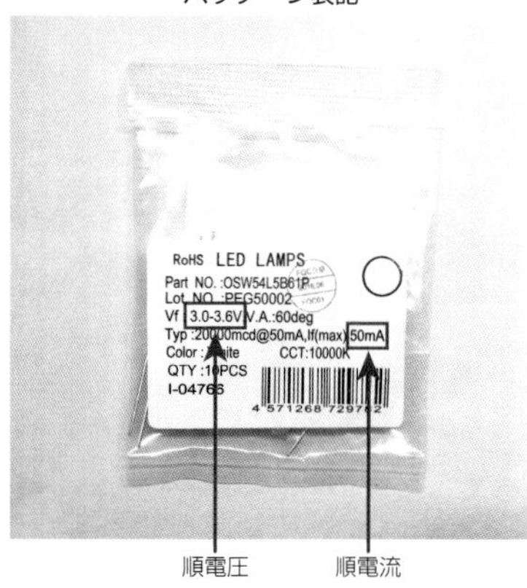

販売サイト

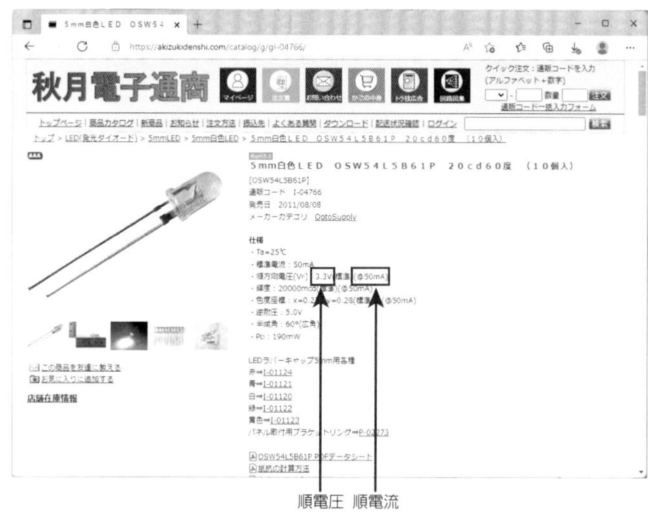

順電圧、順電流が高いLEDの点灯

順電圧が5V以上であったり、順電流が40mA以上であるLEDは、Arduinoのデジタル入出力端子に直接接続して点灯制御するとArduinoの電流の上限を超えてしまいかねません。この場合は、p.72で紹介する方法を利用して点灯するようにします。
なお、Arduinoなどのマイコンでは、直接LEDなどの電子部品を制御することは推奨されていません。試験程度であれば直接動作は問題ありませんが、実際の作品でLEDを制御する場合はトランジスタやFETなどを使ってLEDを点灯させるのが無難です。

LEDの点灯原理

LEDは「**p型半導体**」と「**n型半導体**」と呼ばれる2種類の半導体が繋がり合っています。p型半導体では「**正孔**」と呼ばれる正の電荷が動け、n型半導体では負の電荷である「**電子**」が動くことができます。

p型半導体に電源の＋極を、n型半導体に－極をつなぐと、正孔と電子がp型半導体とn型半導体の繋がった部分（p-n接合部）に向かって動きます。すると、p-n接合部では、正孔と電子が結びつく「**再結合**」が発生します。この再結合時に発生したエネルギーが光となって放出します。

●LEDの動作原理

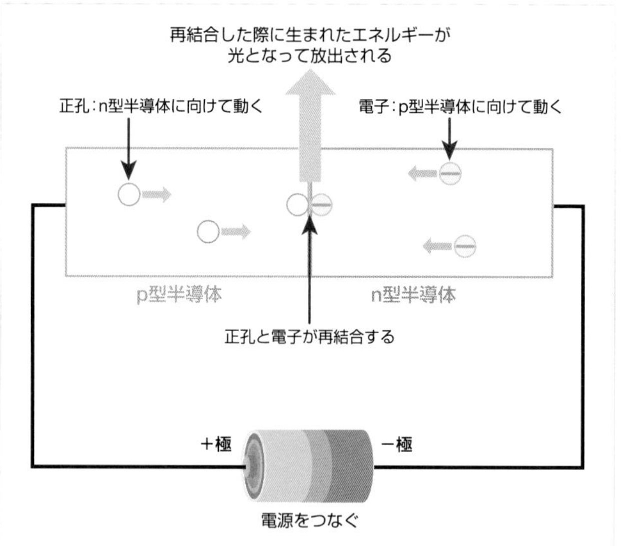

LEDは、正孔や電子が再結合する数が多ければ多いほど明るく光ります。つまり、LEDに流れる電流が大きければ明るく光ることになります。しかし電流の量が多くなりLEDの限界を超えると、LEDが壊れてしまいます。壊れたLEDは、再度電気をかけても光ることはありません。また、LEDが壊れる際には、発熱や発煙を伴うことがあります。また、壊れたLEDによっては導通状態となってしまい、思わぬ大電流が流れてしまう危険性があります。LEDには正しい電流を流すことが重要です。

●流す電流が多いと明るく光る

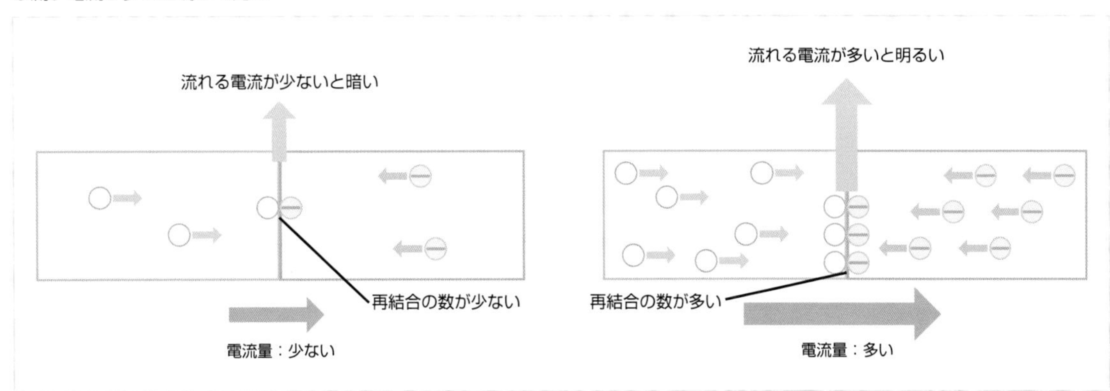

NOTE

LEDに流す電流の調節

LEDに流す電流はLEDに接続する抵抗の大きさで調節できます。詳しくはp.68のNOTEを参照してください。

電源を逆に接続すると、正孔と電子は、端子側（p-n接合部の逆側）に寄ってしまい、再結合が起きません。そのため、LEDは点灯しません。逆に電源を接続してもLED自体は壊れはしないので、正しくつなぎ直せばLEDは発光します。

ただし、逆に接続した際に大きな電圧をかけるとLEDが壊れる（**絶縁破壊**）ので注意しましょう。どの程度の電圧に耐えられるかはデータシートなどに「**逆耐圧**」として記載されています。

●逆に電圧をかけると発光しない

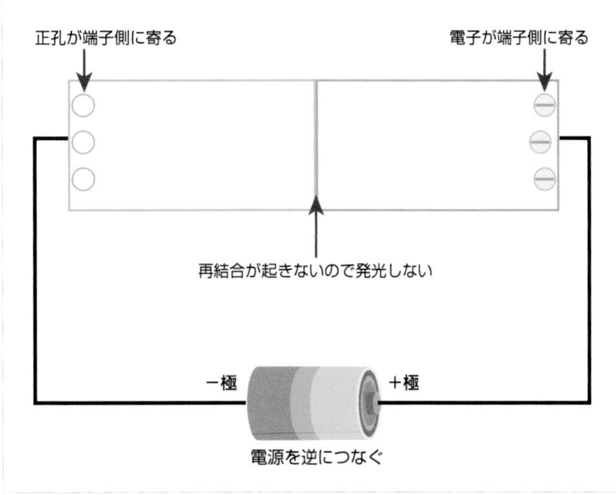

POINT

点灯時の電圧

LEDは、抵抗のように電圧と電流が比例して変化する電子部品ではありません。LEDにかける電圧を0Vから徐々に上げてゆくと、LEDが点灯するまで電流は流れません。特定の電圧に達すると、LEDが点灯をし、徐々に電流が流れます。
続けて電圧を上げると、急激に電流の量が増え、それに伴いLEDも明るく発光をします。このとき、微量の電圧変化でも大きく電流は変化します。
そして、LEDが耐えられなくなると、壊れてLEDが点灯しなくなります。

●LEDにかける電圧と電流の変化

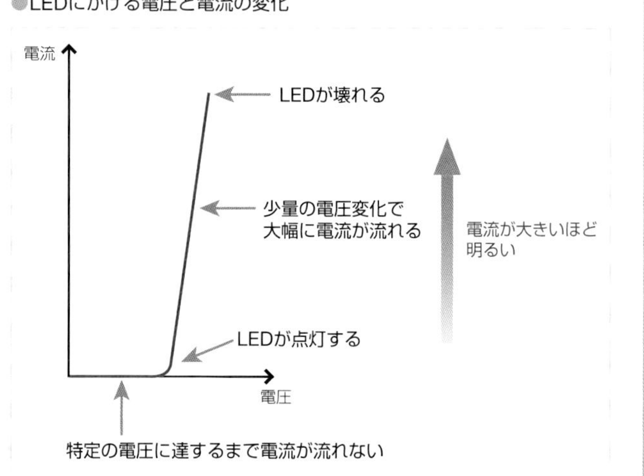
電流
LEDが壊れる
少量の電圧変化で
大幅に電流が流れる
電流が大きいほど
明るい
LEDが点灯する
電圧
特定の電圧に達するまで電流が流れない

LEDの点灯制御回路

LEDには極性があります。逆に接続すると電流が流れず、LEDを点灯できません。

極性は端子の長い方を「**アノード**」と呼び、電源の＋（プラス）側に接続します。端子の短い方を「**カソード**」と呼び、電源の－（マイナス）側に接続します。

さらに、端子の長さだけでなく、LEDの外殻や内部の形状から極性が判断できます。外殻から判断する場合は、一般的にはカソード側が平たくなっています（ただし、製品によっては平たくない場合もあります）。内部の形状で判断する場合は、三角形の大きな金属板がある方がカソードです。

表面実装型など一部のLEDについては、極性の判断方法が異なります。例えば、アノード側の端子にへこみがある、小さな点が打ってある、角に切りか

●LEDの極性は形状で判断できる

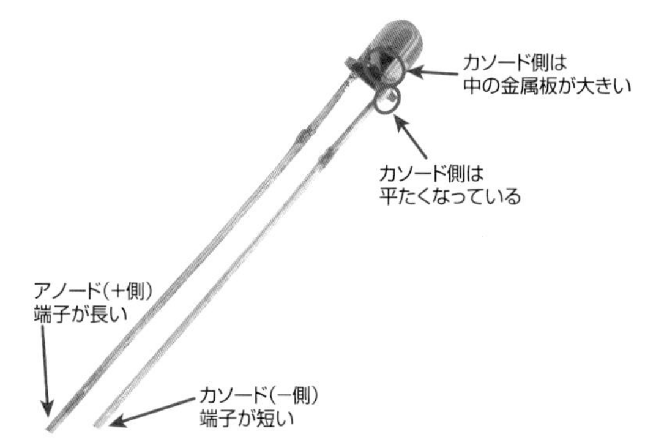
カソード側は
中の金属板が大きい
カソード側は
平たくなっている
アノード(+側)
端子が長い
カソード(ー側)
端子が短い

●LEDの電子回路図

アノード側
(長い端子)
カソード側
(短い端子)

LEDの回路記号

●LEDによっては極性の判断方法が異なる

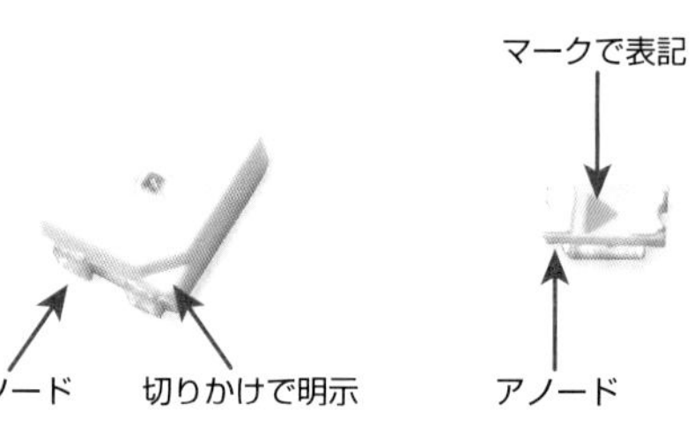
マークで表記
カソード
切りかけで明示
アノード

けがある、裏にマークが記載されているなど様々です。判断方法については、各LEDのデータシートなどを参照してください。

LEDを点灯するには、LEDのアノード側に電源の＋となる端子、カソード側に電源の－となる端子を接続します。Arduinoから LEDの点灯を制御したい場合には、アノード側に任意のデジタル入出力端子、カソード側にGNDに接続します。

さらに、電流制御用抵抗を接続してLEDへ電流が流れすぎないように調節します。

●ArduinoでLEDの点灯制御する回路図

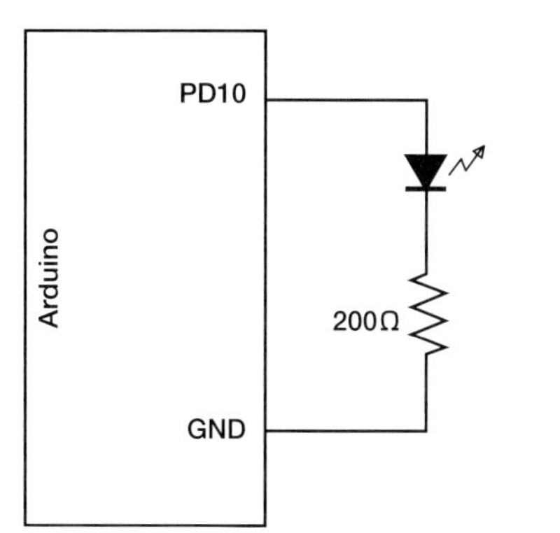

接続する抵抗は、かける電圧とLEDの**順電流**（**If**）、**順電圧**（**Vf**）で決まります。右の計算式に当てはめると求められます。

例えば、かける電圧が5V、LEDの順電圧が2V、順電流が20mAの場合は、150Ωと求まります。しかし、求めた抵抗値とちょうど合う抵抗が販売されていないこともあります。そのような場合は、求めた抵抗値に近く、それよりも大きい値の抵抗を選択するようにします。例えば、求めた抵抗値が150Ωであれば、200Ωの抵抗を選択します。

●電流を調節する抵抗値の求める計算式

$$\text{電流制御用抵抗} = \frac{\text{かける電圧} - \text{順電圧}}{\text{順電流}}$$

NOTE　電流制御用の抵抗の求め方

接続する抵抗の値を求める方法はp.68のNOTEを参照してください。

NOTE　販売されている抵抗について

一般的には「E24系列」という形式の抵抗が販売されています。E24系列についてはp.267のNOTEを参照してください。

POINT　カソード側でLEDの点灯制御する

Arduinoのデジタル入出力端子をカソード側に接続して点灯制御することも可能です。この場合は、アノード側は5Vへ接続しておきます。制御は、デジタル入出力端子の出力をHIGHにすると、LEDのどちらの端子にも5Vがかかった状態、つまりLEDにかかる電圧は0Vとなるため、LEDは点灯しません。デジタル入出力端子の出力をLOWにすると、LEDの制御回路にかかる電圧が5Vとなり、LEDが点灯します。アノードに接続した場合と逆になるので注意しましょう。

●LEDのカソード側で点灯制御する

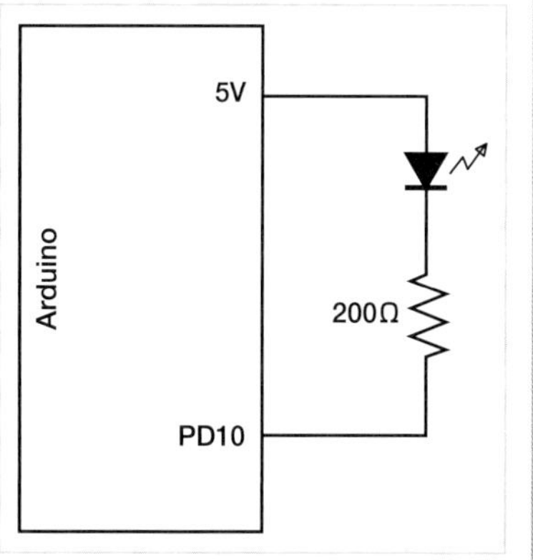

複数のLEDを点灯する

LEDは複数直列に接続してArduinoの入出力端子1つで同時に点灯制御できます。複数直列に接続する電流制御用抵抗も、同様の計算が可能です。この場合は、LEDの順電圧の部分を接続するだけのLEDの数をかけるようにします。
例えば、順電圧2V、順電流20mAのLEDを2つ接続する場合は、電流制限用抵抗は50Ωと求まります。

●LEDを複数直列接続した場合の電流制限用抵抗の値を求める計算式

$$電流制御用抵抗 = \frac{かける電圧 - (順電圧 \times 個数)}{順電流}$$

計算をする場合には、LEDの順電圧の合計値がかける電圧よりも少ない必要があります。もし超えてしまう場合は、p.72で説明する**トランジスタ**を利用してLEDの順電圧よりも高い電圧の電源で動かす必要があります。
また、並列に接続しても複数のLEDを同時に点灯制御ができます。ただし、並列に接続する場合はArduinoのデジタル入出力端子に流れる電流が接続したLEDの個数倍になります。40mA以上になるとArduinoが壊れてしまうので注意が必要です。

＊デジタル入出力端子の制限を考慮する

Arduinoのデジタル入出力端子には流せる電流の最大値が決まっています(p.273参照)。1端子のデジタル入出力端子では最大40mAの電流までです。それ以上の電流を流すと、Arduinoが壊れてしまう恐れがあります。そのため、順電流が50mAのLEDのような40mAを超える電子部品を扱う場合は、抵抗を用いてデジタル入出力端子の動作許容範囲内の電流(例えば30mA程度)に収めます。

商品に表示されている順電流と異なる電流を流すようにすると、LEDにかかる電圧も変換します。しかし、LEDは電流が変化しても電圧がほとんど変化しない特性を持っています。そのため、電流を40mAから30mAに変更した場合でも、同じ順電圧の値を利用して計算できます。

電流が30mA、電圧が2Vとして前ページで説明した計算式に当てはめると、電流制御用抵抗は100Ωと求まります。

LEDにかかる電圧を正確に知る

LEDに表示されている順電流の値とは異なる電流を流した場合に、かかる電圧を正確に知りたい場合は、LEDのデータシートを参照します。データシートに記載された「順電圧—順電流特性」(Forward Voltage vs Forward Current)というグラフを参照します(メーカーによっては順電圧—順電流特性のグラフを公開していない場合もあります)。縦軸が流す電流の値、横軸がLEDにかかる電圧の値となっています。縦軸は対数で表記されていることが多いので注意しましょう。縦軸で流す電流の値を探し、そのときの電圧が調べられます。
調べた値を用いれば、より正確な電流制御用抵抗の値を導き出せます。ただし、LEDや抵抗には多少の誤差があるため、正確な電圧を求めても、その通りに電流が流れるとは限りません。

》ArduinoにLEDを接続

実際にArduinoでLEDの点灯制御をしてみましょう。今回は順電圧が2V、順電流が20mAのオプトサプライ製の赤色LED「**OSDR5113A**」を使った場合を説明します。他のLEDを利用する場合は、電流制御用抵抗を計算して、抵抗を選択するようにします（p.65参照）。

ここでは、PD10に接続して制御してみます。接続図は右のようにします。

利用部品

- LED「OSDR5113A」……1個
- 抵抗（200Ω）……1個
- ブレッドボード……1個
- ジャンパー線（オス―メス）……2本

●LEDの点灯を制御する接続図

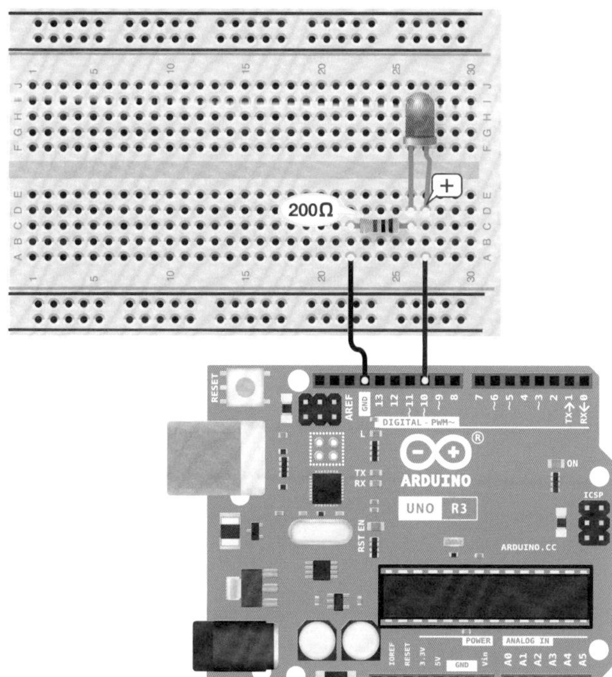

接続できたらプログラムを次のように作成します。

●LEDの点灯を制御するプログラム

arduino_parts/3-1/blink_led.ino

```
const int LED_PIN = 10; ①

void setup(){
    pinMode( LED_PIN, OUTPUT ); ②
}

void loop(){
    digitalWrite( LED_PIN, LOW ); ③
    delay( 1000 ); ⑤

    digitalWrite( LED_PIN, HIGH ); ④
    delay( 1000 ); ⑤
}
```

①LEDを接続したデジタル入出力端子の番号をLED_PINに指定しておきます。こうすることで、他のデジタル入出力端子へ接続し直した場合でも、この1つの値を変更するだけで済み、プログラム内を変更する必要がなくなります。

②接続したデジタル入出力端子を出力モードに設定します。出力モードにするには「pinMode()」で「OUTPUT」と指定します。

③LEDの制御にはdigitalWrite()でデジタル出力します。「LOW」と指定することでLEDを消灯できます。

④LEDを点灯するには「HIGH」を指定します。

⑤点灯、消灯した際後にdelay()で1秒（1000ミリ秒）待機することで1秒間隔で点滅できます。

プログラムが作成できたらArduinoに転送します。すると、1秒間隔でLEDが点灯、消灯を繰り返します。

点滅だけでなく、センサーなどで状態を取得し、その状態をif文で条件分岐して、状況によってLEDを点灯、消灯させるといった使い方も可能です。

NOTE

LEDに接続する抵抗の選択

LEDは規定以上の電圧をかけないと光りません。LEDを動作させるための電圧を「**順電圧**」（**Vf**と表すこともあります）といいます。一般的に購入できる赤色LEDであれば、Vfはおおよそ1.5Vから3Vの範囲となっています。
LEDは電流が流れることで光ります。流れる電流が多ければ多いほど明るくなります。しかし、許容量以上に電流を流すと、LED自体が破壊され光らなくなってしまいます。発熱して発火する危険性もあるので、適切な電流を流す必要があります。そこで、個々のLEDには「**順電流**」（**If**とも表されます）という、LEDの推奨する電流値が決められています。
LEDを使った電子回路を作成する場合は、LEDに流れる電流を制御することが重要です。LEDに流れる電流は、直列に抵抗を接続することで制限できます。接続する抵抗は次のように求められます。

❶ 抵抗にかかる電圧を求めます。LEDにかかる電圧は「順電圧」の値を用います。LEDに流れる電流が変化してもかかる電圧はほとんど変化がないため、順電圧の値をそのまま用いてかまいません。
抵抗にかかる電圧は、「電源電圧」から「LEDの順電圧」を引いた値になります。例えば、電源電圧が「5V」、順電圧が「2V」の場合は、抵抗にかかる電圧が「3V」だと分かります。

❷ LEDに流す電流値を決めます。通常はLEDの順電流の値を利用します。また、Arduinoを使う場合は、全てのデジタル入出力端子に流れる電流が200mAまでと決まっています。この「流して良い電流」のことを「定格電流」といいます。利用するLEDの順電流が20mA（0.02A）である場合、Arduinoの定格電流の範囲であり、問題なく利用可能です。

❸ オームの法則を用いて抵抗値を求めます。オームの法則は「電圧 = 電流 × 抵抗」なので、「抵抗 = 電圧 ÷ 電流」で求められます。つまり「3 ÷ 0.02」を計算し、「150Ω」だと分かります。
しかし、このためだけに150Ωの抵抗を別途用意するのは手間です。そこで、150Ωに近い「200Ω」を利用すると良いでしょう。この際、実際流れる電流がどの程度かを確認しておきます。「電流 = 電圧 ÷ 抵抗」で求められるので、「3 ÷ 200」で、「15mA」だと分かります。

●LEDに接続する抵抗値の求め方

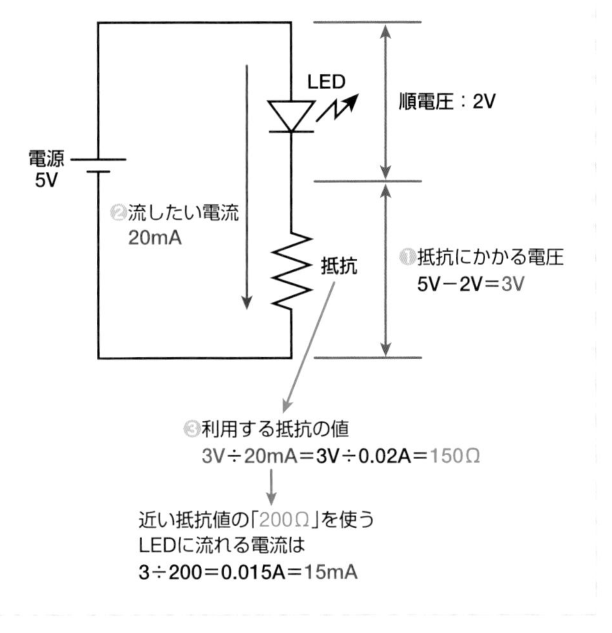

LEDの明るさ調節

LEDは点灯・消灯を切り替えるだけでなく、ArduinoのPWM出力を利用することで明るさを調節して発光させることが可能です。

LEDの光量を調節する

LEDは、Section 3-1で説明したようにLED内に流す電流の量で明るさを調節できます。電流の量は、回路にかける電圧によって変化するので、かける電圧を変化させれば明るさが変わります。

例えば、右のような回路を組むと、半固定抵抗を回すことで明るさが変化します。

NOTE

半固定抵抗での電圧の変化

半固定抵抗を利用して電圧を変化させる方法についてはp.124を参照してください。

利用部品

- LED……1個
- 半固定抵抗（1kΩ）……1個
- 抵抗（200Ω）……1個
- ブレッドボード……1個
- ジャンパー線（オス—メス）……5本

●電圧の変化でLEDの明るさを変化させる接続図

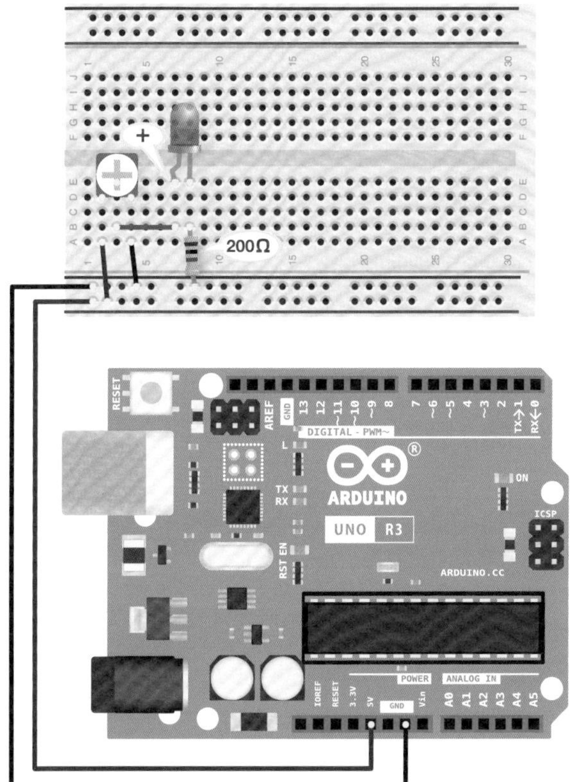

Arduinoから制御する際も、出力する電圧が自由に変化できるアナログ出力が可能であれば、半固定抵抗を使うケースと同様にLEDを調光できます。しかし、p.38で説明したように、Arduinoのデジタル入出力端子はデジタル出力にのみ対応しており、アナログ出力はできません。

そこで、擬似的なアナログ出力ができる「**PWM**」を用いてLEDを調光しましょう。PWMは、LOWとHIGHを高速に切り替えながら出力する方式です。HIGHとLOWの割合を調整することで、擬似的なアナログ出力ができます。

LEDの調光はLEDを高速点滅させて実現します。デジタル出力でHIGHの場合にすればLEDが点灯し、LOWにすれば消灯します。PWM出力では、HIGHとLOWを高速に切り替えることで、LEDは高速に点滅を繰り返します。高速な点滅は人の目では判断できないため、連続して点灯しているように見えます。HIGHの割合が長ければ明るく見え、LOWの割合が長ければ暗く見えます。

●PWMでLEDを高速点滅させて調光する

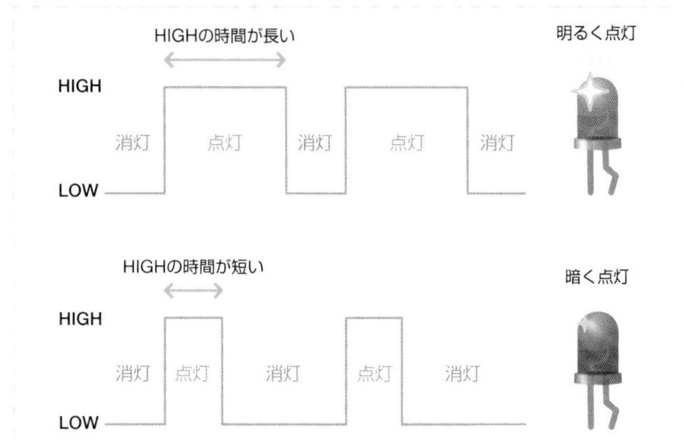

NOTE

アナログ出力可能なArduinoエディション

Arduino Dueなど、アナログ出力が可能なArduinoのエディションもあります。このArduinoを利用すれば、電圧を指定して直接アナログ出力が可能です。

LEDの調光制御回路

実際にArduinoでPWM出力を利用してLEDの明るさを調節してみましょう。

LEDを調光するには、Section 3-1で説明したのと同じようにLEDを接続します。今回はp.67で説明した接続図と同じように、PD10に接続します。この際、電流制限用抵抗を忘れないようにします。

接続できたら、PD10からPWM出力してLEDの明るさを調節します。次のようにプログラムを作成します。

①PWMで出力する場合でも、LEDを接続したデジタル入出力端子を出力モードに切り替えます。

②PWMで出力するには、「analogWrite()」で指定します。出力する対象のデジタル入出力端子の番号と出力の割合を0から255の範囲で指定します。例えば、「128」と指定すれば、半分の割合でHIGHとLOWを切り替えて出力するようになります。

●LEDの明るさを調整するプログラム

arduino_parts/3-2/pwm_led.ino

```
const int LED_PIN = 10;

void setup(){
    pinMode( LED_PIN, OUTPUT ); ①
}

void loop(){
    analogWrite( LED_PIN, 128 ); ②
}
```

プログラムが作成できたら、Arduinoに転送します。すると、指定した割合の明るさでLEDが点灯します。

徐々に明るく変化するプログラム

PWMで出力する値を徐々に変化させれば、点灯する明るさを徐々に変化させることができます。ここでは、徐々に明るく点灯し、その後、徐々に暗くなるようにしてみます。次のようにプログラムを作成します。

●LEDの明るさを変化させるプログラム

arduino_parts/3-2/grad_led.ino

```
const int LED_PIN = 10;

void setup(){
    pinMode( LED_PIN, OUTPUT );
}

void loop(){
    int value = 0; ①
    while ( value <= 255 ){ ②
        analogWrite( LED_PIN, value ); ③
        delay( 10 ); ④
        value = value + 1; ⑤
    }

    while ( value >= 0 ){ ─┐
        analogWrite( LED_PIN, value );  │ ⑥
        delay( 10 );                    │
        value = value - 1; ─┘
    }
}
```

①LEDの明るさの強弱を数値として「value」変数に格納するようにします。最初は0に指定しておきます。

②valueの値が255に達するまで繰り返すようにします。繰り返すごとにvalueを1ずつ増やして徐々に明るくします。

③valueの格納されている値をPWMの割合として出力します。

④0.01秒間待機します。この値を変更することで、明るさを変化する速さを変えられます。

⑤valueの値を1増やします。

⑥明るさが最大になったら、徐々に暗くするように繰り返します。

プログラムが作成できたら、Arduinoに転送します。すると、徐々にLEDが明るくなり、最大まで明るくなった後は、徐々にLEDが暗くなります。

Section 3-3 デジタル入出力端子の制限を超える高輝度LEDの点灯・制御(トランジスタ制御)

デジタル入出力端子で出力可能な電圧や許容される電流を超えるLEDを点灯する場合は、LED点灯用の回路を別に作成し、トランジスタで制御することで点灯を制御できます。多数のLEDを点灯する際などでも、トランジスタによって制御可能です。

Arduinoのデジタル入出力端子の制限を超えるLEDを使うには

Arduinoのデジタル入出力端子は、5Vの電圧のみ出力できるほか、p.66で説明したように許容電流に上限があります(詳しくはp.273を参照)。デジタル入出力端子は1端子あたり40mAまで、全デジタル入出力端子の電流の総和の上限は200mAです。

●デジタル出力では電圧や電流が足りない

5Vの出力
1つのLEDにかかる電圧が足りない
LEDが点灯しない
LEDに流れる電流が少ない

1つのLEDを点灯する程度であれば、順電圧を超えることはありませんが、複数のLEDを直列接続して同時に点灯する場合は、それぞれのLEDのかける順電圧が足りなくなり点灯しなかったり暗く点灯するなど正しく制御できません。また、高輝度のLEDでは、数百mAの電流が必要な電子部品もあり、このようなLEDを目的の輝度で点灯させられません。

Arduinoのデジタル入出力端子の上限を超えるLEDを点灯させる場合は、電圧の異なる回路を別途作成してその回路にLEDを接続します。LEDの回路内にスイッチを取り付けて、Arduinoから点灯・消灯を制御します。LEDの回路内に電気で制御できるスイッチのような電子部品を利用すればArduinoからの制御が可能となります。

●LED制御用の回路を別に作り、スイッチで点灯を制御する

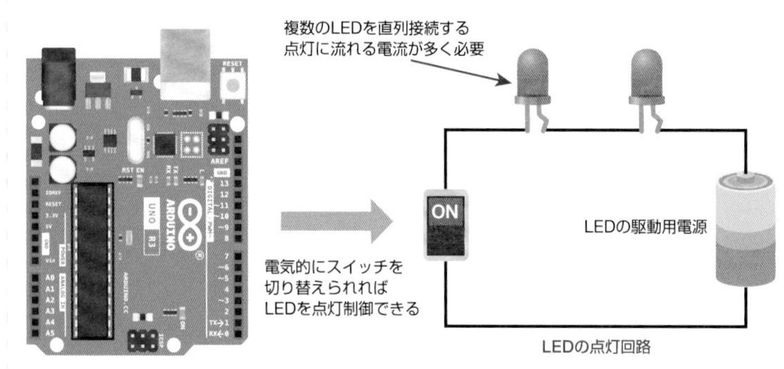
複数のLEDを直列接続する
点灯に流れる電流が多く必要
ON
LEDの駆動用電源
電気的にスイッチを
切り替えられれば
LEDを点灯制御できる
LEDの点灯回路

》トランジスタを利用して別の回路を制御する

「**トランジスタ**」は、スイッチの役割ができる電子部品です。トランジスタをLEDの点灯回路につなぎ、制御用の端子をArduinoのデジタル入出力端子に接続します。デジタル入出力端子の出力をHIGHにすればLEDの点灯回路に電流が流れてLEDが点灯し、LOWにすれば電流が流れずLEDを消灯できます。

トランジスタを用いれば、小さな制御信号で大きな電流が流れる別回路を制御できます。例えば、制御側の回路が1mAなど小電流しか扱えない場合でも、トランジスタを使うことで1Aのような大電流を流す回路を制御できます。制御側の回路と制御される側の回路は別回路なので、大電流が制御側の回路に流れ込む心配がありません。

●トランジスタを使ってLEDの回路の制御ができる

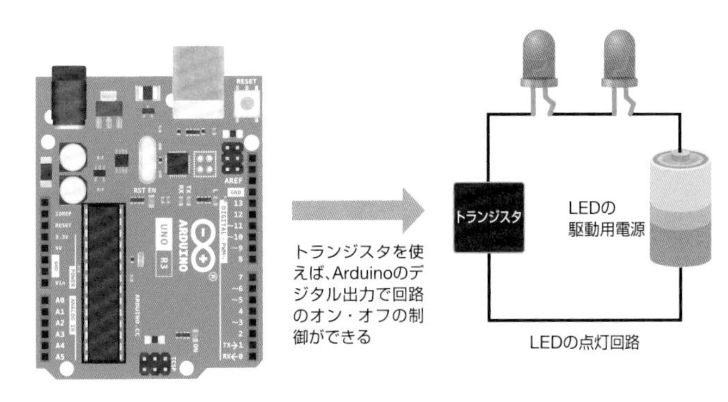
トランジスタ
LEDの
駆動用電源
トランジスタを使えば、Arduinoのデジタル出力で回路のオン・オフの制御ができる
LEDの点灯回路

●小さな電流で大きな電流の回路を制御できる

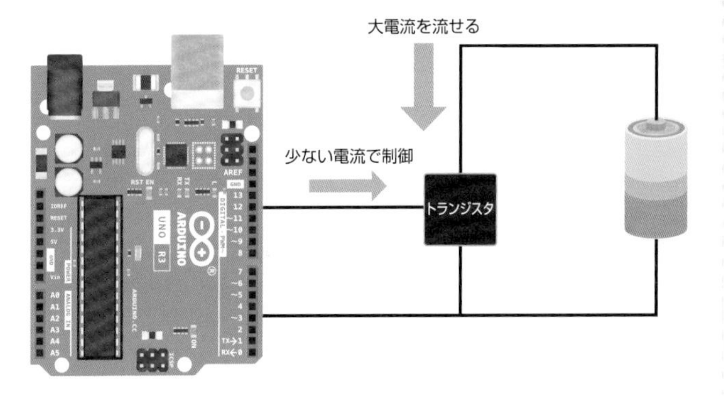
大電流を流せる
少ない電流で制御
トランジスタ

トランジスタで信号の増幅が可能

トランジスタは今回のようなスイッチとしての利用方法だけでなく、小さな信号を大きな信号に変換する利用もできます。例えば、オーディオ出力でスピーカーから出す音を、トランジスタで増幅して信号を大きくし、大音量で鳴らすことが可能です。

》トランジスタの種類(バイポーラトランジスタとFET)

トランジスタには、内部の構造によっていくつかの種類があります。

多く利用されるのが「**バイポーラトランジスタ**」と「**電界効果トランジスタ**」(**FET**:Filed Effect Transistor)です。バイポーラトランジスタは、単にトランジスタとも呼ばれます。

バイポーラトランジスタは、スイッチのように別回路のオン・オフを切り替える「スイッチング」と、小さな電気信号を大きな電気信号に変化させる「増幅」に利用できます。

一方FETは、バイポーラトランジスタと同じように利用できますが、特にスイッチングで威力を発揮します。大きな電圧がかかったり大電流が流れる回路でも対応できる利点があります。

ここでは、バイポーラトランジスタを使ったLEDの点灯制御について説明します。

NOTE

トランジスタの表記

本書では「トランジスタ」と表記する場合、特に断りが無い限り「バイポーラトランジスタ」を表すこととします。また、電界効果トランジスタは「FET」と表記します。

NOTE

FET

FETについてはp.133で説明します。

トランジスタの原理

トランジスタは「**p型半導体**」と「**n型半導体**」を3つつなぎ合わせた構造になっています。「p型、n型、p型」の順に繋がったものを「**PNP型トランジスタ**」と呼び、「n型、p型、n型」の順に繋がったものを「**NPN型トランジスタ**」といいます。それぞれの半導体に端子が繋がっており、「**コレクタ**(C)」「**エミッタ**(E)」「**ベース**(B)」と名称がついています。

●トランジスタの構造

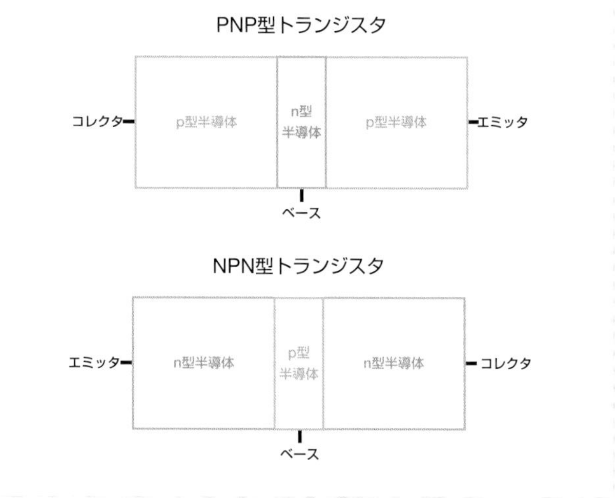

NPN型を例にトランジスタの動作原理を説明します。「コレクタ」と「エミッタ」に制御する回路(本書ではLEDを点灯する回路)を接続し、「ベース」に制御回路(本書ではArduinoのデジタル入出力端子)を接続します。まず、ベースの電圧が0V(電圧がかかっていない状態)の場合、エミッタ側のn型半導体とp型半導体の境界(p-n接合部)に正孔(+電荷)と電子(−電荷)が集まります。すると、p型半導体とコレクタ側のn型半導体の境界には電荷が無い状態となり、電気が流れません。つまり、コレクタとエミッタ間では電荷の動きがないため、電流が流れない状態になります。

●ベースが0Vの場合(電流が流れない)

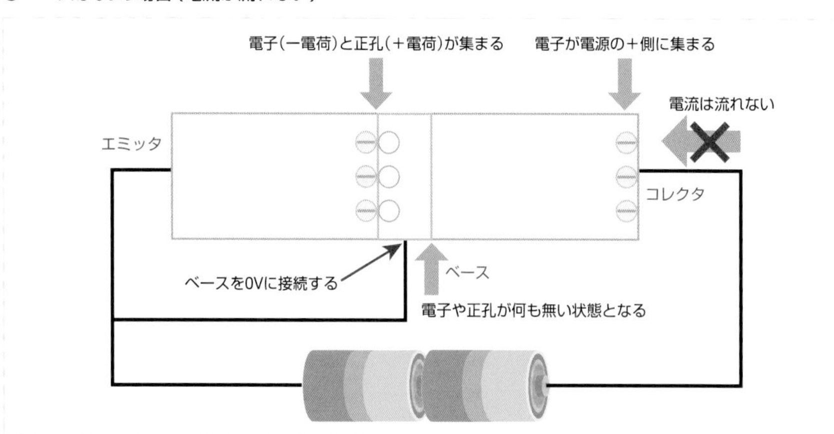

次に、ベースに電圧をかけると、ベースから正孔（＋電荷）、エミッタから電子（－電荷）がそれぞれの半導体内に供給され、ベースとエミッタの間が、電気が流れる状態になります。これはLEDと同じ原理です。また、ベースの半導体は非常に薄くなっているため、エミッタから流れた電子の一部がp型半導体を飛び越えてコレクタ側のn型半導体に流れ込むようになります。つまり、電池から電子がエミッタに流れ、そこからベースのp型半導体を越えてコレクタに流れ、その後電池に戻るようになるため、コレクタとエミッタ間に電流が流れる状態になります。

●ベースに電圧をかけた場合（電流が流れる）

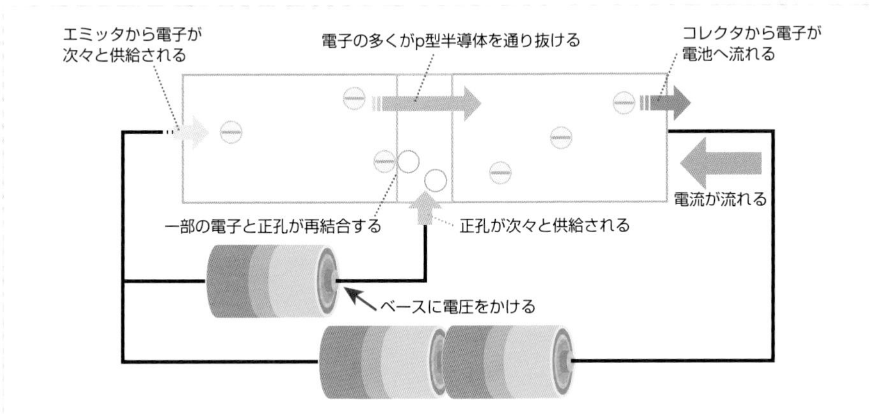
エミッタから電子が
次々と供給される
電子の多くがp型半導体を通り抜ける
コレクタから電子が
電池へ流れる
電流が流れる
一部の電子と正孔が再結合する
正孔が次々と供給される
ベースに電圧をかける

ベースから流れ込む正孔が少なければ、コレクタに流れる電子も少なくなり、ベースに流れる正孔が多くなればコレクタに流れる電子も多くなります。ベースに流れる電流を変えることで、コレクタとエミッタ間に流れる電流を調節できます。

PNP型は半導体の並び型が異なるだけで、同様の原理で動作します。

なお、電子回路図では、右のような図が使われます。矢印の方向によってPNP型かNPN型かを判別できます。

●トランジスタの回路図

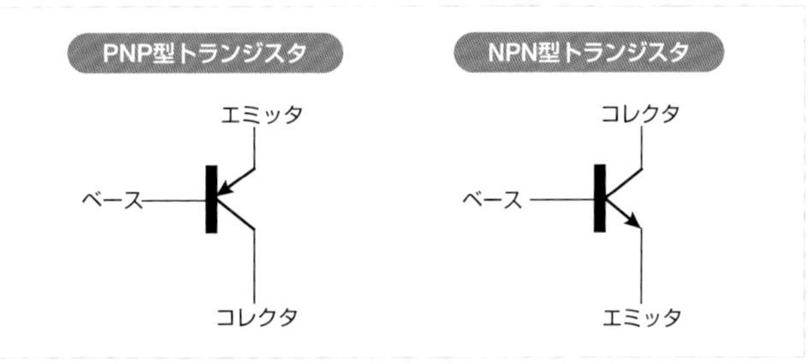
PNP型トランジスタ
エミッタ
ベース
コレクタ
NPN型トランジスタ
コレクタ
ベース
エミッタ

トランジスタの外見

トランジスタには3本の端子があります。トランジスタの素子は黒い樹脂で覆われており、円筒型に平らな面があるような形状になっております。平らな面にはトランジスタの番号が記載されています。

平らな面を前にした場合、各端子は右の図のように配置されています。ただし、トランジスタによって端子の配置が異なるため、必ずデータシートなどを確認するようにしましょう。

●トランジスタの外見

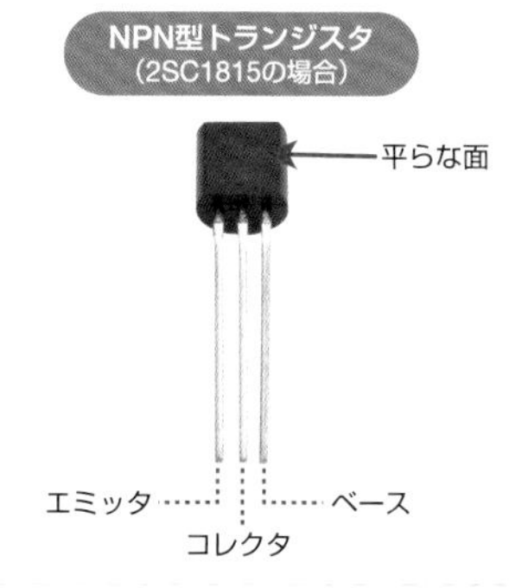

なお、大電流を流せるトランジスタには放熱用の金属板が取り付けられているなど、形状が異なることがあります。

●他のトランジスタの外見

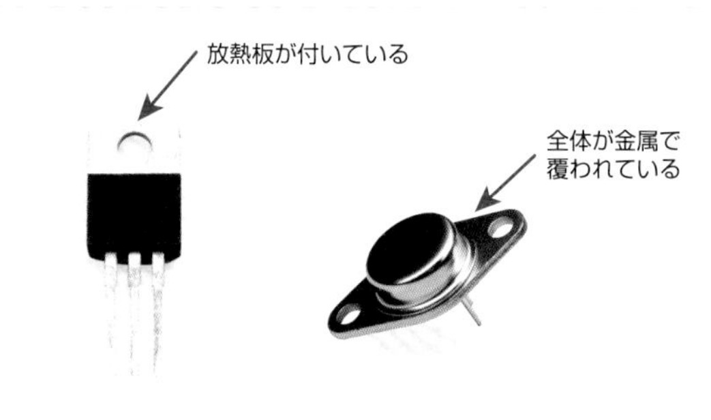

NOTE

形状が異なるトランジスタ

形状が異なるトランジスタの場合は、端子の配置が一般的なトランジスタと異なることがあります。詳しくは製品のデータシートなどを参照ください。

トランジスタの選択

利用するトランジスタの選択には、電気的な特性を確認する必要があります。電気的な特性は、トランジスタのデータシートなどで確認できます。その中で次の点について確認しておきましょう。

＊最大電圧

トランジスタの最大電圧(かけることが可能な電圧)は、「**コレクタ―エミッタ間電圧**」(V_{CEO})を参照します。被制御側(制御される側)の回路には、V_{CEO}以上の電圧をかけてはいけません。さらに、実際に利用する場合は安全を考えてV_{CEO}の半分程度の電圧までにとどめておきます。例えば、V_{CEO}が100Vであれば、50Vまでの回路が接続可能です。

＊最大電流

トランジスタの最大電流は「**直流コレクタ電流**」（I_C）を参照します。I_Cは被制御側の回路に流れる電流の最大値で、これ以上の電流は流せません。記載されている値は最大値ですので、安全を考慮してI_Cの半分程度の電流にとどめておきます。例えば、I_Cが100mAであれば、50mAまでとします。

＊最大電力

最大電力は「**コレクタ損失**」（P_C）を参照します。トランジスタは電流を流すと発熱しますが、熱くなりすぎると半導体が壊れて動作しなくなります。コレクタ損失は、発熱がどの程度まで対応できるかを電力で表しています。ただし、十分に放熱している場合の値であるため、放熱板を搭載しなかったり、風通しがわるかったりすると、P_Cよりも低い電力で壊れることもありえます。

P_Cをコレクター―エミッタ間にかける電圧（V_{CEO}）で割った値が最大電流です。例えば、P_Cが400mWでコレクター―エミッタ間に5Vの電圧をかける場合には、「400mW ÷ 5V = 80mA」と計算でき、コレクタには80mAまでの電流を流せることが分かります。さらに安全を考慮し、半分の40mA程度に抑えておきます。

＊ベース電流によって増幅される割合

トランジスタは、ベースに流れる電流を何倍かに増幅してコレクタに電流を流せます。この際、どの程度増幅されるかを表すのが「**直流電流増幅率**」（h_{FE}）です。例えばh_{FE}が「100」の場合は、100倍の電流に増幅可能です。ベースに1mAを流した場合は100mAの電流に増幅できます。しかし、被制御側の回路が許容する以上に増幅して流すことはできません。例えば、コレクタに接続した回路が100mAまでしか流せない回路であった場合、ベースに10mAをかけても100倍の1000mAが流れることはありません。

＊対応する信号の周波数

トランジスタでは、切り替えに対応できる周波数を「**トランジション周波数**」（f_T）で表します。トランジスタは、データ通信のようなオン・オフを高速で切り替える信号でも増幅やスイッチングできます。しかし、オン・オフの切り替えが早すぎると、トランジスタ機器の切り替えが間に合いません。f_Tに記載されている値以上の周波数の信号は切り替えが間に合わない恐れがあります。

＊ベースとエミッタ間の電圧

トランジスタがオン（電流が流れる）の状態でのベースとエミッタ間の電圧は「**ベース―エミッタ間電圧**」（V_{BE}）として表示されています。ベースに流れる電流によって多少の変化はありますが、ほぼ一定の電圧を保ちます。

例えば2SC1815の場合、V_{BE}はおおよそ0.7Vです。この値を利用して、ベースに抵抗を接続し、ベースに流れる電流を調節します（p.79を参照）。

トランジスタの型番

トランジスタには製品ごとに型番がついており、型番でどのような種類のトランジスタかを判断できます。「**2SC1815-Y**」という型番を例に解説します。

「2S」はトランジスタを表します。その次のアルファベット文字は、右表のような「トランジスタの種類」を示しています。「C」は高周波に対応したNPN型のトランジスタです。次に型番が数字で記載されます。最後のアルファベット文字は「直流電流増幅率」を表します。「Y」は120から240の増幅が可能で、「GR」であれば200から400の増幅が可能です。なお、直流電流増幅率はメーカーによって表記が異なります。

●トランジスタの型番

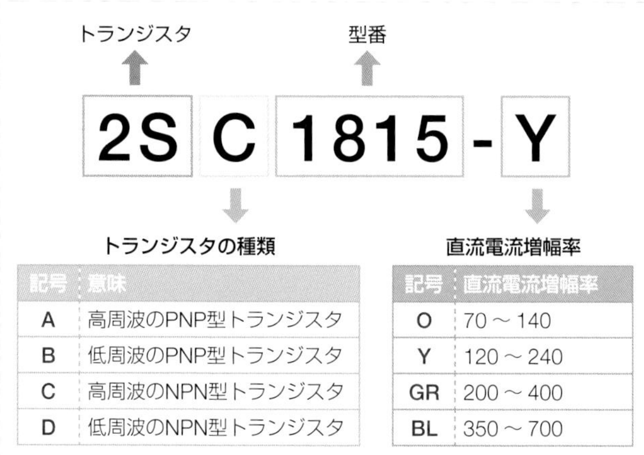

記号	意味
A	高周波のPNP型トランジスタ
B	低周波のPNP型トランジスタ
C	高周波のNPN型トランジスタ
D	低周波のNPN型トランジスタ

記号	直流電流増幅率
O	70～140
Y	120～240
GR	200～400
BL	350～700

POINT

2Nで始まるトランジスタ

「2S」から始める型番のほか、「2N」から始めるトランジスタも販売されています。これは、トランジスタの登録した団体によって表記の方法が異なるためです。JIS（日本産業規格）やJEITA（電子情報技術産業協会）で登録した場合は「2S」から始める型番が、JEDEC（JEDEC半導体技術協会）で登録した場合は「2N」から始める型番が使われています。このほかに半導体メーカー独自に決めた型番を付けているトランジスタもあります。

POINT

トランジスタ製品が製造終了することも

電子工作では一般的に、本書で紹介しているような3本の端子を搭載した「TO-92」というパッケージのトランジスタがよく利用されます。しかし、電子製品には小型化され基板表面に取り付ける表面実装型のトランジスタが利用されるのが一般的です。そのためTO-92のようなパッケージを採用することが少なくなっています。
このため電子部品メーカーでは、TO-92パッケージの商品生産を取りやめるケースが増えてきました。例えば、電子工作でよく利用されるトランジスタ「2SC1815」は、生産する東芝が2010年に「新規設計非推奨」としました。これは、将来的に生産を終了して入手が困難になるため、回路設計する際には利用しないことを推奨するということを表しています。2SC1815はいずれ東芝から販売されなくなる見込みです。2022年現在、在庫が少なくなったことから東芝製の2SC1815の入手が難しくなっています。しかし、2SC1815は需要があることから他のメーカーから互換トランジスタが販売されており、同様な機能のトランジスタが入手できます。しかし、需要が少ないトランジスタは生産が終了してしまうと、入手が困難になります。

高輝度LEDの点灯を制御する

高輝度LEDを点灯させてみましょう。ここでは、高演色性高輝度白色LED「OSWR4356D1A」を点灯制御します。OSWR4356D1Aは、2つの白色LEDと1つの赤色LEDが入っており、それぞれのLEDを適度に点灯させることで、見た目で白として認識できるように工夫されたLEDです。なお、通常の白色LEDは見た目でかすかに青みがかってみえることがあります。

OSWR4356D1Aは3つのLEDを点灯しているため、順電圧が「8.5V」、順電流が「20mA」となっています。9Vの電源を利用したとすると、電流制御用抵抗は「25Ω」と求まります。ただし25Ωの抵抗は一般的でないので、「33Ω」の抵抗を接続することにします。この場合、LEDには15mA流れることになります。

右のような回路を作ればLEDが点灯します。

●白色LEDを点灯する回路

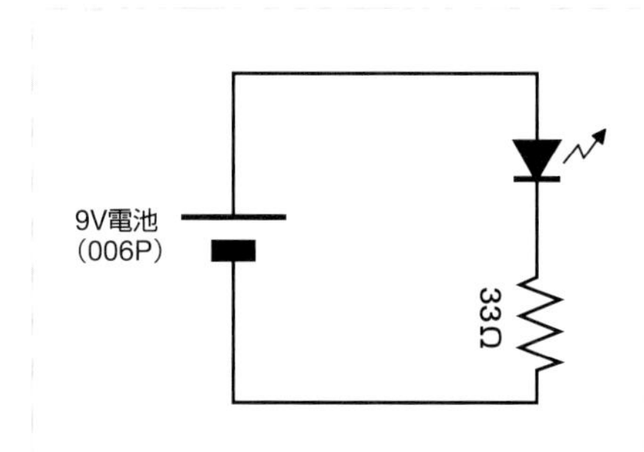

次に、トランジスタを接続してArduinoから制御できるようにします。ここではNPN型トランジスタ「2SC1815-Y」を利用します。

LEDと抵抗の後にトランジスタを取り付けます。電源の＋側をコレクタ、GND側をエミッタに接続します。ベースは抵抗を接続してArduinoのデジタル入出力端子に接続します。

なお、Arduinoでは9Vの電圧は出力できないので、別途外部電源として9Vが出力できる乾電池「006P」を利用します。

●NPN型トランジスタを利用したLED制御回路

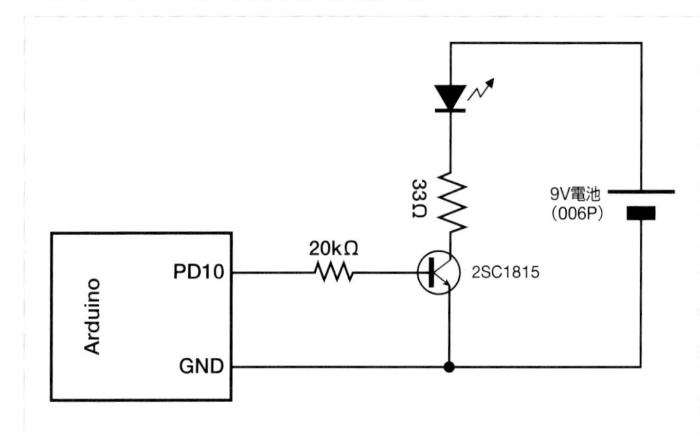

ベースに接続する抵抗は、次の式のように求めます。

トランジスタのh_{FE}は100となっています。LEDには15mAの電流を流しますが、トランジスタには余裕を持って20mAまで流せるように計算しておきます。20mAの電流を流すには、ベース電流（I_B）は100分1の0.2mAの電流を流すことになります。ベース―エミッタ間電圧（V_{BE}）はおおよそ0.7V、Arduinoのデジタル入出力端子をHIGHにしたら5Vが出力されるので、次のように計算できます。

$$(5V - V_{BE}) \div I_B = (5V - 0.7V) \div 0.2mA = 21.5k\Omega$$

つまり、21.5kΩの抵抗を接続すれば良いわけです。ただし21.5kΩは一般的な抵抗でないため、近い値の20kΩを選択します。

これで高輝度LEDを点灯制御する回路ができあがりました。実際には次の図のように接続します。006Pは、スナップを端子に接続することでブレッドボードに繋ぐことが可能です。

●高輝度LEDを点灯制御する接続図

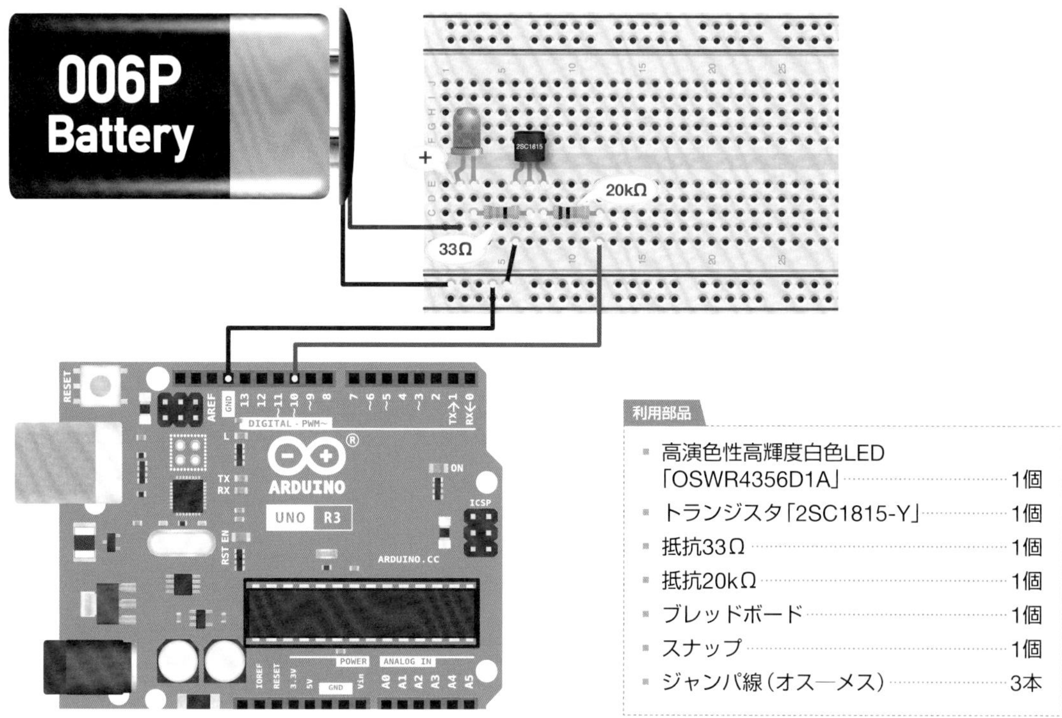

プログラムでLEDを点滅させる

点灯プログラムは、p.67で説明したLEDの点灯プログラムと同じです。トランジスタに接続したデジタル入出力端子をHIGH、LOWに切り替えることで点灯制御できます。プログラムをArduinoへ転送すると、LEDが1秒間隔で点滅します。

Section 3-4

フルカラー LEDの制御

フルカラー LEDは、「赤」「青」「緑」の3色のLEDが封入されたLEDです。赤、青、緑をそれぞれ調光することで、自由な発色を可能にしています。また、色の表現方式にHSVを使うことで、1つのパラメーターを変更することによって様々な色に変化できます。

3色封入された「フルカラー LED」

LEDには、複数の色のLED素子が封入されたものがあります。赤（RED）、緑（GREEN）、青（BLUE）の3色のLEDが封入された「**フルカラー LED**」は、各色を調光することで様々な色を表現できます。赤と緑を点灯すれば黄色に、赤と青を点灯すれば紫に、すべての色を点灯すれば白を発光します。

Arduinoで各色のLEDの出力を調整することで、点灯する色を自由に調光できます。

●自由な色で点灯できるフルカラー LED

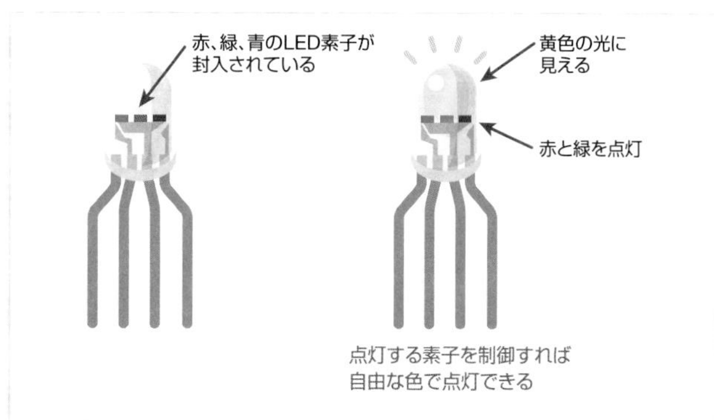
赤、緑、青のLED素子が
封入されている
黄色の光に
見える
赤と緑を点灯
点灯する素子を制御すれば
自由な色で点灯できる

＊4端子搭載するフルカラー LED

フルカラーLEDの構造は、3つのLEDがひとまとまりになっているのと同じです。そのため、フルカラー LED内に、各LEDを点灯制御する端子が搭載されています。

一般的なフルカラー LEDには、4つの端子が搭載されています。LEDは＋側に接続するアノードと、－側に接続するカソードの端子がついています。フルカラーLEDでは各色のアノード端子が1本ずつ、計3本の端子がついています。一方、カソード端子は1つにまとめられています。

●フルカラー LEDに搭載されている端子

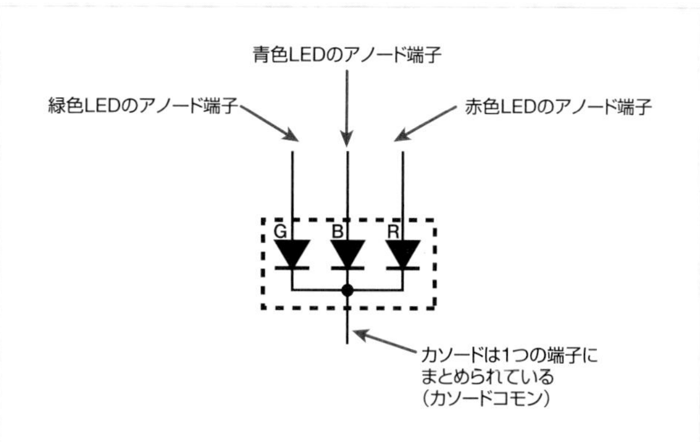
青色LEDのアノード端子
緑色LEDのアノード端子
赤色LEDのアノード端子
G
B
R
カソードは1つの端子に
まとめられている
（カソードコモン）

フルカラーLEDを動作させるには、電源の－側をカソードに接続し、点灯する色のアノードを電源の＋側に接続します。例えば、黄色を発光させる場合は、赤と緑のアノードを電源に接続します。

このように、カソードを1つの端子にまとめる方式を「**カソードコモン**」と呼びます。コモンとは「共有」という意味です。カソードコモンのフルカラーLEDは、各色LEDのアノードを電源の＋に接続するか否かで点灯を制御します。

なお、アノード側を共有化した「**アノードコモン**」の商品もあります。この場合は、カソード側を電源の－に接続するか否かで点灯を制御します。

●フルカラーLEDの特定の色を点灯させる

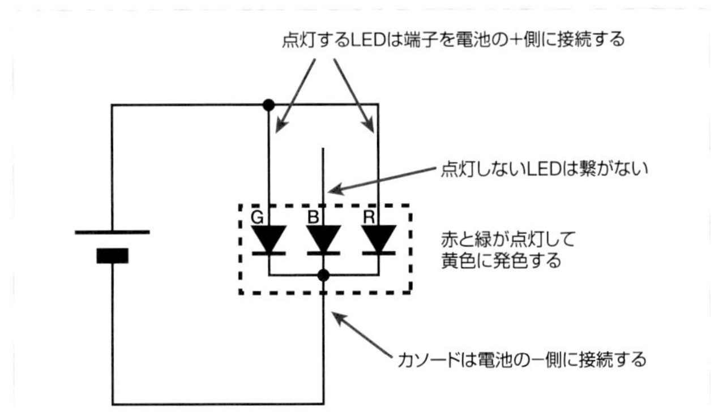

＊フルカラーLEDの形状

フルカラーLEDの形状は、砲弾型LEDのの形状をしたものや、小さな表面実装の形状のものなど様々です。

砲弾型の形状をしたフルカラーLEDには、端子が4本搭載されています。各端子の長さが異なっていて、長さによって端子の役割を判断できるようになっています。なお、端子の役割は製品ごとに異なります。

OSTA5131Aの場合は、一番長い端子がカソード（カソードコモン）、2番目に長い端子が青のアノード、3番目に長い端子が赤のアノード、一番短い端子が緑のアノードとなっています。

●フルカラーLEDの形状

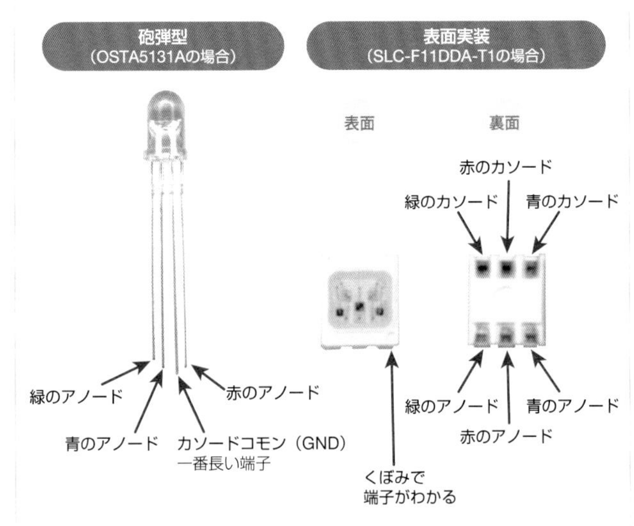

表面実装型のフルカラーLEDは、2つの辺にそれぞれ2つずつ端子がついています。また製品によっては、カソードコモンのようにまとまっておらず、6端子搭載されているものもあります。角の一つが欠けていたり、裏にマークがついていたりして、端子を判断できるようになっています。

NOTE

シリアルLED

様々な色で点灯するLEDとして「シリアルLED」があります。ここで説明するフルカラーLEDとは異なる方式で制御します。シリアルLEDについてはp.87を参照してください。

》フルカラーLEDを点灯制御する

フルカラーLEDを様々な色で点灯させてみましょう。ここでは、オプトサプライ製のカソードコモンのフルカラーLED「**OSTA5131A**」を使った点灯方法を解説します。OSTA5131Aは、秋月電子通商で1つ50円で購入可能です。

フルカラーLEDは、右の図のような回路を作成します。

フルカラーLEDは、単色のLED同様に、Vf、Ifを考えて回路を接続します。各色ごとにVf、Ifが異なるため、各色に合った抵抗を接続する必要があります。

LEDには、各色ごとのVf、Ifで接続する抵抗を決定します。しかし、データシートに記載されているVf、Ifで導いたLEDを点灯させると、白を点灯させようとしても赤が強すぎて、赤みがかった白になってしまいます。

そこで、秋月電子通商のサイトで公開されている抵抗値を利用します（http://akizukidenshi.com/catalog/faq/goodsfaq.aspx?goods=I-02476）。5Vで動作させた場合は、赤に150Ω、青に120Ω、緑に300Ωを接続します。さらに、カソードをGNDに接続すれば制御回路の完成です。

右の接続図のように、Arduinoとフルカラー LEDなどを接続します。

利用部品

- フルカラーLED「OSTA5131A」……1個
- 抵抗120Ω……1個
- 抵抗150Ω……1個
- 抵抗300Ω……1個
- ブレッドボード……1個
- ジャンパー線（オス―オス）……4本

●フルカラーLEDを点灯させる電子回路図

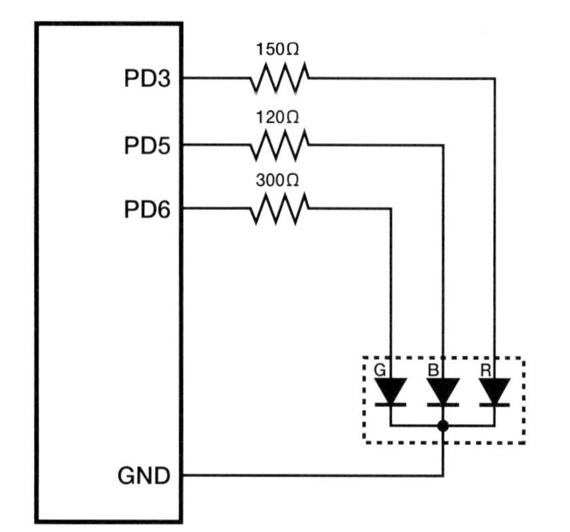

●フルカラーLEDを点灯させる接続図

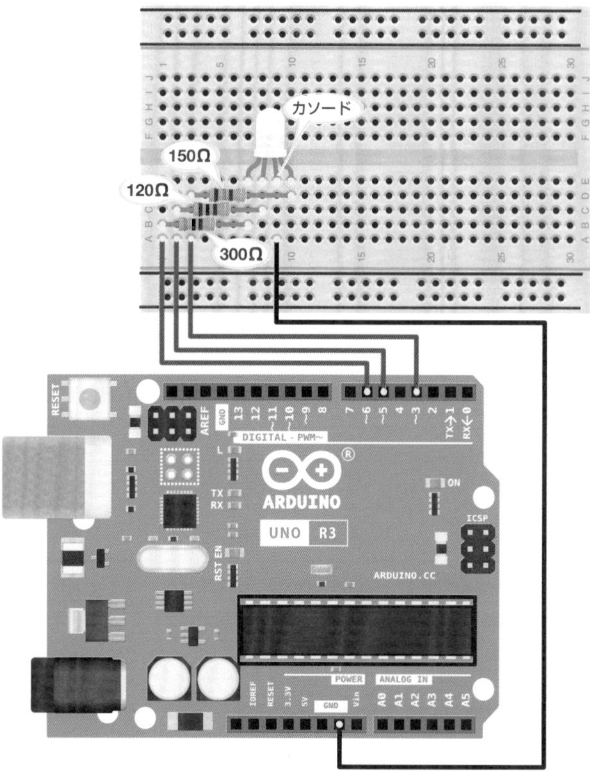

Section 3-4
フルカラーLEDの制御

プログラムで補正する

白色に点灯させるための調整はプログラムでも可能です。PWM出力を調節して白色になるような出力値を調べます。それぞれの色の最大値を調べた値にすることで白色で点灯させることが可能です。

＊プログラムでフルカラーLEDを制御

回路ができたら、プログラムを作成してフルカラーLEDを点灯させてみましょう。プログラムは次のように作成します。

①LEDを接続したデジタル入出力端子の番号を指定します。各色の端子ごとに指定します。

②LEDを接続したデジタル入出力端子を出力モードに切り替えます。

③各色の点灯の度合いを0から255の範囲で指定します。例えば、黄色を点灯したい場合は、赤と緑を255にして青を0にします。白を点灯したい場合はすべて255にします。

プログラムが作成できたら、Arduinoへ転送すると、所定の色にLEDが点灯します。

PWMでの出力

PWMでの出力はp.38を参照してください。

●フルカラーLEDで自由な色を光らせるプログラム

arduino_parts/3-4/color_led.ino

```
const int GREEN_PIN = 6;    ①
const int BLUE_PIN = 5;
const int RED_PIN = 3;

void setup(){
    pinMode( GREEN_PIN, OUTPUT );    ②
    pinMode( BLUE_PIN, OUTPUT );
    pinMode( RED_PIN, OUTPUT );
}

void loop(){
    analogWrite( GREEN_PIN, 0 );    ③
    analogWrite( BLUE_PIN, 255 );
    analogWrite( RED_PIN, 255 );
}
```

≫HSV形式で点灯する色を指定

フルカラーLEDは赤、緑、青の3つの色の強さを調節することで様々な色を点灯できます。この、赤と緑と青の強弱で色を指定する方法を「**RGB表色系**」といいます。赤、青、緑の3つの軸で表現すると右図のように、立方体のような形になります。

RGB表色系は、各色をどの程度の割合に

●RGB表色系の図式化

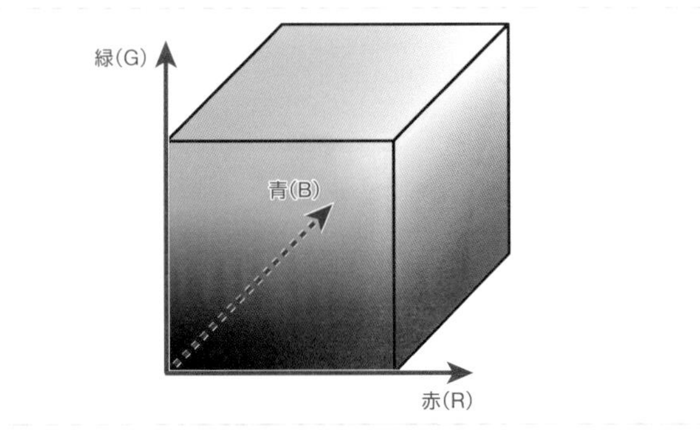

するかがわかりやすく、フルカラーLEDを点灯するのにも直接利用できる利点があります。しかし、三原色の割合で色を表現しているため、RGB各色の配合をあらかじめ知識として持っていないと、人間には直感的に配合がわかりづらい欠点があります。例えば、オレンジで点灯する場合、RGB各色をどの程度の強さにするのかすぐに判断できません。

そこで「**HSV表色系**」を利用すると、直感的に色を選択できます。HSV表色系は、「色合い」を表す「色相（Hue）」、「色の鮮やかさ」を表す「彩度（Saturation）」、「色の明るさ」を表す「明度（Value）」の3つの要素で色を表す方式です。図式化すると、右のような円錐形をしています。

●HSV表色系の図式化

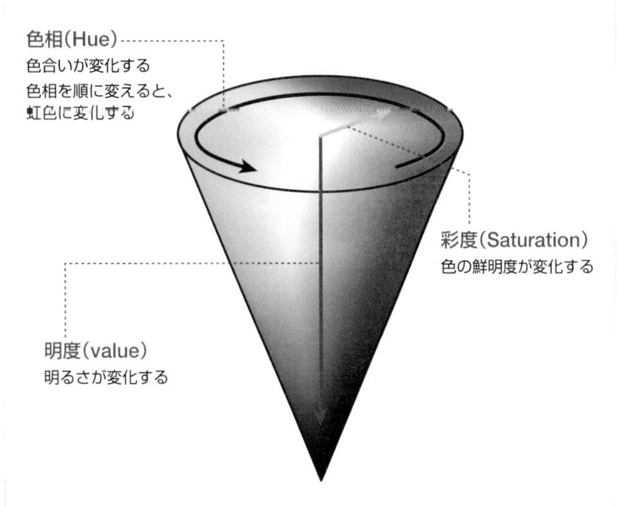
色相(Hue)
色合いが変化する
色相を順に変えると、
虹色に変化する
彩度(Saturation)
色の鮮明度が変化する
明度(value)
明るさが変化する

HSV表色系で色を選択するには、色相を変化させます。色相は円状になっており、回転させることで赤→黄→緑→青→紫→赤のように変化していきます。

彩度を変化させると、色の鮮やかさが変化します。値が大きくなれば色合いが強くなり、小さくなれば色あせます。

明度を変化させると明るさを変化できます。値を大きくすると明るくなり、小さくすると暗くなります。

HSV表色系を利用すれば、色の明るさなどの調整が容易です。色相で好みの色を指定した上で、彩度で色の濃さと明度で明るさを調整することで色を選択できます。これをRGB表色系で表現する場合は、R、G、Bの各値を最適な値で指定する必要があります。RGBの配合に予備知識がないと、なかなか難しい作業です。

＊ArduinoでHSV表色系を使ってフルカラーLEDの色を変化させる

HSV表色系を利用して色を表現しても、フルカラーLEDを点灯させるには、RGB表色系に変換しなければなりません。これには、複雑な計算が必要となります。そこで、本書で用意した変換ライブラリ「HSVtoRGB」を使うと、HSV表色系からRGB表色系に変換できます。ライブラリは「HSVtoRGB.zip」ファイルとして準備しています。このライブラリをp.29で説明したようにArduino IDEに導入することで、プログラム内で利用できるようになります。

ライブラリでは、HSVtoRGBクラスが用意されています。初めにクラスを使えるようにするためインスタンスを製作します。この際指定したインスタンス名を使ってHSVからRGBに変換します。変換する場合には、「インスタンス名.set_hsv()」関数で色相、彩度、明度の順に0から1の範囲で指定します。変換した結果は「インスタンス名.get_red()」、「インスタンス名.get_green()」、「インスタンス名.get_blue()」で取得できます。値は、0からインスタンス作成時に指定した値の範囲の整数となっています。例えばインスタンス作成時に「255」と指定しておけば、0から255の範囲で各色の値が取得できるため、そのままanalogWrite()に指定することで、LEDの点灯する強さを出力できます。

色相を変化して色を徐々に変化させるには、次のようなプログラムを作成します。

●フルカラーLEDで色を徐々に変化させるプログラム

arduino_parts/3-4/hsv_led.ino

```
#include <HSVtoRGB.h> ①

const int RED_PIN = 3;
const int GREEN_PIN = 6;
const int BLUE_PIN = 5;

HSVtoRGB led_color( 255 ); ②

void setup() {
}

void loop() {
    float hue = 0.0; ③

    while( hue < 1 ){ ④
        led_color.set_hsv( hue, 1.0, 1.0 ); ⑤
        analogWrite( RED_PIN, led_color.get_red() ); ⑥
        analogWrite( GREEN_PIN, led_color.get_green() ); ⑦
        analogWrite( BLUE_PIN, led_color.get_blue() ); ⑧
        delay ( 100 );
        hue = hue + 0.01; ⑨
    }
}
```

①HSV表色系からRGB表色系に変換するライブラリを読み込みます。

②変換用クラスを利用するため、インスタンスを作成して、led_colorという名前で使えるようにします。この際、指定した値の範囲で結果を取得できるようになります。「255」と指定しているので、0から255の範囲の値となります。

③色相を0に設定します。

④色相が1になるまで繰り返します。

⑤現在のhue変数に格納された値を色相、彩度を1.0、明度を1.0としてRGB表色系に変換します。

⑥変換した赤の色をget_red()で取得して、PWMで出力します。

⑦変換した緑の色をget_green()で取得して、PWMで出力します。

⑧変換した青の色をget_blue()で取得して、PWMで出力します。

⑨色相を0.01変化させてから繰り返して処理します。

プログラムが作成できたら、Arduinoに転送します。すると、フルカラーLEDの色が徐々に変化します。

なお、明るすぎる場合は、明度を0.5など小さくすることで暗く点灯させることが可能です。

Section 3-5 シリアルLEDの制御

シリアルLEDは、複数のLEDを数珠つなぎにして一度に制御できるLEDです。1本の通信線だけで各LEDを独立して点灯制御できます。フルカラーで好きな色で点灯することができます。

1本の通信線で点灯制御できる「シリアルLED」

Chapter 3で紹介したLEDやフルカラーLEDを独立して制御するには、それぞれのLEDに対してデジタル出力端子に接続する必要があります。しかし、Arduino Unoにはデジタル入出力端子が14端子しか用意されていないため、単色のLEDであれば同時に14個までしか制御できません。フルカラーLEDの場合は1つについて赤、緑、青の3色を制御するため、4個までしか制御できません。

「**シリアルLED**」を利用すると、少ない信号線で多数のLEDを独立した制御が可能です。シリアルLEDは、LEDを数珠つなぎにして接続できます。１本の通信線をArduinoなどの制御マイコンに接続して点灯するデータを送信することで、データを順々にLEDに渡しながらそれのLEDが点灯できます。

このため、クリスマスなどのイルミネーションや大画面のディスプレイ、回転するものや往復運動をするものの上で発光し、残像効果を利用してあたかも空間に画像を浮いているかのように表示できる**バーサライター**など多種多様な用途で利用されています。

●多数のLEDを独立して点灯制御できる「シリアルLED」

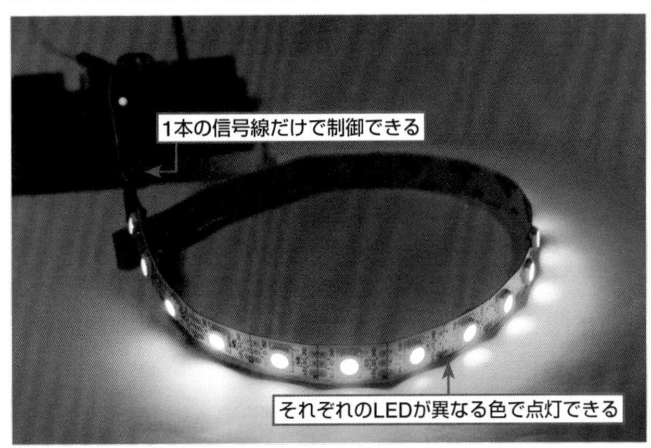
1本の信号線だけで制御できる
それぞれのLEDが異なる色で点灯できる

> **NOTE**
>
> **多数の LED を制御する「ダイナミック制御」**
>
> シリアルLEDの他にもダイナミック制御という方式を使うことで、少数のデジタル出力端子で多数のLEDを制御可能です。ダイナミック制御についてはp.218を参照してください。

シリアルLEDは中国のWorldSemi社が開発しました。「**NeoPixel**」とも呼ばれています。他にも、中国のShenzhen LED color opto electronic社も同様の形式で動作するシリアルLEDを開発・提供しています。

シリアルLEDは多数の製品がありますが、2022年6月現在、WorldSemi社の「**WS2812B**」とShenzhen LED color opto electronic社の「**SK6812**」がよく利用されています。そこで本書ではWS2812BとSK6812についての使い方を説明します。

NOTE

シリアルLEDは製品によって制御方式が異なる

WS2812BやSK6812以外にも、違う型番の製品が販売されています。例えばWS2812Bの前モデルである「WS2811」、信号線を二重にして途中のLEDが壊れていても以降のLEDを点灯できる「WS2813」、SK6812に白色LEDを追加した「SK6812RGBW」などがあります。また、WorldSemi社やShenzhen LED color opto electronic社以外にも、シリアルLEDを製造・販売しているメーカーがあります。
しかし、ひとくくりにシリアルLEDと言っても、製品によって通信方式が異なります。通信方式を誤ると正しく点灯できません。本書ではWS2812BおよびSK6812を利用した方法を紹介しています。他の製品を使う場合は、データシートを閲覧するなどしてそれぞれの方式に合わせて通信する必要があります。

シリアルLEDの仕組み

WorldSemi社の「**WS2812B**」は右の写真のような形状です。中央には赤、緑、青の3色のLEDが配置されており、各色の明るさを調節して様々な色が点灯できます。4端子を搭載してArduinoや他のWS2812Bと接続します。端子は「VDD」を電源に、「GND」をGNDに接続して電源を供給します。「DIN」はArduinoなどのマイコンに接続して制御信号を受信します。「DOUT」には他のシリアルLEDを接続するようになっています。

●WS2812Bの外見

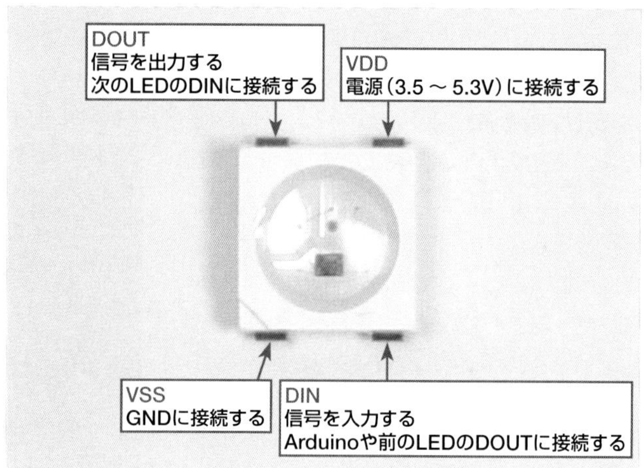
DOUT
信号を出力する
次のLEDのDINに接続する
VDD
電源(3.5～5.3V)に接続する
VSS
GNDに接続する
DIN
信号を入力する
Arduinoや前のLEDのDOUTに接続する

SK6812の動作

SK6812もWS2812B同様の方式で動作します。端子の配置もWS2812Bと同じです。

複数のシリアルLEDの制御をする場合、次の図のように接続します。1つ目のシリアルLEDの「DIN」はArduinoに接続して信号を受信できるようにします。2つ目のシリアルLEDは、1つ目のシリアルLEDの「DOUT」から2つ目のシリアルLEDの「DIN」に接続します。同様に3つ目以降も「DIN」を1つ前のシリアルLEDの「DOUT」と接続していきます。このようにして、複数のシリアルLEDを数珠つなぎにします。

●複数のシリアルLEDを接続する

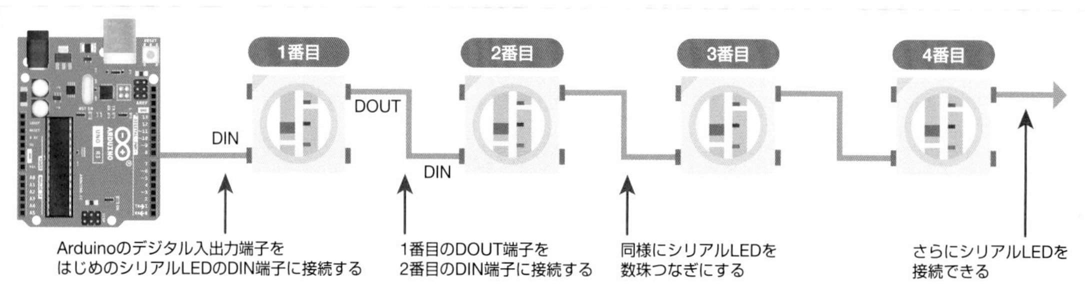
1番目
2番目
3番目
4番目
DIN
DOUT
DIN
Arduinoのデジタル入出力端子を
はじめのシリアルLEDのDIN端子に接続する
1番目のDOUT端子を
2番目のDIN端子に接続する
同様にシリアルLEDを
数珠つなぎにする
さらにシリアルLEDを
接続できる

シリアルLEDは、Arduinoから受け取った信号を次々と受けわたしながら独立した色で点灯します。

Arduinoでは、各シリアルLEDで点灯するデータを並べておきます。1番目のデータは先頭のシリアルLEDのデータ、その後に2番目のシリアルLEDのデータ、3番目のシリアルLEDのデータ……と並べ、最後に終了を表す「RESET」信号を付加します。

各データには緑、赤、青の順番にそれぞれの明るさを0から255の値で指定します。準備ができたらシリアルLEDが接続されたデジタル入出力端子から信号を送信します。

1番目のシリアルLEDが信号を受信すると、先頭のデータを取り出します。中に格納された緑、赤、青の明るさの度合いを参照し、LEDを点灯します。次に先頭のデータを取り外し、次のシリアルLEDに送信します。2番目以降のシリアルLEDも、先頭のデータを取り出して残りを次のシリアルLEDに受け渡します。このようにして多数のシリアルLEDを様々な色で点灯させます。

●データを順に受け渡しながら独立した色で点灯できる

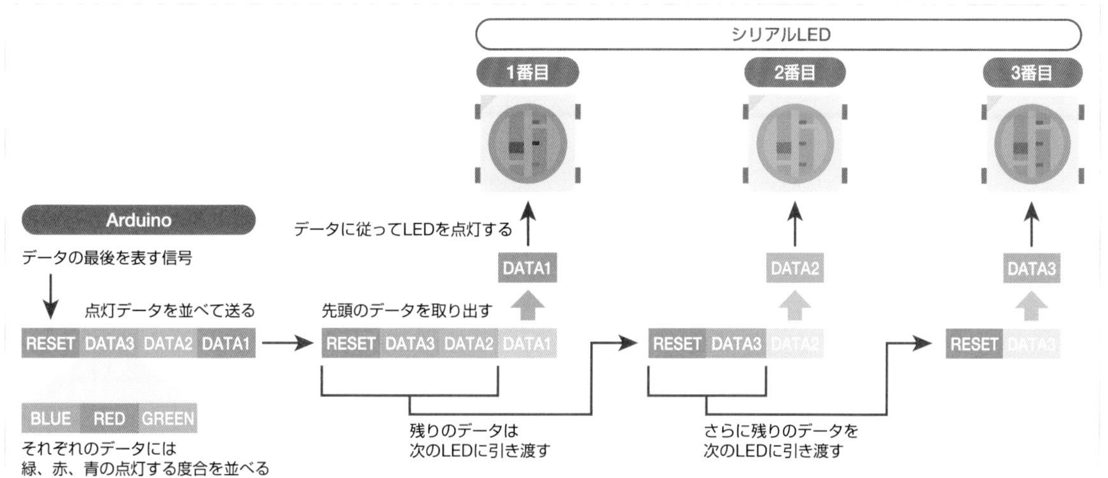

≫シリアルLEDの選択

WS2812Bは**表面実装**形状の部品です。表面実装の部品は基板などに直接取り付けるもので、ブレッドボードで利用するのには向いていません。ブレッドボードで運用する場合は、秋月電子通商が販売する「**マイコン内蔵RGB LEDモジュール**」を使用するのがおすすめです。WS2812Bがあらかじめ基板に取り付けられており、基板の両端にピンヘッダーを取り付けることでブレッドボードに差し込んで利用できます。ピンヘッダーは「DI」と記載された側に取り付けます。

マイコン内蔵RGB LEDモジュールは、別の基板を接続してシリアルLEDの数を増やすことも可能です。増設する場合は「DO」と記載されている側に別の基板の「DI」と記載されている側を接続します。接続する場合ははんだを利用します。

●基板に取り付けられたシリアルLEDを使う

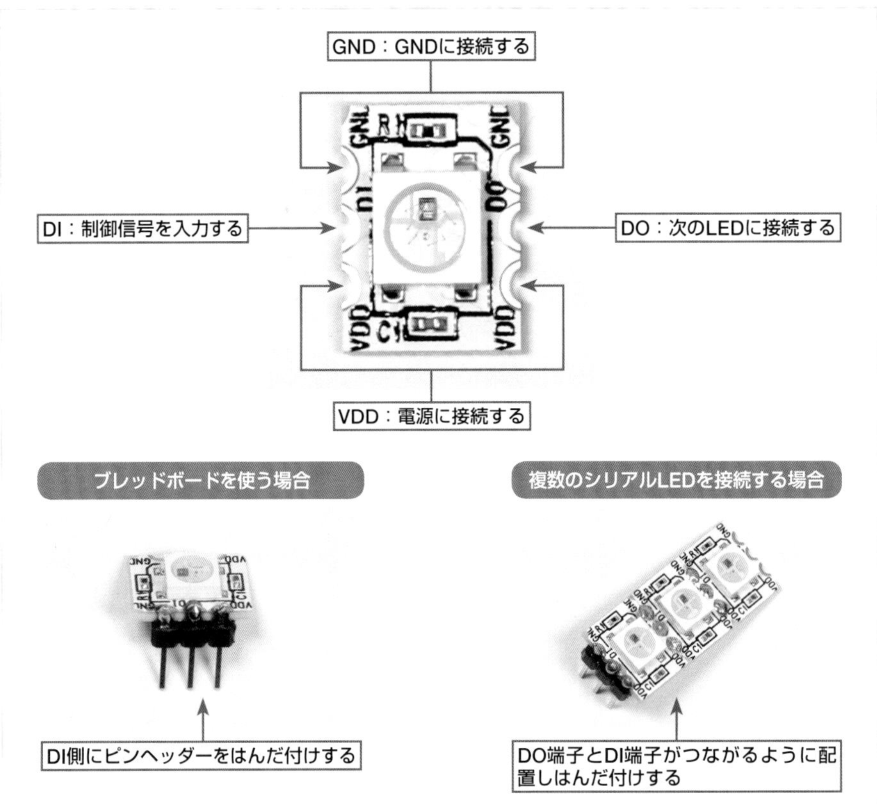
GND：GNDに接続する
DI：制御信号を入力する
DO：次のLEDに接続する
VDD：電源に接続する
ブレッドボードを使う場合
複数のシリアルLEDを接続する場合
DI側にピンヘッダーをはんだ付けする
DO端子とDI端子がつながるように配置しはんだ付けする

マイコン内蔵RGB LEDモジュールのほかにも、多数のシリアルLEDが配置された商品も販売されています。基板に一直線に複数配置されたバー型の製品や、網目状に配置されたマトリクス型の製品などがあります。テープに配置された製品であれば、自由に曲げて設置することが可能です。テープ型の製品は、必要な個数を切り取って使うこともできます。

●様々な形状のシリアルLED

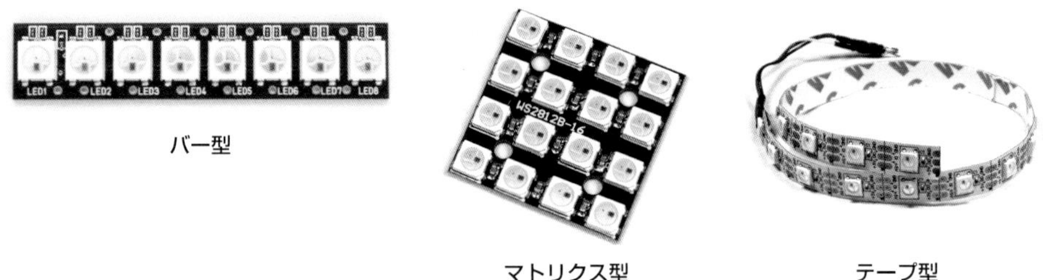
バー型
マトリクス型
テープ型

記事執筆時点、購入可能な主なシリアルLEDは次のとおりです。

●購入可能な主なシリアルLED

製品名	形状	個数	シリアルLEDの型番	参考価格
マイコン内蔵RGB LED WS2812B	表面実装	1	WS2812B	2個入 50円(秋月電子通商)
マイコン内蔵RGB LEDモジュール	基板搭載	1	WS2812B	70円(秋月電子通商)
マイコン内蔵RGB 8LEDスティック	バー型	8	WS2812B	500円(秋月電子通商)
NeoPixel Ring - 1/4 60連フルカラーシリアルLED	円弧型	15	WS2012B	1,749円(スイッチサイエンス)
NeoPixel Ring - 12連フルカラーシリアルLED	円環型	12	WS2012B	1,320円(スイッチサイエンス)
NeoPixel Ring - 16連フルカラーシリアルLED	円環型	16	WS2012B	1,749円(スイッチサイエンス)
SK6812使用マイコン内蔵フルカラーテープLED 1m 60LED	テープ型	60	SK6812	1,350円(秋月電子通商)
サイドビュータイプマイコン内蔵フルカラーテープLED 1m 60LED	テープ型	60	SK6812	1,680円(秋月電子通商)
保護チューブ付き APA104搭載 RGB LEDストリップ(1m)	テープ型	60	APA104	4,176円(スイッチサイエンス)
APA104搭載 RGB LEDストリップ(1m)	テープ型	60	APA104	3,655円(スイッチサイエンス)

Amazonなどのオンラインショップで「NeoPixel」と検索すると、円環状や網目状に配置した大きな商品も見つけられます。

購入の際は、搭載されているシリアルLEDが「**WS2812B**」または「**SK6812**」であることを確認してください。そうでないと、本書の解説内容では動作しない恐れがあります。

ライブラリの準備

シリアルLEDをArduinoで制御するには、Adafruitが提供しているライブラリを利用します。ライブラリは、p.28で説明した「**ライブラリの管理**」で検索と導入が可能です。Arduino IDE上の「スケッチ」メニュー➡「ライブラリをインクルード」➡「ライブラリの管理」の順に選択します。画面上部の検索窓に「neopixel」と検索して表示された「Adafruit NeoPixel」を選択して「インストール」をクリックして導入します。

●ライブラリのインストール

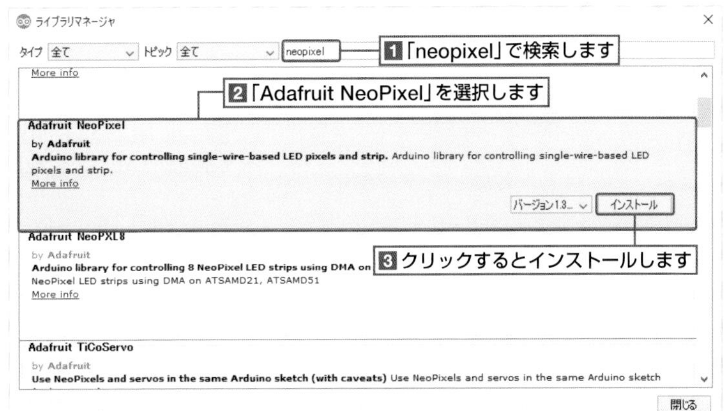

シリアルLEDの点灯制御

シリアルLEDを点灯させてみましょう。ここでは、先に紹介した、秋月電子通商が販売する「**マイコン内蔵RGB LEDモジュール**」を利用します。最初に1つだけ接続して点灯制御させてみます。モジュールの「DI」側にピンヘッダーを取り付けておきます。

右の接続図のように、Arduinoとシリアル LEDを接続します。ここではデジタル入出力端子6番で制御します。6番端子からモジュールのDIに接続します。なお、WS2812Bを動作させるには5Vの電源に接続する必要があります。

利用部品

- マイコン内蔵RGB LEDモジュール……1個
- ピンヘッダー 3P……1個
- ブレッドボード……1個
- ジャンパー線（オス―オス）……3本

●シリアルLEDを点灯させる接続図

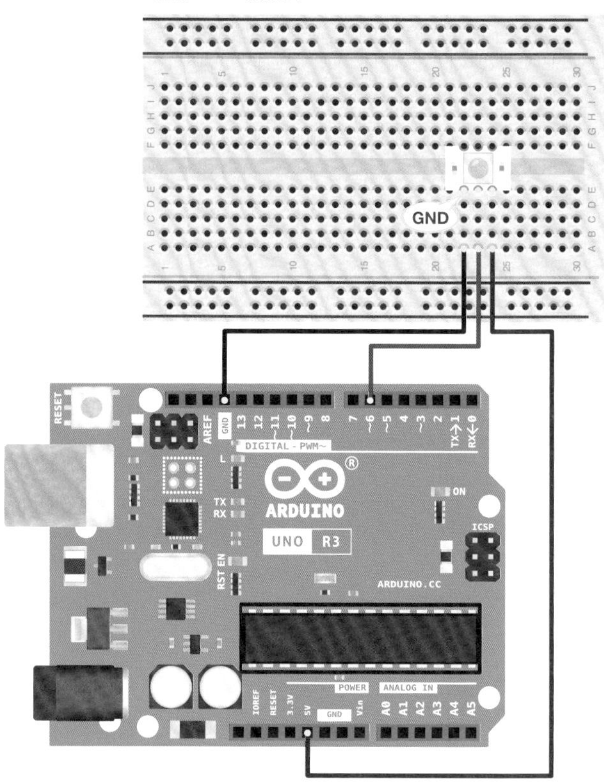

回路ができたら、プログラムを作成してシリアルLEDを点灯させてみましょう。プログラムは次のように作成します。

●単一のシリアルLEDを制御するプログラム

arduino_parts/3-5/serial_led.ino

```
#include <Adafruit_NeoPixel.h>  ①

const int LED_PIN = 6;  ②
const int LED_NUMBER = 1;  ③

Adafruit_NeoPixel pixels( LED_NUMBER,⮐
 LED_PIN, NEO_GRB + NEO_KHZ800 );  ④

void setup() {
  pixels.begin();  ⑤
}

void loop() {
  pixels.clear();  ⑥
  pixels.setPixelColor( 0,⮐
 pixels.Color(  128, 0, 0 ) );  ⑦

  pixels.show();  ⑧
}
```

①Adafruitのライブラリを読み込みます。

②シリアルLEDを接続したデジタル入出力端子の番号を指定します。

③接続したシリアルLEDの数を指定します。今回は1個なので「1」と指定します。

④シリアルLEDを利用するためのインスタンスを作成します（右では紙面の都合上⮐で折り返していますが、実際は一行で記述します）。作成時には接続したシリアルLEDの個数（LED_NUMBER）、接続したデジタル入出力端子の番号（LED_PIN）、動作モードを指定します。WS2812BおよびSK6812を

利用する場合は「NEO_GRB + NEO_KHZ800」と指定します。他の型番のシリアルLEDを使う場合などは変更しないと動作しないことがあります。

⑤シリアルLEDを初期化して利用できるようにします。

⑥シリアルLEDに送信するデータをすべて消去します。Arduino内で準備する送信データを消去するだけなので、この命令だけではシリアルLEDが消灯しません。

⑦接続したシリアルLEDの点灯色を指定します（前ページでは紙面の都合上⮐で折り返していますが、実際は一行で記述します）。初めの数字は対象のシリアルLEDを指定します。1番目に接続したシリアルLEDは「0」となります。次にpixels.Colors()で色を指定します。赤、緑、青の順に指定します。それぞれ0から255の範囲で指定し、数値が大きくなるほど明るくなります。なお、シリアルLEDは非常に明るいため、128程度であっても十分明るくなります。

⑧準備したデータをシリアルLEDに送信し、シリアルLEDを所定の色で点灯します。

●シリアルLEDを1つ点灯した

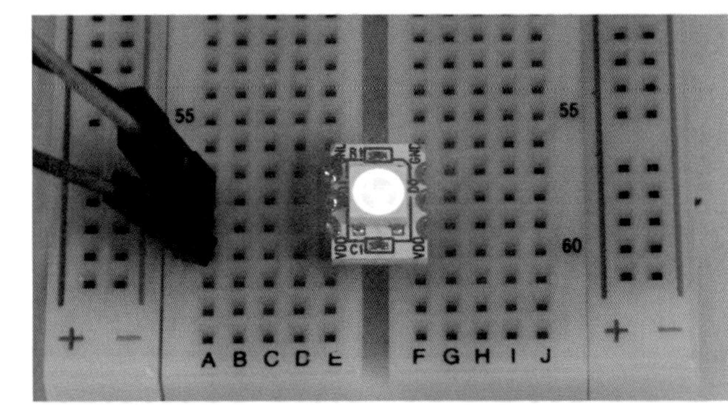

プログラム完成後、Arduinoへ転送すると指定した色でシリアルLEDが点灯します。

＊複数のシリアルLEDを点灯する

次に複数のシリアルLEDを同時に制御してみましょう。マイコン内蔵RGB LEDモジュールを3個接続して、それぞれの異なる色で点灯してみます。モジュールははんだ付けして用意したら、シリアルLEDを単独接続した場合と同じように接続します。

●複数のシリアルLEDを点灯させる接続図

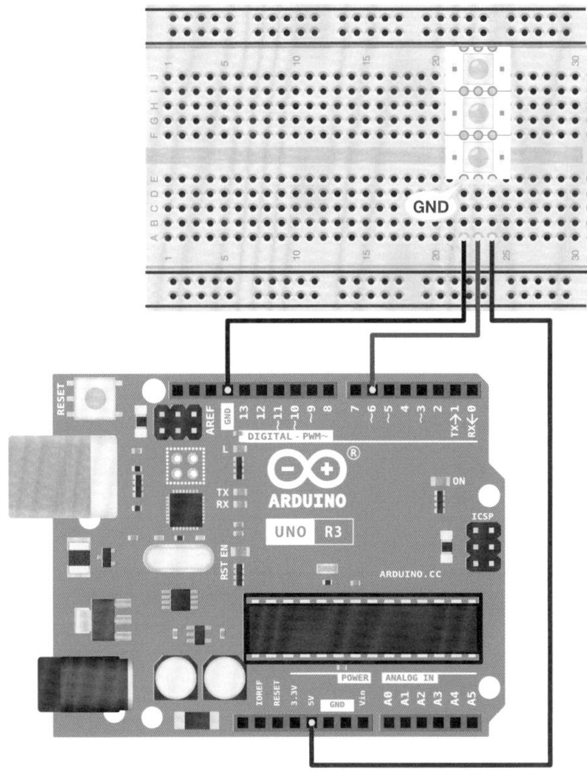

プログラムは次のように作成します。

●3個のシリアルLEDを指定した色で点灯するプログラム

arduino_parts/3-5/serial_ledx3.ino

```
#include <Adafruit_NeoPixel.h>

const int LED_PIN = 6;
const int LED_NUMBER = 3;  ①

Adafruit_NeoPixel pixels( LED_NUMBER, LED_PIN, NEO_GRB + NEO_KHZ800 );

void setup() {
  pixels.begin();
}

void loop() {
  pixels.clear();
  pixels.setPixelColor( 0, pixels.Color( 128,   0,   0 ));
  pixels.setPixelColor( 1, pixels.Color(   0, 128,   0 ));  ②
  pixels.setPixelColor( 2, pixels.Color(   0,   0, 128 ));

  pixels.show();
}
```

①接続したシリアルLEDの数を「3」にします。

②それぞれのシリアルLEDの点灯色を設定します。この際、初めの項目に指定する対象のシリアルLEDの番号を変更します。1番目のシリアルLEDは「0」、2番目は「1」、3番目は「2」とします。

プログラムをArduinoに転送すると、それぞれのシリアルLEDが赤、緑、青で光ります。

●複数のシリアルLEDを別の色で点灯した

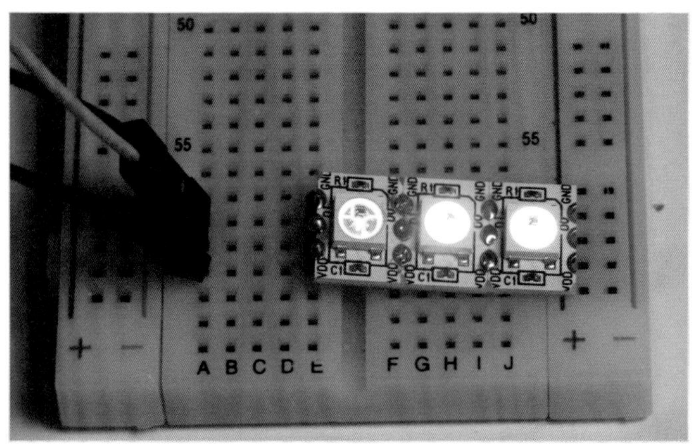

> **NOTE**
> **HSV表色系の活用**
> テープ型のシリアルLEDを利用すれば、グラデーションや光が流れるような効果を実現できます。さらに、HSV表色系を活用して色相を変化させるようにすることで虹色にグラデーションした光を実現することも可能です。HSV表色系についてはp.85を参照してください。

Chapter 4

スイッチ・ボタン・ボリューム

スイッチを利用すると、回路のオン・オフをArduinoで読み取ることができます。スイッチを切り替えることで、制作物の動作を変更する、などといったことが可能です。また、ボタンを押した回数をカウントするといった用途にも使えます。
ボリュームはツマミを回して自由な電圧の状態に調節できる電子部品です。音量の調節などに利用されています。Arduinoのアナログ入力に接続することでボリュームから出力する電圧を読み取れます。

Section 4-1 スイッチの状態を読み取る

スイッチを使うと、「オン」「オフ」2つの状態をArduinoで読み取れます。スイッチを使えば、何らかの動作の開始や、設定の変更などが可能です。ここではスイッチの仕組みと種類、そして3端子スイッチの使い方について解説します。

2つ状態を切り替えて入力できる「スイッチ」

「**スイッチ**」は「オン」と「オフ」の2つの状態を切り替えられる電子部品です。Chapter 3で解説したLEDの点灯・消灯のようなデジタル出力とは逆に、スイッチをArduinoに接続することでスイッチの状態を読み取ることが可能です。

スイッチを用いれば、電気回路に電気を流したり止めたりなどといった制御が可能です。Arduinoでは、デジタル入出力端子に接続することでデジタル入力ができます。

形状や端子の数、動作が異なる様々な種類のスイッチが存在します。用途に応じて利用するスイッチを選択します。

●スイッチを切り替えて電気を流したり止めたりできる

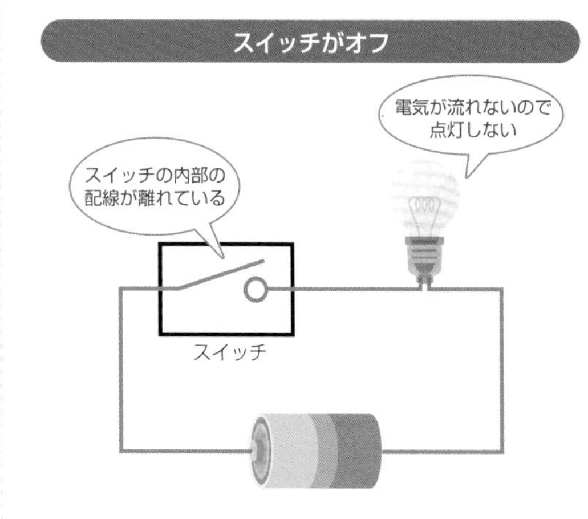

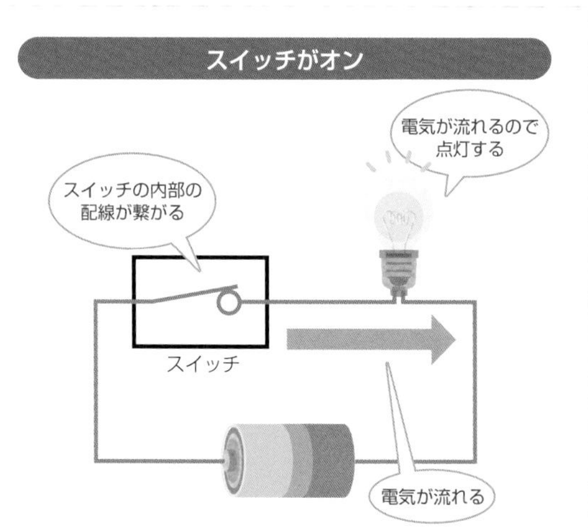

》スイッチの動作の種類

スイッチは「**モーメンタリ動作**」と「**オルタネート動作**」の2通りに分けられます。

＊モーメンタリ動作

モーメンタリ動作は、スイッチを操作するとオンになり、スイッチ操作を止めるとオフに自動的に戻るスイッチです。テレビのリモコンや、キーボード、マウスのボタン、家電の操作パネルなど幅広く利用されています。

また、スイッチを押すとオフになり、離すとオンになる逆に動作するスイッチもあります。

●モーメンタリ動作（押しボタンスイッチの場合）

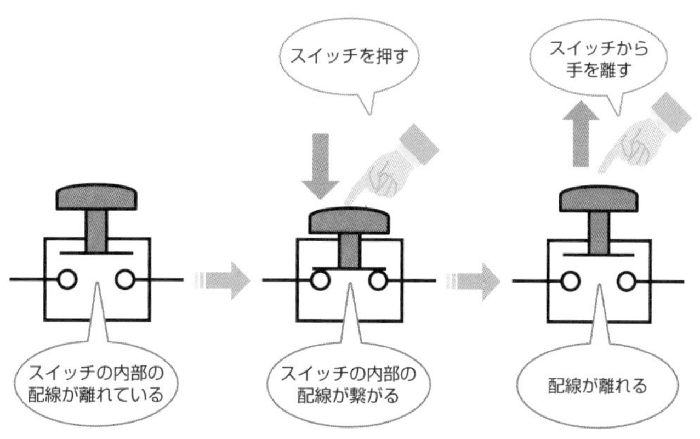

＊オルタネート動作

オルタネート動作は、スイッチを操作するとオンに切り替わり、その後スイッチから手などを離してもオンの状態を保つスイッチです。再度スイッチを操作するとオフに切り替わります。電源スイッチなど、オンの状態を持続的に保ちたいなどの用途に利用されています。

●オルタネート動作（押しボタンスイッチの場合）

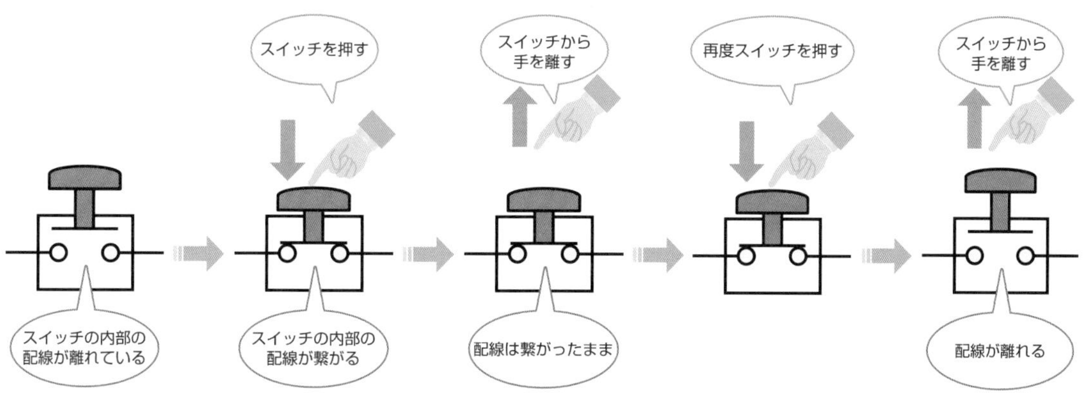

スイッチの端子

市販されているスイッチには、大きく分けて「2端子」「3端子」のものがあります。

> **NOTE**
>
> **2端子や3端子以外のスイッチ**
>
> スイッチの中には4端子以上の端子があるものもあります。これは、複数のスイッチを同時に操作できるようになっているものです。例えば、6端子あるスイッチは、3端子のスイッチが2つ入っており、スイッチを操作すると同時に2つのスイッチが動くようになっています。
>
> また、複数の接点が用意された「ロータリースイッチ」もあります。ロータリースイッチは多数あるモードを選択する場合などに使われます。本書ではロータリースイッチの使い方は説明しませんが、基本的にスイッチの使い方と同じです。

＊2端子のスイッチ

2端子を搭載するスイッチは、スイッチをオンにすると端子間が導通し、オフにすると離れて端子間が導通しなくなります。導通させて電流を流すことで、電子部品を動作させたりできます。

Arduinoの入力で2端子のスイッチを利用する場合は、「プルアップ」や「プルダウン」といった回路を利用します。2端子のスイッチの使い方についてはSection 4-2で説明します。

●2端子のスイッチと回路図

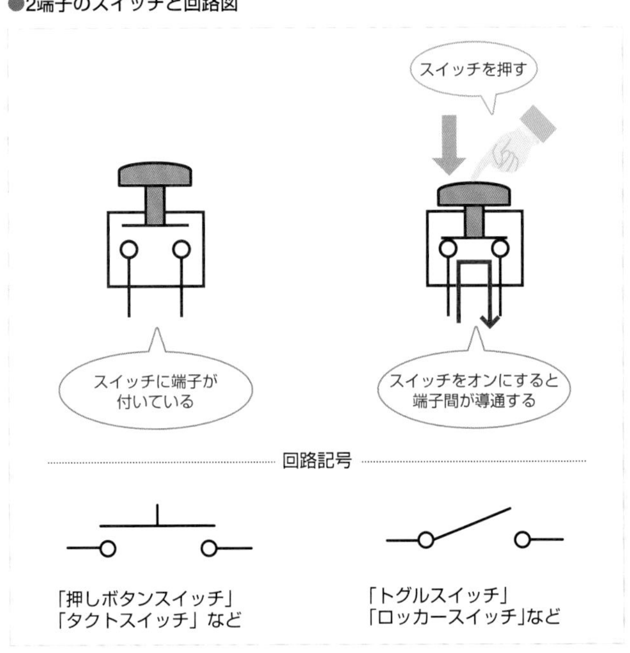
スイッチを押す
スイッチに端子が
付いている
スイッチをオンにすると
端子間が導通する
回路記号
「押しボタンスイッチ」
「タクトスイッチ」など
「トグルスイッチ」
「ロッカースイッチ」など

＊3端子のスイッチ

3端子を搭載するスイッチは、中央の端子が左右のどちらかに接続するかを切り替えるスイッチです。スイッチを操作することで、中央の端子が左右のいずれかのスイッチに接続が切り替わります。右と左で異なる状態の回路に接続しておくことで、スイッチを切り替えることで中央の端子に接続する回路を切り替えられます。

例えば右の端子を0Vに、左の端子を5Vに接続しておけば、スイッチを切り替えることで中央の端子を0Vと5Vの状態に切り替えられます。

●3端子のスイッチと回路図

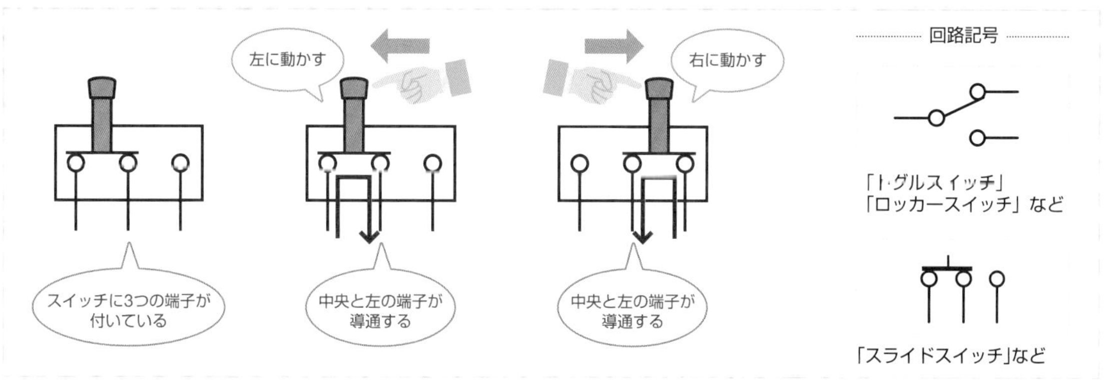

》スイッチの形状

スイッチは用途に応じて多種多様な形状をしています。電子工作で利用される主なスイッチとして次のような種類があります。

●主なスイッチの形状

押しボタンスイッチ

タクトスイッチ

スライドスイッチ

トグルスイッチ

ロッカースイッチ

DIPスイッチ

＊押しボタンスイッチ（プッシュスイッチ）

「**押しボタンスイッチ（プッシュスイッチ）**」は、指などでボタンを押すことで切り替えられるスイッチです。押しボタンスイッチは大小様々なサイズのものが販売されています。ボタン面が広く操作しやすい押しボタンスイッチもあります。

押しボタンスイッチには、モーメンタリ動作、オルタネート動作それぞれに対応した製品が販売されています。

＊タクトスイッチ（タクタイルスイッチ）

「**タクトスイッチ（タクタイルスイッチ）**」は、基板に直接差し込める小さなスイッチです。ブレッドボードに差し込むことも可能です。基板に固定できるため、キーボードやマウスのボタンなどに使われています。

タクトスイッチには、安定して固定できるよう通常は4つの端子を搭載します。しかし、内部で2端子ずつ繋がっており、実際は2端子のスイッチとして動作します。

＊スライドスイッチ

「**スライドスイッチ**」は、スライドすることで両端の端子に切り替えられるスイッチです。電源の切り替えなどに利用されています。スライドスイッチは一般的にオルタネート動作します。

＊トグルスイッチ

「**トグルスイッチ**」は、棒状の部品を両端に倒して切り替えできるスイッチです。トグルスイッチには、モーメンタリ動作、オルタネート動作それぞれに対応した製品が販売されています。また、トグルスイッチの中には、中央の端子が左右どちらの端子にも接続した状態にできるものもあります。

構造上、スイッチを倒した逆の端子が導通するようになっています。右に倒すと中央と左の端子が導通し、左に倒すと中央と右の端子が導通します。

＊ロッカースイッチ

「**ロッカースイッチ**」は、両端がシーソーのように切り替わるスイッチです。どちらが押されている状態か一目でわかりやすいほか、指で一押しするだけで切り替えられるのも特徴です。機器の電源や、家の照明のスイッチなどに使われています。オルタネート動作するスイッチが一般的ですが、モーメンタリ動作するロッカースイッチも存在します。

＊DIP（ディップ）スイッチ

「**DIPスイッチ（ディップスイッチ）**」（DIP：Dual In-line Package）とは、複数の小型スイッチを搭載したスイッチです。ICのような形状になっており、基板に直接取り付けられるようになっています。複数の小型スイッチが搭載されているため、プログラム設定をする用途などに活用できます。ただし、各スイッチは非常に小さいため、頻繁にスイッチを切り替えるような用途には向いていません。

各スイッチの上下に端子が付いており、スイッチを切り替えることで導通、非導通が切り替えられます。

≫3端子のスイッチを使ってArduinoに入力する

Arduinoのデジタル入出力端子ではデジタル入力ができます。デジタル入出力端子を入力モードに切り替えると0V、5Vのどちらかであるかを判断できます（デジタル入力についてはp.36を参照）。

3端子を搭載するスイッチをデジタル入力に利用するには、スイッチの両端の端子を0V、5Vに接続しておき、中央の端子をArduinoの任意のデジタル入出力端子に接続します。こうすることで、スイッチを切り替えると中央の端子が0Vまたは5Vに切り替えられます。

●3端子のスイッチを使ってArduinoへデジタル入力する

両端のどちらかを5Vにつなぐ

両端のどちらかを0Vにつなぐ

5V

0V

中央の端子をArduinoのデジタル入出力端子につなぐ

左に動かす

右に動かす

5V

0V

中央の端子は5Vになる

5V

0V

中央の端子は0Vになる

回路図は右のようになります。

スイッチの両端の端子を、それぞれ5VとGNDに接続します。スイッチの中央の端子は任意のデジタル入出力端子へ接続します。ここでは、PD2をデジタル入力に使うことにします。

●スイッチで入力を切り替える回路

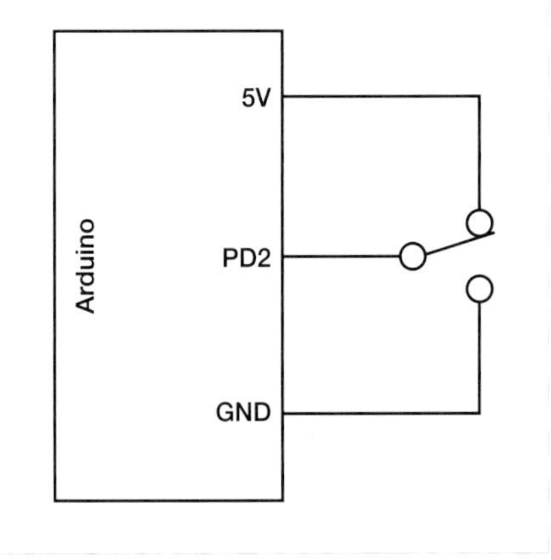

ブレッドボードを利用した接続図は右のようになります。基板に直接差し込めるスイッチを用意してください。スライドスイッチやトグルスイッチには、基板に差し込める部品が販売されています。

もし、直接差し込めないスイッチを使う場合は、スイッチの各端子に導線をはんだ付けしてArduinoに接続します。

NOTE

はんだ付け

はんだ付けの方法についてはp.268を参照してください。

POINT

クリップ状のジャンパー線を活用する

ブレッドボードに直接差し込めない電子部品は、みの虫クリップが付いたジャンパー線を使うと便利です。みの虫クリップは根元をつまむことで先端が開きます。ここにスイッチの端子などを挟み込みます。みの虫クリップの逆側はブレッドボードに差し込める形状になっているため、はんだ付けをせずにスイッチをブレッドボードで使えるようになります。

利用部品

- スライドスイッチ……1個
- ブレッドボード……1個
- ジャンパー線（オス―メス）……3本

●入力を読み込む回路をブレッドボード上に作成

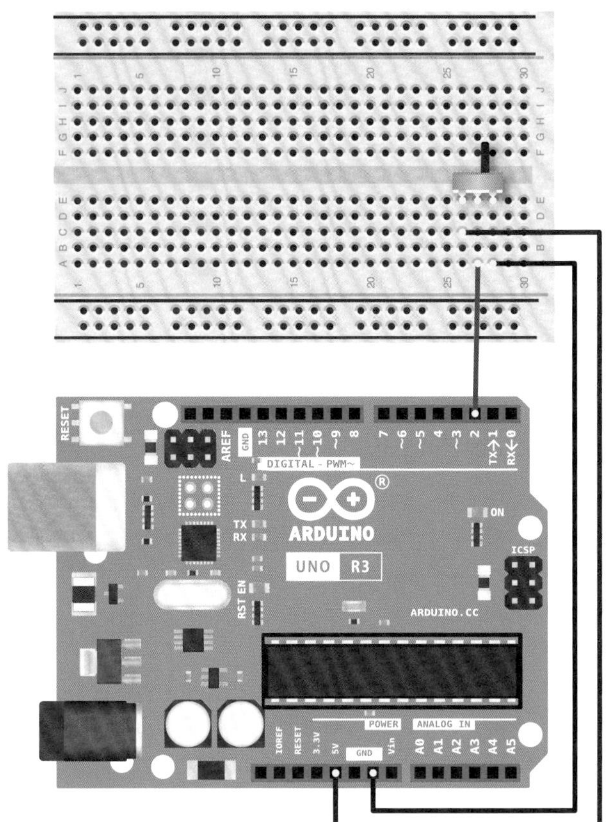

NOTE

安全にデジタル入力するには（抵抗の設置）

Arduinoのデジタル入出力端子でデジタル入力をする場合は、対象になる端子の設定をプログラムで「デジタル入力」に設定します。この際に誤って「デジタル出力」に設定してしまうと、過電流が流れてArduinoを損壊してしまう恐れがあります。このような設定ミスからArduinoを守るには、デジタル入力の端子に1kΩ程度の抵抗を挟みます。こうしておくと電流を抑止でき、過電流による損壊から保護できます。

本書では電子回路をわかりやすくするために、過電流防止の抵抗は省略しています。必要に応じて抵抗を挿入してください。

プログラムでスイッチから入力する

回路ができあがったら、Arduino上でプログラミングして、タクトスイッチの状態を入力してみましょう。次のようにプログラムを記述します。

①SW_PIN変数に、スイッチを接続しているデジタル入出力端子の番号を指定しておきます。こうすることで、プログラム内でデジタル入出力端子の番号を指定する場合には「SW_PIN」と記述するだけですみます。

②pinMode()に、デジタル入出力端子の番号と「INPUT」と指定することで、スイッチを接続したデジタル入出力端子を入力モードに切り替えます。

③「digitalRead()」では、指定したデジタル入出力端子の状態を確認して入力をします。0Vの場合は「LOW」(数値では0)を、5Vの場合は「HIGH」(数値では1)となります。どちらの状態かによって処理を分けるため、if文でデジタル入出力端子の入力が「HIGH」であるかを調べます。

④入力がHIGHの場合には、「Switch is ON」と表示します。

⑤入力がHIGHでない(LOW)場合には、「Switch is OFF」と表示します。

●スイッチで端子の状態を表示する

arduino_parts/4-1/sw_input.ino

```
const int SW_PIN = 2; ①

void setup() {
    pinMode( SW_PIN, INPUT ); ②
    Serial.begin( 9600 );
}

void loop() {
    if ( digitalRead( SW_PIN ) == HIGH ) { ③
        Serial.println("Switch is ON"); ④
    } else {
        Serial.println("Switch is OFF"); ⑤
    }

    delay( 1000 );
}
```

作成が完了したらArduinoにプログラムを転送します。すると、1秒間隔で読み取り、スイッチの状態がシリアルモニターに表示されます。スイッチがOFFになっている場合は「Switch is OFF」と表示されます。ONに切り替えると「Switch is ON」に表示が切り替わります。

●スイッチの入力結果が表示される

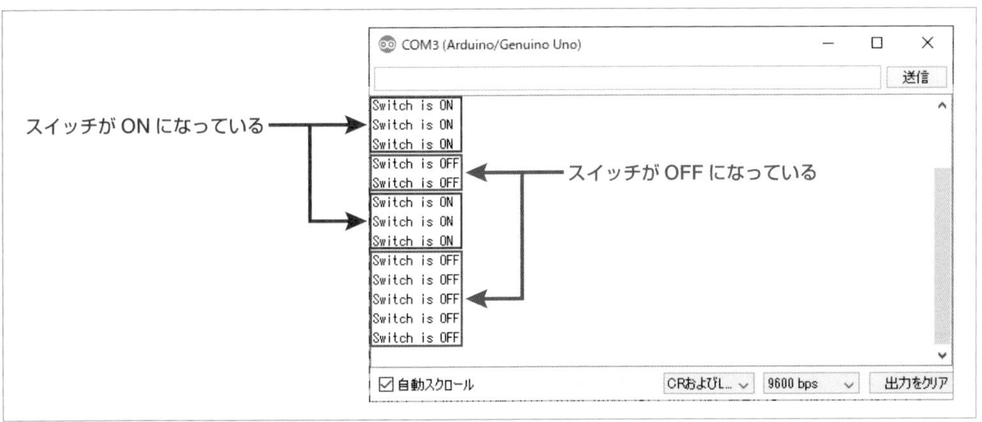

Section 4-2

2端子のスイッチで入力する

2端子のスイッチを使ってArduinoに入力するには、「プルアップ」または「プルダウン」回路を作成して入力を安定させる必要があります。また、Arduinoに搭載されているプルアップ抵抗を有効にしても入力が安定します。

2端子のスイッチは状態が安定しない

Section 4-1で説明したように、3端子のスイッチの場合は一方を0Vに、もう一方を5Vにつなぐことで、どちらかの状態に切り替えて入力できます。

しかし、2端子のスイッチの場合は、端子を0Vまたは5Vのいずれかにしか接続できません。例えば、スイッチの一方を5V、もう一方をデジタル入出力端子に接続して入力するといった具合です。この接続の場合、スイッチがオンになっている時はデジタル入出力端子の状態が5Vになりますが、オフに切り替えるとデジタル入出力端子には何も繋がっていない状態になります。何も繋がっていない状態は電圧が不安定になります。手を近づけたり端子に触ったりするだけで、電圧が大きく変化してしまいます。

この状態では、入力がLOWになったりHIGHになるなど不安定になります。入力が不安定になると、スイッチ操作をしていないのに、プログラムがスイッチが切り替わったと判断して、動作がおかしくなる場合があります。

●2端子のスイッチは入力が不安定になる

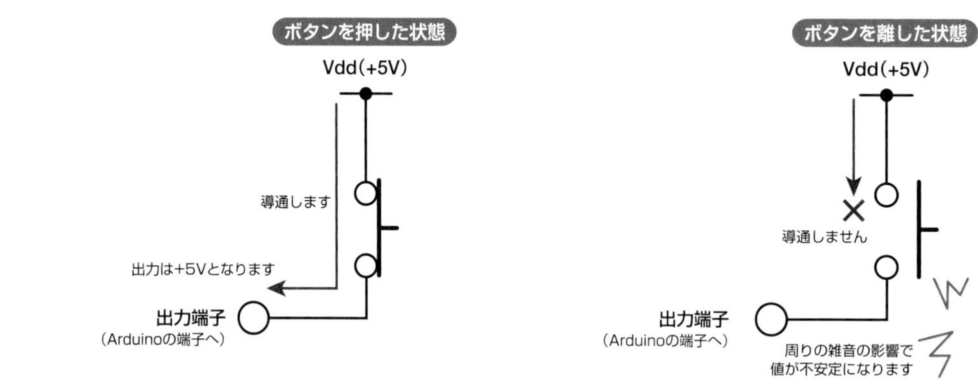

プルアップとプルダウンで入力を安定

2端子のスイッチで状態を安定させるのには、「**プルアップ**」または「**プルダウン**」と呼ばれる方法を利用します。これは、出力端子（Arduinoのデジタル入出力端子へ接続する端子）側に抵抗を介して0Vや5Vに接続しておく方法です。これにより、スイッチがオフ状態の場合は出力端子に接続されている抵抗を介して5Vまたは0Vに接続され、端子の状態が安定させられます。スイッチオフ時に0Vに安定させる方法を「プルダウン」、電圧がかかった状態（Arduinoの場合は5V）に安定させる方法を「プルアップ」と呼びます。プルダウンを例に、動作を説明します。

スイッチがオフの場合は、出力端子が抵抗を介してGNDにつながります。その際、抵抗には電流が流れないため抵抗の両端の電圧は0Vになります（オームの法則によって、電流が0Aだと電圧も0Vになります）。つまり、出力端子とGNDが直結している状態と同じになり、出力は0Vとなります。

●プルアップとプルダウンの回路図

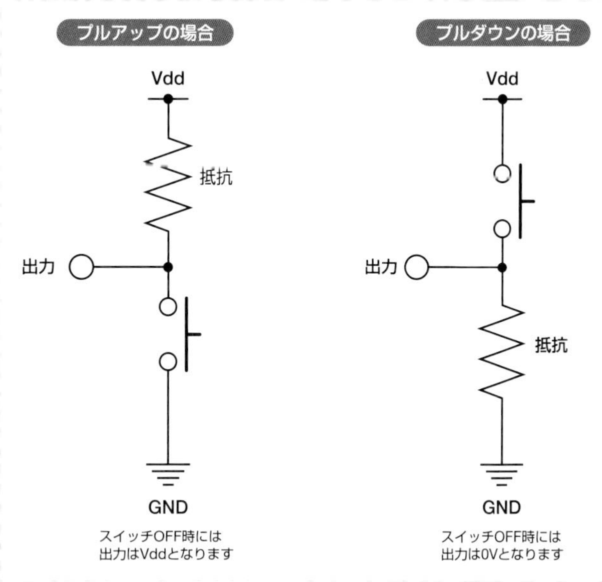

スイッチがオンになると、Vddと出力端子は直結した状態となり、出力はVddと等しくなります。また、VddとGNDは抵抗を介して接続された状態となるため、電流が流れる状態になります。

使用する抵抗は、スイッチがオン状態の時に流れる電流を考えて選択します。抵抗を小さくしすぎると大電流が流れ、Arduinoの故障の原因になります。一方で抵抗が大きすぎると、出力端子が解放された状態（何もつながっていない状態）と同じになってしまうので、値が安定しなくなります。

●プルダウンした場合の動作

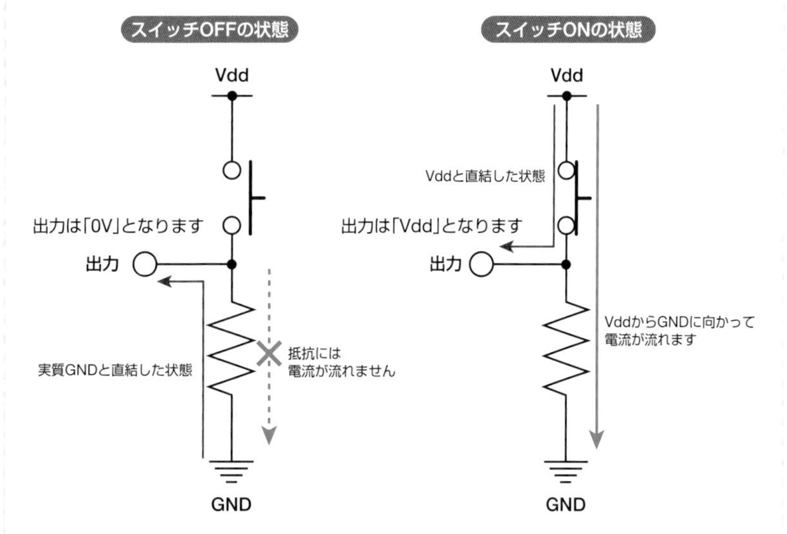

例えば、Vddが5Vで抵抗に10kΩを選択した場合だと、オームの法則から、抵抗に流れる電流が0.5mAだと分かります。Arduinoを利用する場合は、この程度の電流にすると良いでしょう。

＊2端子のスイッチで実際に入力する

実際に2端子のスイッチと抵抗を使って、安定した入力をしてみましょう。ここでは、プルダウンで入力する方法を説明します。電子回路は次のようになります。スイッチの一方の端子に5Vを接続し、もう一方の端子に10kΩの抵抗を介してGNDへ接続します。スイッチと抵抗の間からArduinoのデジタル入出力端子に接続して状態を読み取れるようにします。今回は、PD2に接続して入力します。

●プルダウンしてスイッチを入力する回路

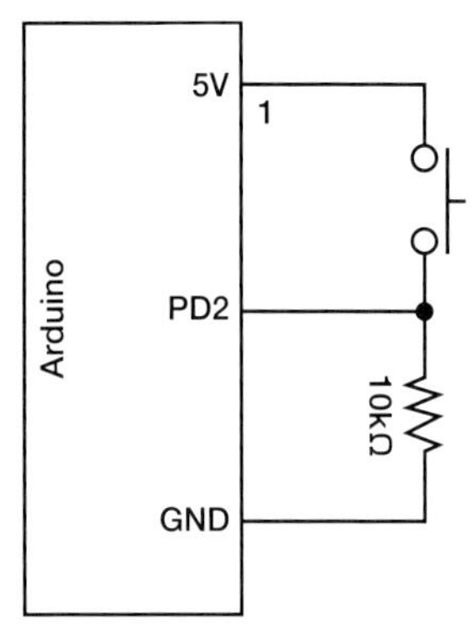

●ブレッドボードに直接差し込めるタクトスイッチ

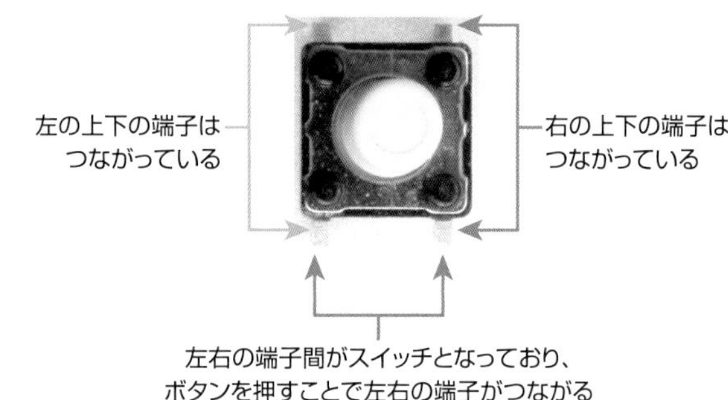

実際にブレッドボードに回路を作成してみます。ここではタクトスイッチを利用しますが、他のスイッチでも同様に作成できます。

タクトスイッチは、ブレッドボードの中央の溝の部分に差し込んで利用します。タクトスイッチからは4端子出ていますが、これはスイッチの姿勢を安定させるためです。4端子のうち、端子が出ている方を前にして上下の2端子は繋がっています。スイッチを押すと繋がっていない端子間が導通します。

スイッチとして利用するには、押していないときに繋がっていない端子を利用します。

ブレッドボード上に右のようにスイッチの状態を読み取る回路を作成します。

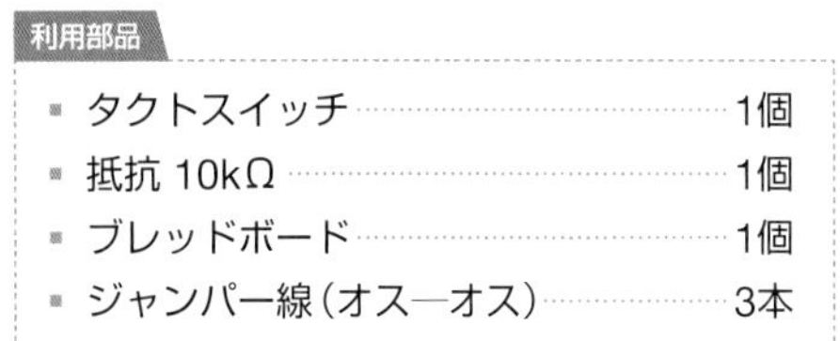

利用部品

- タクトスイッチ……1個
- 抵抗 10kΩ……1個
- ブレッドボード……1個
- ジャンパー線（オス―オス）……3本

●プルダウンしてスイッチを入力する回路をブレッドボード上に作成

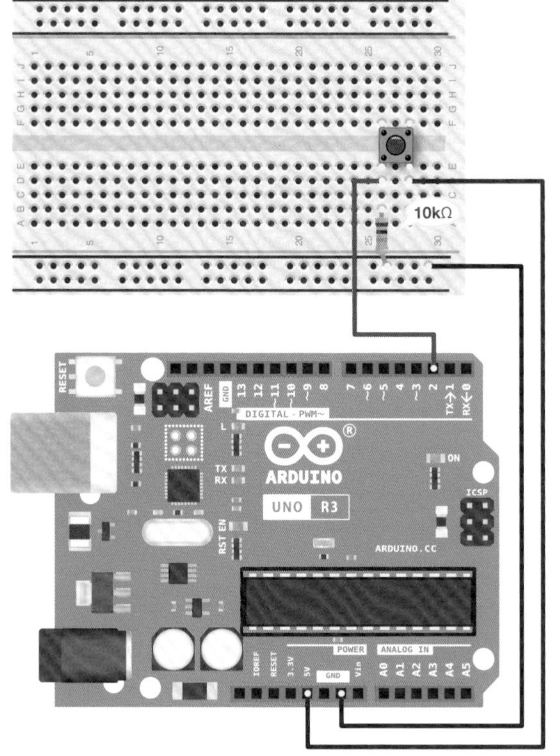

制御に利用するプログラムは、Section 4-1で説明したp.103のスイッチの入力プログラムと同じです。Arduinoにプログラムを送ると、タクトスイッチが押されていない状態ではシリアルモニターに「Switch is OFF」と表示し、タクトスイッチを押すと「Switch is ON」と表示が切り替わります。

NOTE

3端子を備えるスイッチでも2端子スイッチのように利用できる

3端子備えるスイッチでも、2端子しかないスイッチと同じように利用できます。3端子ある場合の中央の端子と、右または左のいずれかの端子を利用するようにします。デジタル入出力にプルアップまたはプルダウン抵抗を取り付けることで、スイッチが何も接続されていない端子側に切り替わったとしても、プルアップ、プルダウン抵抗を介して電源またはGNDに繋がった状態にできます。

●3端子を備えるスイッチで2端子のみ使う場合

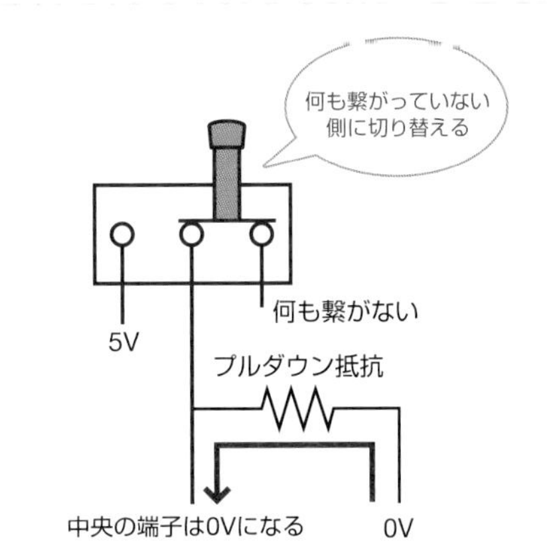
何も繋がっていない
側に切り替える
何も繋がない
5V
プルダウン抵抗
中央の端子は0Vになる
0V

プルアップ抵抗を有効にする

Arduinoのマイコンチップには、デジタル入出力端子にプルアップ抵抗が内蔵されています。この機能を使えば、回路にプルアップ抵抗を接続しなくても安定した入力が可能です。

プルアップ抵抗の有効化・無効化の切り替えはプログラム上で設定します。デジタル入出力端子の入出力のモードをpinMode()で設定する際に、「INPUT」と指定するとプルアップ抵抗が無効、「INPUT_PULLUP」と指定するとプルアップ抵抗が有効になります。

●Arduinoのマイコンチップには、プルアップ抵抗が搭載されている

内蔵のプルアップ抵抗を有効化
+5V
ボタンが押されていないと、
5Vで接続した状態になる
約33kΩ
デジタル入出力端子
ボタンを押すと0Vで
つながった状態となる
GND
Arduino

●プルアップ抵抗を有効にする場合

```
pinMode( SW_PIN, INPUT_PULLUP )
```

●プルアップ抵抗を無効にする場合

```
pinMode( SW_PIN, INPUT )
```

NOTE

プルダウン抵抗は搭載されていない

Arduino Unoに搭載されているマイコンチップは、プルアップ抵抗は搭載していますが、プルダウン抵抗は搭載していません。プルダウン回路を利用する場合は、Arduinoのプルアップを無効にして、別途外部に作る必要があります。

内蔵のプルアップ抵抗を使ってスイッチを入力する

実際に内蔵のプルアップ抵抗を有効にして2端子のスイッチを入力してみましょう。

電子回路は右のように作成します。プルアップ抵抗を用意せずに、スイッチから直接デジタル入出力端子に接続するようにします。

●内蔵のプルアップ抵抗を使ってスイッチを入力する回路

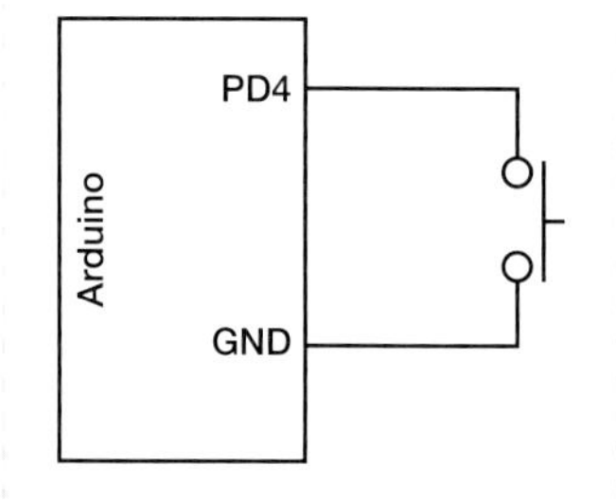

ブレッドボードには右のように回路を作成します。

利用部品

- タクトスイッチ……1個
- ブレッドボード……1個
- ジャンパー線（オス―メス）……2本

●ブレッドボード上に回路を作成

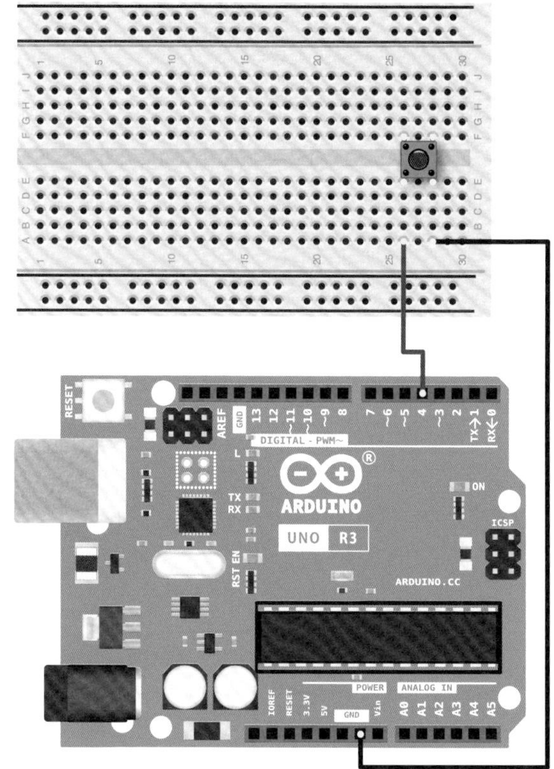

できあがったら、次のようにプログラムを作成します。この際、プルアップする場合はボタンを押すとLOWに切り替わるように、プルダウンと入力が逆になるので注意が必要です。

●プルアップ抵抗を有効にして端子の状態を表示する

arduino_parts/4-2/sw_pu_input.ino

```
const int SW_PIN = 4;

void setup() {
    pinMode( SW_PIN, INPUT_PULLUP ); ①
    Serial.begin( 9600 );
}

void loop() {
    if ( digitalRead( SW_PIN ) == HIGH ) { ②
        Serial.println("Switch is OFF");
    } else {
        Serial.println("Switch is ON");
    }

    delay( 1000 );
}
```

①pinMode()で「INPUT_PULLUP」と設定して対象のデジタル入出力端子のプルアップ抵抗を有効化します。

②ボタンが押されていない場合は「HIGH」となるので、HIGHの場合は「Switch is OFF」、LOWの場合は「Switch is ON」と表示します。

プログラムができたら、Arduinoに送ります。スイッチが押されていない状態でデジタル入出力端子の端子に触れても入力がHIGHのまま安定している（Switch is OFFと表示される）ことがわかります。

Section 4-3

マイクロスイッチ・チルトスイッチ・リードスイッチの利用

4-1や4-2に解説したタクトスイッチやスライドスイッチの他にも、様々な用途向けのスイッチが販売されています。ここでは「マイクロスイッチ」「チルトスイッチ」「リードスイッチ」の3種類のスイッチをArduinoで制御する方法について解説します。

スイッチを確実に押せる「マイクロスイッチ」

スイッチは様々な用途に利用できます。扉や箱の蓋が閉まった状態でスイッチを押すように設置して、スイッチが押されているか離されているかで、扉や蓋の開閉状態を検知することも可能です。

しかし、開閉状態を検知する場合、ボタン面積の狭いスイッチ（例えばタクトスイッチなど）を用いると、扉や箱の蓋のような大きく動くものを閉めたとき、確実に押されない恐れがあります。このような用途には、スイッチの中でも「**マイクロスイッチ**」を使用するのがよいでしょう。マイクロスイッチには、ボタンの上に広い板が付いていて、軽く押すだけでスイッチが押されるため、扉や箱の蓋を閉めた際に確実にスイッチが押されます。また、ボタンを一定以上押し込むことで確実にオンに切り替える仕組みになっています。このためマウスのボタンのように、所定の力以上で押した場合に信号を検知する用途でも利用されています。

●確実にスイッチを押すことが可能な「マイクロスイッチ」

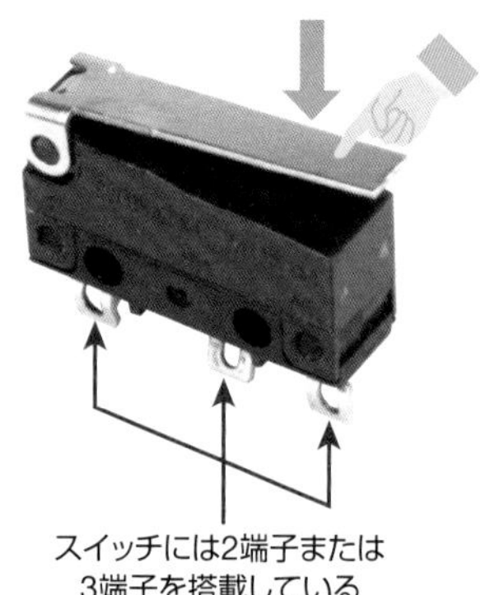
広い板が付いており、
確実にスイッチを押すことができる
スイッチには2端子または
3端子を搭載している

一般にマイクロスイッチは、2端子または3端子を備えるものが販売されています。2端子の場合は、スイッチを押すことで端子間の導通・非導通を切り替えます。3端子の場合は、スイッチを押すことで「COM(Common)」と記載されている中央の端子が両端のいずれかの端子に切り替わります。離している場合に導通する端子には「NC(Normally Close)」、押されたときに導通する端子には「NO(Normally Open)」と記載されています。

傾きを検知できる「チルトスイッチ」

ストーブなどといった火気を利用する機器では、機器が転倒していないかを常に確かめて、転倒した場合には緊急停止させることで危険を回避する必要があります。このような機器の状態を調べるのに「**チルトスイッチ**」が利用できます。通常は導通していますが、機器が転倒（傾斜）状態になるとスイッチが切れるようになっています。機器の傾斜状態を調べるだけでなく、複数のチルトスイッチを使えば右や左、逆さになったなど傾いた方向についても調べられます。

チルトスイッチは内部に「金属製のボール」（金メッキのボールなど）が入っています。通常は下部の端子にボールが接触しており、端子間に電気を通すようになっています。しかし、傾斜してボールが端子から外れると電気が通らない状態になります。導通の有無を調べることで傾斜しているかを確かめることができます。

なお、正確な傾き具合について把握する場合は、加速度センサーを利用します（p.187参照）。

●傾斜を検知できる「チルトスイッチ」

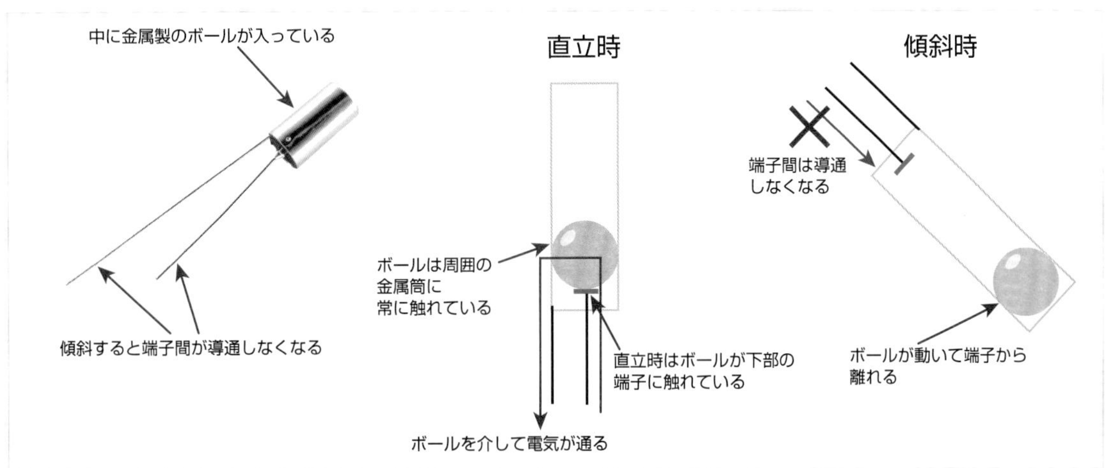
中に金属製のボールが入っている
傾斜すると端子間が導通しなくなる
直立時
ボールは周囲の
金属筒に
常に触れている
直立時はボールが下部の
端子に触れている
ボールを介して電気が通る
傾斜時
端子間は導通
しなくなる
ボールが動いて端子から
離れる

磁気を検知できる「リードスイッチ」

「**リードスイッチ**」は磁気を検知して切り替わるスイッチです。磁石をリードスイッチに近づけると端子間が導通するようになっています。

●磁石を近づけると切り替わる「リードスイッチ」

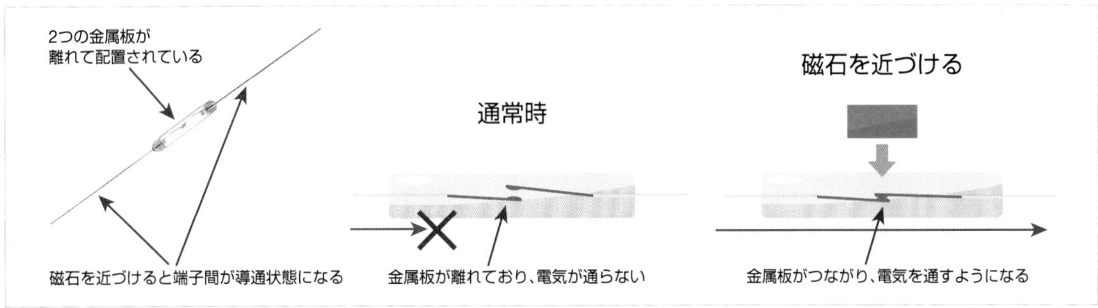
2つの金属板が
離れて配置されている
磁石を近づけると端子間が導通状態になる
通常時
金属板が離れており、電気が通らない
磁石を近づける
金属板がつながり、電気を通すようになる

スイッチに触れずに状態を切り替えることができるため、ガソリンのような危険物のカサを調べたり、移動する物体の通過を検知したりといった用途で活用されています。車輪に磁石を付け、リードスイッチで磁石を通過したことを検知できれば、車輪の回転数をカウントできます。車輪の大きさがわかれば、回転数から走行距離を導き出すといった応用もできます。

開いた回数をカウントする

マイクロスイッチを使って、扉や箱の蓋の状態を検知する装置を作ってみましょう。ここでは、扉や箱の蓋が開いた回数をカウントしてみます。

マイクロスイッチでカウントする回路は、右のように作成します。マイクロスイッチの2端子（COMとNO）を使うことにします。

なお、今回はArduinoに備わっているプルアップ機能を利用します。別途プルアップ抵抗をつなぐ必要はありません。

右のようにマイクロスイッチを接続します。

●マイクロスイッチで開いた回数を数える回路

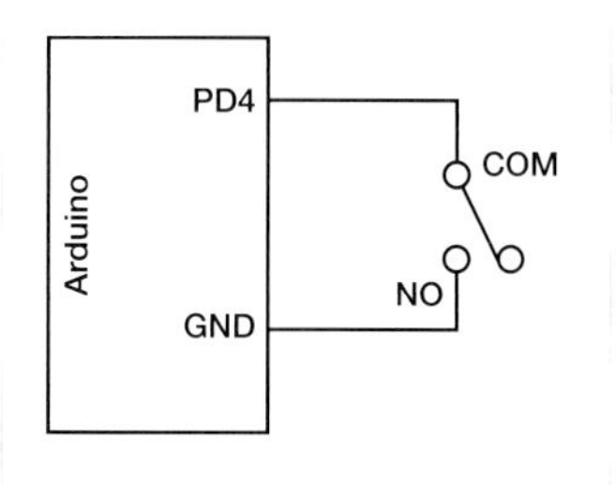

●マイクロスイッチで開いた回数を数える接続図

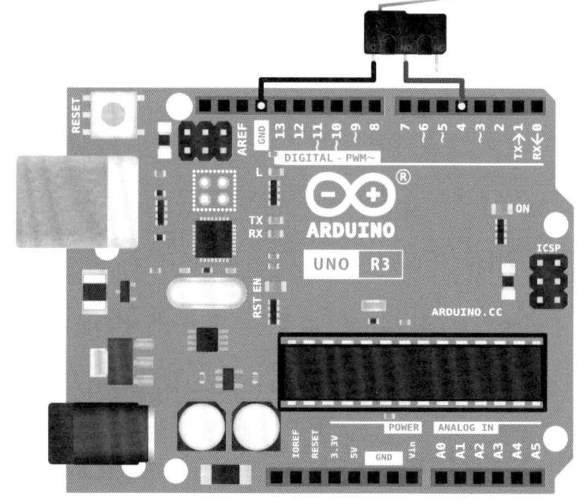

利用部品

- マイクロスイッチ……1個
- 配線……2本
- QIコネクタ……2個

マイクロスイッチの一方の端子をGND、もう一方をGNDに接続します。

扉や箱の蓋が閉じている状態でスイッチが押された状態になるように、マイクロスイッチを取り付けます。通常、マイクロスイッチには穴が開いているので、そこにネジなどをさし込んで箱などに固定できます。

マイクロスイッチからArduinoまで距離がある場合は、長めの配線を使いましょう。なお、ブレッドボードを使わずにArduinoに直接接続しても問題ありません。その場合は、Arduinoのデジタル入出力端子に接続できるように、配線にはQIコネクタを取り付けておきます。

NOTE

2端子のマイクロスイッチを使う場合

2端子のマイクロスイッチを使っても、扉や蓋が開いた回数を調べる回路を作成できます。この場合は、それぞれの端子をデジタル入出力端子とGNDに接続します。この際、プルアップ機能を有効にする必要があります。

NOTE

コネクタの取り付け方

配線にコネクタを取り付けるには、はんだ付けをします。はんだ付けの方法についてはp.268を参照してください。

プログラムを次のように作成します。

①count変数を0に初期化しておきます。

②ArduinoのデジタルI/O入出力端子PD4についてプルアップ抵抗を有効にします。

③「if」でスイッチの状態を確認し、もしオン状態（LOW）の場合は、ifの内容を実行します。

④チャタリングによって多数のカウントがされないよう0.1秒間待機します（チャタリングについてはp.117を参照）

⑤変数の値を1増やし、その値を表示します。

⑥スイッチを離すまでカウントしないよう待機します。

⑦チャタリングを防止するため0.1秒待機します。

●扉や箱が開いた回数をカウントする

arduino_parts/4-3/open_count.ino

```
const int SW_PIN = 4;

int count = 0;  ①

void setup() {
    pinMode( SW_PIN, INPUT_PULLUP );  ②
    Serial.begin( 9600 );
}

void loop() {
    if ( digitalRead( SW_PIN ) == LOW ){  ③
        delay( 100 );  ④
        count = count + 1;              ⑤
        Serial.print( "Count : " );
        Serial.println( count );

        while( digitalRead( SW_PIN ) == LOW ){  ⑥
            delay( 100 );
        }
        delay( 100 );  ⑦
    }
}
```

完成したら、Arduinoにプログラムを送信します。これで、扉や箱の蓋を開けるごとに、カウントが1つずつ増えます。

転倒を検知する

チルトスイッチを使って転倒を検知してみましょう。チルトスイッチは端子を下側にして縦の状態にしておくと導通状態となります。つまりスイッチがオフの状態になると転倒していると判断できます。Arduinoのプルアップ抵抗を利用して入力する場合は、スイッチがオフの状態は「HIGH」となります。つまり、入力がHIGHとなった場合に転倒したと判断できます。

チルトスイッチを使って転倒を検知する回路は右のようにします。プルアップ抵抗を有効にしたPD4で入力します。

●転倒を検知する回路

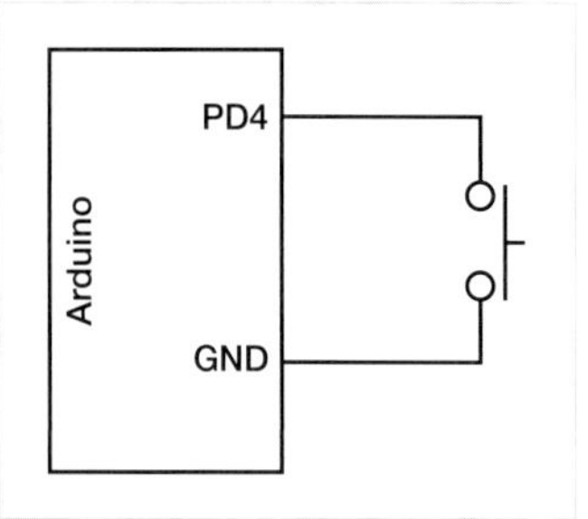

右のようにチルトスイッチを接続します。チルトスイッチには極性がないので、どちらに接続しても問題ありません。

利用部品

- チルトスイッチ……1個
- ブレッドボード……1個
- ジャンパー線（オス－オス）……2本

●転倒を検知する接続図

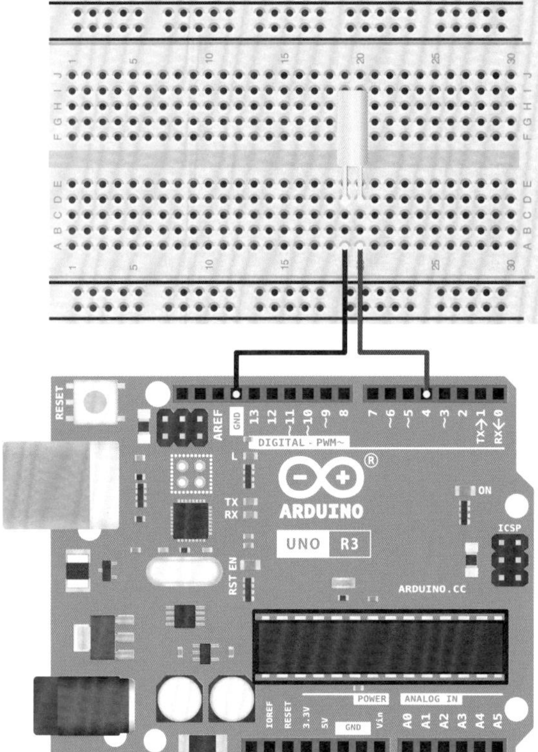

プログラムを次のように作成します。ここでは、転倒したら「Warning! Fall down.」と表示するようにします。

①Arduinoのデジタル入出力端子PD4のプルアップ抵抗を有効にします。

②「if」でスイッチの状態を確認し、もしオフ状態（HIGH）の場合は、ifの内容を実行します。

③警告メッセージをシリアルモニターに表示します。

●転倒したらシリアルモニターで警告メッセージを表示するプログラム

arduino_parts/4-3/falldown.ino

```
const int SW_PIN = 4;

void setup() {
    pinMode( SW_PIN, INPUT_PULLUP ); ①
    Serial.begin( 9600 );
}

void loop() {
    if ( digitalRead( SW_PIN ) == HIGH ){ ②
        Serial.println( "Warning! Fall down." ); ③
        delay( 1000 );
    }
}
```

完成したらArduinoにプログラムを送信送りします。これで、転倒を検知したらシリアルモニターに警告を表示します。

なお、Chapter 3で解説したLEDや、Chapter 8で解説するブザーを接続して、シリアル表示の代わりにデジタル出力をすることで、光や音で傾斜を通知できるようにできます。

回転した回数から距離を計測する

自転車のような車輪を使って走る乗り物の場合、車輪の回転数をカウントすることで、走行距離がわかります。例えば、27インチの自転車であれば車輪の直径は約69cmで、1回転すると約215cm進みます。つまり、回転した数に215cmを掛け合わせれば、走行距離を導き出せるわけです。

自転車の車輪の回転数を調べるには、**リードスイッチ**を利用できます。車輪に磁石を取り付けておき、フレームの磁石が通過する場所にリードスイッチを取り付けておきます。車輪が1回転すると磁石がリードスイッチの前を通り、スイッチがオンになります。このオンになった回数をp.112同様にカウントするようにすれば距離を求められます。

●リードスイッチを使って車輪が回転した回数をカウントする

磁石を車輪に取り付ける
リードスイッチを装着する
車輪が1回転すれば、リードスイッチはON→OFF→ONと切り替わる
ONになったときにカウントを1増やす

リードスイッチでカウントする回路は右のように作成します。リードスイッチをデジタル入出力端子に接続して、プルアップ抵抗を有効にして入力するようにします。

●リードスイッチで回転した回数を数える回路

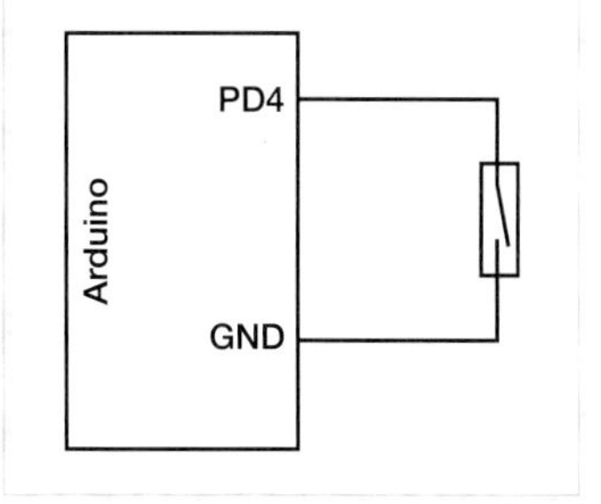
PD4
Arduino
GND

右のようにリードスイッチを接続します。

利用部品

- リードスイッチ……1個
- 配線……2本
- QIコネクタ……2個

●リードスイッチで回転した回数を数える接続図

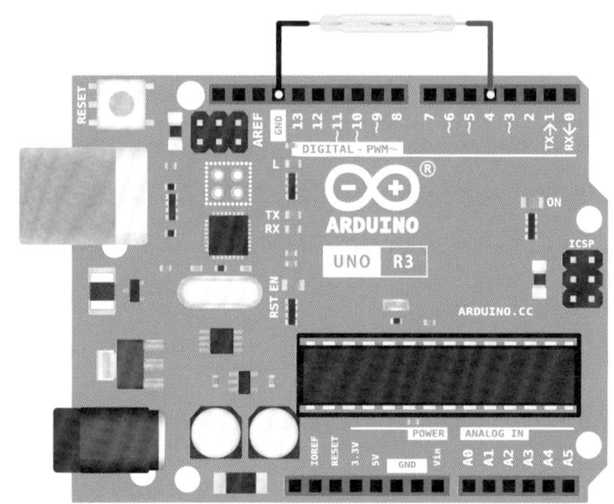

リードスイッチは、自転車のフレームに取り付けるため、長い配線を使ってArduinoと接続します。取り付けたら、磁石が通過した際にリードスイッチがオンになることを確認しておきましょう。もしオンにならない場合は位置を調節したり、磁気の強い磁石を利用するなど工夫しましょう。

制御プログラムは、p.112で解説した扉を開いた回数をカウントする場合と同じで、入力がLOW(リードスイッチがオン)になった回数をカウントするようにします。カウントした結果に、車輪の1周した際に進む距離である2.15mをかけた値を、シリアルモニターで表示するようにします。これで自転車の走行距離が求められます。

●動いた距離を計測する

arduino_parts/4-3/distance.ino

```
const int SW_PIN = 4;

int count = 0; ①

void setup() {
    pinMode( SW_PIN, INPUT_PULLUP ); ②
    Serial.begin( 9600 );
}

void loop() {
    float distance;

    if ( digitalRead( SW_PIN ) == LOW ){ ③
        delay( 100 ); ④
        count = count + 1; ⑤
        distance = (float)count * 2.15; ⑥
        Serial.print( "Distance : " );  ─┐
        Serial.print( distance );        │ ⑦
        Serial.println( "m" );          ─┘

        while( digitalRead( SW_PIN ) == LOW ){ ⑧
            delay( 100 );
        }
        delay( 100 ); ⑨
    }
}
```

①count変数を0に初期化しておきます。

②Arduinoのデジタル入出力端子PD4についてプルアップ抵抗を有効にします。

③「if」でスイッチの状態を確認し、もしオン状態(LOW)の場合は、ifの内容を実行します。

④チャタリングによって多数のカウントがされないよう0.1秒間待機します(チャタリングについてはp.117を参照)

⑤カウントを1増やします。

⑥カウントに2.15をかけて進んだ距離に変換します。

⑦シリアルモニターで換算した距離を表示します。

⑧スイッチを離すまでカウントしないよう待機します。
⑨チャタリングを防止するため0.1秒待機します。

完成したら、Arduinoにプログラムを送信します。これで車輪が1回転する毎に距離が増えます。

磁石付近で前後に動くとカウントしてしまう

この仕組みでは、リードスイッチの近くに磁石が通過するごとに回数をカウントします。このため、停止しているときに前後に動くなどして何度も磁石がリードスイッチの前を通過すると、その都度カウントをしてしまうので注意が必要です。このような誤動作を防ぐには、別にリードスイッチを取り付けて半回転した際に別途検知できるようにします。

チャタリングを防ぐ

スイッチは、金属板を使って端子と端子を接続することで導通状態にします。しかし、金属板を端子に接続する際、反動で「付いたり離れたり」をごく短い時間繰り返します。人間には振動しているのが分からないほど短い時間であるため、すぐにオン状態になっていると感じますが、電子回路上ではこの振動を感知してしまい、「オンとオフを繰り返している」と見なしてしまいます。

こうなると、前述のようなカウントをする場合に数回分増えてしまったり、キーボードのような入力装置では文字が数文字入力されてしまったりします。このような現象を「**チャタリング**」と呼びます。

チャタリングを回避するには、プログラムを工夫する方法や、チャタリングを緩和する回路を作成する方法があります。特にプログラムで回避する方法は簡単に施せます。

●スイッチを切り替えるとチャタリングが発生する

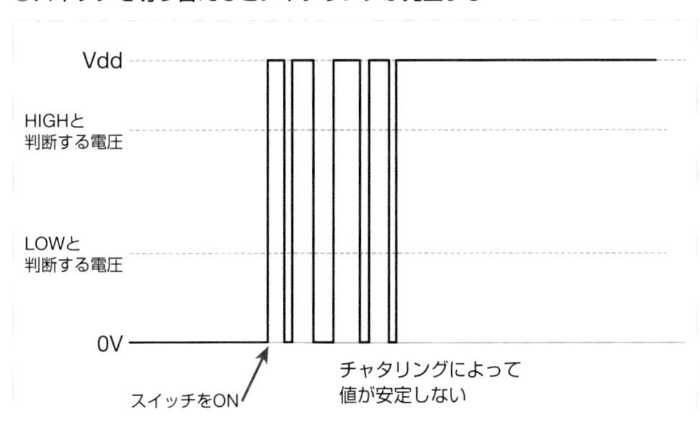

＊プログラムでチャタリングを防止する

チャタリングはごく短い時間に発生します。そこで、チャタリングが起こっている間は一時的にプログラムの実行を待機させ、次の命令を実行しないようにしてチャタリングを回避できます。具体的には、スイッチが切り替わったのを認識したら、0.1秒程度待機させるようにしてみましょう。

●プログラム上でチャタリングを回避する

```
    :
if ( digitalRead( SW_PIN ) == LOW ){
    delay( 100 );        0.1秒待機してチャタリングを回避する

    count = count + 1
    :
```

＊チャタリング防止回路を実装する

プログラムでチャタリングを防止するのは手軽ですが、待機する時間が必要です。チャタリングが長く続く場合は、長時間待機が必要となるため、ボタン操作の反応が遅くなってしまいます。このような場合は、チャタリング防止回路をボタンの出力の後に作成しておくことでチャタリングを軽減できます。

チャタリング防止回路は、次の図のように作成します。

●チャタリング防止回路を挿入した回路図

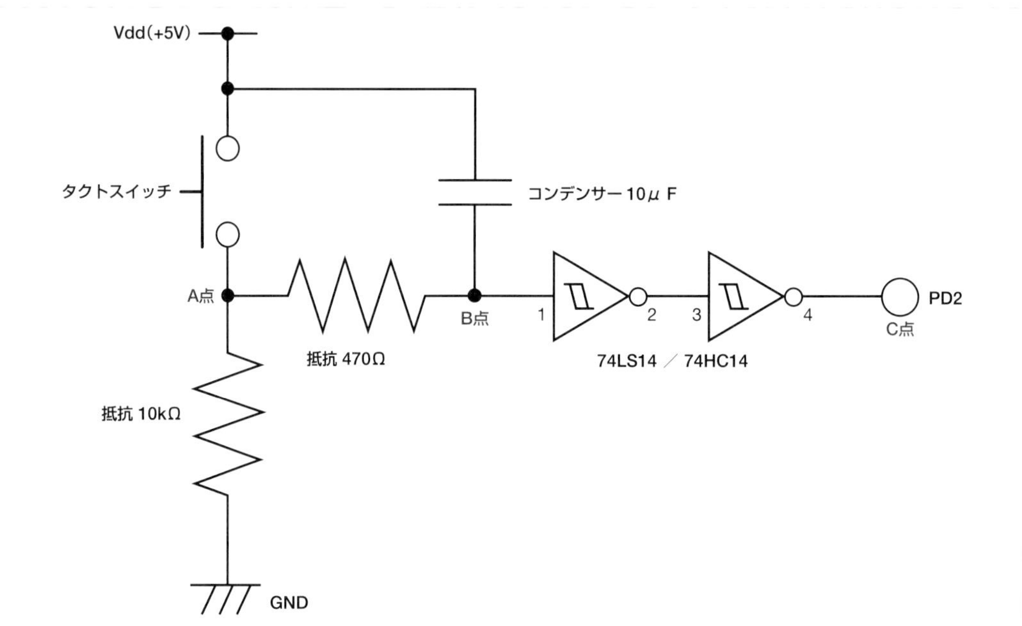

チャタリングが発生した際のA点、B点、C点の電圧変化は、次の図のようになります。

●チャタリング発生時の各点の電圧変化

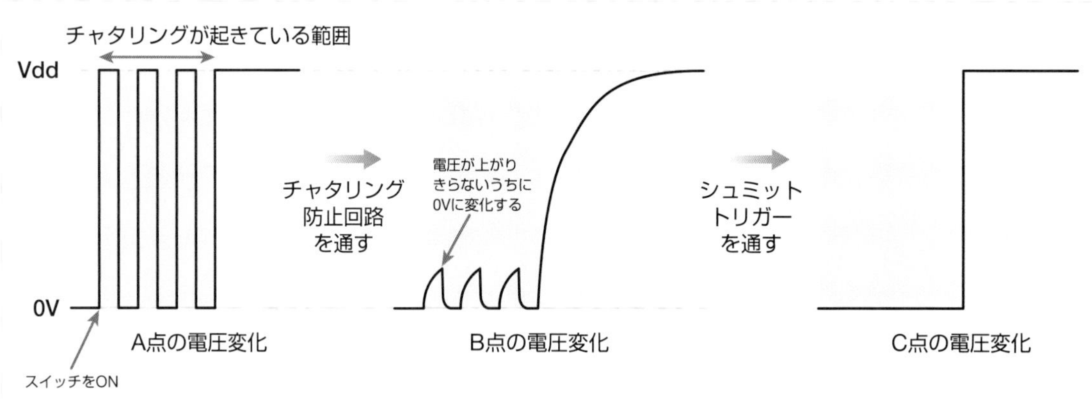

チャタリング防止回路では、ボタンの出力の後に**抵抗**と**コンデンサー**をつなぎます。抵抗は電流を抑え急激に電荷が流れるのを抑止できます。コンデンサーは両端に電荷を貯めることで電圧の変化を緩やかにする特性があります（コンデンサーについてはp.140を参照）。この効果により、スイッチが導通状態になるとB点では緩やかに電圧上昇が始まり、スイッチが切れた状態になると電圧が下がります。チャタリングはスイッチのオン・オフを切り替える周期が短いため、電圧が上がり始めてすぐに0Vに電圧が落ち始めます。このようにして、チャタリングが発生している部分を影響がない状態にできます。

＊シュミットトリガーの実装

チャタリングが終わった後は、抵抗とコンデンサーの影響で電圧が緩やかにVddになります。Arduinoでは、一定の電圧に達した際に入力が切り替わるようになっています。しかし、チャタリング防止回路で変化が穏やかになったことで、状態が不安定になったり、スイッチが反応するまでの時間が遅くなったりすることがあります。

そこで、「**シュミットトリガー**」と呼ぶ機能を搭載したICを利用することで、出力を0Vから5Vへ急激に切り替えることが可能です。シュミットトリガーは、一定の電圧を超えると5Vや0Vに切り替わります。つまり、B点の電圧変化のようになだらかに電圧変化する場合でも、シュミットトリガーを通せば特定の電圧までは出力を0Vに保ち、特定の電圧に達したら出力がVddに変化するようになります。

今回利用する「**74HC14**」というICは「汎用ロジックIC」と呼ばれ、デジタル信号を論理的に計算します（詳しくは次ページを参照）。74HC14には「**NOTゲート（インバータ）**」が実装されていて、入力を反転する特性があります。つまり0Vが入力されると5Vを出力し、5Vを入力すると0Vを出力します。このため、一つNOTゲートを通すだけではスイッチが押されている状態は0Vとなり、スイッチが押されていない状態は5Vとなってしまいます。そこで、NOTゲートを2つ通すことで、正しい出力に変えられます。なお、プログラムでNOTゲートの反転を考慮して作成する場合は、一つのNOTゲートだけ利用しても問題ありません。

●チャタリング防止回路を搭載した回路をブレッドボードに作成

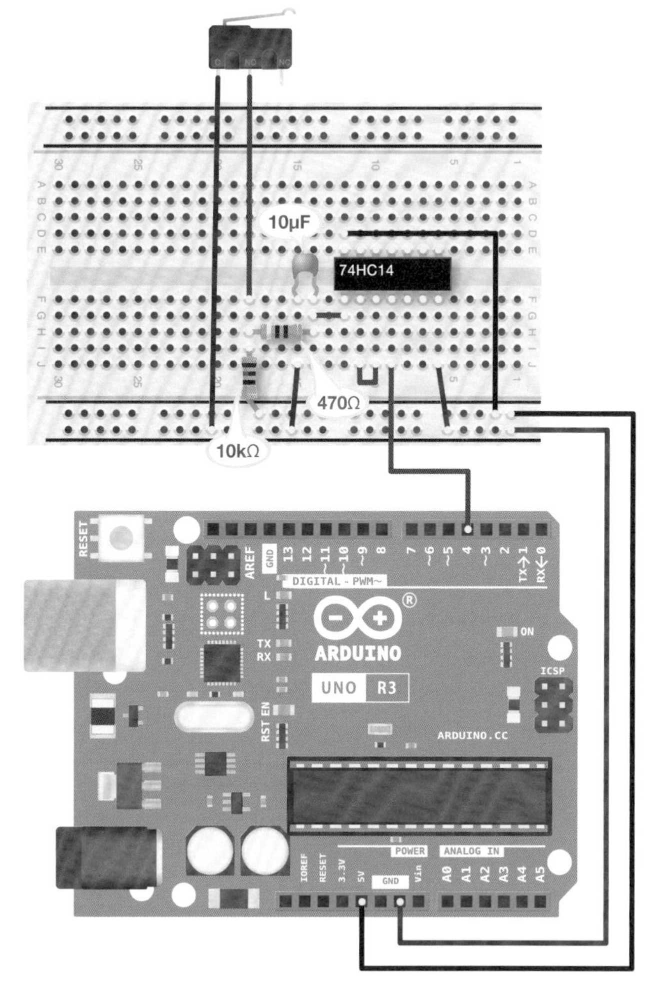

チャタリング防止回路をブレッドボード上に組み込むと、前ページの図のようになります。74HC14には電源とGNDを接続する必要があります。14番端子に5V、7番端子にGNDを接続します。

また、p.112の扉を開いた回数をカウントする回路ではArduino内蔵のプルアップ抵抗を利用していたため、ボタンを押すとLOWの状態になっていました。これに合わせるためp.118の回路で左側のボタンをGNDに、抵抗を電源に接続してプルアップするようにしておきます。この際、ボタンに並列接続しているコンデンサーについてもGNDに接続します。

利用部品

- マイクロスイッチ……1個
- NOTゲートIC「74HC14」……1個
- 抵抗 470Ω……1個
- 抵抗 10kΩ……1個
- コンデンサー 10μF……1個
- ブレッドボード……1個
- ジャンパー線(オス—オス)……8本
- 配線……2本
- ピンコネクタ……2個

＊シュミットトリガー機能を搭載するNOTゲート汎用ロジックIC「74HC14」

汎用ロジックICは、デジタル信号を論理演算することのできるIC(集積回路)です。論理回路にはNOTゲート、ANDゲート、ORゲート、EXORゲートなどが存在し、入力した信号により出力される信号が変化します。

前ページでも説明しましたが、74HC14にはNOTゲートが実装されています。NOTゲートは入力した信号を反転する特性を持っています。0Vが入力されるとVdd(電源の電圧)を出力し、Vddが入力されると0Vを出力します。NOTゲートはインバータとも呼ばれます。

74HC14はシュミットトリガー機能を実装していて、特定の電圧を超えない限り、現在の状態を保持するようになっています。

74HC14では右の図のように、電圧が増えている際に入力が1.6Vを超えると出力を0Vにします。逆に、電圧が減っている際に入力が0.8Vより小さくなると、出力がVddとなります。この、出力を切り替える電圧のことを「**スレッショルド電圧**」や「**スレシホールド電圧**」などと呼びます。

●74HC14の入力と出力の関係

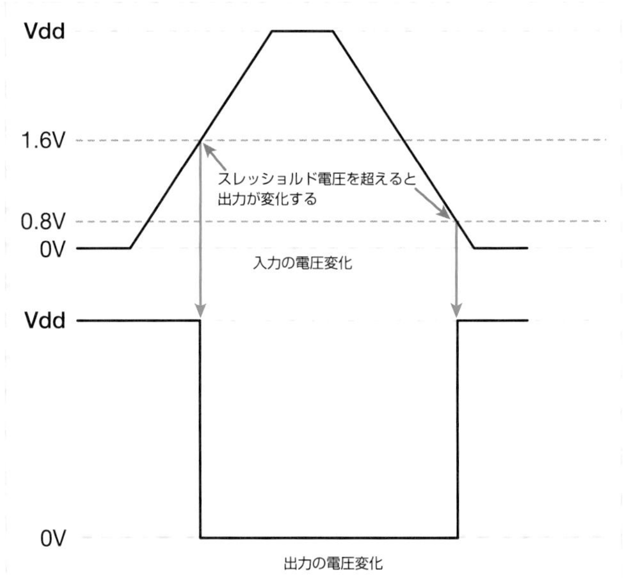

74HC14は、14本の端子を備えた細長い形状をしています。ICの一辺に凹みがあり、その下側の端子を1番端子として反時計回りに端子番号が割り振られています。つまり、凹みのある上側の端子が14番になります。

74HC14にはNOTゲートが6個搭載されています。隣り合わせの端子が1つのNOTゲートの入力と出力になっています。例えば、1番端子が入力、2番端子が出力です。

74HC14を動作させるには、別途電源の接続が必要です。14番端子にVcc（5V）を、7番端子にGNDを接続します。

●シュミットトリガー搭載NOTゲート汎用ロジックIC「74HC14」

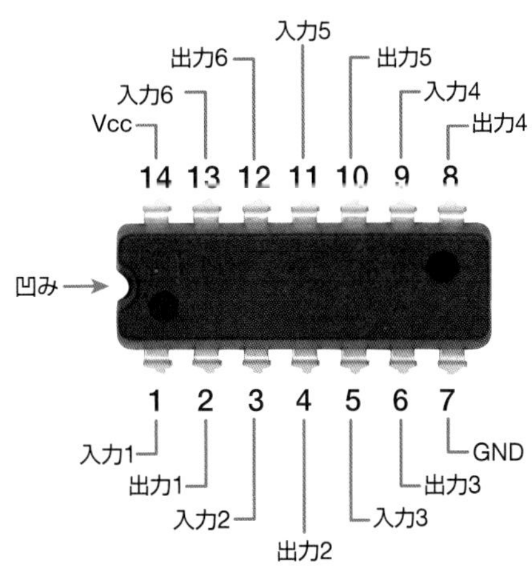

回路図では1つのNOTゲートを右図のように表記します。NOTゲート内に描かれているマークはシュミットトリガー機能を搭載していることを表します。

●シュミットトリガー搭載NOTゲートの回路図

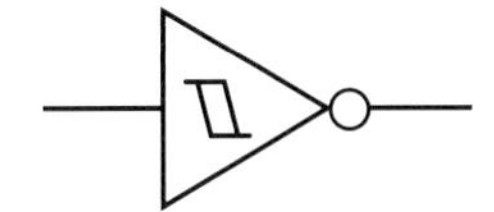

NOTE

汎用ロジックICのシリーズ

論理ICには、いくつかのシリーズが存在し、動作速度や消費電力、動作電圧、サイズなどが異なります。ブレッドボードに直接差し込めるサイズのシリーズとして主に「74LS」シリーズと「74HC」シリーズが販売されています。

74LSシリーズは、**トランジスタ（バイポーラトランジスタ）**の動作を用いて論理回路が作られています（p.72参照）。トランジスタは動作速度が速い利点がありますが、省電力が74HCシリーズよりも大きくなるのが特徴です。74LSシリーズは5V電源で駆動するため、Arduino Unoなど5Vが出力する場合は問題ありませんが、Arduino Dueのような3.3Vを入出力の電圧としているArduinoには不向きです。もし、74LSシリーズを使う場合には信号を3.3Vと5Vに変換する回路が必要となります。

一方、74HCシリーズは**MOSFET（電界効果トランジスタ）**と呼ばれる構造を用いて論理回路が作成されています（p.133参照）。74LSシリーズよりも低消費電力で動作します。また、旧来はMOSFETはトランジスタに比べて動作が遅い欠点がありましたが、74HCシリーズは74LSシリーズと同等な速度で動作します。駆動電圧が3～6Vの範囲で動作するため、3.3Vを利用しているArduino Dueなどに直接接続できます。

Section 4-4

ボリュームからの入力

ボリュームを使うと、電圧を自由に調節して出力できます。ボリュームの出力を、Arduinoのアナログ入力に接続することで読み取れます。ここではボリュームの種類と仕組み、そして制御方法について解説します。

内部の抵抗を自在に調整できる「ボリューム」

電子部品の中には、LEDのように点灯、消灯の2つの状態だけでなく、明るさを調節できるものがあります。このような用途（出力調整）に利用するのが「**ボリューム**」（**可変抵抗器**）です。ボリュームは、内部の抵抗値を自由に変化させることができる電子部品です。LEDなどにボリュームを接続すれば、抵抗値を変化させることで流れる電流が変化し、LEDの明るさを調節できます。

また、電源などに接続することで、出力する電圧を変化させられます。ボリュームから出力した電圧をp.40で説明したアナログ入力端子に接続してArduinoに入力することで、その値を使ってLEDの明るさを調節したり、モーターの回転速度を変化させるなどに利用できます。

●自由に電圧を調節できる

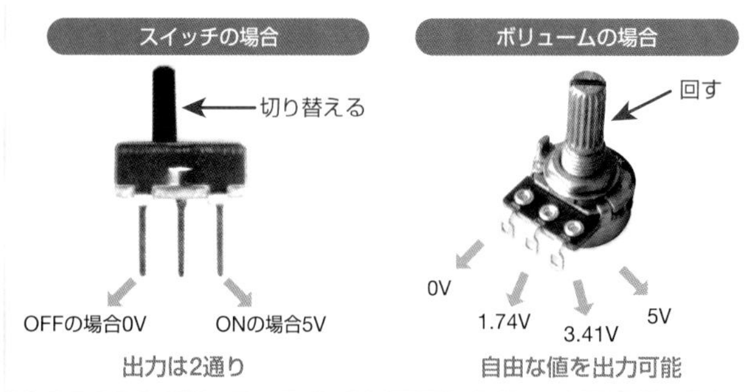

ボリュームには、形状や内部抵抗の変化の状態など様々な種類が存在します。用途に応じて利用するボリュームを選択するようにします。

＊ボリュームの仕組み

ボリュームの中には、線状の抵抗素子が入っています。抵抗素子は、長さによって抵抗が変化します。短ければ抵抗は小さくなり、長くすると抵抗が大きくなります。

ボリュームでは抵抗素子に接続する端子を動かすことで抵抗値を変化できるようにしています。端子間が短ければ抵抗が小さくなり、離れれば大きくできます。

ボリュームは一般的に3端子が搭載されています。そのうち2本の端子は抵抗素子の両端に取り付けられ、中央の端子は抵抗素子上を動かせるようになっています。中央の端子を動かすことで、両端に付けた端子との距離が変化し、中央と両端のそれぞれの端子間の抵抗が距離に応じて変わるようになっています。

なお、ボリュームの回路記号は、抵抗の回路記号に矢印で中央の端子を抵抗上を動かすような形となっています。抵抗記号の両端がボリュームの両端の端子、矢印が中央の端子にあたります。

●ボリュームで内部抵抗が変化する仕組み

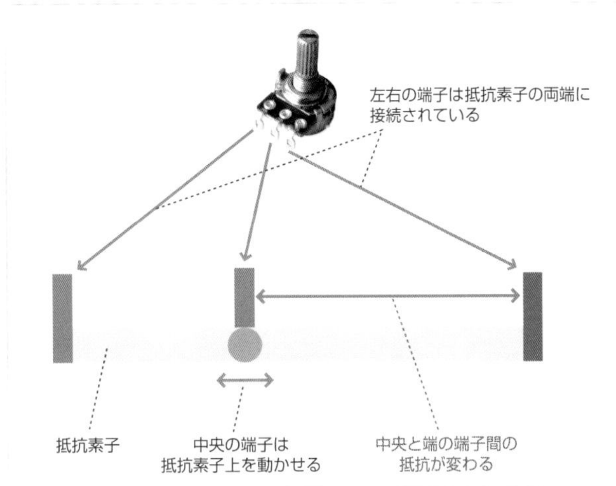
左右の端子は抵抗素子の両端に接続されている
抵抗素子
中央の端子は抵抗素子上を動かせる
中央と端の端子間の抵抗が変わる

●ボリュームの回路記号

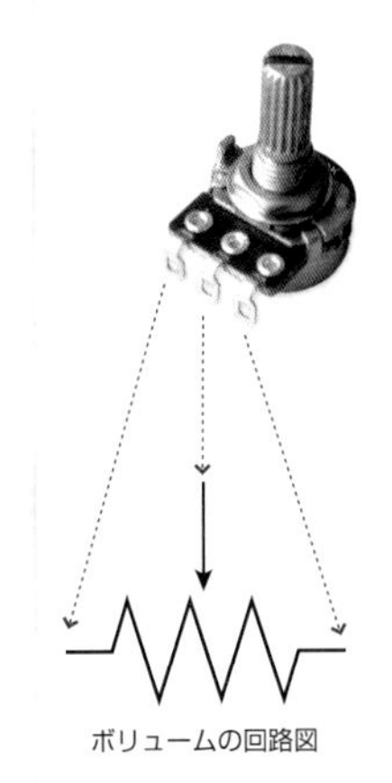
ボリュームの回路図

＊ボリュームの形状

ボリュームの形状は、主に次のような種類があります。

●主なボリュームの形状

回転軸を回転して調節する
回転式ボリューム

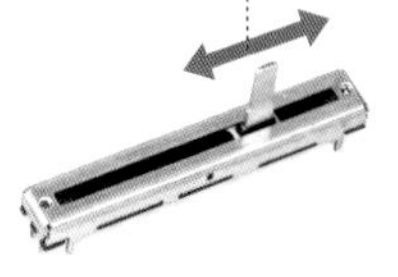
つまみをスライドして調節する
スライドボリューム

ドライバーなどの工具を使って調節する
基板に直接差し込める
半固定抵抗

■ 回転式ボリューム

「**回転式ボリューム**」は、上部に付いた棒状の回転軸を回すと抵抗値が変化するボリュームです。一般的に回転軸は金属の細い棒状になっています。ここに、別途に用意したつまみを差し込むことで回転しやすくなります。

パネルへの取り付けが可能なボリュームは、回転軸の根元部分がネジ状になっており、穴を開ける板などに差し込んで取り付けることができます。

■ スライドボリューム

「**スライドボリューム**」は、直線状に動かして調節するボリュームです。音楽で利用するミキサーなどに使われています。直線状につまみを動かして変化させられるため、ボリュームの位置を一目で把握できます。

スライドボリュームの端子は、ボリュームの一方の端に1端子、もう一方の端に2端子搭載されています。2端子搭載されている側のどちらかが、抵抗素子上を動く端子になっています。

■ 半固定抵抗

ボリュームは、電子回路の設定のために使う場合があります。例えば、センサーの感度を調節する場合などです。このような用途の場合、調節後にはほとんど動かすことがありません。逆に、容易に動くと調節がずれて正しく動作しなくなる恐れもあります。

このように、通常は動かしたくない用途に利用するのが「**半固定抵抗**」です。半固定抵抗は小さな形状で、基板などに直接取り付けられます。また、ドライバーなどの工具を使って回転させて調節するため、不用意にボリュームが動くことを避けられます。

なおブレッドボードに直接差し込めるため、電子回路を試す用途にも利用されます。

＊ボリュームの抵抗値

ボリュームには「**抵抗値**」が記載されています。記載されているのは、抵抗素子の両端間の抵抗値を表しています。このため、中央の端子は、0Ωから記載されている抵抗値までの範囲で変化できるようになっています。

ボリュームの抵抗値はボリューム本体の側面などに印刷されているほか、製品を取り扱っているオンラインショップの販売ページなどにも掲載されています。

●ボリュームの抵抗値の刻印

半固定抵抗の抵抗値は3桁の数値で表されています。上2桁の数値に、下1桁の数だけゼロを付け足した値です。例えば抵抗値が「103」であれば、「10」にゼロを三つ付け、「10,000」つまり「10kΩ」の抵抗であるとわかります。

●半固定抵抗の抵抗値の刻印

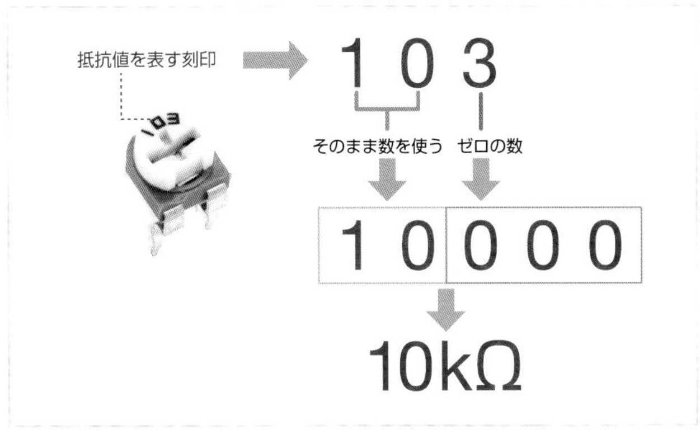

＊内部抵抗の変化

ボリュームは製品ごとに、抵抗が変化する度合いが異なります。「Aカーブ」「Bカーブ」「Cカーブ」の3つの変化のパターンがあります。

Bカーブは、動かした度合いと抵抗の変化が比例的に変化します。例えば、10kΩのボリュームを中央まで移動させると、5kΩになります。

Cカーブは、初めは急激に抵抗値が上昇し、徐々に上昇する割合が緩やかになるボリュームです。スピーカーで音を鳴らす場合は、Cカーブのボリュームを利用すると、音が鳴らない状態から途中まで音の変化が少なく、ボリュームを大きく動かさないと音が大きくなりません。このような部品の場合はCカーブを使うと、音が鳴らない状態から少ないボリュームの調節で音の大きさが変化します。

逆に、Aカーブは初めの抵抗値の変化が少なく、後になるに従って変化が大きくなります。

●内部抵抗の変化

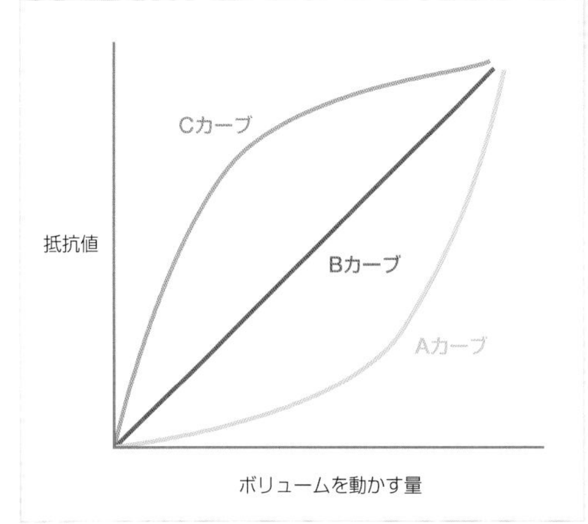

内部抵抗の変化を電圧に変換する

ボリュームは内部抵抗が変化するだけで、そのままアナログ入力に接続してもボリュームの変化は読み取れません。これは、アナログ入力が電圧値を読み取って入力値に変換するためです。そのため、ボリュームの変化をアナログ入力で読み取るには、抵抗の変化を電圧の変化に変換する必要があります。

ボリュームに付いている両端の端子を、電源とGNDに接続します。Arduinoの場合は一方を5V、もう一方をGND（0V）に接続します。すると、ボリュームの中央の端子が、抵抗素子の位置によって0Vから5Vの間で変化するようになります。中央の端子をアナログ入力に接続すれば、ボリュームの変化が電圧に変換され、Arduinoで利用できる値になって読み取れます。

NOTE

抵抗の変化を電圧に変換する「分圧回路」

ボリュームが抵抗値の変化を電圧に変換するには「**分圧回路**」という回路を利用しています。分圧回路とは、2つの抵抗を直列につなぎ、両端を電源につなぎます。すると、抵抗間の電圧は2つの抵抗の値によって決まります。
抵抗R1とR2を直列につなぎ、抵抗の両端にVの電圧をかけると、右の図のように抵抗の間の電圧が求まります。
例えば、R1を3kΩ、R2を2kΩとし、電源に5Vをかけると、抵抗間の電圧は右の式のように「2V」と求まります。

●分圧回路で電圧を変換する

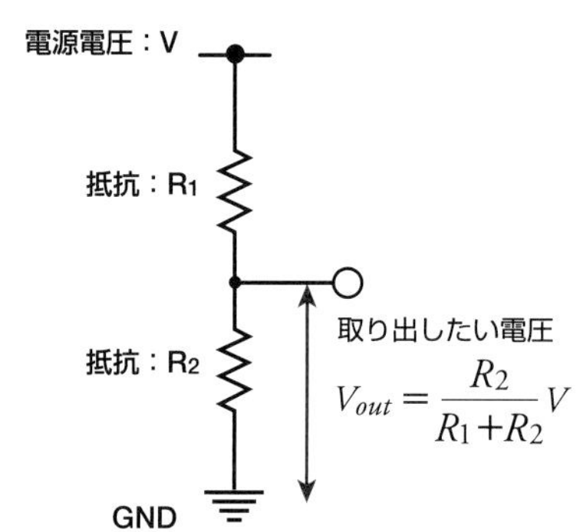

R1を3kΩ、R2を2kΩ、電源電圧を5Vにすると、2Vを取り出せる

$$V_{out} = \frac{2k}{3k+2k} \times 5 = \frac{2}{3} \times 5 = 2$$

ボリュームの場合は、中央の端子を動かすことで、右側と左側の抵抗が変化します。例えば、10kΩのボリュームで左側の端子から中央までの端子の抵抗が4kΩの時、中央から右側の端子の抵抗は「10kΩ − 4kΩ ＝ 6kΩ」となります。つまり、4kΩと6kΩの抵抗で分圧回路ができているのと同じになります。
中央の端子の場所を変化させれば、分圧回路の抵抗の割合も変化するので中央の端子の電圧も変化することになります。このようにしてボリュームの内部抵抗の変化を電圧の変化に変換しています。

●ボリュームの内部は分圧回路になっている

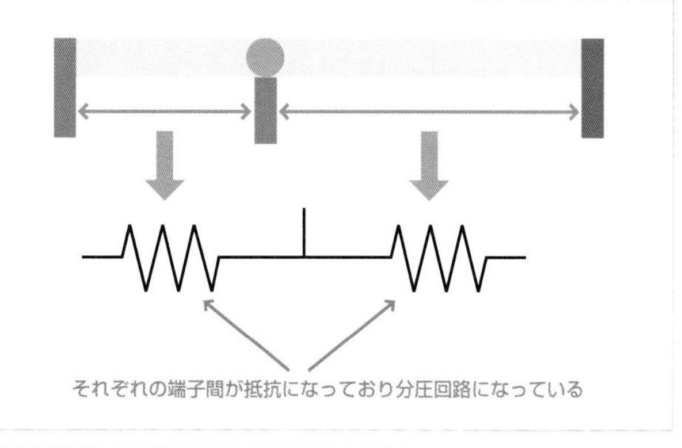

ボリュームの変化をArduinoで利用する

実際にボリュームの変化をArduinoで読み込んでみましょう。ここでは、半固定抵抗を使って電圧を変化させてArduinoで状態を読み取ります。ちなみに、他の回転式ボリュームやスライドボリュームでも、これと同じように入力できます。ケーブルなどを利用して半固定抵抗同様に接続しましょう。

ボリュームを利用した入力回路は右図のようになります。

●ボリュームの状態を読み取る回路図

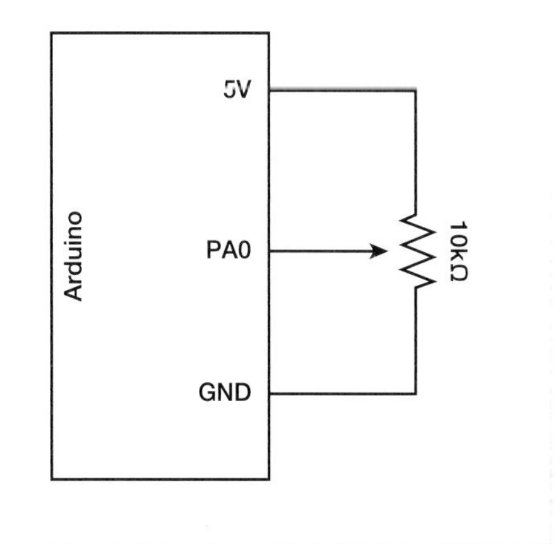

ボリュームを右図のように接続します。

利用部品

- 半固定抵抗10kΩ……1個
- ブレッドボード……1個
- ジャンパー線（オス―オス）……3本

ボリュームの両端を電源とGNDに接続し、中央の端子をアナログ入力端子に接続します。アナログ入力端子はPA0からPA5の6端子あり、どの端子に接続しても問題ありません。ここではPA0に接続します。

●ボリュームを接続する

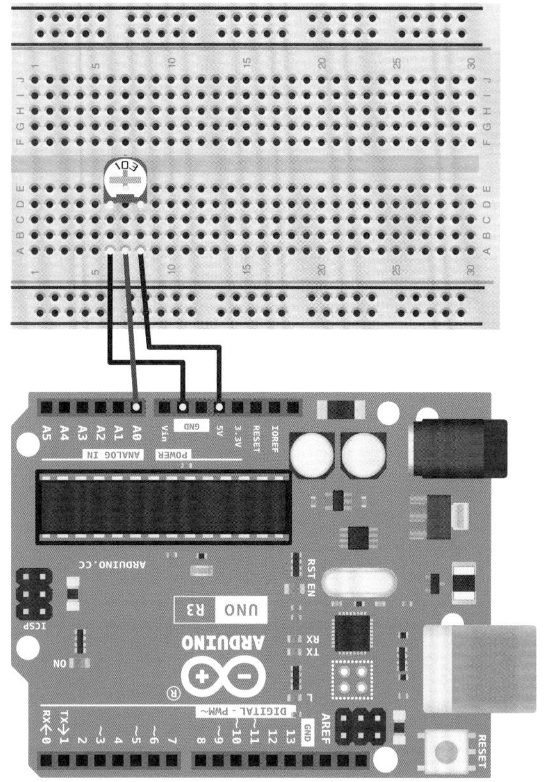

接続したらプログラムを作成します。

●ボリュームの変化を入力するプログラム

arduino_parts/4-4/volume.ino

```
const int INPUT_PIN = 0; ①

void setup(){
    Serial.begin( 9600 );
}

void loop(){
    int analog_val;
    float volt_val;

    analog_val = analogRead( INPUT_PIN ); ②
    volt_val = (float)analog_val / 1023.0 * 5.0; ③

    Serial.print( "Value:" );       ┐
    Serial.print( analog_val );     │ ④
    Serial.print( " Volt:" );       │
    Serial.println( volt_val );     ┘

    delay(500);
}
```

①ボリュームを接続したアナログ入力端子を変数に格納しておきます。ここではPA0を利用するようにします。

②analogRead()で対象の端子番号を指定することで、端子の状態を取得できます。値は0から1023の範囲となります。

③電圧として知りたい場合は、取得した値を1023で割り、電圧の5をかけることで求められます。

④取得したアナログ値と算出した電圧をシリアルモニターで表示します。

プログラムができたらArduinoに転送します。シリアルモニターを表示すると、アナログ入力した値と算出した電圧値が表示されます。ボリュームを回して変化させるとこれらの値が変わることが分かります。

Chapter 5

モーター・サーボモーター

モーターは「物を動かす」ことができる電子部品です。DCモーターは回転させることができ、車輪を回したり、紐を巻き取ったりといった用途に使えます。また、サーボモーターは所定の角度まで回転し、その状態を保持できます。これらのモーターを使うことで車やロボットなどといった動作に活用できます。

Section 5-1 モーターを回転させる

電子工作では、物自体を動かすこともできます。物を動かす際に利用する代表的な電子部品が「モーター」です。モーターは電気を流すことで回転動作します。この動きで車輪やプロペラなどを回転させます。

回転して物を動かせる「モーター」

電子工作で「物を動かす」目的で利用される代表的な電子部品が「**DCモーター**」です。DCモーターは、回転動作ができる電子部品です。回転させられれば、扇風機の羽根を回して風を起こしたり、車のタイヤを駆動させて移動させたりといった動作が可能です。

●DCモーターを利用した例

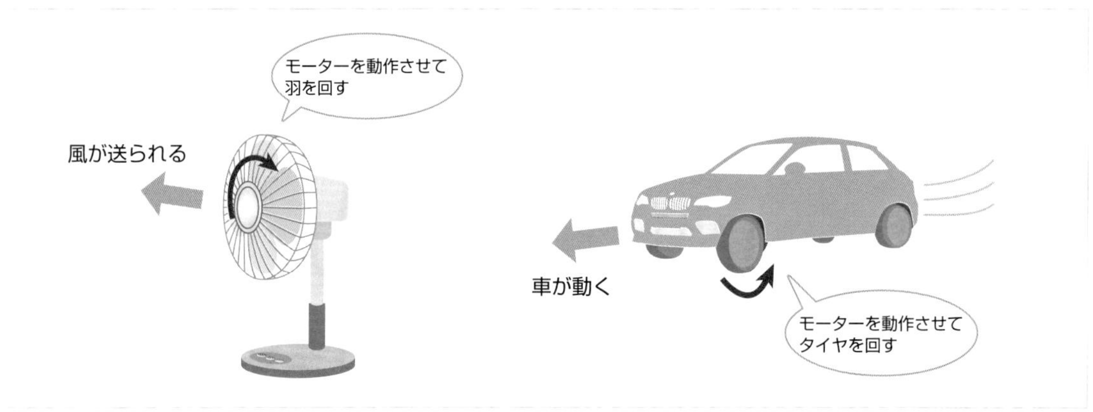

DCモーターは2つの端子を備えています。端子に電池などを接続すると、中央に備えられた軸が回転します。また、端子を逆に電源へ接続すると回転軸が反転します。

●DCモーターの外見

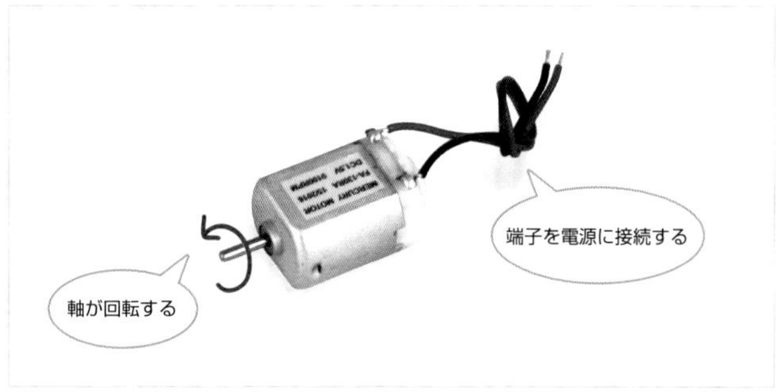

＊DCモーターは磁気の力で回転する

モーターがどのように動作するかを解説します。DCモーターは駆動に電磁石の原理を利用しています。電磁石は、鉄心に導線を何重にも同じ方向へ巻いたものです。この巻いた導線に、電池などを接続して電気を流すと鉄心が磁気を帯びます。この現象を「**電磁誘導**」と呼びます。電磁誘導によって磁気を帯びた鉄心は一方がN極、もう一方がS極になります。どちらがN極になるかは銅線の巻き方や流す電流の向きによって変わります。ここに金属を近づければ、鉄心に磁力で引きつけられます。鉄心のN極になった面に磁石のS極を近づければ引きつけられ、N極を近づければ反発します。

なお、電池を逆に接続して逆向きに電気を流すことで、電磁石のN極とS極が逆になります。

DCモーターでは、中心に電磁石を配置し、その周辺にN極とS極の永久磁石を配置しています。電磁石は3つ搭載されており、場所によってそれぞれがN極、S極の電磁石になります。電磁石がS極となっている部分は、N極の磁石に吸い寄せられ、逆にS極の磁石から反発するようになります。この力によって、電磁石が回転します。

電磁石は回転によって所定の位置まで達すると、電気の流れが切り替わり、各電磁石のN極、S極が切り替わるようになっています。

電磁石の中心に軸が接続されており、回転が外部に伝わるようになっています。

●電気を流すと磁気を帯びる電磁石

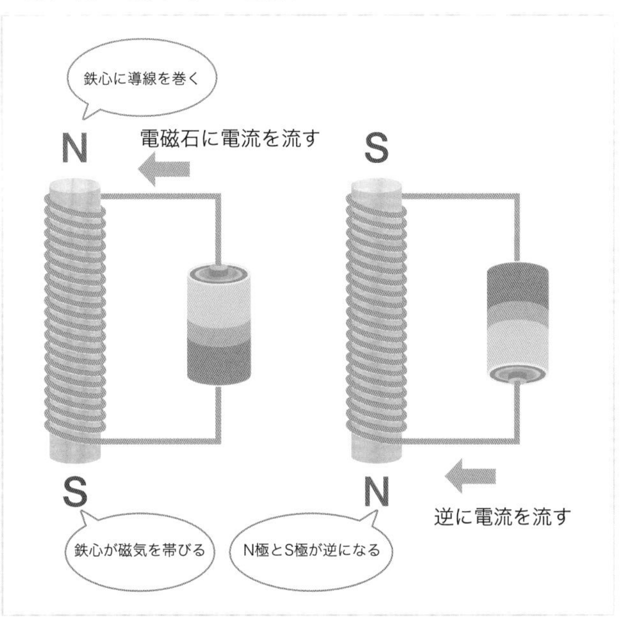

●DCモーターの内部

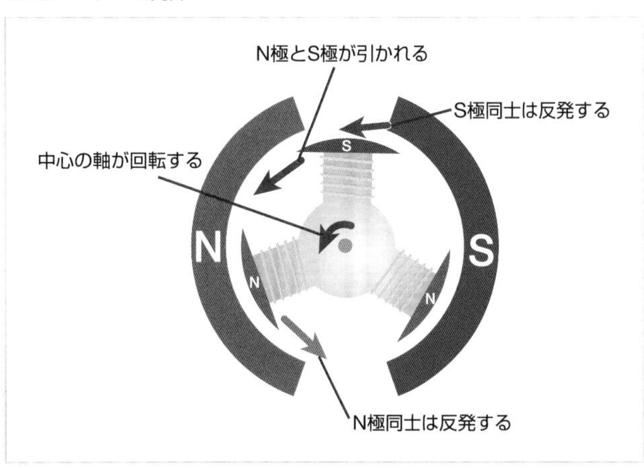

NOTE

電磁石は導線の巻き方によって極が変わる

電磁石は電気を流す方向だけではなく、導線の巻く方向によって極の向きが変わります。右上の図のように巻いた場合は、電池の＋極を上側に接続すると上側がN極になります。これを逆方向に導線を巻くと、上側がS極になります。

＊DCモーターの選択

DCモーターは、様々な種類が販売されています。種類によって、動作条件や回転スピード、発揮する力などが異なります。動作させたい用途によってどのモーターを利用するかを選択しましょう。DCモーターを選択する際に重要な要素は「**動作電圧**」「**回転数**」「**トルク**」です。

動作電圧とは、モーターを動かすためにかける電圧のことです。この動作電圧範囲の電圧をかけるようにします。動作電圧範囲よりも電圧が低い場合は、モーターが回転しなかったり、回転が不安定になったりします。逆に高い電圧をかけてしまうと、大電流が流れモーターが焼き切れてしまいます。

回転数とは、1分間に回転する回数を表しています。単位は「rpm（revolution per minute）」で表します。データシートには、モーターに何も接続していないときの「無負荷回転数」が記載されています。

トルクはモーターの力を表しています。トルクとは、モーターの回転軸に1mの棒（重さは無いものとする）を付け、その端に加えられる力を表します。トルクが大きければ、重いものを動かしたり、急な坂を上ったりといった負荷のかかる状況でもモーターを回せます。逆にトルクが小さいと、力が足りず動作できないことがあります。

●動かす力を表す「トルク」

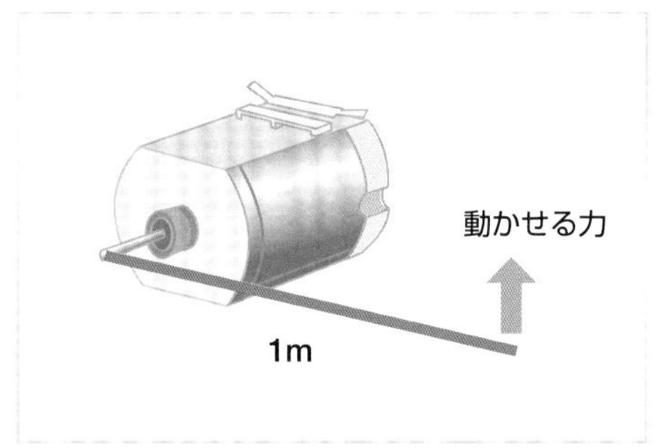

トルクは一般的に「**N・m**」（**ニュートン・メートル**）で表します。ただし、モーターによっては、1cm先に動かせる力をg単位で表す「**gf・cm**」が利用されていることもあります。

回転数やトルクなどは、モーターに取り付けた負荷によって変化します。例えば、重いものを動かそうとすると回転数が少なくなります。この関係はデータシートにグラフとして記載されています。

また、おおよそのDCモーターの性能を表すため、無負荷と適正電圧負荷時の各情報が記載されています。無負荷回転数は、何も取り付けない場合にどの程度回転するかを表しています。

さらに、モーターの性能を最も発揮できる「**適正電圧**」も記載されています。適正電圧は、最も大きなトルクを得られる電圧です。また、適正電圧を加えた場合の回転数やトルク、流れる電流も記載されています。例えばマブチモーターの「FA-130RA」というモーターの場合、1.5～3Vの電圧をかけられます。適正電圧は1.5Vで、その際のトルクが6gf・cm、回転数が7000rpmとなっています。

現在購入可能な主要なDCモーターには、次のようなものがあります。

●購入可能な主なDCモーター

製品名	動作電圧範囲	無負荷回転数	適正電圧付加時				参考価格
			適正電圧	トルク	電流	回転数	
FA-130RA	1.5～3.0V	8100～9900rpm	1.5V	6gf・cm	0.66A	約7000rpm	100円（秋月電子通商）
RE-140RA	1.5～3.0V	約7200rpm	1.5V	5gf・cm	0.56A	約4700rpm	330円（千石電商）
RE-280RA	1.5～4.5V	約9200rpm	3.0V	20gf・cm	0.87A	約7770rpm	130円（秋月電子通商）
RS-385PH	3.0～9.0V	約12100rpm	6.0V	21gf・cm	2.7A	約10300rpm	200円（秋月電子通商）
RS-540SH	4.5～9.6V	約15800rpm	7.2V	22gf・cm	6.1A	約14400rpm	1,540円（千石電商）

NOTE

ギアードモーター

モーターは電磁石の力で回転させるため、小さなモーターはトルクが弱くなりがちです。また、回転速度が速いためゆっくりとは動かしにくいです。このような場合には**ギアードモーター**が活用できます。
ギアードモーターはギア（歯車）を搭載したモーターで、モーターの回転速度を遅くして、その回転力をモーターのトルクを向上させています。小さなモーターであってもギアを通すことで力強く回転が可能となります。

大電流が流れる回路でも制御できる「FET」

モーターを動作させるには大電流を流す必要があります。例えばFA-130RAであれば、660mAもの電流が流れます。よりパワーがあるモーターであれば、数十Aもの電流が流れることもあります。p.60で説明した赤色LED（20mA）の数十倍以上の電流が流れます。

このような電子部品をArduinoに直接接続すると、大電流が流れてArduinoが停止するか、Arduino自体が壊れる恐れもあります。このため、モーターは直接Arduinoで制御してはいけません。

●Arduinoから直接DCモーターは制御できない

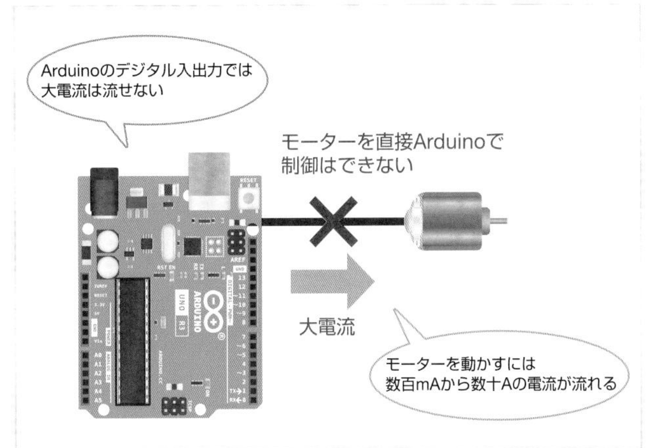
Arduinoのデジタル入出力では
大電流は流せない
モーターを直接Arduinoで
制御はできない
大電流
モーターを動かすには
数百mAから数十Aの電流が流れる

モーターをArduinoで制御する場合は、「**FET**」（**電界効果トランジスタ**）を利用します。FETはp.72で説明したトランジスタの一種です。Arduinoのデジタル入出力端子からFETに電圧をかけると、接続した回路に電流を流すことができます。これによって、接続したモーターを動作させることが可能です。

なお、FETはバイポーラトランジスタよりも大電流を制御するのに向いており、モーターのような大電流を流す必要のある電子部品を制御するのに利用されています。

●モーターの動作回路をFETを介して制御する

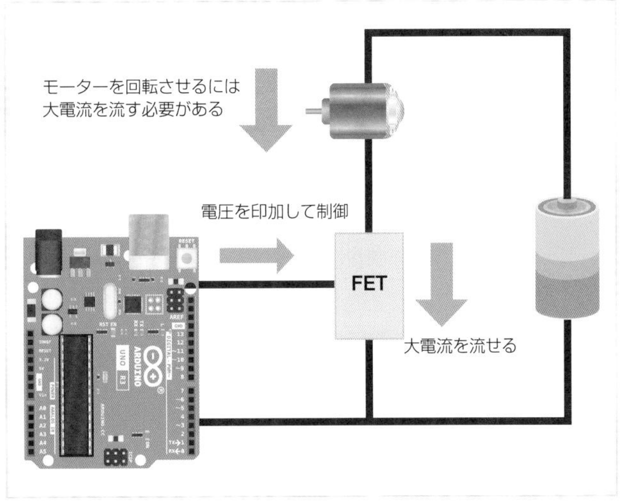
モーターを回転させるには
大電流を流す必要がある
電圧を印加して制御
FET
大電流を流せる

FETで信号の増幅が可能

FETはスイッチのような利用方法だけでなく、小さな信号を大きな信号に変換することも可能です。バイポーラトランジスタは、ベースに流す電流によってコレクター―エミッタ間に流れる電流を制御できましたが、FETの場合はゲートにかける電圧によって、ドレイン―ソース間に流れる電流を変化できます。

＊FETの原理

FETはトランジスタ同様に、p型半導体とn型半導体から構成されています。FETには主に「**MOSFET**」と「**JFET**」の2種類があります。ここではMOSFETの原理を説明します（JFETについてはp.136を参照）。

MOSFETには、次の図のように、ベースとなるn型半導体またはp型半導体の上部に、ベースの半導体とは異なる半導体が離れて二カ所作られています。この2つの半導体の間に、電気を通さない絶縁体の膜、さらにその上に金属の膜を重ねて構成しています。n型半導体をベースとしたMOSFETを「pチャネルMOSFET」、p型半導体をベースとしたMOSFETを「nチャネルMOSFET」と呼びます。

なお、上に配置した各半導体に接続した端子を「**ドレイン**」「**ソース**」、絶縁体を挟んだ金属に接続した端子を「**ゲート**」と呼びます。

●MOSFETの構造

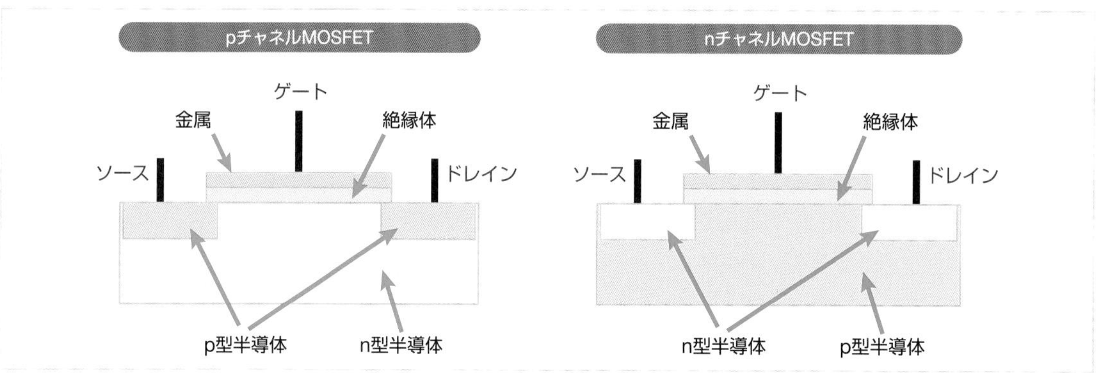

nチャネルMOSFETを例にFETの動作原理を説明します。ドレインとソースに制御する回路を接続し、ゲートにArduinoのデジタル入出力端子のような制御回路を接続して動作させます。

ゲートの電圧が0Vの場合、ドレインとソース間は、n型―p型―n型の順に構成されたことになり、p.74で説明したNPN型トランジスタと同じ構成となります。NPNトランジスタはベースの電圧を0Vにした場合と同じで、MOSFETもゲートが0Vであると電流が流れません。つまり、ゲートとソースに接続した回路には電流が流れず、回路上の電子部品は動作しません。

●ゲートが0Vの場合

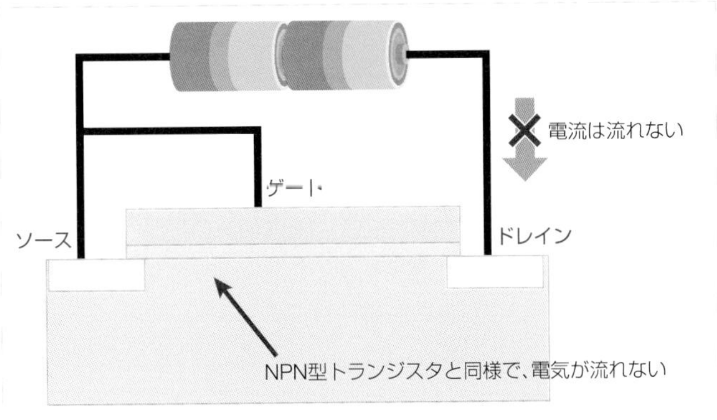
電流は流れない
ゲート
ソース
ドレイン
NPN型トランジスタと同様で、電気が流れない

次に、ゲートに電圧をかけます。ゲートとp型半導体の間には絶縁体が挟まれているため、ゲートから半導体へは電気が流れません。絶縁体を挟んだ構成にするとコンデンサーと同様な動作をします（p.140参照）。コンデンサーは一方に正の電荷を帯びるともう一方は負の電荷が帯びる特性があります。このため、金属に電圧をかけると金属部分には正の電荷がたまり、p型半導体の絶縁体の境界付近には負の電荷（電子）が帯びます。負の電荷が帯びるとp型半導体がn型半導体の性質に変化します。このp型からn型に変化した部分を「**nチャネル**」といいます。

nチャネルが形成されると、ドレインからソースまでの半導体すべてがn型半導体となるため、電子が半導体内に流れます。つまり、ドレインとソースに接続した回路に電流が流れ、電子部品を動作させます。

●ゲートに電圧をかけた場合

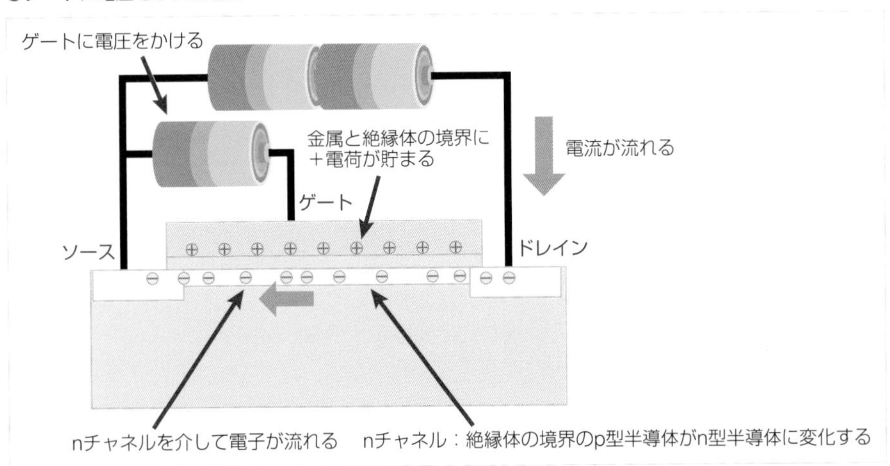
ゲートに電圧をかける
金属と絶縁体の境界に
＋電荷が貯まる
電流が流れる
ゲート
ソース
ドレイン
nチャネルを介して電子が流れる
nチャネル：絶縁体の境界のp型半導体がn型半導体に変化する

pチャネルMOSFETの場合も同様で、ゲートを電源の－側に接続すると、ゲート内の金属内に負の電荷（電子）が貯まり、n型半導体がp型半導体の性質に変わる「**pチャネル**」が形成されます。ここに電気が流れ、ドレインとソースに接続した回路に電気が流れます。

ゲートにかける電圧によって、nチャネルの幅は変化します。電圧を高くすればnチャネルは広くなり、その分多くの電流を流せます。

電子回路図では、右のような図が使われます。矢印の方向によってnチャネルMOSFETかpチャネルMOSFETかを判断できます。

●MOSFETの回路図

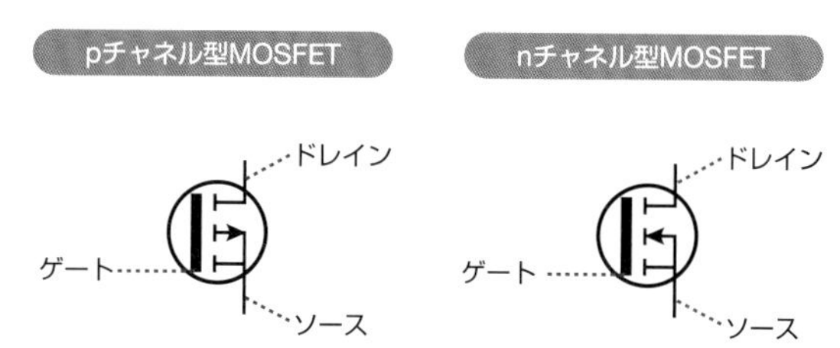

NOTE

JFET

MOSFETのほかにも「**JFET**」(**接合型FET**、**ジャンクションFET**) と呼ばれるFETがあります。JFETは、MOSFETとは異なり、次図のように、n型半導体をp型半導体で挟んだ構成になっています (n型とp型半導体が逆の場合もある)。ゲートに何も電圧を加えないとn型半導体の中に電子が移動し、回路に電流が流れます。しかし、ゲートに電圧を加えるとn型半導体内に電子が存在できない空間 (空乏層) が広がり、電子の流れを阻害します。また、空乏層が大きくなると、電子の通り道がなくなり電流を流すことができなくなります。

●JFETの仕組み

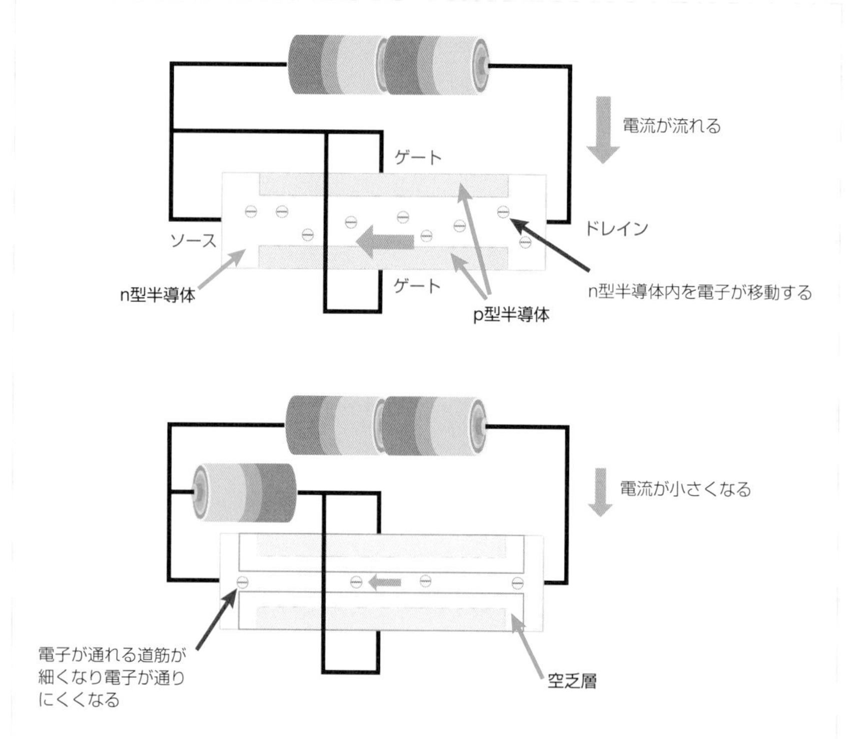

最近はMOSFETが一般的に利用されているため、本書ではMOSFETを利用したモーターの制御方法について説明します。

＊MOSFETの外見

MOSFETは、トランジスタ同様に3本の端子が搭載されています。MOSFETの素子は樹脂で覆われています。2SK2232や2SK4017の場合は、端子は左からゲート、ドレイン、ソースの順に並んでいます。ただし、製品によっては、端子の並びが異なるので、必ずデータシートなどを確認しましょう。

大電流を流せるようになっており、放熱用の金属が付いています。大きな放熱板の場合は穴が開いていて、ヒートシンクなど放熱用のパーツを取り付けて放熱効率を上げられます。低電流向きで放熱板が搭載されていないものや、放熱板が小さなMOSFETもあります。

●MOSFETの外見

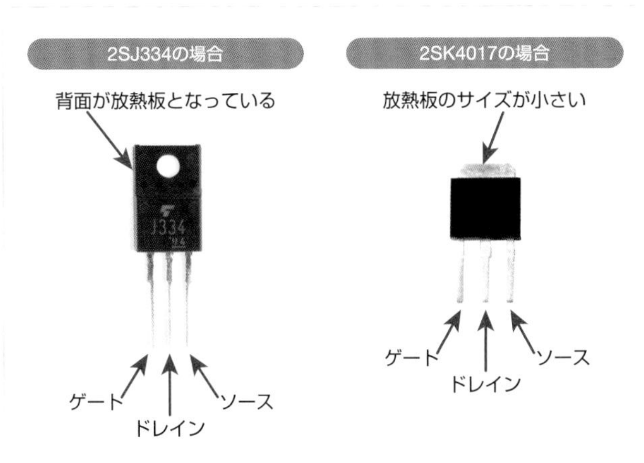

＊MOSFETを選択する

MOSFETを選択するには、次のような電気的な特性を確認しておきます。

■ドレイン・ソース間電圧：V_{DSS}

「**ドレイン・ソース間電圧：V_{DSS}**」は、制御する回路でMOSFETにかけることのできる電圧です。制御される側の回路にV_{DSS}以上の電圧をかけてはいけません。また、安全を考えV_{DSS}の半分程度の電圧にとどめておきましょう。例えば、V_{DSS}が60VのMOSFETを利用する場合は、30Vまでにしておきます。

■直流ドレイン電流：I_D

「**直流ドレイン電流：I_D**」は、流せる電流を表しています。MOSFETは、トランジスタと比べ流せる電流が大きいのが特徴です。そのため、モーターのような大電流を流す電子部品でも安心して接続できます。

しかし、モーターの種類によっては、極めて大きな電流が流れることもあります。そのため、MOSFETのI_Dの値を確認して、流せる電流を確認します。また、実際に流す電流は、安全を考えてI_Dの半分程度の電流にとどめておきましょう。

NOTE

かけることのできる電力

MOSFETでもかけられる電力が決まっており、「**許容損失（ドレイン損失）：P_D**」に記載されています。ただし、P_Dの値は非常に大きな放熱板を取り付けた場合の値です。実用上の電力は、データシートにある「電力軽減曲線」というグラフを確認することで、温度と実際にかけられる電力を導き出します。なお、動作させて温度が上がってしまう場合は、先にも言及したように放熱板などを取り付けて冷却することで、電力を上げられます。

一般的に販売されている模型用のモーターであれば、動作電圧範囲で動作させれば、P_D以上の電力がかかることは稀です。動作させてみて、MOSFETを触って熱いと感じたら、放熱板を取り付けて冷却したり許容損失の大きなMOSFETに変更するなど対処しましょう。

■ ゲートしきい値電圧：V_{th}

接続した制御する回路に電流を流すには、ゲートに電圧をかけます。どの程度の電圧をかけたらドレイン—ソース間に電流を流せるかは、「**ゲートしきい値電圧：V_{th}**」を参照します。V_{th}よりも高い電圧をゲートにかけると、ドレイン—ソース間に電流を流すことができます。例えば、V_{th}が最大2.5Vであれば、2.5V以上の電圧をゲートにかけます。ただし、電圧が低いと上手くドレイン—ソース間に電流が流れないこともあるため、余裕をみて約1.5倍以上の電圧をかけるようにします。先の例の場合は、V_{th}が2.5Vであれば4V以上の電圧をかけた方が安定して動作します。

＊ FETの型番

FETには様々な種類が販売されています。大まかに分けてもnチャネルFETとpチャネルFETがあります。FETには型番がついていて、型番を見ることでおおよその種類を判別できます。

はじめの「2S」はトランジスタを表します。トランジスタにはFETも含まれます。次のアルファベットはMOSFETの形式を表します。「J」はpチャネル、「K」はnチャネルを表します。次に型番が数字で記載されます。

●FETの型番

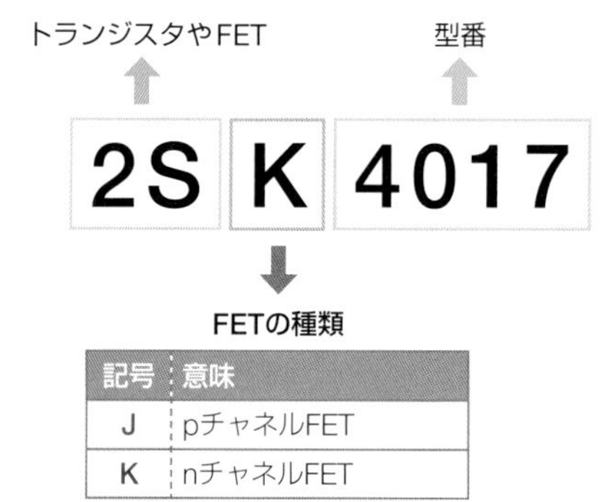

記号	意味
J	pチャネルFET
K	nチャネルFET

POINT

2S以外の名称のFET

FETには、「2S」からはじまる型番以外の製品も販売されています。これは、トランジスタ同様に登録した団体によって表記の方法が異なるためです。半導体メーカー独自に決めた型番を付けているFETもあります。

モーターを制御する

Arduinoでモーターを制御してみましょう。ここでは、**DCモーター**「**FA-130RA**」を利用します。モーターを回転させるための電源として1.5Vの電池を2本利用して3Vを供給するようにします。なお、3Vの電圧をかけた場合、FA-130RAには1A弱の電流が流れることがあるので、MOSFETを選択する際の参考にします。

モーターを制御する**MOSFET**には、nチャネルMOSFET「**2SK4017**」を利用します。2SK4017はV_{DSS}が60Vで、30Vで動作するモーターも駆動できます。I_Dは5Aであり、FA-130RAに1Aの電流が流れても安全に利用可能です。V_{th}は2.5Vで、Arduinoの5Vの出力でもMOSFETの切り替えが可能です（動作が不安定な場合はp.142を参照してください）。

モーターを制御する回路は次のようにします。

●モーターを制御する回路

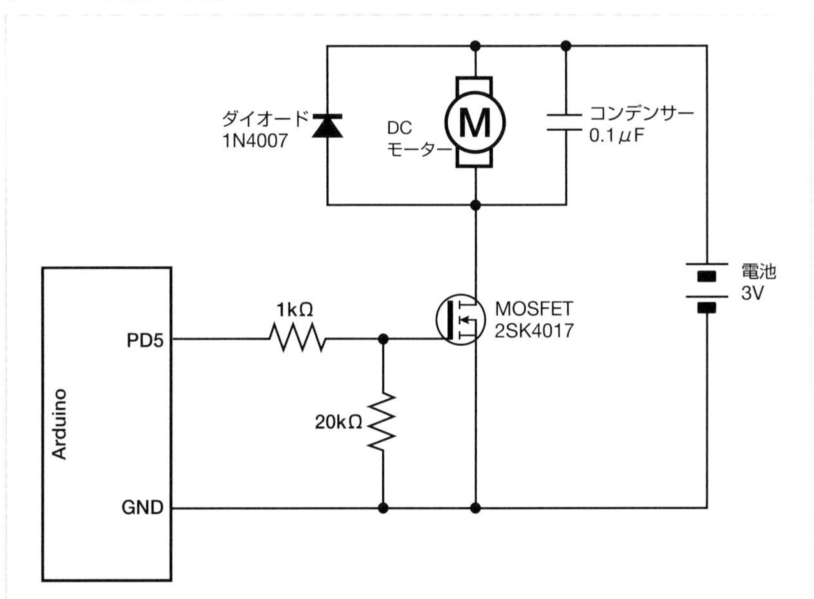

MOSFETのドレイン側にモーターを接続します。ソースはGNDに接続しておきます。制御するゲートはArduinoのデジタル入出力端子に接続してデジタル出力で制御するようにします。また、電流が突然流れないように1kΩ程度の抵抗を挟んでおきます。

＊モーターの雑音を軽減する

DCモーターは、内部の電磁石のN極、S極を次々と切り替えながら回転させています。電磁石の両端の端子は、ブラシを介して回転することによって端子の極が切り替わるようにしています。このブラシが接続する電源の＋と－を切り替える際に、電気的な雑音が発生します。雑音が発生すると、他の電子部品に影響を及ぼして思わぬ動作をさせかねません。

そのため、できる限りモーターから発生する雑音を軽減する必要があります。そこで、雑音軽減に利用するのが「**コンデンサー**」です。コンデンサーは電気を貯めることができる電子部品です。電圧が急に変化した際に、コンデンサーに蓄えている電気を回路に戻して急激な変化を和らげる効果があります。

モーターの端子に0.1μF程度のコンデンサーを取り付けておくことで、雑音を軽減できます。モーターの近くにコンデンサーを付ける方が効果的なので、モーターの端子部分に直接はんだ付けしておきます。

●モーターの雑音を軽減するコンデンサーを取り付ける

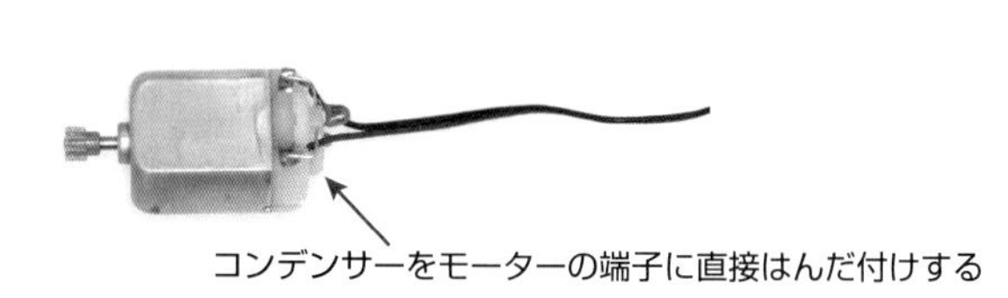

NOTE

電気を一時的に貯められる「コンデンサー」

コンデンサーは、電気を一時的に貯めることができる電子部品です。2つの金属が、電気を通さない絶縁体を挟んだような構造をしています。両金属に電圧をかけると金属に電気がたまります。いわば、少量の蓄電池のような特性があります。
コンデンサーを電源に接続した直後は、電源からコンデンサーに向かって電流が流れ、コンデンサーの金属に電荷が貯まり始めます。充電が進むにつれ、流れる電流が少なくなり、コンデンサーと電源の電圧が同じになると電流が流れなくなります。
充電した状態で電源を外すと、電気が貯まった状態を保ちます。また、コンデンサーの両方の端子を直結すると、貯まった電荷を放電し始めます。この際、逆方向に電流が流れ、放電が完了するまで電流が流れ続けます。

●電気を貯めるコンデンサー

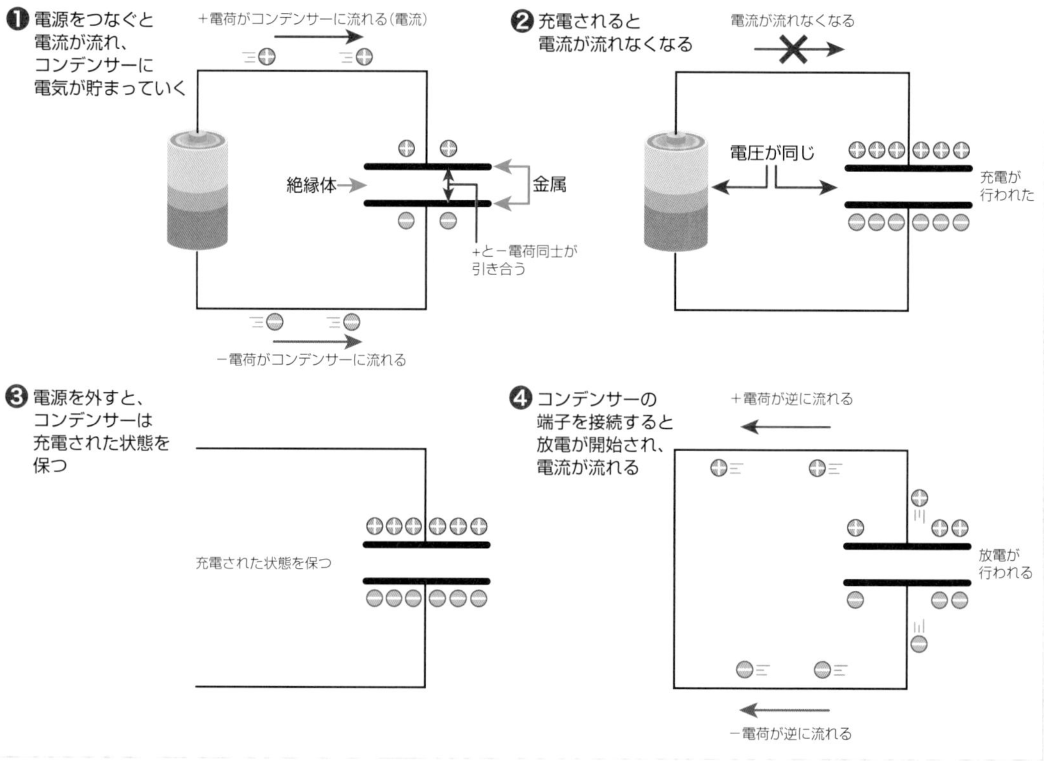

＊逆起電力対策を施す

モーターは電気を供給することで回転します。逆に、モーターは電源に接続せずに（手などで）回すことで、発電できる特性があります。一般にいう「発電機」は、この特性を活用して電気を作っています。

DCモーターを回転させる場合も電気が発生しています。回転中のモーターへの電気供給をやめても、慣性でモーターが回転し続け、その際に発電します。発電によって発生した電気のことを「**逆起電力**」といいます。

逆起電力は、モーターを回転させる際に電気を供給していたのと逆の電圧が発生します。つまり、MOSFETでモーターを制御する回路であれば、MOSFETに接続している端子側が＋となる起電力が発生します。この起電力はMOSFETに悪影響を及ぼす恐れがあります。場合によっては、MOSFET自体が逆起電力により壊れてしまう恐れもあります。

そこで、発生した逆起電力を逃がすために「**ダイオード**」を接続します。ダイオードは、LEDと同様に、一方向に電気を流す特性があります。モーターに並列にダイオードを接続し、逆起電力を発生した場合に電気を逃がすようにします。

なお、ダイオードはLED同様にアノードとカソードがあり、アノードからカソードの方向に電気を流せます。ダイオードには、カソード側に線が印刷されているので、これでアノードとカソードを区別します。

●ダイオードを接続することで逆起電力を逃がす

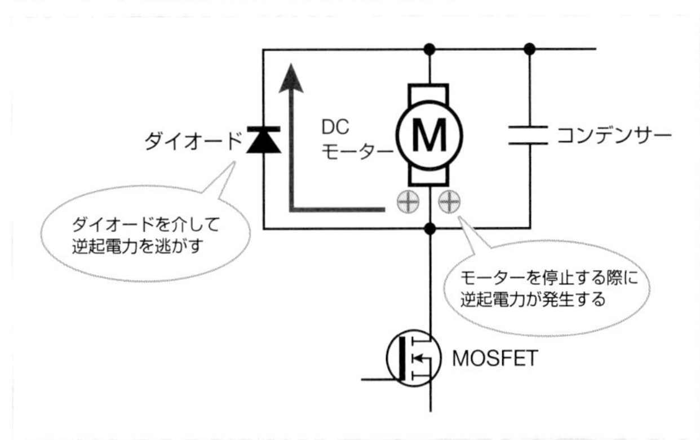

●ダイオードの外見

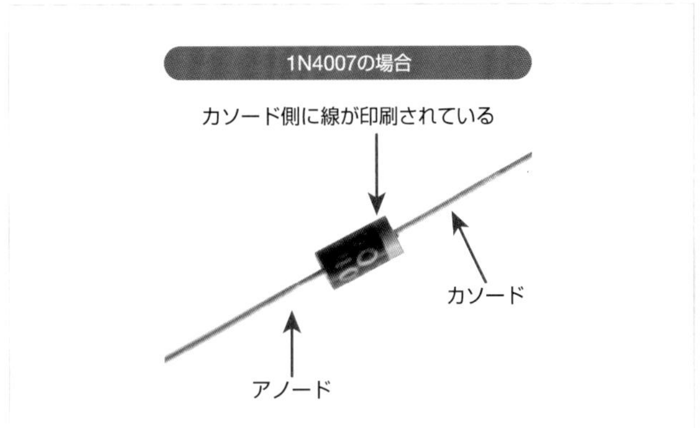

＊MOSFETに貯まった電気を逃がす

MOSFETはゲートに正の電荷を貯めて、ドレイン－ソース間に電流を流せるようにします。その後、ゲートをGNDに接続するとゲート内の電荷がGNDへ流れ、ドレイン—ソース間の電流が流れないようになります。しかし、Arduinoのデジタル入出力端子に接続した場合、ゲートに貯まった電荷がすぐには流れ出ず、ドレイン—ソース間の電流が流れなくなるまで数秒程度遅れてしまいます。

そこで、ゲートとGNDを抵抗で接続しておくことで、ゲートに貯まった電荷をすぐに流れるようにできます。

●ゲートに貯まった電荷をすぐに抜けるようにする

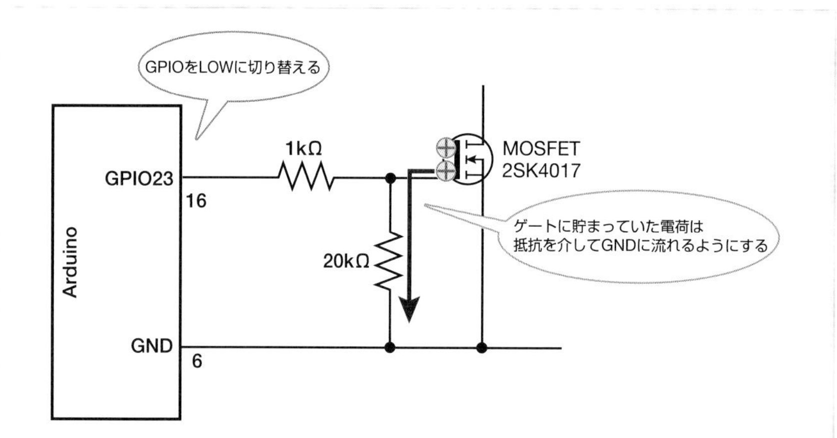

NOTE MOSFETが不安定になる場合

ゲートで制御する回路側は、V_{th}以上であればドレイン—ソース間に電流を流せます。ゲートにかける電圧はVthよりも1.5倍程度大きい電圧をかけた方が安定します。Arduinoのデジタル入出力端子の出力は5Vであるため、V_{th}が2.5Vであれば十分の電圧が確保できます。

しかし、V_{th}が大きかったり、Arduino以外の制御系で出力電圧が小さい場合にはかける電圧が足りなくなり、MOSFETの動作が不安定になることがあります。

そのような場合は、制御の信号をトランジスタでMOSFETを動作させせるのに十分な電圧に増幅してゲートにかけることで、安定して動作させられます。右図のような回路でデジタル入出力端子の出力を増幅しましょう。なお、この回路ではデジタル入出力端子の出力がFETのゲート部分で反転するので注意が必要です。モーターを動作させるには、デジタル入出力端子の出力をLOWにする必要があります。

●デジタル入出力端子の出力を別の電源で増幅してMOSFETの動作を安定化する

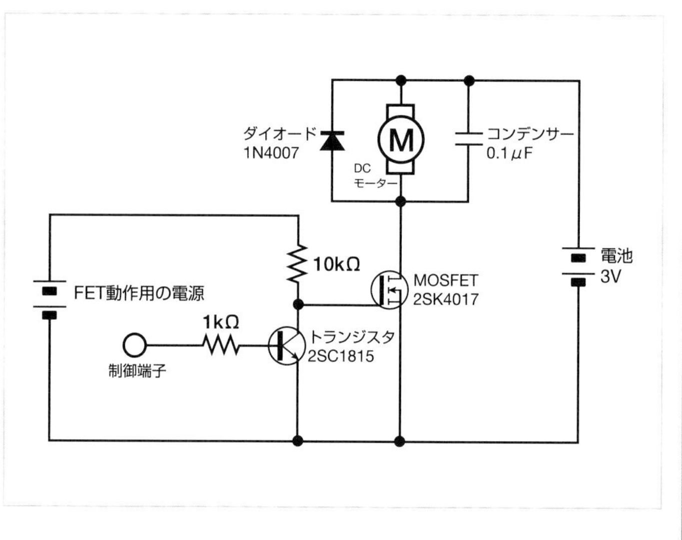

実際にArduinoでモーターを制御するには右のように接続します。

利用部品

- モーター「FA-130RA」……1個
- FET「2SK4017」……1個
- ダイオード「1N4007」……1個
- 抵抗　1kΩ……1個
- 抵抗　20kΩ……1個
- コンデンサー　0.1μF……1個
- ブレッドボード……1個
- ジャンパー線（オス—オス）……5本
- 電池ボックス……1個
- 単３電池……2本

●ArduinoでDCモーターを制御する接続図

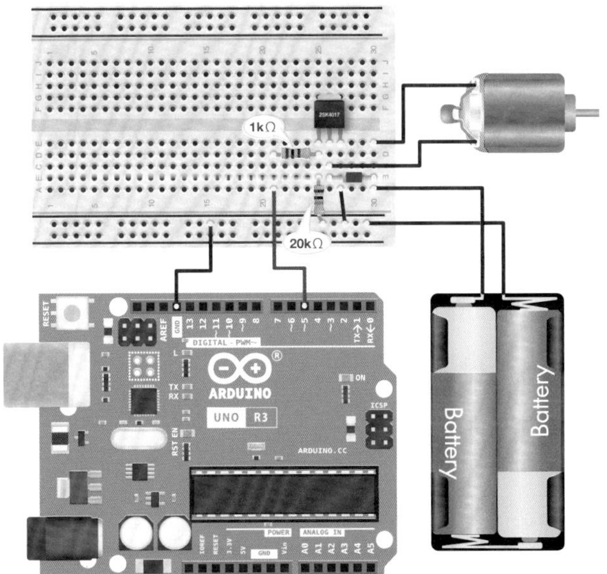

》プログラムでモーターを制御する

モーターを接続できたら、実際にプログラムを動作させて、モーターを制御してみましょう。モーターの制御は、MOSFETのゲートに接続したデジタル入出力端子5番の出力を変化させることで実現します。デジタル入出力端子5番の出力をHIGHにすることでモーターが回転します。

プログラムは次のように作成します。

●モーターの回転、停止を制御する

arduino_parts/5-1/motor.ino

```
const int MOTOR_PIN = 5;  ①

void setup(){
    pinMode( MOTOR_PIN, OUTPUT );  ②
}

void loop(){
    digitalWrite( MOTOR_PIN, HIGH );  ③
    delay( 2000 );

    digitalWrite( MOTOR_PIN, LOW );  ④
    delay( 2000 );
}
```

①MOSFETに接続した端子を指定します。ここではデジタル入出力端子5に接続したので「5」としておきます。

②接続したデジタル入出力端子を出力モードに切り替えます。

③デジタル入出力端子の出力を「HIGH」にすることでモーターが回転します。

④デジタル入出力端子の出力を「LOW」にすることでモーターが停止します。

プログラムができたら、Arduinoに転送します。すると、モーターが2秒間隔で回転・停止を繰り返します。

＊モーターの回転速度を調節する

p.38で説明した**PWM**を利用することで、モーターの回転速度を調節できます。モーターを動作させる場合でも、デジタル出力の代わりにPWMを使って出力することで回転速度を変化可能です。

プログラムは次のように作成します。

●PWM出力でモーターの回転速度を制御する

arduino_parts/5-1/pwm_motor.ino

```
const int MOTOR_PIN = 5;

void setup(){
    pinMode( MOTOR_PIN, OUTPUT );
}

void loop(){
    int speed = 0; ①

    while ( speed <= 255 ){ ②
        analogWrite( MOTOR_PIN, speed ); ③
        delay( 300 );
        speed = speed + 4; ④
    }

    analogWrite( MOTOR_PIN, 0 ); ⑤
    delay( 2000 );
}
```

①速度を格納する変数を用意し、初期値として「0」を入れておきます。

②速度が255以下の場合は繰り返します。

③PWM出力してモーターを所定の速度で回転させます。

④speedを徐々に増やします。

⑤出力を0にすることで、モーターを停止します。

プログラムができたら、Arduinoに転送します。すると、モーターが徐々に回転速度を上げながら回転し、最大速度に達したら停止し、この動作を繰り返します。

Section 5-2

DCモーターの回転方向と回転数を制御する

DCモーターは、逆に電圧をかけると反対方向に回転できます。正転、反転を自由に制御するにはDCモータードライバ　を利用します。モータードライバーでは回転方向を変えたり、制御側に過電流が流れないようにする機能を搭載しています。

Hブリッジ回路でDCモーターの回転方向を変える

DCモーターは、端子にかける電源の向きで回転方向を変えられます。モーターの正転、反転が制御できると、例えば車の模型なら前進後退が自由にできます。車輪の左右に別々に制御できるモーターを設置して、右モーターだけ回転させれば左に曲がり、左モーターだけ回転させれば右に曲げることも可能です。

しかし、p.133で説明したFETを使ったDCモーターの制御では、一方向にしか回転させることができません。モーターの正転、反転を切り替えるには、「**Hブリッジ回路**」を作る必要があります。Hブリッジ回路とは、右図のようにモーターとスイッチを「H」の文字のように配置した回路です。4つのスイッチのオン・オフの組み合わせによって、モーターにかける電源の方向を変えることができます。

●DCモーターの回転方向を制御できる「Hブリッジ回路」

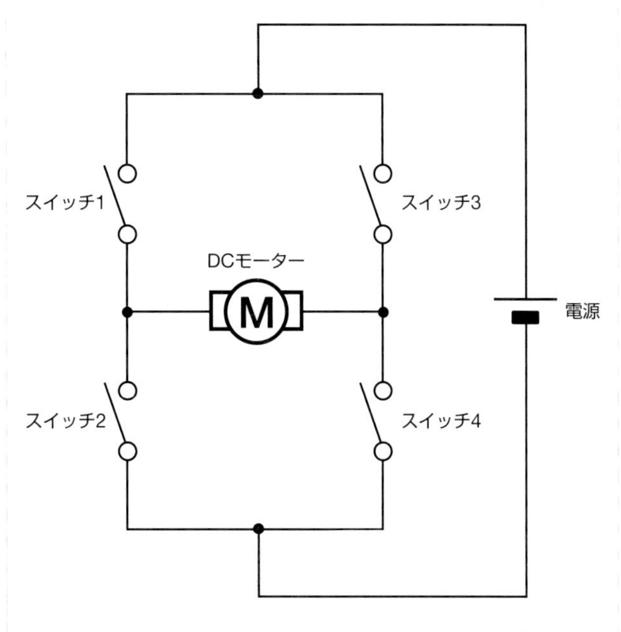

左側の端子に電源の＋を接続した場合は正転し、右側の端子に＋を接続した場合には反転するモーターを利用した場合を考えます。

スイッチ１とスイッチ４をオンにすると、モーターの左側の端子が電源の＋側に、右側の端子が電源の－側に接続された状態になり、モーターは正転します。スイッチ２とスイッチ３をオンにすると、モーターの右側の端子に電源の＋、左側の端子に電源の－が接続された状態となり、モーターは反転します。なお、スイッチを入れなければモーターへの電源は供給されなくなり、モーターが停止します。

●スイッチの入れ方でモーターの回転方向を変えられる

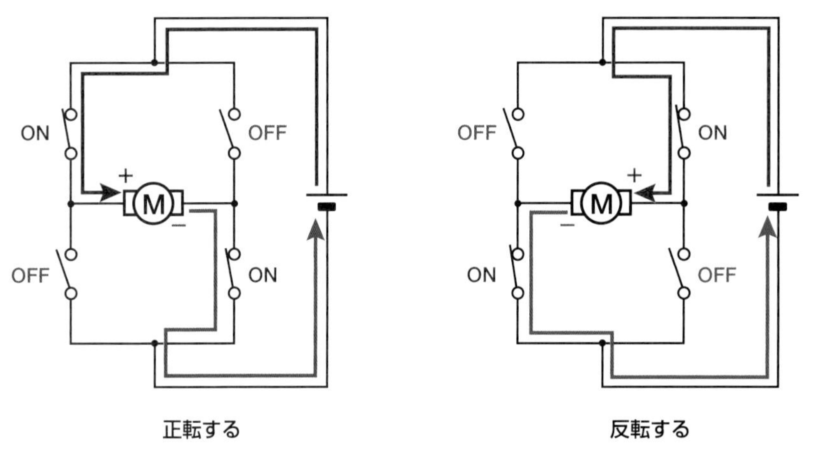

ただし、スイッチ1とスイッチ3、スイッチ2とスイッチ4の組み合わせでオンにしてはいけません。この組み合わせでスイッチをオンにしてしまうと、電源がショートした（直接繋がった）状態となってしまい大電流が流れて危険です。

ArduinoなどでHブリッジ回路でモーターを制御するには、それぞれのスイッチをFETに置き換えた回路にすれば実現できます。

モーターを自由に制御できる「DCモータードライバー」

Hブリッジ回路でモーターを制御するにはFETを4つ接続する必要がある上、それぞれのFETについて保護回路も作る必要があり、複雑な回路が必要になります。さらに、4つのFETを制御するためにArduinoのデジタル入出力を4端子使う必要があります。その上、電源がショートしないようにスイッチを制御する必要もあります。誤ってスイッチをオンにする手順を間違えただけで電源がショートしてしまい、大電流が流れてしまいます。

そこで便利なのが「**DCモータードライバー**」です。DCモータードライバーは、モーターを動作させることに特化した電子部品です。内部にHブリッジ回路が作り込まれているので、配線の手間が必要ありません。また、モーターからの電流が制御側に流れ込まないようになっていたり、モーターで発生した逆起電力を逃がすような安全対策も施されています。その上、内部回路で適切なFETだけをオンの状態に切り替えるようになっているため、電源をショートさせるような心配がありません。

＊DCモータードライバーの種類

DCモータードライバーには「**フルブリッジドライバー**」と「**ハーフブリッジドライバー**」の2種類があります。フルブリッジドライバーは、正転・反転を制御できるドライバーです。一般的に2つの入力があり、入力の方法によってどちらに回転させるかを選択できます。

ハーフブリッジドライバーは、一方向にだけ回転できるモータードライバーです。Hブリッジ回路の右側だけの回路となっているため、半分を表すハーフブリッジと呼ばれています。回転方向は変えられませんが、モーターの制御に必要な保護回路などを備えています。

モーターを正転・反転させるか、一方向の回転でよいかによって、どちらを利用するかを選択します。

●フルブリッジドライバーとハーフブリッジドライバーの回路の違い

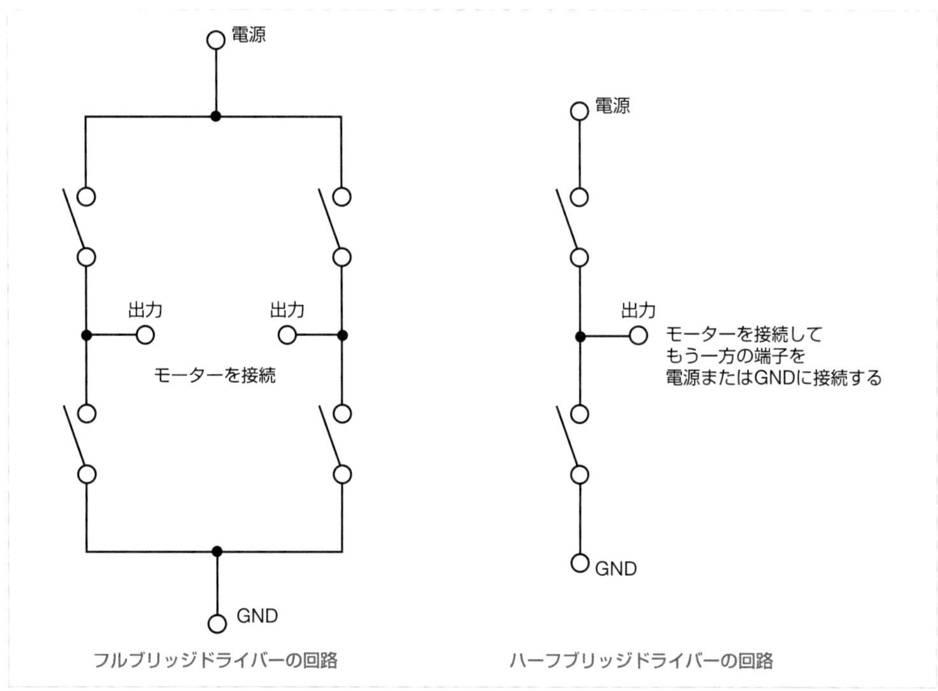

＊モーターの駆動電圧、電流を考慮する

DCモータードライバーの選択には、モーターにかける電圧と、モーターに流れる電流にモータードライバーが耐えられるかを確認します。モータードライバーの販売ページやデータシートには、これら電圧や電流の情報が記載されています。

例えば東芝セミコンダクター製DCモータードライバー「TA7291P」の場合は、モーターの電源は最大20V、電流は最大2A(定常時は1A)まで流せます。一方、同社製「TB6643KQ」であれば、電源は最大50V、電流は最大4.5Aを流せます。模型を動かす程度のモーターであれば、TA7291Pのように最大電流が低くても問題ありませんが、大きな力を発揮するモーターであれば、大電流が流せるDCモータードライバーを選択する必要があります。

購入可能な主要DCモータードライバーを次ページの表に示しました。

●購入可能な主なDCモータードライバー

製品名	動作回路/回路数	モータ電源	モータ電流	制御側電源	参考価格
STA6940M	フルブリッジ/1	10～40V	4A（最大8A）	3.0～5.5V	300円（秋月電子通商）
TB6643KQ	フルブリッジ/1	最大50V	4A（最大4.5A）	モータ電源と共有	350円（秋月電子通商）
NJM2670D2	フルブリッジ/2	4～60V	1.3A（最大1.5A）	4.75～5.25V	300円（秋月電子通商）
L298N	フルブリッジ/2	最大50V	合計最大4A	4.5～7V	650円（秋月電子通商）
SN754410NE	ハーフブリッジ/4	4.5～36V	1.1A（最大2A）	4.5～5.5V	200円（秋月電子通商）
DRV8835	フルブリッジ/2	-0.3～12V	1.5A	-0.3～7V	450円（モジュール版、秋月電子通商）

NOTE

I²CやSPIで制御可能なモータードライバー

DCモータードライバーは電圧で動作を制御します。例えばArduinoのデジタル入出力端子に接続した場合、HIGHにすれば動作し、LOWにすれば停止します。
一方で、モータードライバーの中にはI²CやSPI通信で制御するものもあります。I²CやSPI通信で制御する場合、複数のモータードライバーを接続しても少配線で済む利点があります。また、各DCモータードライバーで制御した状態を記録しているため、Arduinoのプログラムに影響なくモーターが動作できます。さらに、複数のモーターを動作させられるモータードライバーもあります。秋月電子通商で販売されている「DRV8830使用DCモータードライブキット」（700円）を使うと、I²Cで1つのモーターを制御できます。SparkFun製「SparkFun Serial Controlled Motor Driver」（スイッチサイエンスで販売。2,632円）は、I²C、SPI、UARTが利用でき、2つのモーターの制御が可能です。

DCモータードライバーを使ってモーターを制御する

DCモータードライバーを利用してモーターを制御してみましょう。ここでは、**フルブリッジドライバー**である「**DRV8835**」を使ってモーターを制御します。DRV8835は**表面実装部品**であるため、そのままではブレッドボードに差し込めません。

そこで、秋月電子通商で販売されているモジュール化された「**DRV8835使用ステッピング&DCモータドライバモジュール**」を利用します。DRV8835が基板にあらかじめはんだ付けされています。また付属ピンヘッダーを取り付けることでブレッドボードに差し込めます。

●DCモータードライバー「DRV8835使用ステッピング&DCモータドライバモジュール」の外見

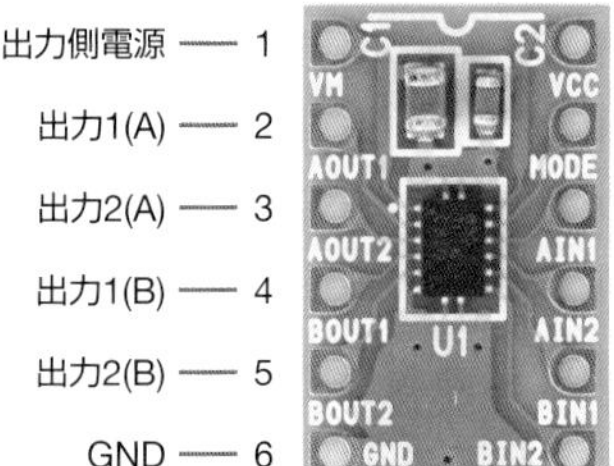

DRV8835は上図のような外見をしています。2つのHブリッジ回路を搭載しており、2つのDCモーターを接続して制御が可能です。

モーターは出力1（2番端子）と出力2（3番端子）に接続します。また、2系統目を利用する場合は4番端子と5番端子に接続します。

Arduinoからの制御用の配線は入力1（10番端子）と入力2（9番端子）に接続します。2系統目を利用する場合は8番端子と7番端子に接続します。この入力1と入力2にかける電圧の状態で、モーターを正転させるか、反転させるかを選択できます。モーターの動作の制御の組み合わせは、次ページの表のようになっています。

入力1をHIGHにすると正転、入力2をHIGHにすると反転します。また、入力1と入力2のいずれもHIGHまたはLOWにすると、モーターが停止します。なお、どちらもHIGHにした場合は、モーターの端子が直結した状態になり、モーターからの起電力によって（単なる停止ではなく）ブレーキがかかるようになっています。

●入力の仕方によってモーターの動作を選択できる

入力1	入力2	動作
LOW	LOW	停止
HIGH	LOW	正転
LOW	HIGH	反転
HIGH	HIGH	ブレーキ

電源は2種類の端子が用意されています。ロジック側電源（12番端子）はモータードライバーを動作させるための電源です。DRV8835は-0.3～7Vの範囲の電源を給電する必要があります。Arduinoの場合は5V端子に接続しておきます。モーターを動作させる電源は出力側電源（1番端子）に接続します。モーターには大電流が流れるので、電池や外部電源などArduino以外の電源を接続するようにします。

また、モード選択はGNDに接続しておきます。

モーターを動作させるための回路図は、右の図のようにします。モーターには雑音を軽減するコンデンサーを取り付けておきます。

●モータードライバーを使った制御回路

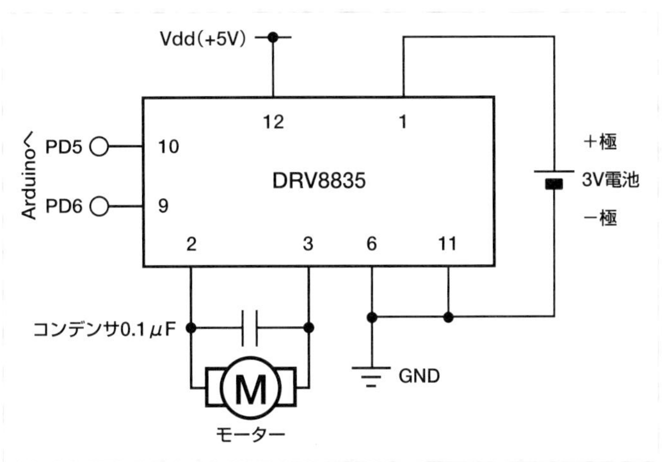

右図のようにDCモータードライバーを接続します。また、利用する部品は下の通りです。

●DCモータードライバーの接続図

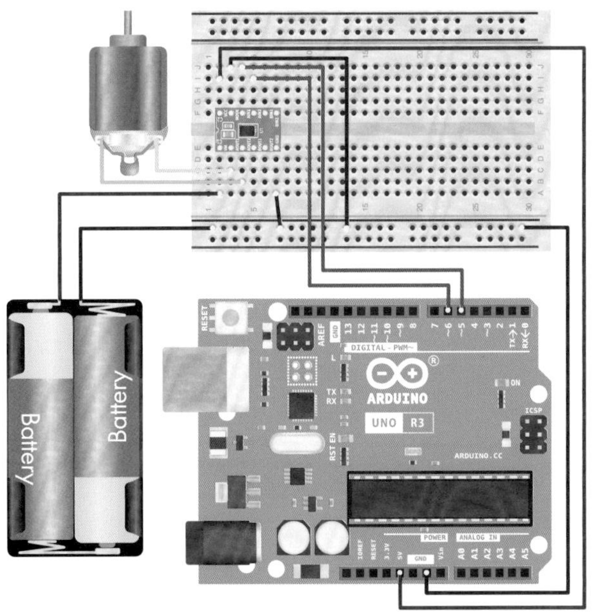

利用部品

- モーター「FA-130RA」……1個
- モータードライバー「DRV8835使用ステッピング&DCモータドライバモジュール」……1個
- コンデンサー 0.1μF……1個
- ブレッドボード……1個
- ジャンパー線（オス―オス）……6本
- 電池ボックス……1個
- 単三電池……2本

今回は電池2本を使って3Vの電圧をモーターに供給するようにしています。1.5Vで動作したい場合は電池を1本にしておきます。入力端子はデジタル入出力端子5番、6番に接続して、デジタル出力することでモーターを制御します。

＊プログラムでモーターを制御する

モーターを接続できたら、実際にプログラムを動作させて、モーターを制御してみましょう。モーターの制御は、モータードライバーの入力端子に接続したデジタル入出力端子PD5、PD6の出力を変化させることで実現します。PD5をHIGH、PD6をLOWを出力すれば正転します。

プログラムは次のように作成します。

●モータードライバーを使って回転方向を制御する

arduino_parts/5-2/motor_drv.ino

```
const int MOTOR1_PIN = 5;  ┐ ①
const int MOTOR2_PIN = 6;  ┘

void setup(){
    pinMode( MOTOR1_PIN, OUTPUT );  ┐ ②
    pinMode( MOTOR2_PIN, OUTPUT );  ┘
}

void loop(){
    digitalWrite( MOTOR1_PIN, HIGH );  ┐ ③
    digitalWrite( MOTOR2_PIN, LOW );   ┘
    delay( 2000 );

    digitalWrite( MOTOR1_PIN, HIGH );  ┐ ④
    digitalWrite( MOTOR2_PIN, HIGH );  ┘
    delay( 2000 );

    digitalWrite( MOTOR1_PIN, LOW );   ┐ ⑤
    digitalWrite( MOTOR2_PIN, HIGH );  ┘
    delay( 2000 );

    digitalWrite( MOTOR1_PIN, LOW );   ┐ ⑥
    digitalWrite( MOTOR2_PIN, LOW );   ┘
    delay( 2000 );
}
```

①モータードライバーを接続した端子を指定します。入力1はPD5、入力2はPD6に接続しています。

②接続したデジタル入出力端子を出力モードに切り替えます。

③入力1をHIGH、入力2をLOWを出力してモーターを正転します。

④入力1をHIGH、入力2をHIGHを出力してモーターにブレーキをかけて停止します。

⑤入力1をLOW、入力2をHIGHを出力してモーターを反転します。

⑥入力1をLOW、入力2をLOWを出力してモーターを停止します。

プログラムができたら、Arduinoに転送します。すると、モーターが正転、停止、反転、停止の動作を2秒間隔で繰り返しながら回転します。

モーターの回転速度を調節する

p.38で説明したPWMを利用することで、モーターの回転速度を調節できます。モータードライバーを利用した場合でも、デジタル出力の代わりにPWMを使って出力することで、モーターの回転速度を変化させられます。

プログラムは次のように作成します。

①PWM出力を入力1、入力2共に0%にして停止した状態にします。

②speedを徐々に増やし、入力1の出力を徐々に大きくします。入力1のみを変更することで正転する方向に徐々に回転速度が速くなります。

③入力1、入力2の出力を255にすることで、ブレーキをかけて停止します。

④入力2の出力を徐々に大きくします。入力1のみを変更することで反転する方向に徐々に回転度が速くなります。

⑤入力1、入力2の出力を0%にして、モーターを停止します。

プログラムができたら、Arduinoに転送します。すると、モーターが徐々に回転速度を上げながら正転し、最大速度に達したら停止します。次に、徐々に回転速度を上げながら反転し、最大速度に達したら停止します。

●モータードライバーを利用して回転速度を制御する

arduino_parts/5-2/pwm-motor_drv.ino

```
const int MOTOR1_PIN = 5;
const int MOTOR2_PIN = 6;

void setup(){
    pinMode( MOTOR1_PIN, OUTPUT );
    pinMode( MOTOR2_PIN, OUTPUT );

    analogWrite( MOTOR1_PIN, 0 );   ①
    analogWrite( MOTOR2_PIN, 0 );
}

void loop(){
    int speed;

    speed = 0;
    while ( speed <= 255 ){   ②
        analogWrite( MOTOR1_PIN, speed );
        analogWrite( MOTOR2_PIN, 0 );
        delay( 100 );
        speed = speed + 4;
    }

    analogWrite( MOTOR1_PIN, 255 );   ③
    analogWrite( MOTOR2_PIN, 255 );
    delay(2000);

    speed = 0;
    while ( speed <= 255 ){   ④
        analogWrite( MOTOR1_PIN, 0 );
        analogWrite( MOTOR2_PIN, speed );
        delay( 100 );
        speed = speed + 4;
    }

    analogWrite( MOTOR1_PIN, 0 );   ⑤
    analogWrite( MOTOR2_PIN, 0 );
    delay( 2000 );
}
```

NOTE

急な動作変更はしない

モータードライバーは、入力の状態を変更するだけですぐにモーターの出力を変更できます。しかし、モーターは回転する際に慣性が働き、すぐに次の動作に切り替えることができません。
例えば、高速で正転しているモーターに対して急に反転動作に切り替えると、モーター内で逆起電力などが発生して、思わぬ大電流が流れてしまう恐れがあります。
このため、モーターの急な動作変更はしないようにします。正転から反転動作に移る場合は、一度停止動作をして、数百ミリ秒から数秒程度待機してから反転動作に切り替えるようにします。

Section 5-3 モーターを特定の角度まで回転させる

サーボモーターは、任意の角度まで指定して動作させ、止めることができるモーターです。角度の信号を送り込むだけで、特定の位置まで動かすことができます。扉の開閉やラジコンのステアリング（操舵装置）の制御などに応用できます。

特定の角度まで動かす「サーボモーター」

ここまで解説したモーターでは、回転させることは可能でも、特定の角度だけ回転させて停止させることは単体ではできません。特定の位置に停止させるには、別途センサーなどを付けて、センサーが反応する位置で停止させる、などの工夫が必要です。

モーター単体で指定の角度まで動かす用途に利用できるのが「**サーボモーター**」です。サーボモーターに入力した信号によって、特定の角度まで回転してその状態を保持することができます。この機能を利用すれば、扉や箱のふたの開閉、車のステアリングを操作してのタイヤ向きの変更、ロボットの手や足などの制御、板を水平に保つ、などといった応用が可能です。

●角度を指定して回転する「サーボモーター」

＊サーボモーターの仕組み

サーボモーターの内部は「**モーター**」「**ポテンショメーター**」「**制御回路**」の3つで構成されています。モーターは軸を回転させるだけでなく、ポテンショメーターに繋がっており、どの程度回転できたかをセンサーで読み取ることができます。制御回路は、送られてきた角度信号とポテンショメーターの状態から、モーターをどちらの方向に回転させるか判断し、目的の角度に達したときにモーターの回転を停止する制御をしています。

なお、ポテンショメーターはボリュームと同じで、動かす角度によって内部抵抗が変化します。

●サーボモーターの構成

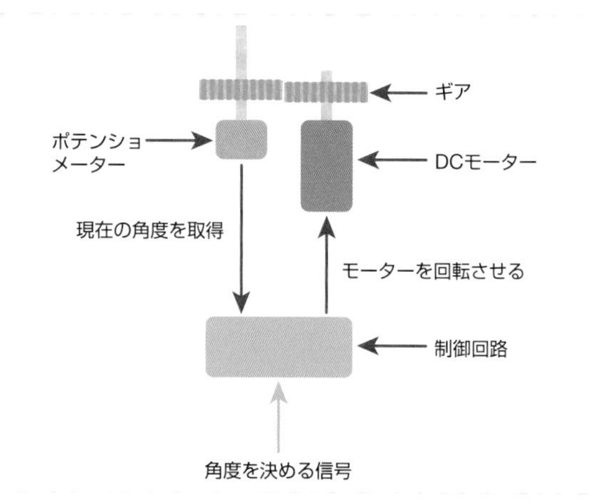

＊サーボモーターの制御

サーボモーターには3本の端子を備えています。多くの場合は「茶」「赤」「オレンジ」の3色の線です。茶の線はGND、赤の線は電源、オレンジの線はサーボモーターを回転させる角度信号の入力に利用します。

電源は、サーボモーターによって異なります。データシートにどの程度の電圧をかけられるかが記載されているので、その値を確認して電源に接続します。

オレンジの線へは、どの程度回転させるかを「**パルス波**」を送って指定します。パルス波とは、一時的にHIGHの状態を保持する波形です。例えば、0.1秒間だけHIGHになり、他の部分ではLOWの状態を保つような具合です。

サーボモーターは、このパルス波がHIGHの状態である時間を調整して、目的の角度への回転を実現しています。例えばTowerPro社のサーボモーター「**SG-90**」であれば、パルス波の周期を20m秒としています（20m秒ごとにパルスが発生）。回転角度は、パルスの幅が0.5m秒ならば0度、2.4m秒にすると180度まで回転します。仮に90度まで回転させたい場合は、1.45m秒のパルス幅にすれば良いことになります。

なお、サーボモーターの動作には誤差があります。180度まで動かすパルス幅のPWMを送っても、実際は170度までしか動かないこともあります。実際に動作させてみて、回転可能な角度によって送るパルス幅を調節するようにしましょう。

●サーボモーターに備える端子

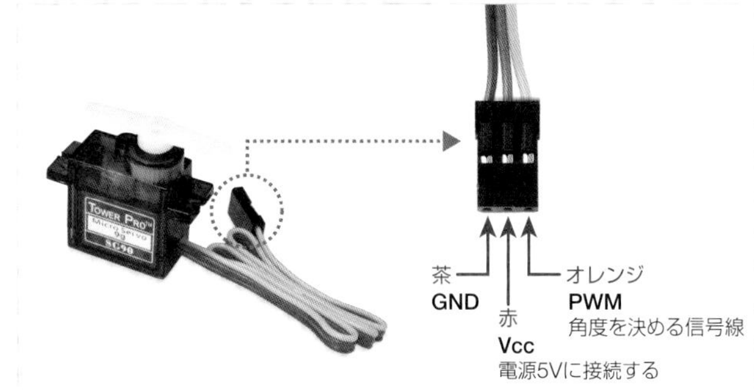

●HIGHとLOWの状態を切り替える「パルス波」

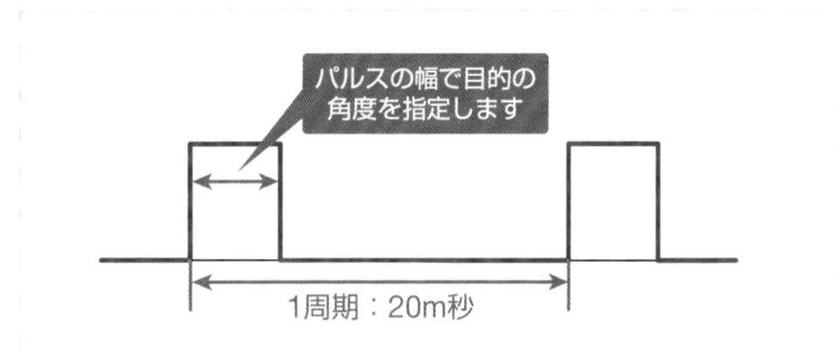

●サーボモーターの角度を指定するパルス波

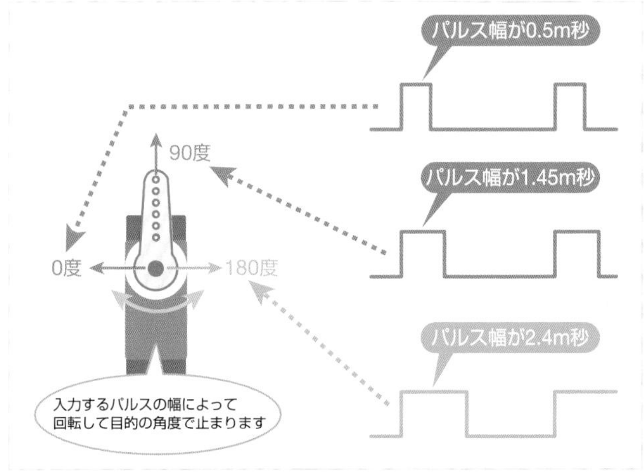

サーボモーターを動作させるパルス幅は、製品によって異なります。詳しくはサーボモーターのデータシートなどを参照してください。

Arduinoから制御するには、デジタル入出力端子に接続して**PWM**で出力します。PWMでどの程度HIGHの時間にするかを調節することで角度を指定できます。

NOTE

配線の色と配列

配線はメーカーによって色や配置が異なることがあります。一般的に双葉電子工業が採用しているFタイプと、日本遠隔制御が採用しているJRタイプがよく採用されています。Fタイプは配線がGND（黒）、電源（赤）、制御線（白）の順に配置され、JRタイプはGND（茶）、電源（赤）、制御線（橙）となっています。また、コネクタの形状も異なります。
また、タイプによっておおよそのパルス幅についても決まっています。Fタイプの場合は中央となるパルス幅が1520μ秒、JRタイプは1500μ秒となっています。ただし、製品によっては多少のずれがあるので、それぞれのタイプが採用されている場合も実際のパルス幅が異なることがあります。

＊サーボモーターの種類

サーボモーターは、製品によってサイズや動かせる角度の範囲、回転する力などが異なります。

多くの製品は、180度の範囲で動作可能です。また、360度回転するサーボモーターも販売されています。

重いものを動かす場合はサーボモーターのトルクが重要で、トルクが強いサーボモーターを選択します。

また、内部のギアに利用されている素材の違いもあります。プラスチック製のギアは軽量で安価ですが、高負荷がかかるとギアの歯が欠けることがあります。一方、金属製ギアは歯が欠けにくいですが高価です。製作する作品にどの程度力がかかるかによって、どちらの素材のギアが利用されたサーボモーターを使うかを選択すると良いでしょう。

電子パーツショップで購入できる、主要なサーボモーターは次の表のとおりです。また、サーボモーターはロボットで多く利用されています。このため電子パーツ店以外にも、ロボット部品を販売する店でも購入可能です。

●購入可能な主なサーボモーター

製品名	動作角度	動作電圧	トルク	ギアの素材	参考価格
FS0307	180度	4.8～6V	0.5kgf・cm	プラスチック	580円（秋月電子通商）
SG-90	180度	4.8～5V	1.8kgf・cm	プラスチック	440円（秋月電子通商）
FS90	180度	4.8～6V	1.3kgf・cm	プラスチック	360円（秋月電子通商）
MG90S	180度	4.8～6.0V	1.8kgf・cm	金属	850円（秋月電子通商）
MG90D	180度	4.8～6.6V	2.1kgf・cm	金属	880円（秋月電子通商）
FT90B	180度	3～4.8V	1.1kgf・cm	プラスチック	500円（秋月電子通商）
SG92R	180度	4.8～6V	2.5kgf・cm	プラスチック	500円（秋月電子通商）
MG92B	180度	5.0～6.6V	3.1kgf・cm	金属	1080円（秋月電子通商）
SG-5010	180度	4.8～6V	5.5kgf・cm	プラスチック	850円（秋月電子通商）
MG996R	180度	4.8～6.6V	9.4～11kgf・cm	金属	1,180円（秋月電子通商）
MiniS RB90	140度	4.8V	1.6kgf・cm	プラスチック	922円（千石電商）
MiniS RB996a-N	180度	4.8～6V	9.4～11kgf・cm	金属	1,508円（千石電商）

NOTE

360度駆動するサーボモーター

サーボモーターの中には、DCモーターのように連続して回転し続ける「360度連続回転サーボモーター」もあります。前述したサーボモーターはパルス幅によって所定の角度を保持しますが、360度連続回転サーボモーターはパルス幅に応じて左右いずれかに連続回転し続けます。回転制御は次のように行います。所定のパルス幅（多くは約1.5m秒）の信号を送ると停止します。それよりもパルス幅を大きくすると左回転、小さくすると右回転します。停止させるパルス幅よりも大きくなるほど高速に左回転し、逆にパルス幅が小さくなるほど高速に右回転します。
形状は一般的なサーボモーターと同じであるため、間違えて購入しないよう注意しましょう。

サーボモーターを動かす

サーボモーターを接続してArduinoでサーボモーターを制御してみましょう。ここでは、先に紹介した**SG-90**を例に使って制御してみます。

サーボモーターはPWMを利用して制御します。このため、Arduinoと接続する場合は、制御端子をPWMが出力できる端子に接続する必要があります。ここでは、PD9を利用して接続することとします。

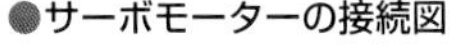
●サーボモーターの接続図

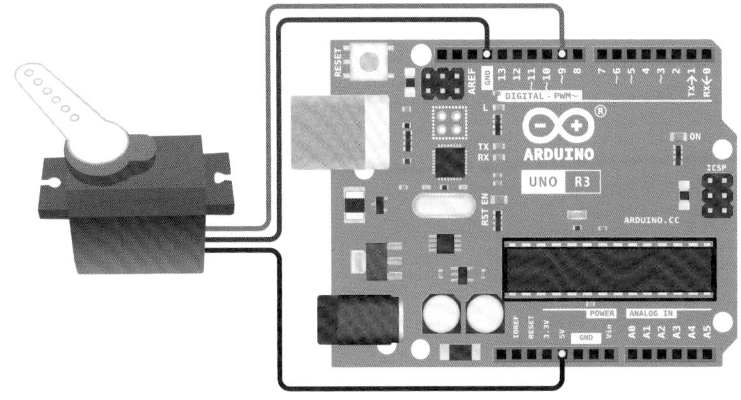

利用部品

- サーボモーター「SG-90」……1個
- ジャンパー線（オス―オス）……3本

サーボモーターの端子はメス型のコネクタです。Arduinoから接続する場合は、オス-オス型ジャンパー線を用いて直接Arduinoの端子とサーボモーターの端子に接続すると簡単に接続できます。

SG-90は5Vで動作するため、Arduinoの5V電源からサーボモーターの赤線に接続します。茶色の線はArduinoのGNDに接続します。オレンジの線はサーボモーターの制御信号を送ります。PWMが出力できるPD9に接続しておきます。

NOTE

多数のサーボモーターを制御する

サーボモーターの中にはDCモーターを搭載しています。このため、駆動する際には電力を多く消費してしまいます。1、2個程度であればArduinoの電源で駆動させることが可能です。しかし、たくさんのサーボモーターを利用する場合は電力が足りなくなり、駆動できなかったりArduinoの動作が不安定になります。
この場合は、サーボモーター用の電源を別途用意し、Arduinoとは別に電源供給するようにします。

＊サーボモーターをプログラムで動かす

サーボモーターを接続したら、プログラムでサーボモーターを指定した角度まで動かしてみましょう。

Arduino IDEでは、サーボモーター駆動用のライブラリ「Servo」が標準で搭載されています。#includeで「Servo.h」ライブラリを読み込んでおくことで利用可能となります。プログラムは次のように作成します。

●サーボモーターを特定の角度まで動かすプログラム

arduino_parts/5-3/servo.ino

```
#include <Servo.h> ①

const int SERVO_PIN = 9; ②

Servo servo; ③

void setup(){
    servo.attach( SERVO_PIN ); ④
}

void loop(){
    servo.write( 0 ); ⑤
    delay( 1000 ); ⑥

    servo.write( 90 ); ⑤
    delay( 1000 ); ⑥

    servo.write( 180 ); ⑤
    delay( 1000 ); ⑥

    servo.write( 90 ); ⑤
    delay( 1000 ); ⑥
}
```

①サーボモーター駆動用のライブラリを読み込みます。

②サーボモーターを接続した端子をSERVO_PINとしておきます。

③サーボモーターの動作させるインスタンスをservoという名前で作成します。

④サーボモーターを初期化します。インスタンス名に「attach()」関数で指定します。この際、サーボモーターを接続した端子番号を指定しておきます。

⑤servo.write()で、指定した角度までサーボモーターを動かします。「0」と指定すると0度、「180」と指定すると180度まで動き、停止します。

⑥動作した後に1秒間待機します。

プログラムができたらArduinoに転送します。0度、90度、180度、90度の順にサーボモーターが動作します。

Chapter

6

各種センサー

温度や明るさ、加速度などは、センサーを使うことで計測できます。計測したデータをArduinoへ送ることで、電子工作への応用が可能です。取得したセンサーからの状況によってLEDやモーターなどの制御に利用できます。

Section 6-1 明るさを検知する光センサー

光センサーは、明るさによって変化する電子部品です。光量の有無や強弱を検知することができます。光センサーを利用すると、周辺が明るい、あるいは暗いといった状況を検知できます。この情報を元に様々な処理が可能です。

明るさに反応する「光センサー」

電子工作で、周囲の明るさを判断するのに「**光センサー**」が利用できます。光センサーに光を当てると、抵抗値が小さくなったり、電気を流せるようになったりという電気的な変化が生じます。この変化をArduinoで読み取れば、どの程度の明るさかを判断することができます。

●照射される光の強さを計測できる「光センサー」

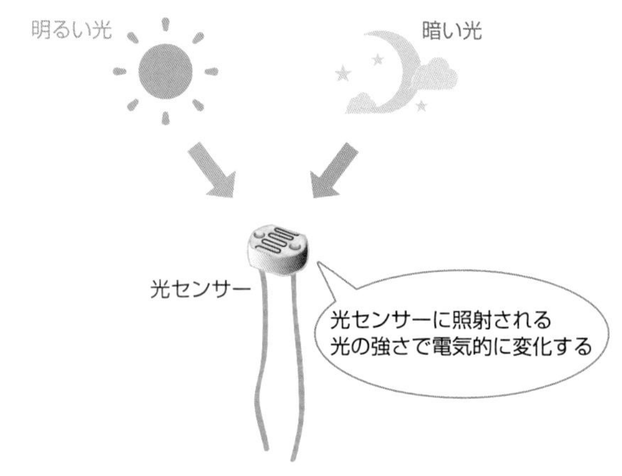

光センサーを使えば、明るい・暗いの状態に応じて電子回路を制御できます。例えば、明るくなったら照明を消す、暗くなったらカーテンを閉じるなどの応用ができます。

主要な光センサーに「**CdS**」「**フォトダイオード**」「**フォトトランジスタ**」などがあります。どれも光の強さによって変化する電子部品で、周囲の明るさを検知するのに利用できます。

＊CdS

半導体や絶縁体には、光を照射すると光のエネルギーによって電子が発生するものがあります。この光によって電子が発生する現象を「**光電効果**」といいます。発生した電子は外部に放出されたり、内部で電子が自由に動き回れるようになったりします。普段電気を流さない物質でも、光電効果の影響があれば、電気が流れるようになります。

●光のエネルギーから電子が発生する「光電効果」

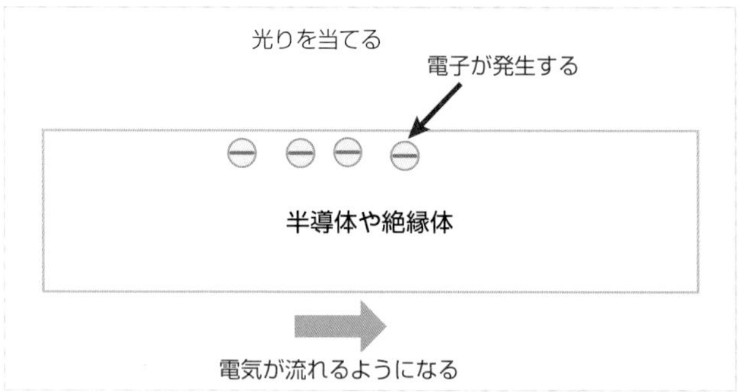

光電効果を光センサーとして応用したのが「**CdS**」です。CdSとは硫化カドミウム（Cd：カドミウム、S：硫黄）を化学式表記したものです。硫化カドミウムは半導体の一種で、光を照射することで光電効果が起き、自由に動ける電子が増えます。これにより、内部抵抗が小さくなります。抵抗値が小さくなれば、電流が流れやすくなります。内部抵抗の変化を計測することで、照射された光の強さを計測できます。

CdSには円盤状のパーツが上部に付いていて、中央に波線のようなCdSが配置されていることが分かります。ここに光を当てることで内部抵抗が変化します。

●CdSの外見と回路図

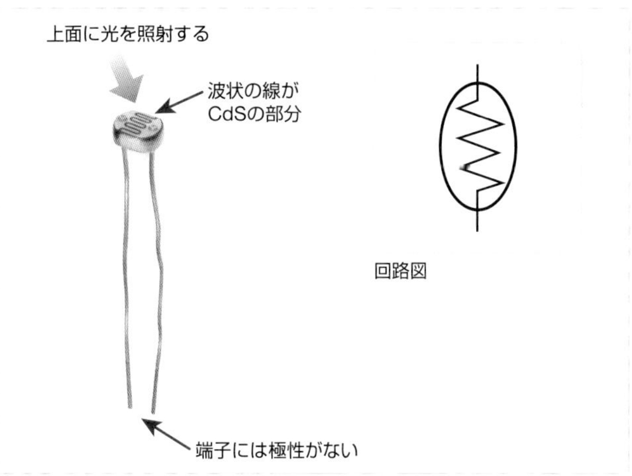

CdSは「**暗抵抗**」という値が記載されています。この値は、真っ暗にした際のCdSのどの程度の抵抗値となるかを表しています。一方、センサーに光を照射したときの内部抵抗は「明抵抗」などの名称で記載されています。例えば、暗抵抗が1MΩのCdS「**GL5528**」（SENBA OPTICAL & ELECTRONIC）では、明抵抗は10〜20kΩ（10ルクスの場合）と記載されています。この情報から製作する回路に合ったCdSを選択するようにします（動作回路についてはp.163を参照）。

さらに、明るさと内部抵抗の関係を知りたい場合は、CdSのデータシートを参照しましょう。明るさと抵抗値の関係を表すグラフが掲載されています。しかし、グラフを見ても大まかな範囲が示されているだけで、正確な値は判断できません。これは、CdSは抵抗の変化にばらつきがあり、同じ光を照射しても抵抗がいつも同じではないためです。CdSを利用する場合は、正確な光の強さを計測できず、おおまかな明るさを判断できる部品であると理解しておきましょう。

●CdSの明るさと抵抗値の関係を表すグラフ
GL5528（暗抵抗1MΩ）の場合

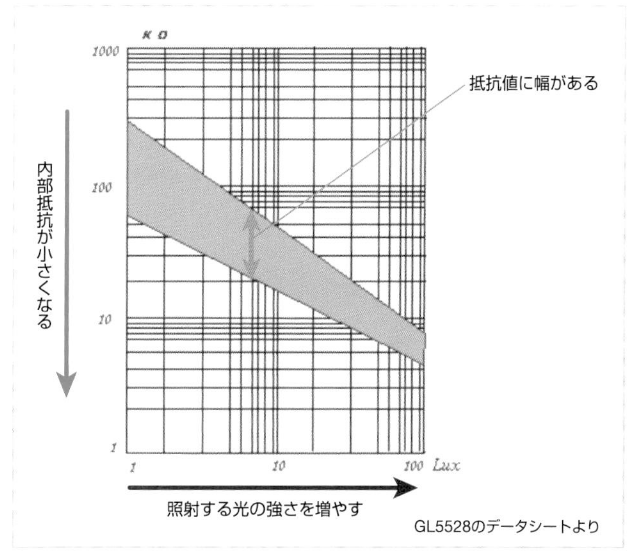

GL5528のデータシートより

次の表は、購入可能な主要CdSです。

●購入可能な主なCdS

	暗抵抗	明抵抗	ピーク波長	参考価格
GL5516	0.5MΩ	5～10kΩ（10lx）	540nm	40円（秋月電子通商）
GL5528	1MΩ	10～20kΩ（10lx）	540nm	40円（秋月電子通商）
GL5537-1	2MΩ	20～30kΩ（10lx）	540nm	25円（秋月電子通商）
GL5539	5MΩ	50～100kΩ（10lx）	540nm	25円（秋月電子通商）
GL5549	10MΩ	100～200kΩ（10lx）	540nm	25円（秋月電子通商）

NOTE

明るさを表す単位「ルクス」

明るさを表すのに利用する単位が「ルクス」（lx）です。1平方メートルあたりに当たる光の量を表します。晴天時の昼の明るさが約100,000lx、雲天時の昼の明るさが約30,000lx、デパート店内の明るさが約500lx、ろうそくの明かりが約15lx、月明かりが約1lx程度です。

＊フォトダイオード

LEDは電気を流すと発光する部品です。これとは逆に、光を照射すると電気を流せるようになるのが「**フォトダイオード**」です。フォトダイオードはLED同様に、p型半導体とn型半導体が繋がった構成をしています。この半導体に光を照射すると、光のエネルギーによってp型半導体とn型半導体の境界で電子と正孔が発生します。正孔はp型半導体内を動いてアノード側に流れ、電子はn型半導体内を動いてカソード側に流れます。電気が流れる量は、照射された光の強さによって変化します。明るければ明るいほど多くの電気を流せます。

フォトダイオードは光を当てると電気が発生します。これは、太陽光発電パネルと同じです。そのため、アノードとカソードを導線で直接接続すると、微弱電流が流れます。

●光を照射すると電気が流れるフォトダイオード

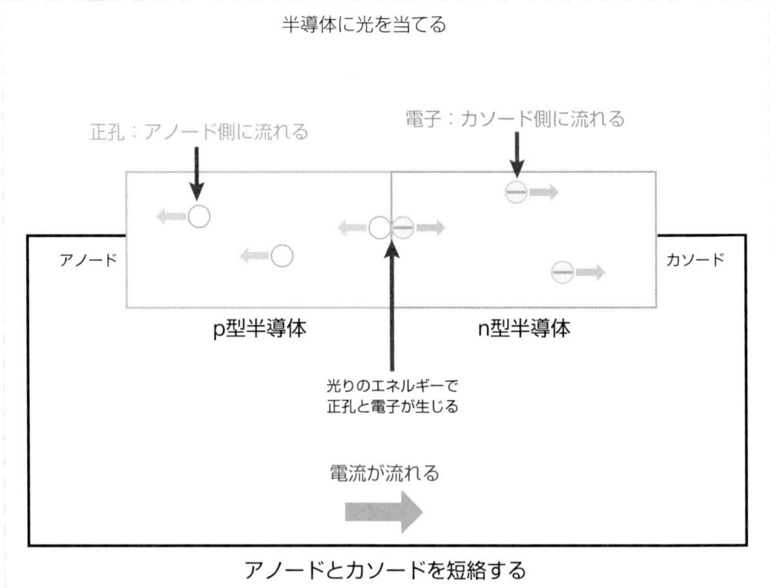
半導体に光を当てる
正孔：アノード側に流れる
電子：カソード側に流れる
アノード
カソード
p型半導体
n型半導体
光りのエネルギーで
正孔と電子が生じる
電流が流れる
アノードとカソードを短絡する

フォトダイオードは、LED同様にアノードとカソードを備えています。フォトダイオードの上部の半導体が見える部分に光を照射するとアノードとカソード間で電気を流せるようになります。

●フォトダイオードの外見と回路図

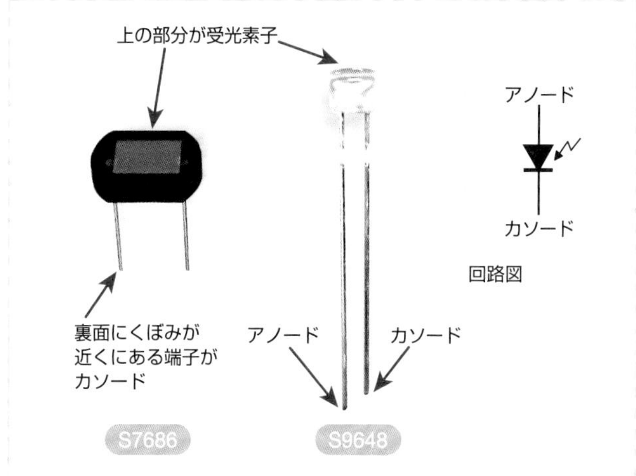

フォトダイオードは、照度に応じて電流量が変化します。例えば浜松ホトニクス製の「**S7686**」であれば、100lxの光を照射すると0.45μAの電流が流れます。これはデータシートを参照することで確認できます。

またCdSとは異なり、照射した光の強さに対しておおよそ決まった電流が流れます。そのため、電流の流れる量から光の強さを計測することが可能です。

●フォトダイオードの光の強さと流れる電流の関係。電流はアノードとカソードを短絡した場合に流れる電流

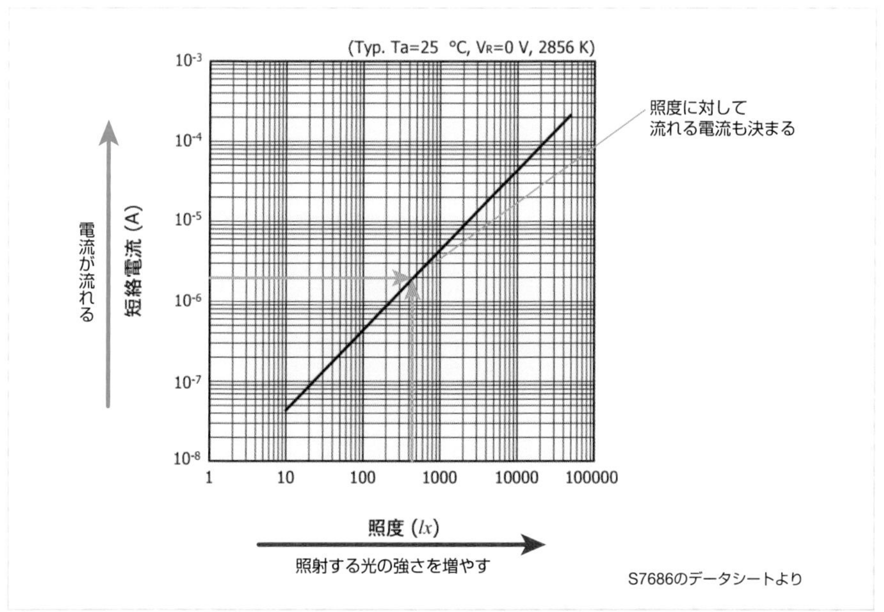

フォトダイオードでは、極めて微弱な電流しか発生しません。そのため、フォトダイオードを利用するためには、電流を増幅してからArduinoなどで入力します。なお、増幅回路を搭載したフォトダイオードも販売されています。増幅回路を搭載した製品であれば、そのままArduinoに接続して光の強さを計測できます。

購入可能な主要フォトダイオードは次の表のとおりです。

●購入可能な主なフォトダイオード

	増幅回路	短絡電流・光電流	最大感度波長	参考価格
S7686	無	0.45μA（100lx）	550nm	400円（秋月電子通商）
S6775	無	30μA（100lx）	960nm	300円（秋月電子通商）
S6967	無	26μA（100lx）	900nm	400円（秋月電子通商）
S7183	有	1mA（5V、100lx）	650nm	110円（秋月電子通商）
S13948	有	0.18～0.34mA	560nm	100円（秋月電子通商）
LLS05-A	有	114μA（5V、100lx）	550nm	150円（秋月電子通商）

＊フォトトランジスタ

「**フォトトランジスタ**」は、トランジスタと同様の構造で、ベース部分に光を照射することでコレクターエミッタ間に電気を流すことができます。光を受けて発生した電流を増幅するため、フォトダイオードよりも効率が良いのが特徴です。

また、フォトダイオード同様に光の強さによっておおよそ決まった電流が流れるようになっているため、計測した電流から光の強さを導き出すこともできます。

●ベースに光が当たると電気が流れる「フォトトランジスタ」

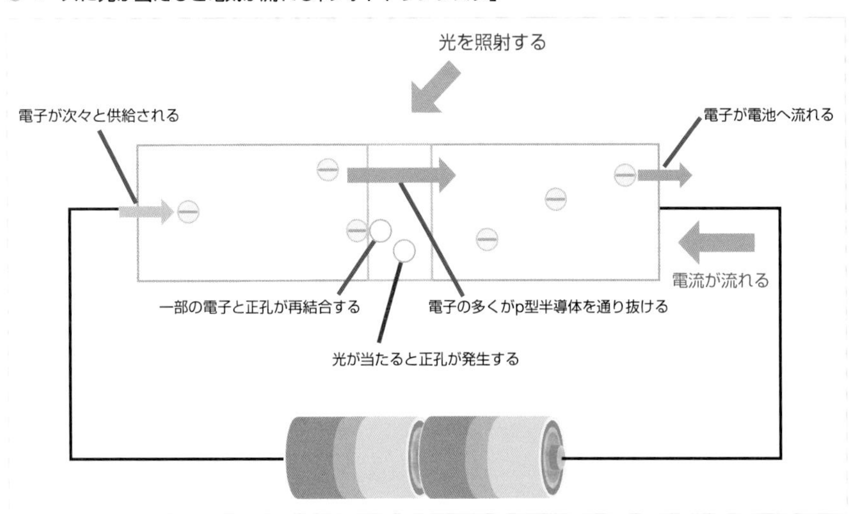
光を照射する
電子が次々と供給される
電子が電池へ流れる
電流が流れる
一部の電子と正孔が再結合する
電子の多くがp型半導体を通り抜ける
光が当たると正孔が発生する

NOTE

トランジスタの仕組み

トランジスタの仕組みについてはp.72を参照してください。

フォトトランジスタの外見は右の写真のようになっています。フォトダイオードやLEDのように、2つの端子が搭載されています。長い端子がコレクタ、短い端子がエミッタです。上部の素子部分に光を当てるようになっています。

●フォトトランジスタの外見と回路図

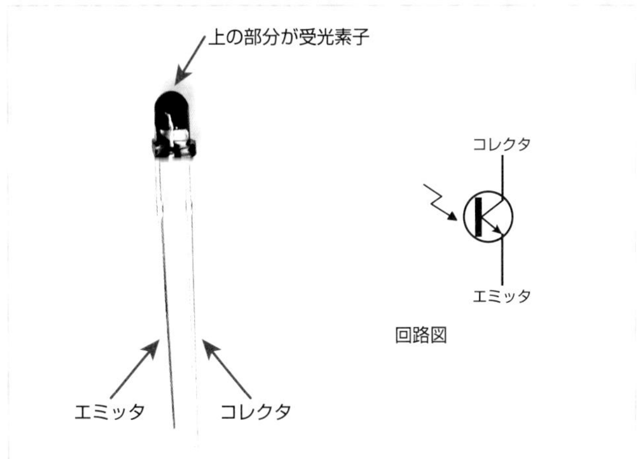

購入可能な主要フォトトランジスタは次の表のとおりです。

●購入可能な主なフォトトランジスタ

	光電流	最大感度波長	参考価格
NJL7502L	46μA（5V、10lx）	560nm	100円（秋月電子通商）
NJL7302L-F3	20μA（5V、10lx）	550nm	45円（秋月電子通商）
NJL7302L-F5	20μA（5V、10lx）	550nm	50円（秋月電子通商）

Arduinoで光センサーの状態を取得する

各光センサーの状態をArduinoで取得してみましょう。

CdS、フォトダイオード、フォトトランジスタはすべて、光の強さによってアナログ的に変化します。アナログ的な変化をArduinoへ入力するには、**アナログ入力端子**を利用します。p.40で説明したアナログ入力の方法を使って読み取ります。

ただし、いずれの光センサーも、アナログ入力へ直接接続しても、センサーの変化は取得できません。アナログ入力で読み込むには、光センサーの出力を電圧に変換する必要があります。

●光センサーの基本的な接続方法

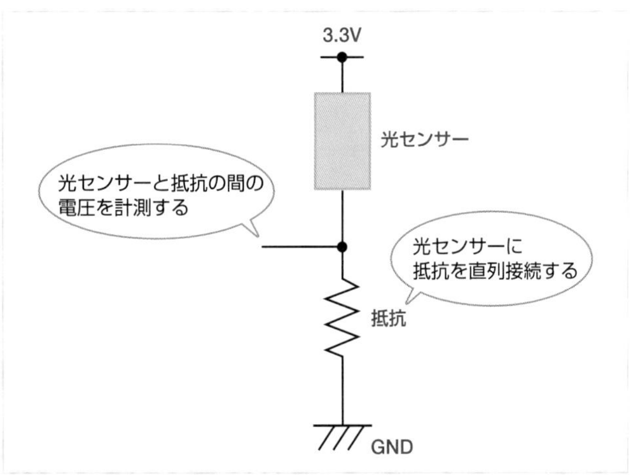

Section 6-1

明るさを検知する光センサー

センサーは抵抗と直列接続します。抵抗を接続することで、光センサーと抵抗の間の電圧が、光センサーに当たった光の強さによって変化するようになります。これはp.126で説明した分圧回路と同じ原理です。例えば、5Vの電源を利用してCdSに10kΩを接続した場合、CdSの内部抵抗が10kΩとなれば、電圧は2.5V、1kΩとなれば4.5Vとなります。

なお、光センサーに接続する抵抗は、利用する光センサーによって異なります。一般的に、明るい場所では抵抗値を小さくし、暗い場所では抵抗値を大きくします。もし、小さな抵抗を接続して、ろうそくの明かりのような暗い光を計測しようとしても、ほとんど値に変化が生じません。

各光センサーは、次のような回路を作成します。**CdS**は暗抵抗1MΩの「**GL5528**」(Nanyang Senba Optical & Electronic製)、**フォトダイオード**は増幅回路を内蔵する「**S13948**」(浜松ホトニクス製)、**フォトトランジスタ**は「**NJL7502L**」(新日本無線製)を使った場合の回路です。

●CdSの回路図(「GL5528」を使った場合)

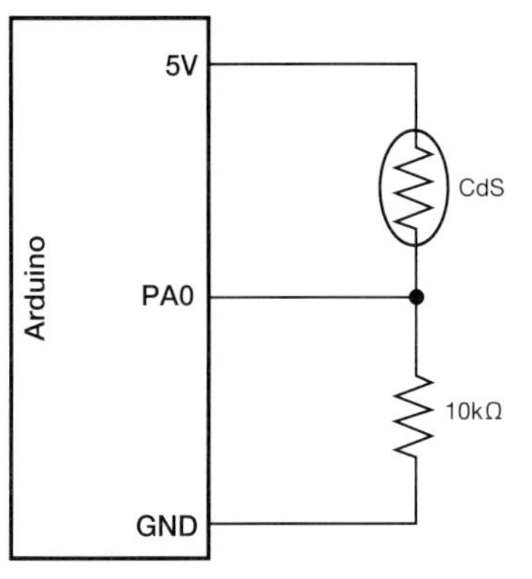

●フォトダイオードの回路図(「S13948」を使った場合)

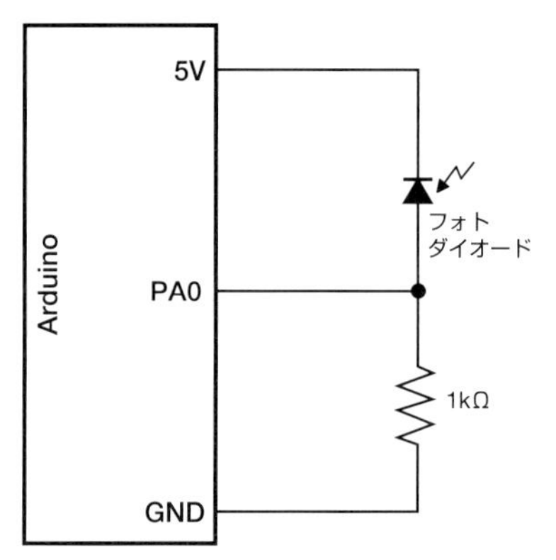

●フォトトランジスタの回路図(「NJL7502L」を使った場合)

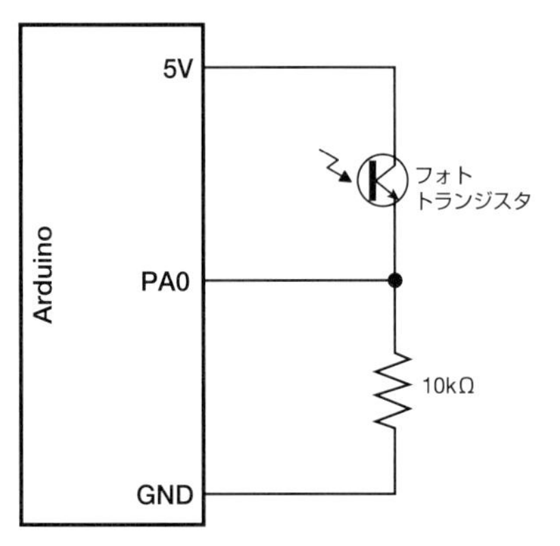

実際の接続はそれぞれ次の図のようにします。CdSは**極性**がないので、どちら向きに接続しても問題ありません。フォトダイオードとフォトトランジスタは極性があるので、接続する向きに注意します。

●CdSを接続する

●フォトダイオードを接続する

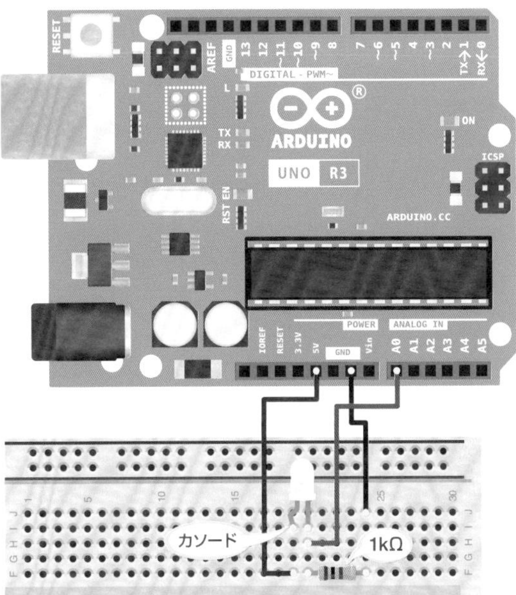

●フォトトランジスタを接続する

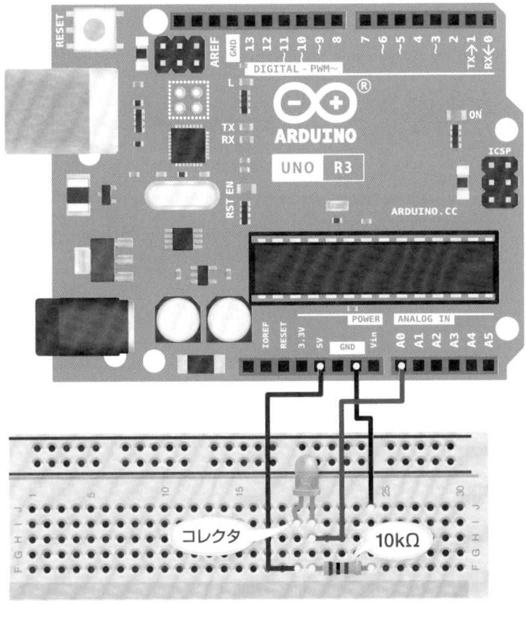

利用部品

- CdS 1MΩ「GL5528」……1個
- フォトダイオード「S13948」……1個
- フォトトランジスタ「NJL7502L」……1個
- 抵抗 1kΩ……1個
- 抵抗 10kΩ……1個
- ブレッドボード……1個
- ジャンパー線(オス—オス)……3本

※光センサーで明るさを計測する

接続したら、プログラムを作成して明るさを計測してみましょう。CdS、フォトダイオード、フォトトランジスタのいずれも同じプログラムで動作可能です。次のようにプログラムを作成します。

①読み込む対象のアナログ入力端子番号を指定します。

②アナログ入力の状態を読み取ります。読み取った値は0から1023の範囲となります。

③取得した値をシリアルモニターに表示します。

●光センサーで明るさを計測する

arduino_parts/6-1/photo_sensor.ino

```
const int SENSOR_PIN = 0;  ①

void setup(){
    Serial.begin( 9600 );
}

void loop() {
    int value;

    value = analogRead( SENSOR_PIN );  ②

    Serial.print("Value:");
    Serial.println( value );  ③

    delay( 1000 );
}
```

プログラムができたら、Arduinoに転送します。すると、光を照射したり手で隠したりすると、値が変化します。いずれの光センサーも、明るくすれば値が大きくなり、暗くすれば値が小さくなります。また、同じ光を照射しても光センサーによって表示される値が異なります。

実際に光センサーを活用する場合は、判断に利用する明るさにして光センサーの値を調べます。それよりも数値が大きければ明るいと判断し、明るくなったときの処理を実行するようにします。

なお、フォトダイオードやフォトトランジスタで計測値から照度を求めたい場合は、別途計算が必要です。計算方法は、利用する光センサーや接続した抵抗値によって異なります。

Section 6-2 熱源を検知する焦電赤外線センサー

焦電赤外線センサーを利用すると、近くに人や動物といった「熱を発する動く物体」を検知できます。人が訪れたり、動物が所定の位置に来た場合にセンサーが反応して、写真を撮るなどの応用が可能です。

熱源に反応する「焦電型赤外線センサー」

「**焦電型赤外線センサー**」は、近くに人や動物などの熱源があるのを判断するのに利用できる電子部品です。センサー周辺で赤外線を発する物体（熱源）が動いていると、電気信号を送ります。この信号をArduinoで受信して認識することで、他の制御に繋がります。

例えば、お店で来客があったときにアラームを鳴らして知らせたり、ペットが特定の位置に来たら写真を撮影して飼い主に送信したり、などといった応用ができます。

●人や動物を検知できる焦電型赤外線センサー

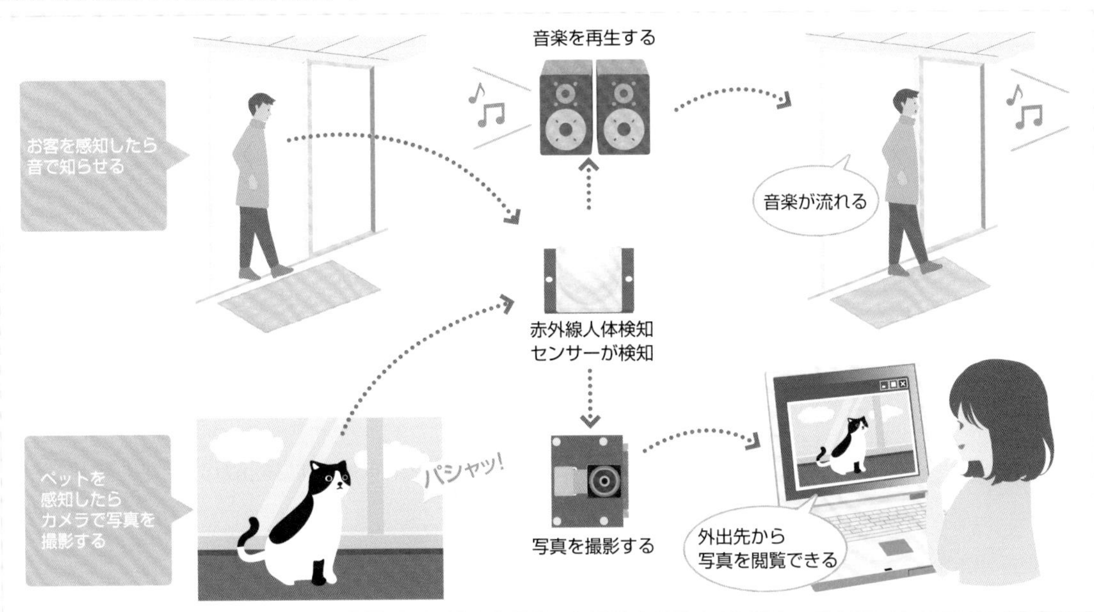

＊焦電型赤外線センサー

焦電型赤外線センサーは「**焦電体**」という素子を利用して、熱源が近くにあるかを判断しています。焦電体は、赤外線などで熱を与えると、表面に帯電していた電子と正孔が結合して、表面がプラスまたはマイナスに帯電した状態になります。このように、熱の当たり方が変化すると電気的に変化が生じ、この電気的な変化を利用することで熱源を検知します。

●焦電型赤外線センサーの原理

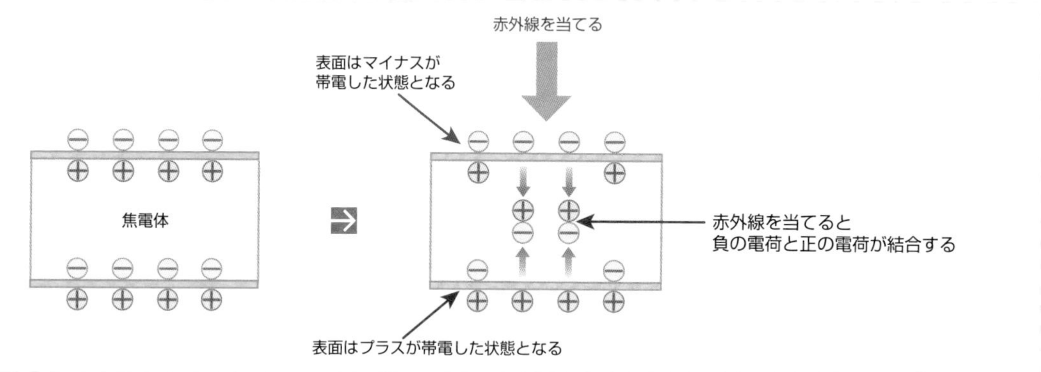
赤外線を当てる
表面はマイナスが
帯電した状態となる
焦電体
赤外線を当てると
負の電荷と正の電荷が結合する
表面はプラスが帯電した状態となる

＊焦電型赤外線センサーの外見

焦電型赤外線センサーは円筒型になっており、上部に焦電体が配置されています。3端子が装備されていて、電源やGNDなどを接続します。

●焦電型赤外線センサーの外見

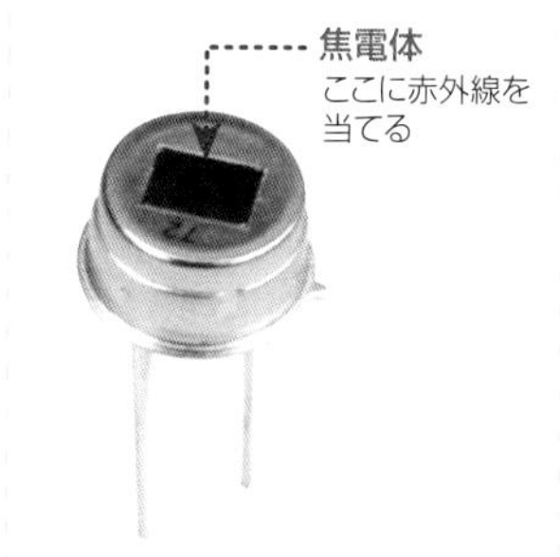
焦電体
ここに赤外線を
当てる

焦電型赤外線センサーは出力が小さいため、利用の際はアンプなどを利用して増幅する必要があります。そこで、アンプなどを接続したモジュールを使うと便利です。

モジュールには、赤外線を集める役目をするフレネルレンズが搭載されています。これによって、熱源を検知する感度が良くなっています。また、熱源があるかないかの2値で出力されるようになっているモジュールもあります。

●モジュール化された焦電型赤外線センサー

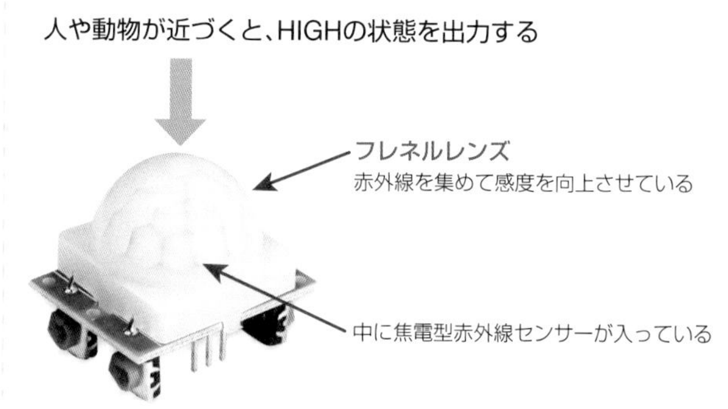
人や動物が近づくと、HIGHの状態を出力する
フレネルレンズ
赤外線を集めて感度を向上させている
中に焦電型赤外線センサーが入っている

購入可能な、主要なモジュール化された焦電型赤外線センサーを次の表にまとめました。商品によって計測可能な範囲や出力が異なります。

●購入可能な主な焦電型赤外線センサーモジュール

製品名	計測可能距離	検知角度	電源電圧	出力	参考価格
SB412A	3～5m	100度	3.3～12V	3V（検出時）、0V（未検出時）、オープンコレクタ	500円（秋月電子通商）
SB612A	8m	120度	3.3～12V	3V（検出時）、0V（未検出時）、オープンコレクタ	600円（秋月電子通商）
PARALLAX PIR Sensor Rev.B	10m	不明	3～6V	電源電圧（検出時）、0V（未検出時）	1,580円（秋月電子通商）
PSUP7C-02-NCL-16-1	2m	130度	3～5.25V	電源の80%以上（検出時）、電源の20%以下（未検出時）	640円（秋月電子通商）
Digital Infrared Motion Sensor	7m	110度	3.3～5V	4V（検出時）、0.4V（未検出時）	3,400円（秋月電子通商）

本書では、比較的安価に購入できる「SB612A」を利用する方法を紹介します。

Arduinoで焦電赤外線センサーの状態を取得する

SainSmart社製の**焦電赤外線センサー**「**SB612A**」を利用して、近くに人や動物などがいるかを検知してみましょう。

SB612Aは、基板に3つの端子が付いています。それぞれ「GND」「出力」「電源」の順に配置されています。

●SB612Aの端子

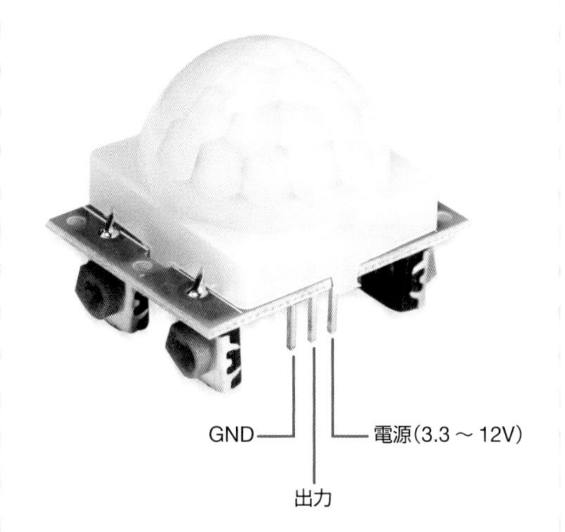

動作には、5Vの電源を接続しますが、検知しているかを出力する端子は0Vまたは3.3Vとなります。Arduinoのデジタル入出力端子では、0Vまたは5Vで判断するようになっていますが、3.3Vであってもスレッショルド電圧1.8Vよりも高い電圧となっているため、Arduinoでセンサーの状態を正しく確認できます。そこで、出力端子をデジタル入出力PD4に接続して読み取るようにします。

NOTE

スレッショルド電圧

スレッショルドについては、p.37を参照してください。

実際の接続は右図のようにします。オス―メス型のジャンパー線を使って直接SB612Aに接続しています。

利用部品

- 焦電赤外線センサー
- 「SB612A」……1個
- ジャンパー線(オス―メス)……3本a

●Arduinoに焦電赤外線センサーを接続

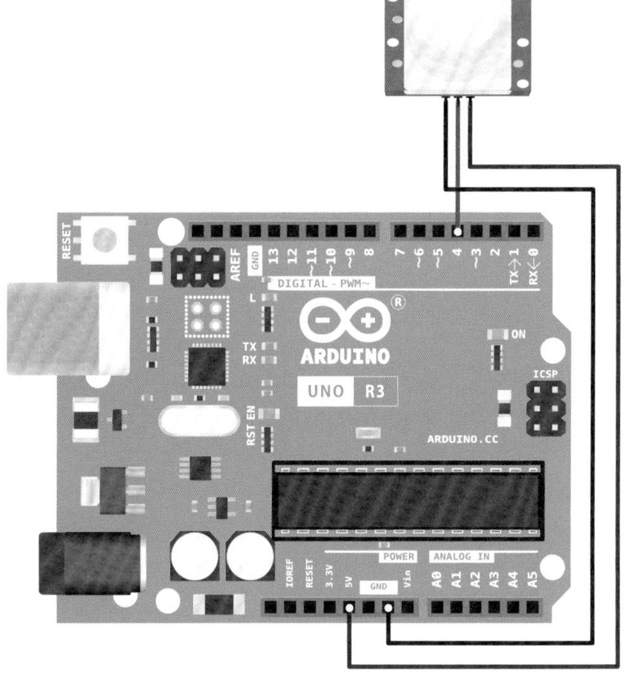

＊プログラムで人がいるかを確認する

接続したら、プログラムを作成して熱源が検知できるか確認してみましょう。次のようにプログラムを作成します。

●焦電赤外線センサーで熱源があるかを検知する

arduino_parts/6-2/pir_sensor.ino

```
const int PIR_PIN = 4; ①

void setup(){
    pinMode( PIR_PIN, INPUT ); ②

    Serial.begin( 9600 );
}


void loop() {
    if ( digitalRead( PIR_PIN ) == HIGH ) { ③
        Serial.println( "Someone is here." ); ④
    } else {
        Serial.println( "Nobody is here." ); ⑤
    }
    delay( 1000 );
}
```

①焦電赤外線センサーを接続したデジタル入出力端子の番号を指定します。

②デジタル入出力端子を入力モードに切り替えます。

③「digitalRead()」で、指定したデジタル入出力端子の状態を確認します。誰もいない場合は入力が0Vつまり「LOW」となり、誰かいる場合は入力が3Vつまり「HIGH」となります。if文でそれぞれの状態を分岐して処理します。

④デジタル入出力の入力がHIGHの場合には、「Someone is here.」と表示します。

⑤デジタル入出力の入力がLOWの場合には、「Nobody is here.」と表示されます。

プログラムができたら、Arduinoに転送します。

センサーが何も検知しないと「Nobody is here.」、熱源を検知すると「Someone is here.」とシリアルモニターに表示します。ただし、センサーの前に熱源があったとしても、一定時間動かないとセンサーは「何もない」と判断します。このため、センサーの前に熱源があっても「Nobody is here」と表示されることがあります。そのような場合は、少し熱源を動かすことでセンサーが反応します。

Section 6-3 特定の位置に達したことを検知するセンサー

フォトリフレクタやフォトインタラプタは、赤外線が届いているか遮断されているかを検知できる部品です。この部品を使うことで、モーターを1回転だけ動かす、特定の位置に到達したら動作を止める、といった制御が可能となります。

動いた位置などを検知する

モーターなどを使って物を動かす場合、特定の位置に止めたいことがあります。例えば、ひもをモーターで巻き取り2回転したら止める、車が指定の位置に達したら止まる、といった用途です。

このように「特定の場所に達したことを検知する」のに利用できるのが「**フォトリフレクタ**」と「**フォトインタラプタ**」です。どちらも、一方から赤外線を発してもう一方の受信側で赤外線が到達しているかを判断します。この機能を利用すれば、特定の部分で赤外線が届くようにすれば、位置を判断することができます。

●赤外線を使って場所を特定する

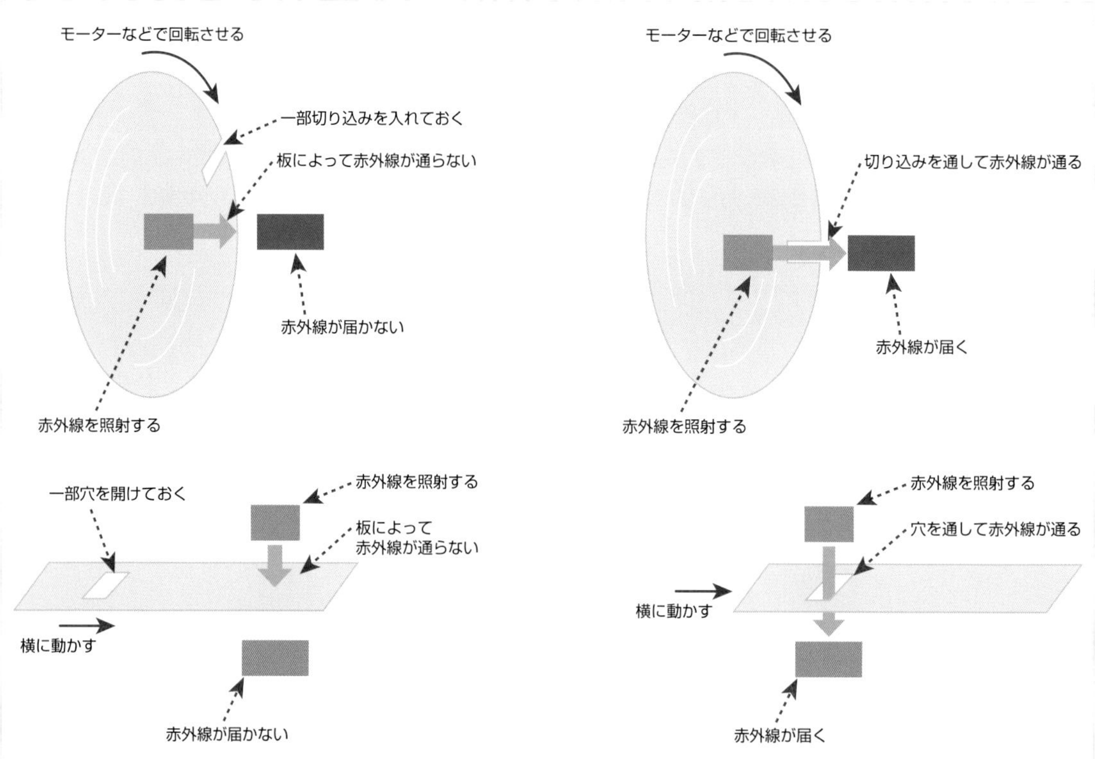
モーターなどで回転させる
一部切り込みを入れておく
板によって赤外線が通らない
赤外線が届かない
赤外線を照射する
モーターなどで回転させる
切り込みを通して赤外線が通る
赤外線が届く
赤外線を照射する
一部穴を開けておく
赤外線を照射する
板によって
赤外線が通らない
横に動かす
赤外線が届かない
赤外線を照射する
穴を通して赤外線が通る
横に動かす
赤外線が届く

赤外線が遮断されたかを調べる「フォトインタラプタ」

フォトインタラプタは、赤外線を照射する赤外線LEDと、赤外線を受信するフォトトランジスタの2つを組み合わせて利用します。一方に赤外線LED、赤外線の届く場所にフォトトランジスタやフォトダイオードを配置します。その間に障害物があって赤外線が遮断されれば、フォトトランジスタには電気が通らなくなり、遮断されずに赤外線がフォトトランジスタに達すれば電気が通ります。この電気が通るかどうかを判断することで、遮断されているかを検知できます。

フォトインタラプタは、この赤外線LEDとフォトトランジスタを一体化させた商品です。

●赤外線がフォトトランジスタに達するかで判断できる

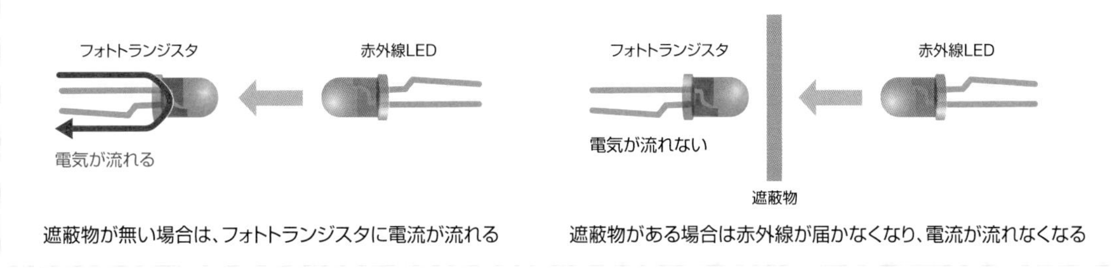
フォトトランジスタ
赤外線LED
電気が流れる
遮蔽物が無い場合は、フォトトランジスタに電流が流れる
フォトトランジスタ
赤外線LED
電気が流れない
遮蔽物
遮蔽物がある場合は赤外線が届かなくなり、電流が流れなくなる

反射を利用して判断する「フォトリフレクタ」

フォトリフレクタは、赤外線LEDから照射された赤外線が、何かに反射してフォトトランジスタに達するかを調べるセンサーです。反射された場合はフォトトランジスタに電気が流れ、反射されない場合は電気が流れません。例えば、あらかじめ停止したい場所に反射板を配置しておいて停止位置を判断したり、穴を開けておいて反射しなくなったら停止位置を判断する、などといった使い方ができます。

●反射した赤外線が届くかで判断するフォトリフレクタ

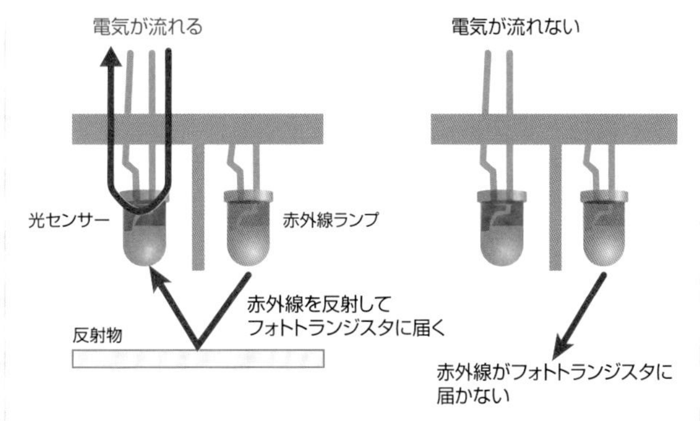
電気が流れる
電気が流れない
光センサー
赤外線ランプ
赤外線を反射して
フォトトランジスタに届く
反射物
赤外線がフォトトランジスタに
届かない

反射物の色も検知

フォトリフレクタは、反射物のおおざっぱな色も判断できます。白い紙などは赤外線が反射しますが、黒い紙は赤外線が吸収されて反射が少なくなります。この原理を使って、黒い線で停止位置を示したり、黒い線に沿って動かすということもできます。

●反射物の色を判断できる

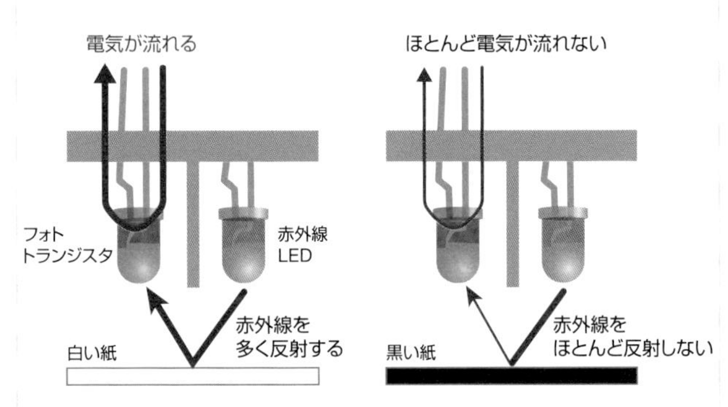

フォトリフレクタには、赤外線LEDとフォトトランジスタが並んで配置されています。間に遮へい板が配置されており、直接赤外線がフォトトランジスタに到達しない作りになっています。

赤外線LED側に点灯するためのアノード・カソード端子と、フォトトランジスタ側に電気が通るかを判断するためのエミッタ・コレクタ端子の4端子が装備されています。各端子は、フォトリフレクタの端子の長さや切り欠けの場所で判断できます。例えば、Letex Technology社製フォトリフレクタ「**LBR-127HLD**」の場合は、アノードやエミッタの端子が長くなっています。さらに、フォトリフレクタのケースが一部切り欠けており、その部分の端子が赤外線LEDのアノードになっています。

このように、形状などから各端子がわかるようになっているのが一般的ですが、製品によって判断方法が違うので、仕様書で端子を確認しておきましょう。

回路図は赤外線LEDとフォトトランジスタがパッケージ化されたような形となっています。

●フォトリフレクタの製品の例

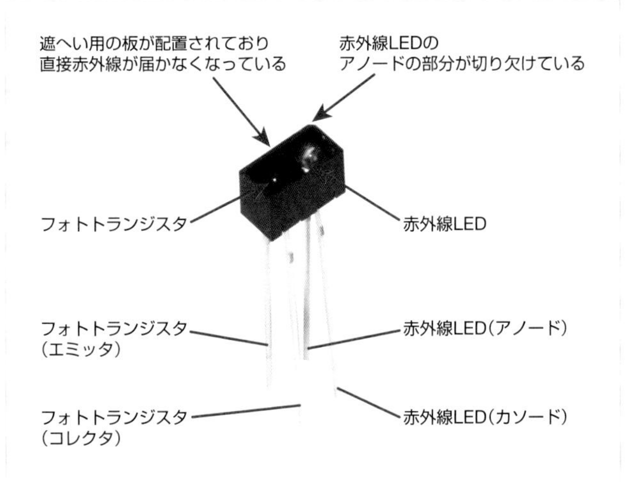

フォトリフレクタは大きさや検出可能な距離など、仕様が様々です。利用用途によって、どの製品を使うかを判断します。購入可能な主なフォトリフレクタを次の表にまとめました。

●購入可能な主なフォトリフレクタ

製品名	大きさ	検出範囲	参考価格
LBR-127HLD	8.7×4.5mm	1～10mm	50円（秋月電子通商）
TPR-105F	3.2×2.7mm	1～10mm	40円（秋月電子通商）
RPR-220	6.4×4.9	6～8mm	100円（秋月電子通商）

遮断されているかを検知できる「フォトインタラプタ」

フォトインタラプタは、赤外線LEDから照射した光が、直接フォトトランジスタに到達する形状をしています。赤外線LEDとフォトトランジスタの間に何もない場合は、赤外線がフォトトランジスタに到達して電気が流れます。間に遮へい物が入ると赤外線が到達せず、電気が流れなくなります。

フォトインタラプタは、赤外線LEDとフォトトランジスタが対面に配置されています。間が空いており、遮へい物を通せるようになっています。

●赤外線が直接届くかで判断するフォトインタラプタ

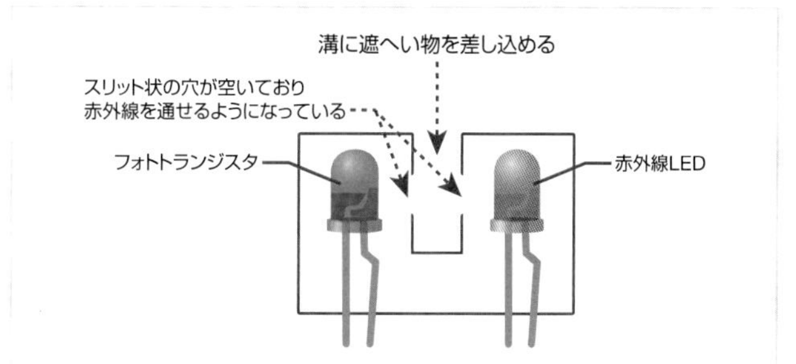

フォトインタラプタは、フォトリフレクタと同様に、赤外線LEDを点灯するためのアノード・カソード端子と、フォトトランジスタに電気が通るかを検知するためのエミッタ・コレクタ端子の4端子が装備されています。

各端子は、製品の形状から判断できます。例えばパナソニックのフォトインタラプタ「CNZ1023」の場合は、フォトトランジスタ側にねじ穴が付いている形状となっています。ただし製品によって判断方法が違うので、詳しくは仕様書を確認してください。

回路図はフォトリフレクタと同じです。

●フォトインタラプタの製品の例

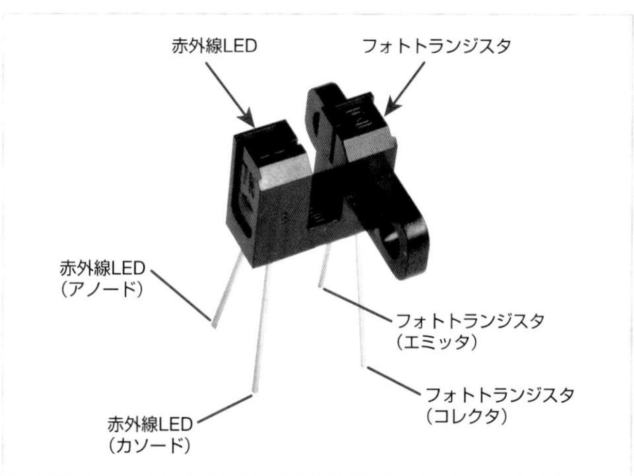

フォトインタラプタは、大きさが様々です。利用用途によってどの製品を使うかを判断します。

購入可能な主要なフォトインタラプタは、次の表のとおりです。

●購入可能な主なフォトインタラプタ

製品名	大きさ	参考価格
CNZ1023	18×12mm	20円（秋月電子通商）
SG2A174	16.8×11.5mm	30円（秋月電子通商）
SG206	14×6mm	100円（秋月電子通商）
KI1233-AA	16.5×13.5mm	30円（秋月電子通商）
KI1138-AA	40.5×15mm	35円（秋月電子通商）
LBT-131	12.8×6.4mm	50円（秋月電子通商）

Arduinoでフォトリフレクタ、フォトインタラプタの状態を取得する

フォトリフレクタと**フォトインタラプタ**の状態を、Arduinoで取得してみましょう。本書ではLetexテクノロジー製のフォトリフレクタ「**LBR-127HLD**」およびパナソニック製のフォトインタラプタ「**CNZ1023**」を利用した方法を説明します。

電子回路は右のように作成します。

●フォトリフレクタとフォトインタラプタの状態を確認する回路

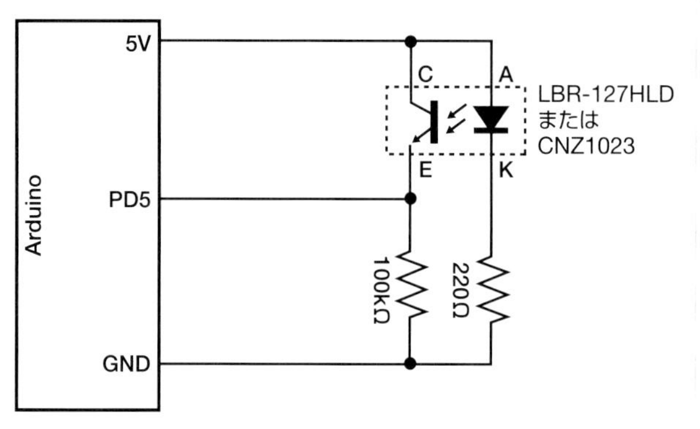

フォトリフレクタやフォトインタラプタは、赤外線LEDを点灯する回路と、フォトトランジスタに電気が流れているかを判断する2つの回路で作れます。赤外線LEDの点灯は、通常のLEDの点灯と同じです。仕様書などにはVfとIfが記載されているので、p.68のNOTEと同様に電流制御用の抵抗を選択します。ここでは220Ωの抵抗を5Vの電源に接続して点灯させます。

赤外線は目に見えないため、点灯させても人の目ではそれが判断できません。そこで、デジタルカメラなどで赤外線LEDを撮影すると、点灯しているか確認できます。ただし、赤外線フィルターが装備されているカメラでは写らないため注意しましょう。

フォトトランジスタ側は、抵抗を直列接続して電源とGNDに接続した分圧回路を作ります（分圧回路については、p.126を参照）。抵抗とフォトトランジスタをArduinoのデジタル入出力端子に接続して状態を取得できるようにします。なお、抵抗を100kから500kΩ程度の半固定抵抗に変えることで、センサーの感度を調節できます。

ブレッドボードを使った回路を作成すると、次ページのような接続になります。なお、本書ではブレッドボー

ド上にフォトリフレクタやフォトインタラプタを配置していますが、実際に利用する場合は、機器に取り付けた後に、配線などを利用して接続する形になります。

利用部品

- フォトリフレクタ「LBR-127HLD」……1個
- フォトインタラプタ「CNZ1023」……1個
- 抵抗100kΩ……1個
- 抵抗220Ω……1個
- ブレッドボード……1個
- ジャンパー線（オス―オス）……6本

●フォトリフレクタを使った接続図

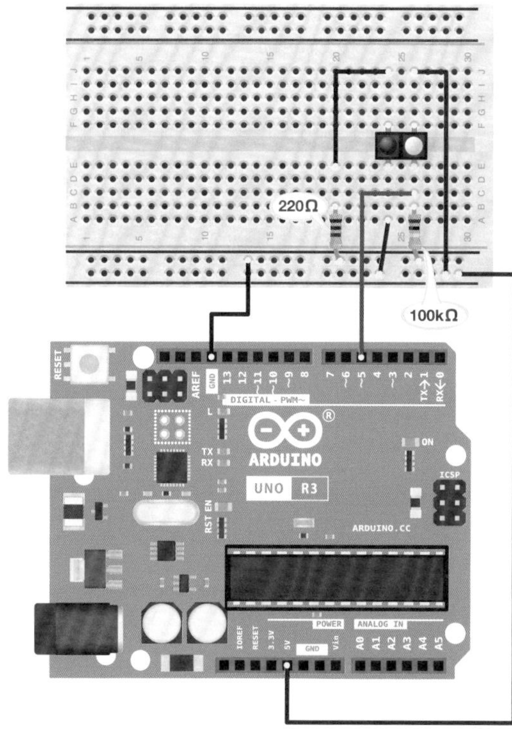

●フォトインタラプタを使った接続図

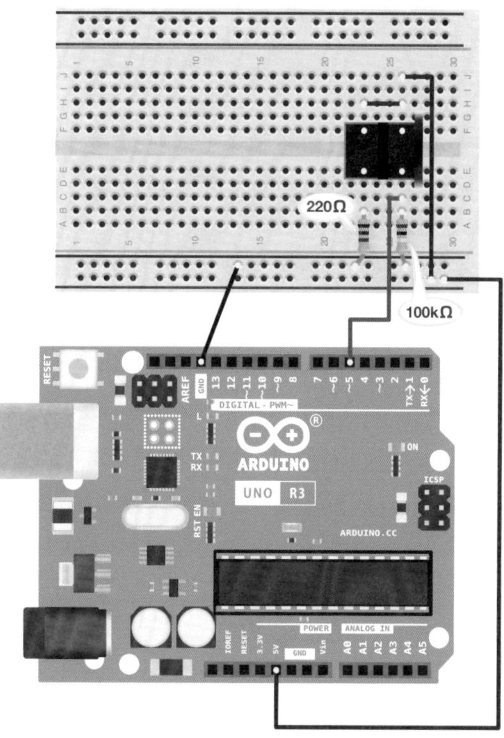

プログラムで状況を確認する

接続したら、プログラムで状況を取得してみましょう。フォトリフレクタとフォトインタラプタは「赤外線が届く」「届かない」の2つの状態を検知します。そこで、スイッチの入力同様に、デジタル入力してどちらの状態であるかを確認できます。

この回路では、赤外線が届いた場合はHIGH、届かなかった場合はLOWになるようになっています。入力によって、if文を使ってどちらの状態かを表示するには次のようなプログラムを作成します。

●フォトリフレクタやフォトインタラプタの状態を取得するプログラム

arduino_parts/6-3/photo_sensor.ino

```
const int SENSOR_PIN = 5;  ①

void setup(){
    pinMode( SENSOR_PIN, INPUT );  ②

    Serial.begin( 9600 );
}

void loop(){
    if( digitalRead( SENSOR_PIN ) == HIGH ){  ③
        Serial.println("IR ON.");  ④
    } else {
        Serial.println("IR OFF.");  ⑤
    }

    delay( 1000 );
}
```

①SENSOR_PIN変数に、センサーを接続しているデジタル入出力端子の番号を指定しておきます。

②pinMode()に、デジタル入出力端子の番号と「INPUT」と指定することで、センサーを接続したデジタル入出力端子を入力モードに切り替えます。

③「digitalRead()」では、指定したデジタル入出力端子の状態を確認して入力をします。赤外線が届かなかった場合の入力は「LOW」となり、届いた場合の入力は「HIGH」となります。if文でそれぞれの状態を分岐して処理します。

④デジタル入出力端子の入力がHIGHの場合には、「IR ON.」と表示します。

⑤デジタル入出力端子の入力がLOWの場合には、「IR OFF.」と表示されます。

プログラムが完成したら、Arduinoに転送します。

フォトリフレクターの場合は、センサー近くに白い紙などの反射物を配置すると「IR ON」、反射物がないと「IR OFF」と表示します。

フォトインタラプタの場合は、溝に遮へい物を差し込むと「IR OFF」、遮へい物がないと「IR ON」と表示します。

NOTE

デジタル入力のスレッショルドについて

電圧が0Vや5Vなどでなくても、**スレッショルド**によってHIGH、LOWのどちらかの状態と判断します。スレッショルドについては、p.37を参照してください。

Section 6-4

温度、湿度、気圧を計測するセンサー

温度や湿度、気圧など気象に関わる状態は、各種気象センサーを使うことで計測できます。温度や湿度などそれぞれについて計測できるセンサーのほか、統合的に温度、湿度、気圧を計測できるセンサーも販売されています。

気象情報を取得できる「温度・湿度・気圧センサー」

「**温度センサー**」「**湿度センサー**」「**気圧センサー**」はその名のとおり、気温や湿度、気圧などの状態を取得できる電子部品です。室温や外気温、湿気、気圧などの計測した結果に従って機器を動作させせたり、温度や湿度を計測して日々の気象情報を記録したりできます。例えば、温度センサーで室温を計測して暑いと判断したら扇風機を作動させせたり、湿度を計測して湿気ている場合は除湿器を作動させせたり、気圧が急激に低下したら天気が崩れる恐れがあるので自動的に洗濯物を取り入れたり、などの応用が考えられます。

●温度・湿度・気圧センサーを使えば、気象状況によって機器を動作できる

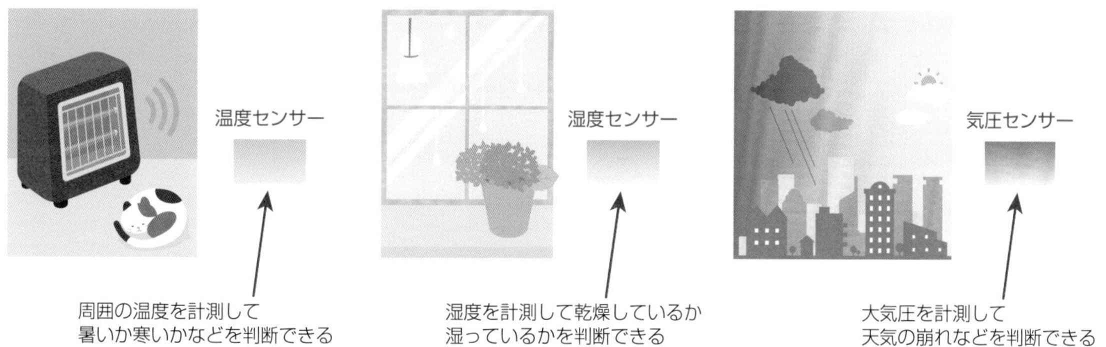
温度センサー
湿度センサー
気圧センサー
周囲の温度を計測して
暑いか寒いかなどを判断できる
湿度を計測して乾燥しているか
湿っているかを判断できる
大気圧を計測して
天気の崩れなどを判断できる

＊計測目的や範囲、通信方式から利用するセンサーを選択する

気象関連のセンサーには、温度・湿度・気圧を個別に計測するセンサー、温度と湿度を同時に計測できるセンサー、温度・湿度・気圧のすべてを同時に計測できるセンサーなど、様々な製品が販売されています。

すべてを計測できるセンサーを使えば、応用範囲が広がる利点があります。ただし、計測できる情報が多いほど価格が高価になるため、目的に合ったセンサーを選択しましょう。

次ページの表は、現在購入できる主要な気象関連センサーです。

●入手可能な主な気象関連のセンサー

製品名	温度	湿度	気圧	通信方式	参考価格
サーミスタ103AT-2	-50～110度	―	―	アナログ	50円（秋月電子通商）
超薄型サーミスタ 103JT-025	-50～125度	―	―	アナログ	60円（秋月電子通商）
温度センサー LM60BIZ	-25～125度	―	―	アナログ	100円（秋月電子通商）
温度センサー LM61CIZ	-30～100度	-	-	アナログ	60円（秋月電子通商）
温度センサー MCP9700A	-40～125度	―	―	アナログ	50円（秋月電子通商）
温度センサー TMP36GT9Z	-40～125度	―	―	アナログ	120円（秋月電子通商）
温度センサー ADT7310	-50～150度	―	―	SPI	500円（秋月電子通商）
温度センサー ADT7410	-50～150度	―	―	I²C	500円（秋月電子通商）
温度センサー MCP9808	-40～125度	―	―	I²C	1,034円（スイッチサイエンス）
湿度センサー HS-15P	―	10～90%	―	アナログ	500円（秋月電子通商）
気圧センサー MPL115A1	―	―	500～1140hPa	SPI	600円（秋月電子通商）
気圧センサー SCP1000	―	―	300～1200hPa	SPI	700円（秋月電子通商）
気圧センサー LPS331AP	―	―	260～1260hPa	I²C、SPI	715円（スイッチサイエンス）
気圧センサー LPS25HB	―	―	260～1260hPa	I²C、SPI	920円（秋月電子通商）
温湿度センサー SHT31	-40～125度	0～100%	―	I²C	950円（秋月電子通商）
温湿度センサー SHT35	-40～125度	0～100%	-	I²C	1,380円（秋月電子通商）
温湿度センサー DHT20	-40～80度	0～100%	-	I²C	380円（秋月電子通商）
温湿度センサー AM2302	-40～80度	0～99.9%	―	1-wire	950円（秋月電子通商）
温湿度センサー AM2322	-40～80度	0～99.9%	―	1-wire、I²C	700円（秋月電子通商）
温湿度センサー Si7021	-10～85度	0～80%	―	I²C	1,749円（スイッチサイエンス）
温湿度センサー HIH6130	5～50度	10～90%	―	I²C	3,565円（千石電商）
温湿度センサー HTS221	-40～120度	0～100%	―	I²C、SPI	980円（秋月電子通商）
温度気圧センサー MPL3115A2	-40～85度	―	500～1100hPa	I²C	1,794円（スイッチサイエンス）
温度気圧センサー ICP-10125	-40～85度	―	250～1150hPa	I²C	2,167円（スイッチサイエンス）
温湿度気圧センサー BME280	-40～85度	0～100%	300～1100hPa	I²C、SPI	1,380円（秋月電子通商）
温湿度気圧センサー BME680	0～65度	10～90%	300～1100hPa	I²C、SPI	1,320円（秋月電子通商）
温湿度気圧センサー BME688	-40～85度	10～90%	300～1100hPa	I²C	3,168円（スイッチサイエンス）

センサーは計測できる範囲が決まっています。例えば、室温を計測する用途であれば、-10度から40度程度の範囲が計測できれば問題ありません。しかし、加熱する機器の近くを計測したり、北海道の外気を計測するなどの用途であれば、より広範囲の温度を計測できる必要があります。計測の範囲となる温度や湿度、気圧を計測できるセンサーを選択しましょう。

センサーで計測した情報をArduinoへ引き渡す方法として、「アナログ」「1-wire」「I²C」「SPI」の各形式が利用されています。アナログで出力される場合は、Arduinoのアナログ端子に、I²C、SPIといった通信規格でやり取りする場合は、それぞれに対応した端子に接続します。

アナログ入力する場合は、電圧として入力するため、計算して温度や湿度などに変換する必要があります。

一方でI²C、SPI通信であれば、センサー内で計測結果が数値化されるため、それぞれの通信方式でデータを取り込むことで、そのまま利用可能です。

●計測結果をArduinoに送るための通信方式

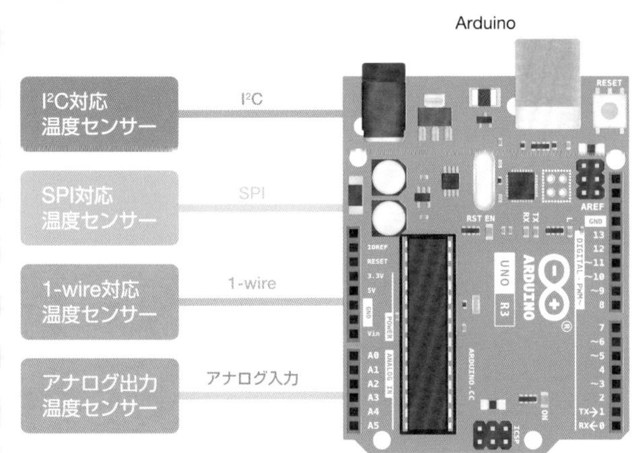

計測可能な気象状態、計測範囲、通信方式の3つから自分の利用する用途に合ったセンサーを選ぶようにしましょう。例えば、統合的に気象情報を集めたい場合は、温度、湿度、気圧を計測できるセンサーを選択します。たくさんの場所の温度を計測したい場合は、安価で購入可能なサーミスタ（本ページ下部参照）を選択します。

NOTE

1本の線で通信が可能な「1-wire」

電子部品との通信方法の1つに「1-wire」があります。1-wireはシリアル通信できる方式です。特徴は1本のデータ線のみで送受信が可能なことです。通信線の他にGNDに接続すれば済むので、2本の線だけで通信できます。また、I²Cのように複数のデバイスを接続して選択しながら通信できます。
ただし、1本の線で送信と受信のどちらもやり取りするため、通信速度は低速です。温度センサーのような、通信速度が低速でも問題ないデバイスの通信方式に利用されています。
Arduinoで1-wireを使って通信するには、1-wire用のライブラリを導入します。また、通信線はデジタル入出力端子に接続することとなります。なお、1-wireを使ったセンサーの利用方法は本書では割愛します。

アナログ温度センサーを利用する

実際に温度センサーを利用してみましょう。

温度センサーには「**サーミスタ**」と呼ばれるセンサーがあります。サーミスタは、マンガンやコバルト、ニッケルなどで構成されたセラミックスを電極で挟んだ構成になっています。温度が変化するとセラミックスの抵抗値が変化します。高温になれば抵抗値が下がり、低温になれば抵抗値が上がります。この抵抗値の変化を読み取ることで温度を計測できます。温度と抵抗値の関係は指数的に変化します。抵抗値を計測したら、変換式を使って計算して温度に変換する必要があります。

サーミスタは構造が単純であることから、1個数十円程度と安く購入できるのが特徴です。たくさんの場所の温度を計測する際に役立ちます。

●安価に購入できる温度センサーの「サーミスタ」

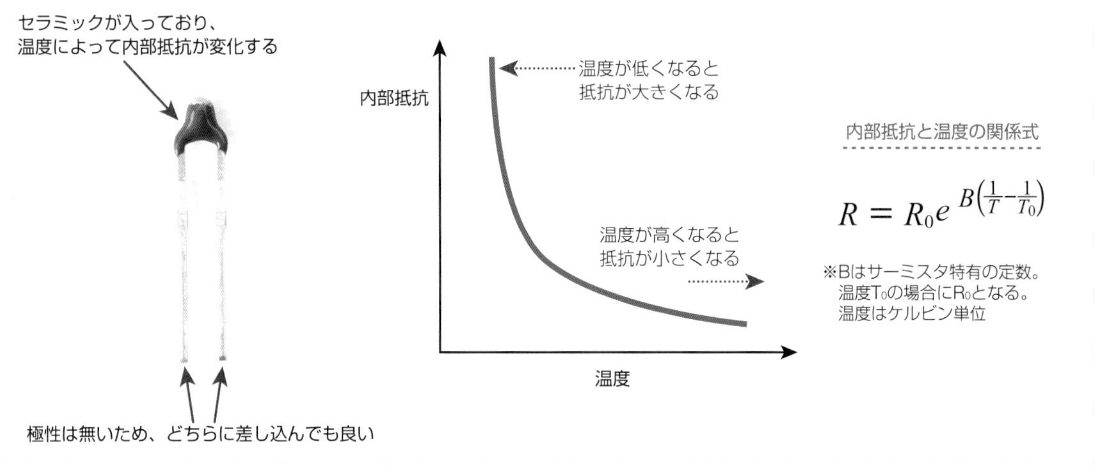
セラミックが入っており、
温度によって内部抵抗が変化する
極性は無いため、どちらに差し込んでも良い
内部抵抗
温度が低くなると
抵抗が大きくなる
温度が高くなると
抵抗が小さくなる
温度
内部抵抗と温度の関係式
$R = R_0 e^{B\left(\frac{1}{T}-\frac{1}{T_0}\right)}$
※Bはサーミスタ特有の定数。
温度T_0の場合にR_0となる。
温度はケルビン単位

サーミスタは安価ですが、計測した抵抗値から複雑な計算をして温度を求める必要があります。Arduinoの数式ライブラリを利用すれば計算は可能ですが、そのぶん計算の処理が必要です。

そこで、ICが同梱された温度センサーを利用するのがお勧めです。テキサス・インスツルメンツ製の温度センサー「**LM61CIZ**」は、半導体を利用した温度センサーです。温度によって流れる電流が変化し、この電流を計測することで温度を求めています。計測した温度は変換して、結果をアナログ出力します。変換した温度は電圧として出力します。電圧と温度は比例しており、簡単なかけ算で電圧から温度を求めることが可能です。LM61CIZでは、計測した電圧に100をかけてから60を引いた値が温度になります。

●温度を扱いやすい信号に変換する温度センサー「LM61CIZ」

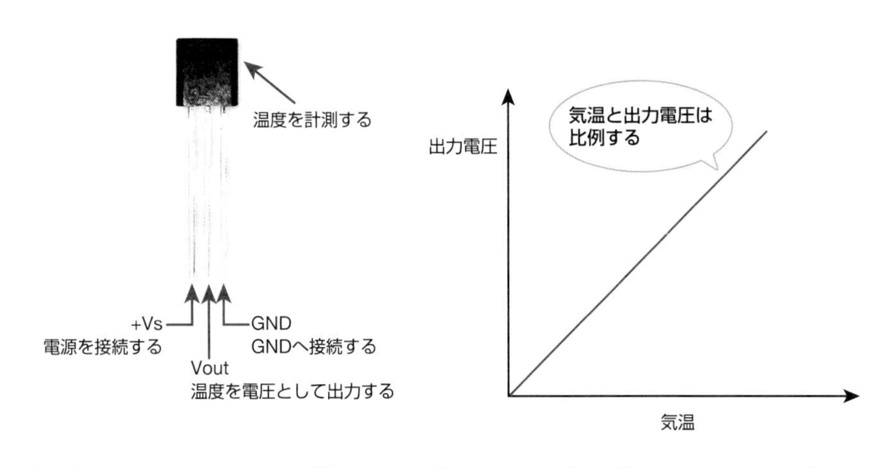
温度を計測する
+Vs
電源を接続する
Vout
温度を電圧として出力する
GND
GNDへ接続する
出力電圧
気温と出力電圧は
比例する
気温

》LM61CIZを使って温度を計測する

LM61CIZを使って温度を計測してみましょう。LM61CIZは温度を電圧として出力します。出力をArduinoのアナログ入力端子に接続します。また、LM61CIZは5Vで動作するので、電源として5Vを接続します。

●LM61CIZで温度を計測する回路図

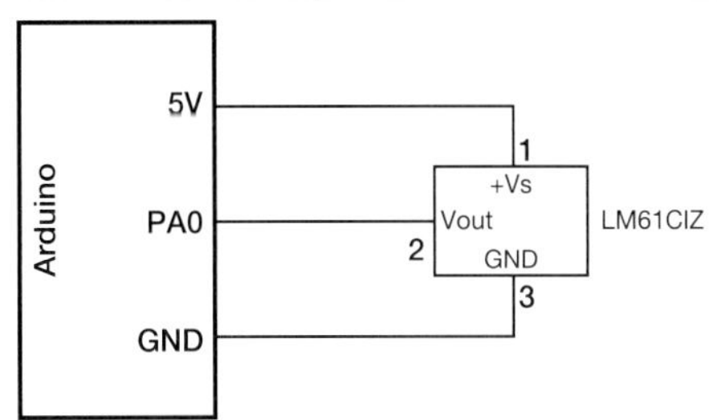

実際の接続は，右の図のようにします。LM61CIZは端子の用途が決まっているので間違えないように接続してください。

●LM61CIZの接続図

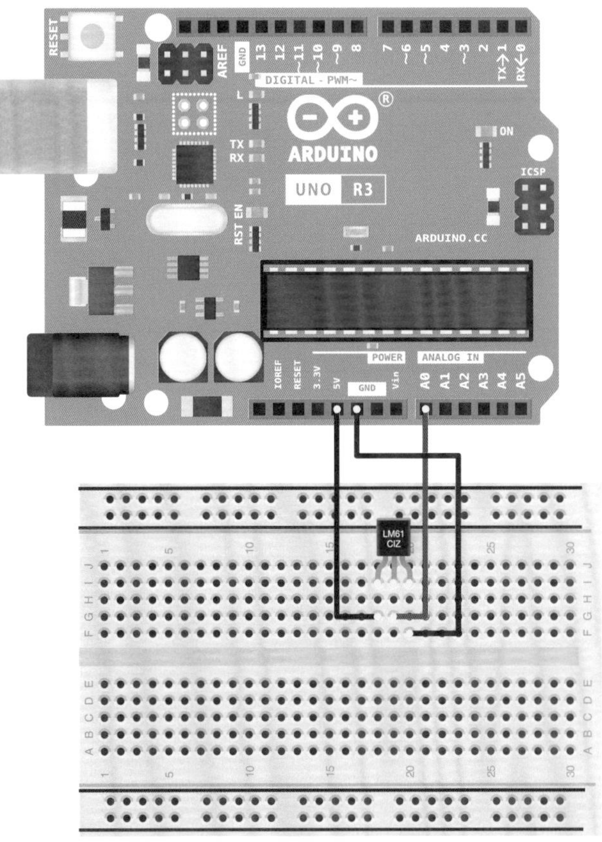

利用部品

- 温度センサー「LM61CIZ」……1個
- ブレッドボード……1個
- ジャンパー線（オス―オス）……3本

接続したらプログラムを作成して温度を計測してみましょう。次ページのようにプログラムを作成します。

①温度センサーを接続したアナログ端子の番号を指定します。

②温度センサーからの電圧を取得します。

③取得した値を電圧に変換します。

④電圧に100をかけて60を引いて温度に変換します。

⑤計算した温度をシリアルモニターに表示します。

プログラムができたらArduinoに転送します。すると、計測した温度がシリアルモニターに表示されます。温度センサーを手で触るなどすると表示する温度が変化します。

●アナログ温度センサーで温度を計測する

arduino_parts/6-4/temp_sensor.ino

```
const int SENSOR_PIN = 0; ①

void setup(){
    Serial.begin( 9600 );
}

void loop(){
    float temp, volt;
    int value;

    value = analogRead( SENSOR_PIN ); ②
    volt = (float)value * 5.0 / 1023.0; ③
    temp = volt * 100 - 60; ④

    Serial.print("Temperature:");
    Serial.println( temp ); ⑤

   delay( 1000 );
}
```

複合気象センサーを利用する

温度、湿度、気圧を統合的に計測する場合は、すべてのセンサーが1つにまとまった製品を利用すると便利です。各回路を作成する必要がなく電子部品の点数を減らすことができ、プログラムも各センサーごとの計測値の取得処理の必要が無いため、プログラム自体を短くできます。

温度、湿度、気圧が計測できるセンサーにBosch社の「**BME280**」があります。様々なメーカーがBME280を利用したモジュールを販売しており、おおよそ同じような接続やプログラムでセンサーの値を取得可能です。ここでは、秋月電子通商で販売している「**AE-BME280**」で計測してみることにします。

AE-BME280はI^2C、SPIでの通信が可能です。I^2Cで通信する場合は製品右上のJ3をはんだ付けし、SPIで通信する場合ははんだ付けしない状態にしておきます。ここでは、I^2Cで通信するのでJ3をはんだ付けしておきます（はんだ付けについてp.268参照）。

●複合気象センサーの「AE-BME280」

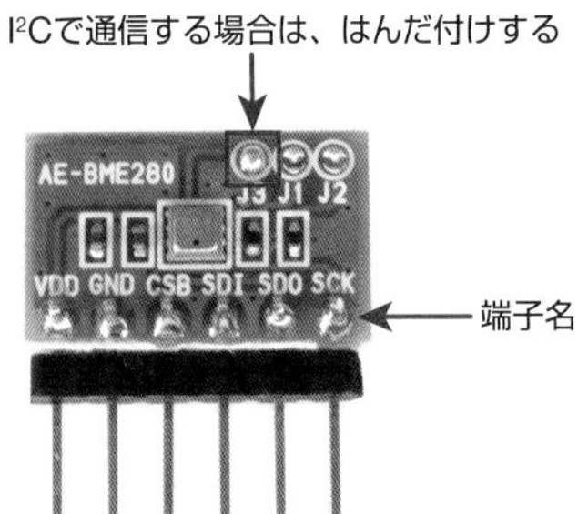

端子名	用途
VDD	電源。3.3Vに接続する
GND	GND
CSB	SPIの場合はCSとして接続する。I^2Cの場合は接続不要
SDI	SPIの場合は入力（MOSI）に接続する。I^2Cの場合はSDAに接続する
SDO	SPIの場合は出力（MISO）に接続する。I^2Cの場合はI^2Cアドレスを選択できる。GNDに接続した場合は0x76、VDDに接続した場合は0x77となる
SCK	SPIの場合はSCKLに接続する。I^2Cの場合はSCLに接続する

接続はI^2CのSDAとSCLをArduinoに接続します。AE-BME280は3.3Vで動作するため、電源も3.3Vに接続します。ArduinoのI^2C通信のSDAとSCLは5Vの電圧でやり取りされ、電圧が異なってしまいます。そこで、I^2Cの電圧を変換するレベルコンバータを介して接続するようにします。

また、I^2Cアドレスを選択するために、SDO端子をGNDに接続しておきます。こうしておくことで、I^2Cアドレスが「0x76」として利用できます。

利用部品

- 温湿度気圧センサー「AE-BME280」……1個
- I^2Cバス用双方向電圧レベル変換モジュール……1個
- ブレッドボード……1個
- ジャンパー線（オス―オス）……12本

NOTE

通信信号の電圧を変換するレベルコンバータ

レベルコンバータについてはp.240を参照してください。

●ArduinoにAE-BME280を接続

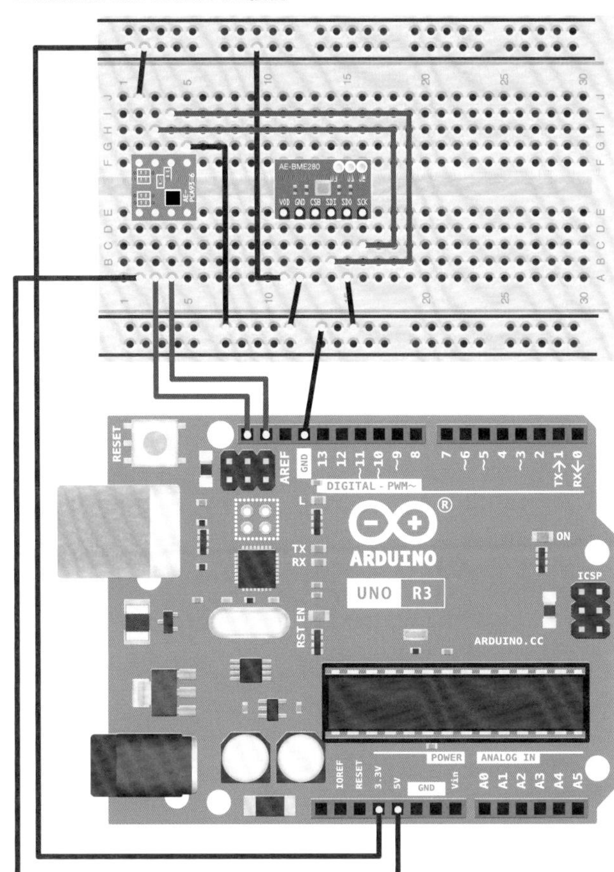

＊プログラムで温度、湿度、気圧を取得する

BME280から気象データを取得するには、初期設定やI^2Cを介してデータの取得、データから温度などの計算など煩雑な処理が必要となります。そこで、本書ではBME280用のライブラリを配布しています。本書のダウンロードページからライブラリ「BME280.zip」をダウンロードし、p.29の手順でArduino IDEに追加します。

プログラムは次のように作成します。

●温度、湿度、気圧センサーの値を取得するプログラム

arduino_parts/6-4/weather_sensor.ino

```
#include <Wire.h>
#include <BME280.h> ①

const int BME280_I2C_ADDR = 0x76; ②


BME280 bme280( BME280_I2C_ADDR ); ③

void setup(){

    Serial.begin( 9600 );
    Wire.begin(); ④
    bme280.begin(); ⑤

    delay(1000);
}

void loop(){
    bme280.getSence(); ⑥
    Serial.print("Temp:" );
    Serial.print( bme280.getTemp() ); ⑦
    Serial.print("C  Humi:" );
    Serial.print( bme280.getHumi() ); ⑦
    Serial.print("%  Press:" );
    Serial.print( bme280.getPress() ); ⑦
    Serial.println("hPa" );

    delay(1000);
}
```

①BME280から計測結果を取得するライブラリを読み込みます。

②BME280のI^2Cアドレスを指定します。SDO端子をGNDに接続している場合は「0x76」、VDDに接続している場合は「0x77」と指定します。

③BME280を利用するためインスタンスを作成します。この際、BME280のI^2Cアドレスを指定しておきます。

④I^2Cの初期化をします。

⑤BME280を初期化します。begin()は初めに1度だけ実行します。

⑥BME280から温度、湿度、気圧を取得します。

⑦取得した温度、湿度、気圧はそれぞれgetTemp()、getHumi()、getPress()を利用して取り出せます。取り出した値をシリアルモニターに表示します。

プログラムができたら、Arduinoに転送します。すると、シリアルモニターに、温度、湿度、気圧が表示されます。センサーを暖めたり、息を吹きかけると計測値が変化します。

Section 6-5

加速度を検知する加速度センサー

加速度センサーを利用すると、物体が動き始めたり止まったりといった挙動を検知できます。また、重力は加速度の一種であるため、加速度センサーでどの方向に重力がかかっているかを検知すれば、傾いている角度を検出することも可能です。

加速度を検知する「加速度センサー」

物体が動き始めたり、停止したりした場合には「加速度」という力がかかります。この加速度を計測できるのが「**加速度センサー**」です。

加速度センサーを使えば物体が動き始めたことや、止まろうとしていることを検知できます。また、重力は地球の中心に向かって常にかかり続ける加速度です。どの方向に重力がかかっているかを検知すれば、加速度センサーがどの程度傾いているかを導き出すことも可能です。傾いている角度がわかれば、サーボモーターを使って水平状態に戻す、といったこともできます。

●加速度センサーでものの動きや重力の方向を計測できる

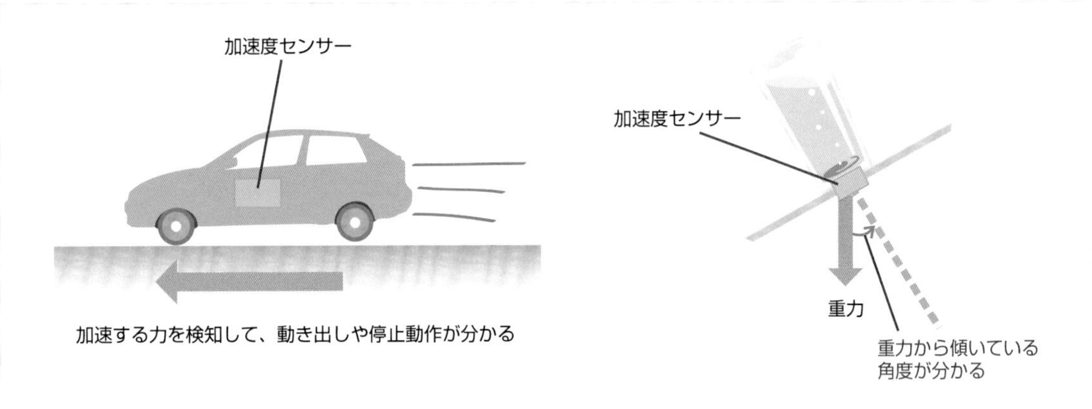
加速度センサー
加速する力を検知して、動き出しや停止動作が分かる
加速度センサー
重力
重力から傾いている
角度が分かる

コンデンサーの仕組みを使って加速度を計測する

加速度は、**コンデンサー**の特性を使って検知する仕組みになっています（コンデンサーについてはp.140を参照）。コンデンサーは2枚の金属から構成されていて、電圧をかけることで電気を貯めることができます。電気を貯める量は、金属が離れている距離で変化します。金属同士が近いと電荷が多く貯まり、離れていると貯まる電荷が少なくなります。

●距離によって貯まる電荷の量が変化する

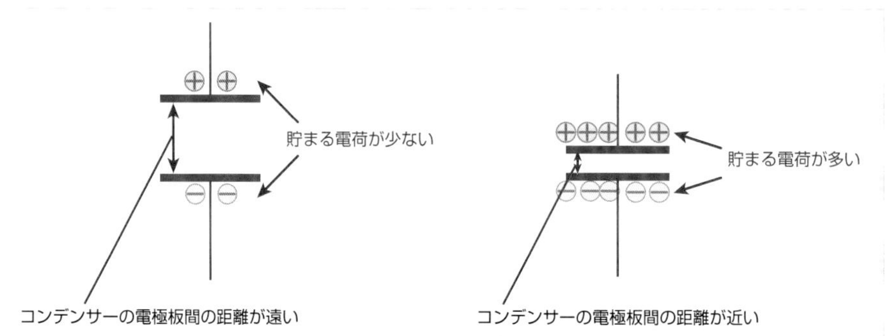

加速度センサーでは、金属同士の距離が変化することで、貯まっている電荷の変化を計測して加速度を検知しています。金属にはバネが取り付けられています。加速度がかかると、その方向に金属板が移動し、貯まっていた電荷の量が変わります。金属が離れる方向に動けば電荷が減り、近づけば電荷が増えます。電荷の増減する際には、電流が流れるため、金属に取り付けた電流検知器で電荷の移動を計測することで加速度がかかっているかが分かります。

●電荷の変化で加速度を計測する

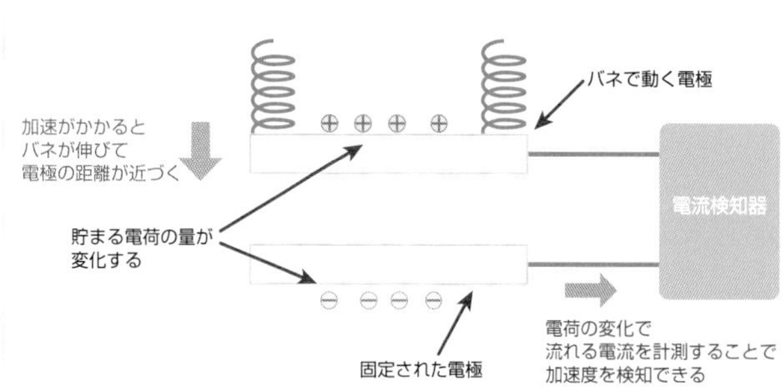

実際の加速度センサーは櫛状になっており、できる限り多くの電荷が変化するように工夫されています。また、上下、左右方向に櫛を取り付けることで、X軸、Y軸のそれぞれの加速度を計測できます。Z軸方向は可動電極が紙面の垂直方向に動くため、すべての櫛にたまっている電荷が変化します。この変化を検知してZ軸の加速度を検知しています。

●櫛状にして多くの電荷が変化するよう工夫されている

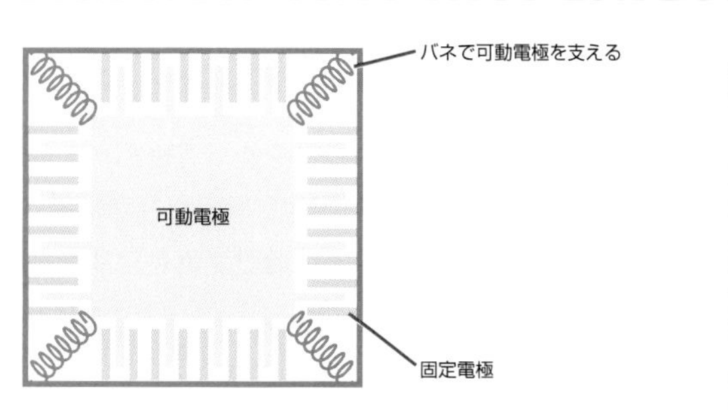

⁂ 加速度センサーの外見

加速度センサーはICチップ状になっていて、加速度を計測する機構や計測する検知器などは内部に格納されています。このため、外部からは中の構造は見えません。

また、多くの加速度センサーは表面実装であるためブレッドボードなどに取り付けられません。このため、基板上に取り付けられた加速度センサーを使うと、ブレッドボードに差し込んで電子回路を作ることも可能です。

加速度センサーは、X軸、Y軸、Z軸に分けてそれぞれの方向の加速度を計測するようになっています。1軸のみ計測する加速度センサーもありますが、現在販売されているほとんどの加速度センサーは3軸を計測できるようになっています。3軸の計測に対応した加速度センサーであれば、加速度の大きさの他に、どの方向に加速しているかを導き出せます。また、重力の方向も導き出せるため、センサーの傾きを求めることもできます。

●チップ状の加速度センサー

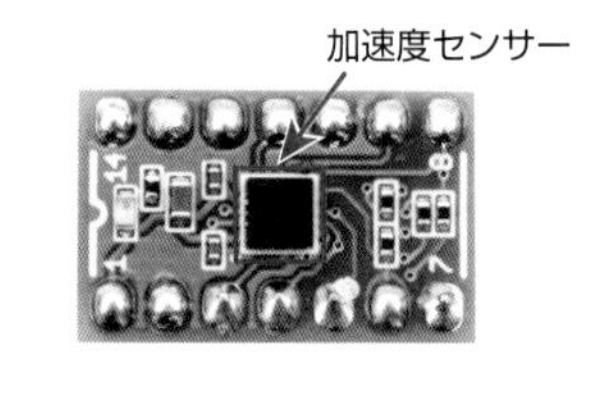

⁂ Arduinoとの通信方式

加速度センサーで計測した値をArduinoに転送する方法には、値をアナログで出力する方式と、シリアル通信方式のI²C、SPI通信があります。アナログ方式の場合は、電圧で加速度を出力するため、A/Dコンバータを利用してArduinoに入力する必要があります。I²CやSPIを利用している場合は、そのままArduinoに接続して通信をします。

現在購入できる主要なモジュール化された加速度センサーを、次ページの表にまとめました。計測可能な軸の数や、接続方法を確認して購入しましょう。

●加速度センサーの計測結果をArduinoに送る方法

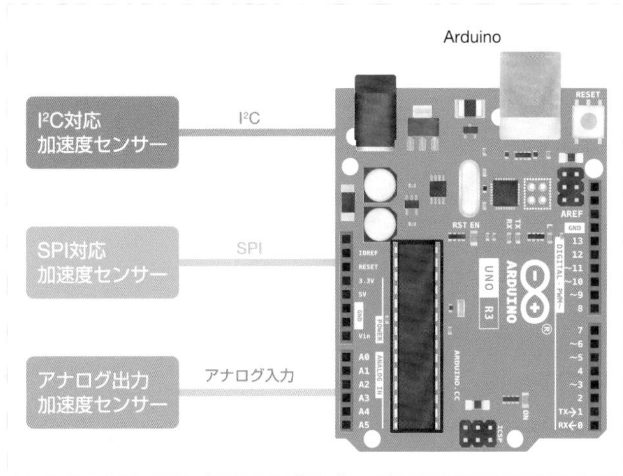

●購入可能な主な加速度センサーモジュール

製品名	計測軸数（加速度）	通信方式	付加機能	参考価格
LIS3DH	3軸	I²C/SPI	ADコンバーターを搭載	600円（秋月電子通商）
KXTC9-2050	3軸	アナログ	-	500円（秋月電子通商）
KXR94-2050	3軸	アナログ	-	850円（秋月電子通商）
KXSD9-2050	3軸	I²C/SPI	-	750円（秋月電子通商）
BMX055	3軸	I²C	地磁気、ジャイロセンサー搭載	1,480円（秋月電子通商）
BNO055	3軸	I²C/UART	ジャイロ、地磁気搭載	1,680円（秋月電子通商）
ADXL345	3軸	I²C/SPI	-	700円（秋月電子通商）
ADXL335	3軸	アナログ	-	750円（秋月電子通商）
MMA8452Q	3軸	I²C	-	350円（秋月電子通商）
LSM6DS33	3軸	I²C/SPI	ジャイロセンサー搭載	2,629円（スイッチサイエンス）
L3GD20H	3軸	I²C/SPI/シリアル	-	480円（秋月電子通商）

Arduinoで加速度センサーの状態を取得する

STマイクロ製の**加速度センサー「LIS3DH」**を利用して加速度を取得してみましょう。LIS3DHは、3軸に分けて加速度を計測できます。各軸は、14番端子から1番端子の方向がX軸、1番端子から7番端子の方向がY軸、垂直に上方向がZ軸の加速度を計測できるようになっています。なお、実際に計測した値は図の矢印とは逆方向が正の値として表示されます。例えば、下方向に重力がかかっていれば、Z軸の加速度は正の値となります。

計測した加速度はI²CまたはSPIでArduinoに計測値を送ることができます。さらに、3つのアナログ入出力端子が搭載されており、内蔵のADコンバーターでデジタル値に変換できます。

LIS3DHには14本の端子が搭載されています。電源は1、7番端子に接続します。Arduinoの3.3Vに接続します。GNDは2、10、14番端子に割り当てられています。

なお、LIS3DHは利用する通信によって接続方法が異なります。接続は3から6番端子を利用します。I²Cの場合は3番（SCL）と4番（SDA）、SPIの場合は3番（SCLK）、4番（MOSI）、5番（MISO）、6番（CE）に接続します。また、I²Cの場合は6番端子（CS）をGNDに接続しておきます。ここでは、SPI通信を利用して加速度を取得できるようにします。

●LIS3DHの端子

14 13 12 11 10 9 8

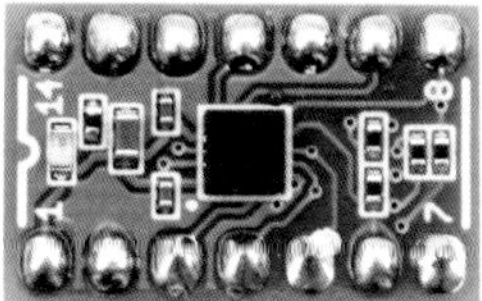

1 2 3 4 5 6 7

端子番号	端子名称	SPI接続
1	Vdd	電源（1.71 ～ 3.6V）
2	GND	GND
3	SCL/SPC	SCLK：同期用クロック
4	SDA/SDI	MOSI：データ受信
5	SDO/SAO	MISO：データ送信
6	CS	デバイス選択
7	Vdd	電源（1.71 ～ 3.6V）
8	INT2	割り込み2
9	INT1	割り込み1
10	GND	GND
11	ADC3	ADコンバータのアナログ入力3
12	ADC2	ADコンバータのアナログ入力2
13	ADC1	ADコンバータのアナログ入力1
14	GND	GND

加速度の計測方向

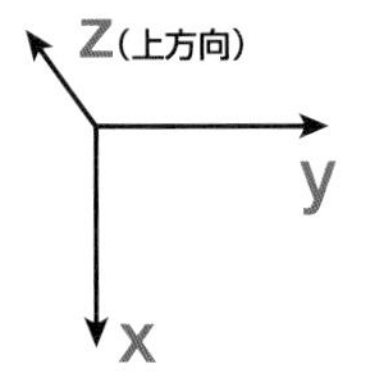

実際の接続は右図のようにします。

利用部品

- 加速度センサー「LIS3DH」……………………1個
- ブレッドボード……………………………………1個
- ジャンパー線（オス―メス）…………………6本

●Arduinoに加速度センサーを接続

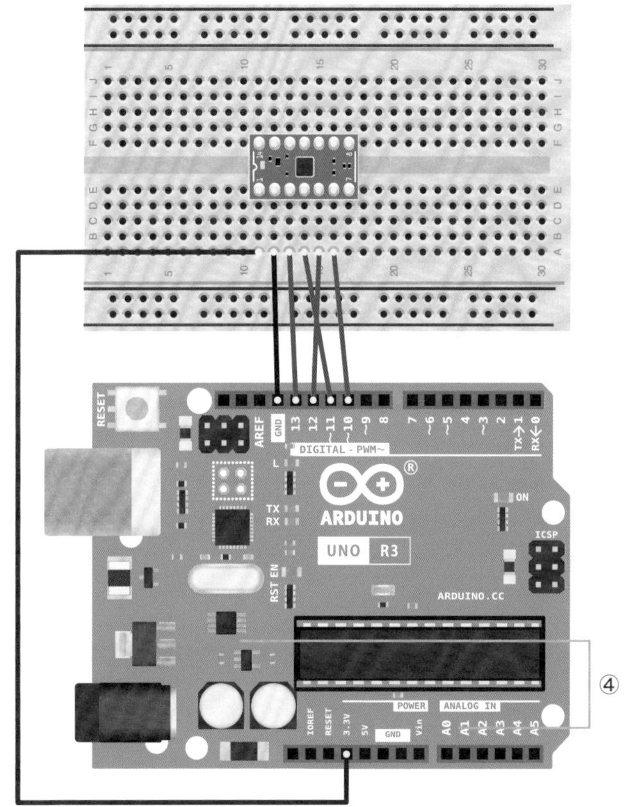

＊プログラムで加速度を取得する

接続したら、プログラムを作成して加速度を取得してみましょう。加速度センサーの計測データを取得するには、本書で用意した「LIS3DH」ライブラリを利用しています。p.29で説明したように、配布するライブラリファイル「LIS3DH.zip」をArduino IDEに読み込んでおきます。

次のようにプログラムを作成します。

●加速度センサーの値を取得するプログラム

arduino_parts/6-5/accel_sensor.ino

```
#include <LIS3DH.h>  ①
#include <SPI.h>

const int LIS3DH_CS_PIN = 10;  ②

LIS3DH lis3dh( LIS3DH_CS_PIN );  ③

void setup(){
    Serial.begin( 9600 );

    SPI.begin();                                   ┐
    SPI.setBitOrder( MSBFIRST );                   │
    SPI.setClockDivider( SPI_CLOCK_DIV2 );         │ ④
    SPI.setDataMode( SPI_MODE3 );                  ┘

    lis3dh.begin();  ⑤
}

void loop(){
    lis3dh.get_accel();  ⑥
    Serial.print( "x:" );                          ┐
    Serial.print( lis3dh.get_accel_x() );          │
    Serial.print( "\ty:" );                        │
    Serial.print( lis3dh.get_accel_y() );          │ ⑦
    Serial.print( "\tz:" );                        │
    Serial.println( lis3dh.get_accel_z() );        ┘

    delay(100);
}
```

①LIS3DHから計測結果を取得するライブラリを読み込みます。

②LIS3DHを接続したCSのデジタル入出力端子を指定します。

③LIS3DHを利用するためインスタンスを作成します。この際、LIS3DHを接続したCSを指定しておきます。

④SPIの初期化をします。

⑤LIS3DHを初期化します。

⑥lis3dh.get_accel()関数を呼び出し、LIS3DHからそれぞれの軸の加速度を取得します。

⑦取得した値を表示します。各軸の加速度は、get_accel_x()、get_accel_y()、get_accel_z()関数で取得でき

ます。

プログラムができたら、Arduinoに転送します。すると、X軸、Y軸、Z軸に分かれた加速度が表示されます。平面に置いた場合は、重力がかかるZ軸方向に260程度の値が表示されます。また、傾けたり、急激にセンサーを動かすなどすると値が変化するのが確認できます。

●計測した加速度

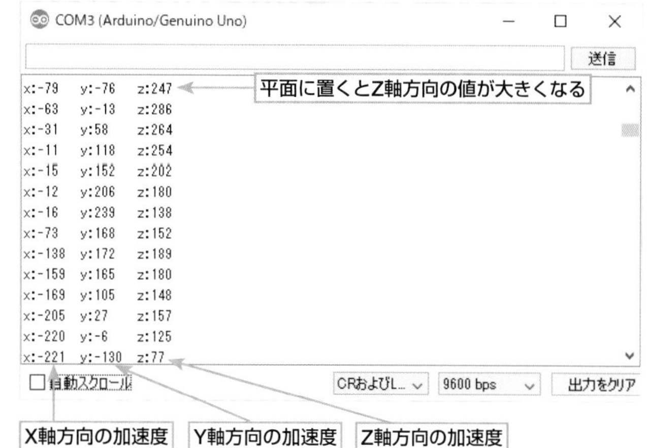

傾きを求める

3軸の加速度が分かると、重力のかかった方向が導き出せます。重力はかならず真下にかかるため、重力の方向を調べることで加速度センサーがどの程度傾いているかを導き出せます。傾きの求め方は、右の図のように考えます。

加速度センサーが静止している状態であると、各軸から取得できる加速度はすべて重力に関わる加速度です。重力が、X軸、Y軸、Z軸の成分に分かれて取得できます。それぞれの成分は、加速度センサーの各軸と重力が斜辺となるような3つの直角三角形で表せます。

●重力と加速度センサーの状態

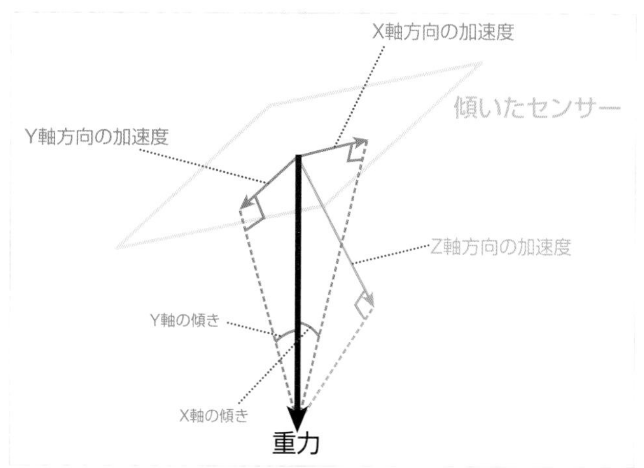

この図では分かりづらいので、Y軸とZ軸の平面での重力の関係を見ると、右図のようになります。

すると、重力とX軸方向の重力成分との関係が直角三角形で表せます。Y軸―Z軸平面と重力の間にできる角度がX軸の傾きとなります。また、X軸の傾きを計算するには、X軸の重力成分（青線）とY軸―Z軸平面の重力成分（赤線）があれば求まることが分かります。そこでまずY軸―Z軸平面の重力成分を

●Y軸-Z軸平面と重力の関係

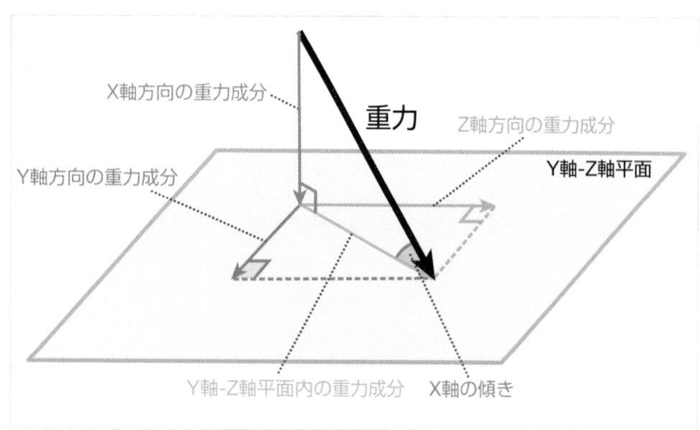

求めます。

三角形の各辺の関係は右の図のように斜辺を2乗した値とそのほかの辺を2乗して足し合わせた値が同じになります。

●三角形の各辺の関係

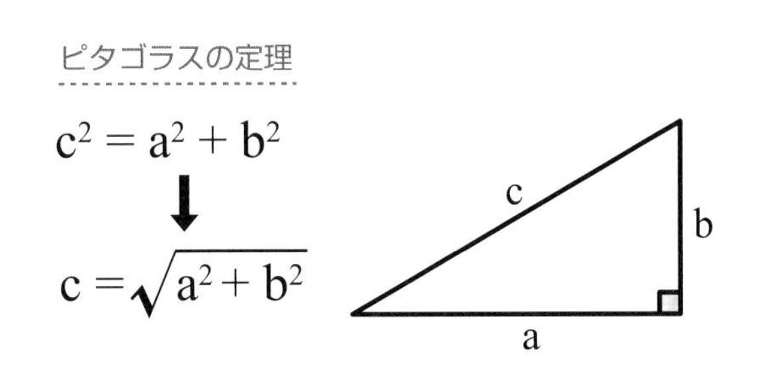

この関係から、Y軸とZ軸平面にある重力成分は右の図のように求まります。

●Y軸-Z軸平面にある重力成分の計算

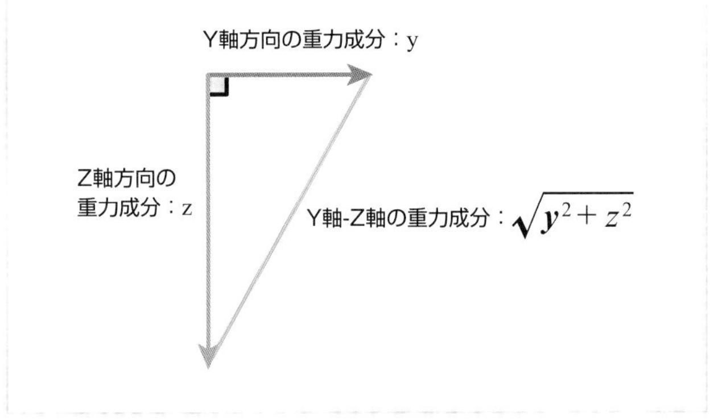

Y軸―Z軸平面の重力成分が求まったらX軸の重力成分を用いてX軸の傾き角を計算します。計算するには、三角形の辺と角度の関係が必要となります。角度は次の図のように正接関数（tan：タンジェント）を利用して表すことができます。

辺から角度を求めるには逆正接関数（tan-1：アークタンジェント）を使って表せます。

●三角形の辺と角度の関係

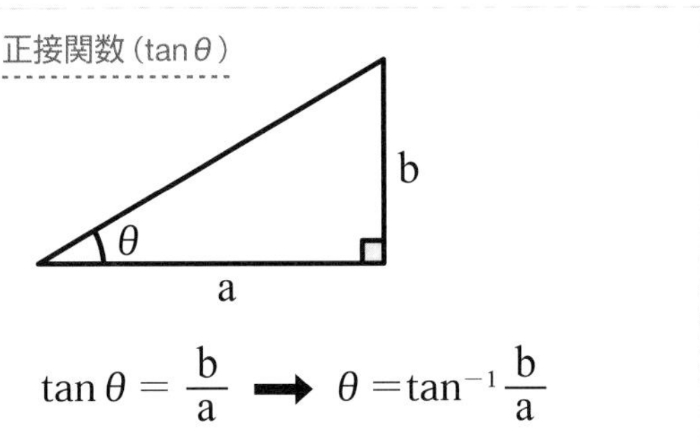

ここにY軸−Z軸平面の重力成分を当てはめます。

●重力の成分を当てはめる

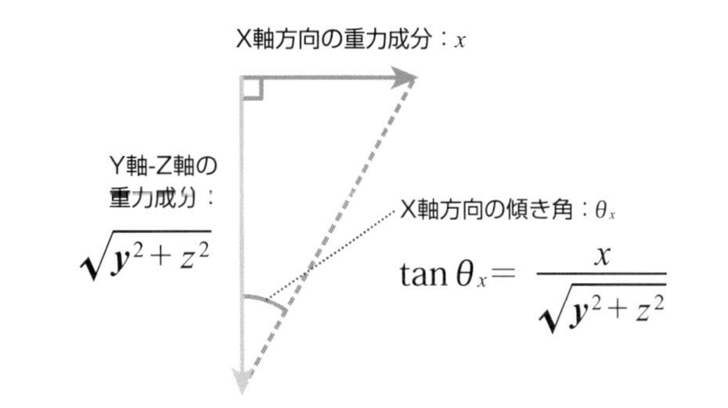

よって、傾き角は逆正接関数を使って計算式が求まります。同様にY軸の傾き成分も求めることができます。

これを加速度を取得するプログラムに組み込むことで傾き角を求めることができます。プログラムは次のように作成します。

●傾き角を求める数式

X軸方向の傾き角： $\theta_x = \tan^{-1}\frac{x}{\sqrt{y^2+z^2}}$

Y軸方向の傾き角： $\theta_y = \tan^{-1}\frac{y}{\sqrt{x^2+z^2}}$

●加速度センサー傾き角を求めるプログラム

arduino_parts/6-5/accel_angle.ino

```
#include <LIS3DH.h>
#include <SPI.h>

const int LIS3DH_CS_PIN = 10;

LIS3DH lis3dh( LIS3DH_CS_PIN );

void setup(){
    Serial.begin( 9600 );

    SPI.begin();
    SPI.setBitOrder( MSBFIRST );
    SPI.setClockDivider( SPI_CLOCK_DIV2 );
    SPI.setDataMode( SPI_MODE3 );

    lis3dh.begin();
}

void loop(){
    int x, y, z;
    float x_angle, y_angle;
```

次ページへ続く

```
    lis3dh.get_accel();
    x = lis3dh.get_accel_x();
    y = lis3dh.get_accel_y();
    z = lis3dh.get_accel_z();                ①

    x_angle = ( atan2( x, sqrt( y * y + z * z ) ) ) * 180.0 / PI;  ②
    y_angle = ( atan2( y, sqrt( x * x + z * z ) ) ) * 180.0 / PI;  ③

    Serial.print( "X-Angle:" );
    Serial.print( x_angle );
    Serial.print( "\tY-Angle:" );
    Serial.println( y_angle );               ④

    delay(100);
}
```

①LIS3DHから各軸の加速度を取得します。

②X軸の傾き角を計算します。sqrt()は平方根、atan2()は逆正接関数の計算ができます。平方根内の「y * y」と表記しているのは、yの値を2乗することを表します。求まった値はラジアン単位となります。これを一般的に利用している度数法に変換するには「180」をかけて、π（3.14）で割ります。

③②同様にY軸の傾きをx軸と同じように計算します。

④求まった傾き角を表示します。

プログラムができたら、Arduinoに転送します。すると、X軸とY軸の傾き角が表示されます。加速度センサーを傾けることで値が変化することが分かります。

なお、本書で提供するLIS3DHライブラリには、傾き角を取得できる「get_angle_x()」と「get_angle_y()」関数を用意してます。この関数を呼び出すことで、加速度の取得や傾き角の計算をして、傾き角を取得できます。「accel_angle2.ino」サンプルプログラムでは、この関数を利用して傾き角を取得しています。

NOTE

ラジアン単位と度数法

一般的に角度を表すのに度数法が利用されています。度数法は1周を360度と表す方法です。一方、ラジアン単位では1周を2πとして表します。

Section 6-6

距離を計測する距離センサー

距離センサーを使うと、センサーから障害物までの距離を計測し、Arduinoで活用できます。障害物に衝突しないようにするなどの応用が可能です。距離センサーには主に赤外線距離センサーと超音波距離センサーがあります。

距離を計測する「距離センサー」

車の模型やロボットなどを動作させる際、障害物に衝突しないようにするには**距離センサー**を利用します。距離センサーは光や音などを照射し、障害物からの反射状況を確認することで、どの程度の距離があるかを計算して求めます。電子工作で一般的に入手できる距離センサーには、主に「**赤外線距離センサー**」と「**超音波距離センサー**」があります。

※ 赤外線距離センサー

赤外線距離センサーは、赤外線を利用して距離を計測するセンサーです。赤外線は目に見えない光で、リモコンの操作などに活用されています。センサーから赤外線を照射し、反射して戻ってきた赤外線の状態を確認して距離を求めています。

センサーには2つのレンズ状の窓がついているのが一般的です。片方の窓から赤外線を照射し、もう片方の窓で受光します。

●赤外線距離センサーの外見

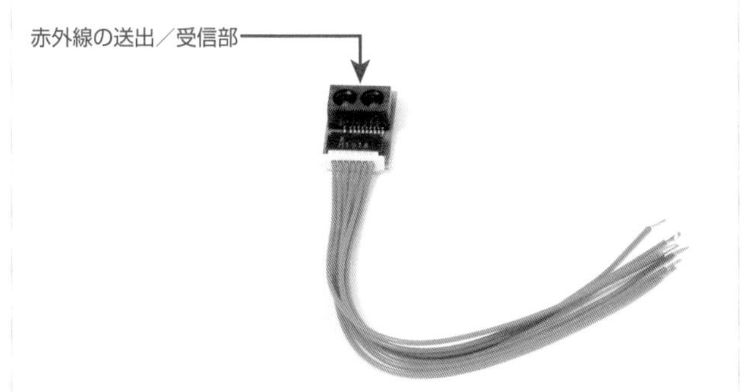

照射した赤外線は、障害物で反射します。反射した光を赤外線距離センサーの受光用の窓で受けます。受光用の窓には、光センサーが面状に配置されており、どこに光が照射されたかを計測できます。障害物が近ければセンサーの面の外側付近に照射され、遠ければ中央付近に照射されます。どこに赤外線が照射されたかを計算する

ことで距離を求めています。なお、反射光が照射した位置から距離を計測する方法を「**PSD方式**」（Position Sensing Device）といいます。

●赤外線距離センサーの計測方法

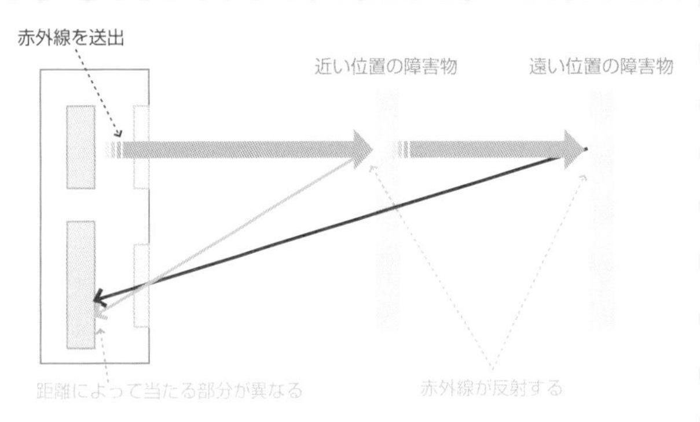

現在購入可能な赤外線距離センサーは、右表のとおりです。商品によって計測可能な距離が異なるほか、Arduinoへ距離データを受け渡す方法が異なります。

本書では、I²Cで計測した距離を取得できるシャープ製の距離センサー「**GP2Y0E03**」を利用する方法を紹介します。利用方法は、p.200以降を参照してください。

●購入可能な主な赤外線距離センサー

製品名	計測可能距離	通信方式	参考価格
GP2Y0E03	4～50㎝	I²C、アナログ	680円（秋月電子通商）
GP2Y0E02A	4～50㎝	アナログ	720円（秋月電子通商）
GP2Y0A21YK	10～80㎝	アナログ	550円（秋月電子通商）
GP2Y0A02YK	20～150㎝	アナログ	980円（秋月電子通商）
GP2Y0A710K	1～5.5m	アナログ	1,200円（秋月電子通商）

＊超音波距離センサー

超音波距離センサーは、超音波を利用して距離を計測するセンサーです。超音波は、人間には聞こえない高い周波数の音波です。コウモリやイルカなどの動物が、障害物がどこにあるかを調べるために利用していることでも知られています。

超音波センサーでは、超音波が障害物に跳ね返ってくる時間を計測することで距離を求めています。

●超音波センサーの外見

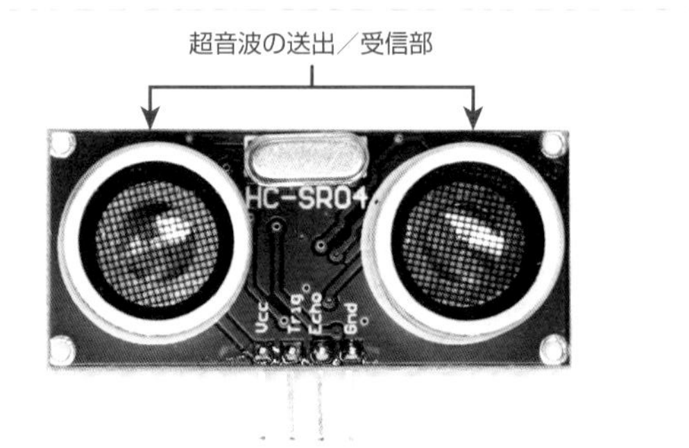

センサーには、超音波を送出する部品と、反射した超音波を受信する部品の2つを搭載しています（ただし、1つで送出と受信を併用する製品もあります）。

パルス状の超音波を送出し、障害物に反射して戻ってくるまでの時間を計測します。音の速度はほぼ一定なので、反射した超音波が戻る半分の時間を音速と掛け合わせることで障害物までの距離が求まります。

受信までの時間を計測して距離を求める方法を「**ToF方式**」（Time of Flight）といいます。

●超音波距離センサーの計測方法

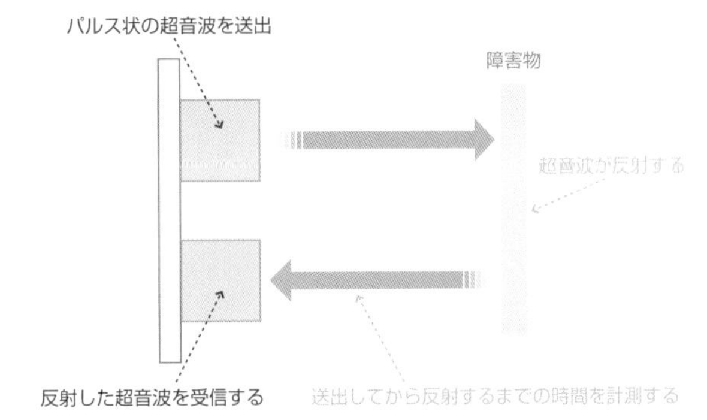
パルス状の超音波を送出
障害物
超音波が反射する
反射した超音波を受信する
送出してから反射するまでの時間を計測する

NOTE

ToF 方式の光距離センサー

超音波以外でも光を用いたToF方式の距離センサーもあります。この際、超音波の代わりに赤外線を照射し、受光までの時間を計測し、光の伝搬速度から距離を求めます（実際は波のずれとなる位相差を利用しています）。このほか、レーザーを照射して距離を計測するセンサーも販売されています。

次の表は、現在入手可能な主要な超音波距離センサーです。商品によって計測可能な距離が異なり、また計測する手順が異なります。

●購入可能な主な超音波距離センサー

製品名	計測可能距離	参考価格
HC-SR04	2～400㎝	300円（秋月電子通商）
US-100	2～450cm	1,221円（スイッチサイエンス）
PING))) Ultrasonic Distance Sensor	2～300㎝	3,980円（秋月電子通商）
Grove - Ultrasonic Distance Sensor	3～400㎝	2,770円（千石電商）

本書では、SainSmart製の超音波距離センサー「**HC-SR04**」を使って距離を計測する方法を紹介します。利用方法は、p.202以降を参照してください。

距離センサーの選択

赤外線距離センサーと超音波距離センサーのどちらかを利用するかは、使う環境や計測する対象を考えて選択します。

赤外線距離センサーは、周囲の赤外線が強い環境には向いていません。例えば、太陽光下や遠赤外線ヒーターなどを使っている場合は不向きです。ただし、センサーに他の赤外線が入りにくいようひさしを付けることで、影響を低減できます。なお、赤外線が反射しにくい素材の障害物は計測できないことがあります。

超音波距離センサーは、超音波が多く発生する場所での利用は向いていません。例えば、超音波洗浄機などの超音波を発生する機械が近くにある場合は不向きです。また、超音波に反応しやすい動物の近くで利用するのは控えましょう。なお、超音波が反射しにくい素材の障害物を計測できないことがあります。

計測距離は商品によって異なります。3cm以下の近距離はどちらのセンサーも正しく計測できません。動く物体や、斜めに反射してしまう物体を計測した場合、計測距離がずれることがあります。

赤外線距離センサーを使う

赤外線距離センサーを使う例を解説します。ここでは前述の**GP2Y0E03**を用います。GP2Y0E03は4～50cmの範囲で距離を計測できます。4cm以下を計測しようとすると、逆に数十cmと大きな値で計測されてしまいます。障害物が4cm以下の範囲に入らないよう、物理的に囲いを付けたり、筐体の端から4cm奥に赤外線距離センサーを配置するなど工夫をしましょう。

計測した距離はI^2Cを使ってArduinoで取得できます。I^2Cアドレスは「0x40」となっています。

GP2Y0E03は、付属のケーブルをコネクタに差し込んで配線します。それぞれの線は次の図のような用途となっています。

●GP2Y0E03の端子

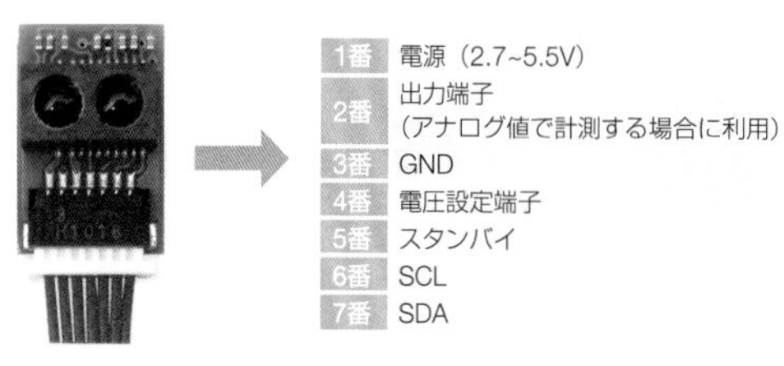

1番に電源端子（5V）、3番にGND端子に接続します。4番端子は動作する電圧を設定します。今回は5Vで動作させるので電源端子（5V）へ接続します。

I^2C通信するために6番をSCL、7番をSDAへ接続します。

5番端子は、計測するかスタンバイ状態にするかを切り替えられる端子です。計測する場合は5Vへ接続します。もしGNDへ接続すると、計測しなくなります。

2番端子は、計測結果を電圧で出力（アナログ）する端子です。今回はI^2Cで計測結果を取得するため利用しません。

Arduinoへは右の図のように接続します。GP2Y0E03の付属のケーブルをそのままArduinoへ接続はできないので、ブレッドボードを介して接続するようにします。

利用部品

- 赤外線距離センサー「GP2Y0E03」……1個
- ブレッドボード……1個
- ジャンパー線（オス―オス）……7本

●Arduinoに赤外線距離センサーを接続

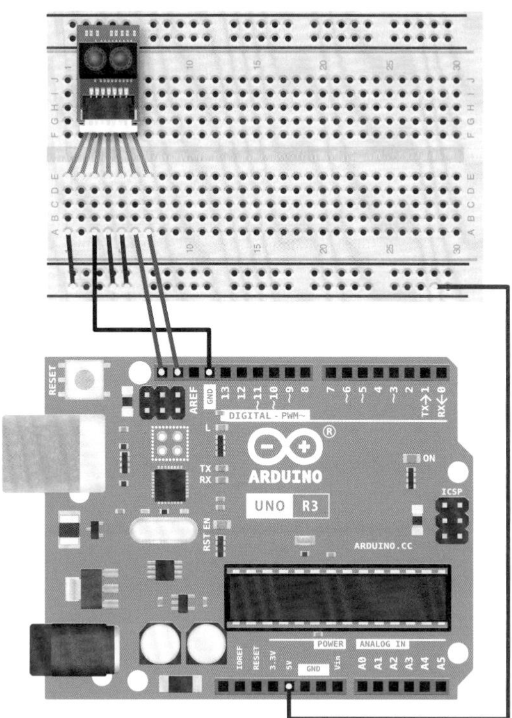

＊赤外線距離センサーの距離を計測するプログラム

接続したらプログラムを作成して距離を取得してみましょう。GP2Y0E03から計測結果を取得するためのライブラリ「GP2Y0E03」を本書のダウンロードページから入手できます。ライブラリファイル「GP2Y0E03.zip」を入手したら、p.29のようにArduino IDEに読み込んでおきます。

次のようにプログラムを作成します。

●赤外線距離センサーから値を取得する

arduino_parts/6-6/length_ir.ino

```
#include <Wire.h>
#include <GP2Y0E03.h> ①

const int GP2Y0E03_I2C_ADDR = 0x40; ②

GP2Y0E03 gp2y0e03( GP2Y0E03_I2C_ADDR ); ③

void setup(){
    Serial.begin( 9600 );
    Wire.begin();
```

次ページへ続く

```
}

void loop(){
    float distance;
    distance = gp2y0e03.get_length();  ④
    if ( distance != -1 ){  ⑤
        Serial.print("Distance:");    ┐
        Serial.print( distance );     ├ ⑥
        Serial.println("cm");         ┘
    } else {
        Serial.println("Out Range.");  ⑦
    }

    delay(100);
}
```

①GP2Y0E03を制御するためのライブラリを読み込みます。

②GP2Y0E03のI^2Cアドレスを指定しておきます。

③GP2Y0E03を利用するためのインスタンスを作成します。この際GP2Y0E03のI^2Cアドレスを指定します。

④get_distance()で計測した距離を取得します。

⑤計測範囲外の場合は「-1」が返ってきます。そこで、計測結果が計測範囲内であるかを確認し条件分岐します。

⑥計測した距離を表示します。取得した距離の単位は「cm」となります。

⑦計測範囲外の場合は「Out Range.」と表示します。

プログラムができたら、Arduinoに転送します。すると、0.1秒間隔で計測して距離が表示されます。試しにセンサーの前に手をかざして近づけたり遠ざけたりすると、表示する距離が変化します。また、計測範囲外の場合は「Out Range」と表示されます。

超音波距離センサーを使う

サインスマート製の**超音波距離センサー「HC-SR04」**を使って距離を計測してみましょう。HC-SR04は2cm～400cmと幅広い範囲の計測ができます。2cm以下を計測しようとすると、正しい距離が計測できません。障害物が2cm以下の範囲に入らないよう、物理的に囲いを付けたり、筐体の端から2cm奥に赤外線距離センサーを配置するなど工夫をしましょう。

HC-SR04は、右の図のように4本の端子を搭載しています。

●HC-SR04の端子

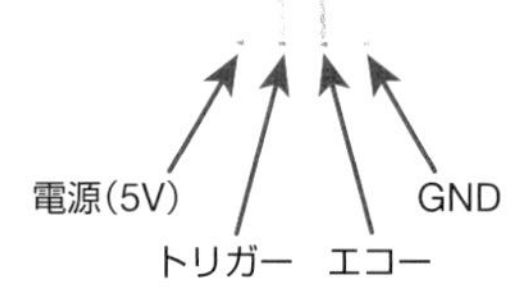

電源端子にArduinoの電源端子（5V）を接続します。「GND」はGND端子に接続します。

「トリガー」は、超音波を送出する際に使います。デジタル入出力に接続してデジタル出力することで制御します。「エコー」は反射した超音波を受信すると出力される端子です。トリガーで送出してエコーで受信するまでの時間を計測して距離を求めます。

Arduinoとは図のように接続します。トリガーはPD6、エコーはPD7に接続するようにしておきます。

利用部品

- 超音波距離センサー「HC-SR04」……1個
- ブレッドボード……1個
- ジャンパー線（オス―メス）……4本

●Arduinoに超音波距離センサーを接続

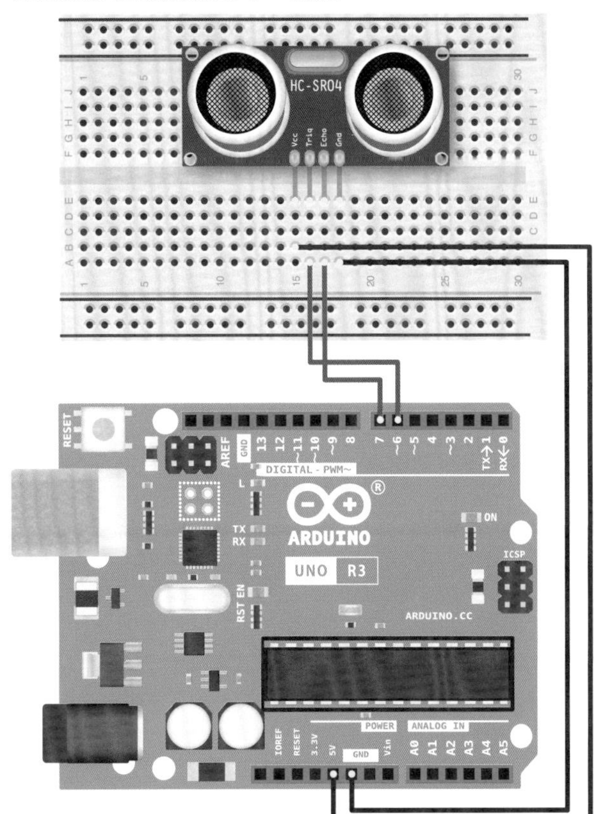

✻超音波距離センサーの距離を計測するプログラム

接続したらプログラムを作成して距離を取得してみましょう。

HC-SR04から計測結果を取得するためのライブラリ「HCSR04」を本書のダウンロードサイトから入手できます。ライブラリファイル「HCSR04.zip」を入手したら、p.29のようにArduino IDEに読み込んでおきます。

次のようにプログラムを作成します。

●超音波距離センサーから値を取得する

arduino_parts/6-6/length_us.ino

```
#include <HCSR04.h>  ①

const int TRIG = 6;  ②
const int ECHO = 7;

HCSR04 hcsr04( TRIG, ECHO );  ③
```

次ページへ続く

```
void setup(){
    hcsr04.begin(); ④

    Serial.begin( 9600 );
}

void loop(){
    float distance;

    distance = hcsr04.get_length(); ⑤
    if ( distance != -1 ){ ⑥
        Serial.print("Distance:");
        Serial.print( distance );      ⑦
        Serial.println("cm");
    } else {
        Serial.println("Out Range."); ⑧
    }

    delay (100);
}
```

①HC-SR04を制御するためのライブラリを読み込みます。

②HC-SR04のトリガーとエコーを接続したデジタル入出力の番号を指定します。

③HC-SR04を利用するためのインスタンスを作成します。この際、トリガーとエコーを接続したデジタル入出力端子を指定します。

④HC-SR04を初期化します。

⑤get_length()で計測した距離を取得します。

⑥計測範囲外の場合は「-1」が返ってきます。そこで、計測結果が計測範囲内であるかを確認し条件分岐します。

⑦計測した距離を表示します。取得した距離の単位は「cm」となります。

⑧計測範囲外の場合は「Out Range.」と表示します。

プログラムができたらArduinoに転送します。すると、約0.1秒間隔で計測して距離が表示されます（計測距離が長くなるほど待機時間が長くなります）。試しにセンサーの前に手をかざして近づけたり遠ざけたりすると、表示する距離が変化します。なお、計測範囲外の場合は「Out Range.」と表示されます。

Chapter

7

数字や文字などを表示するデバイスの制御

センサーで計測した値などを知るには、情報を表示する電子部品が利用できます。数字を表示できるものやアルファベットの文字、画像を表示できるものなど、様々な表示器があります。それぞれの表示デバイスを動作させてみましょう。

Section 7-1

数字を表示する(7セグメントLED)

電子部品を使えば、ディスプレイを使わずユーザーに情報を伝えることが可能です。7セグメントLEDは、数字の形状をしており、自由に数字を伝えることができます。7セグドライバーICを使えば、10進数の数値を2進数で出力した値を7セグLEDに表示できます。

数字を表示できる「7セグメントLED」

「**7セグメントLED**」は、数字状に7つのLED(ドットを含む8個のLED)を配置した電子部品です。LEDを点灯させて簡単に数字を表すことができます。各LEDの点灯で数字を表せるため、Part3で説明したような簡単なLED制御方法を使って表示ができる利点があります。Arduinoのデジタル入出力端子に接続すれば、デジタル入出力端子の出力HIGH、LOWを切り替えることで自由に数字を表示できます。

表示を工夫すれば、数字だけでなく簡単なアルファベットを表すことも可能です。

●LEDで数字を表せる「7セグメントLED」

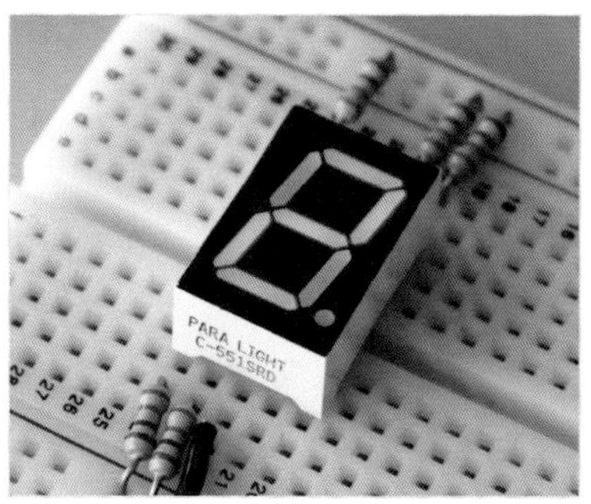
PARA LIGHT
C-551SRD

＊7セグメントLEDの外観

一般的な7セグメントLEDは、「8」の字と右下に「.」(ドット)が配置されています。それぞれの部分にLEDが入っており、特定のLEDを点灯させると、数字の1辺が点灯します。この8の字を構成するそれぞれのLEDを「セグメント」といいます。

各セグメントには、アルファベットで名称が付いています。例えば上辺は「a」、右上辺は「b」、右下のドットは「DP」です。このアルファベットの名称は、点灯する際に制御する端子との関係を調べるのに利用します。

●8の字状にLEDが配置された「7セグメントLED」の外観

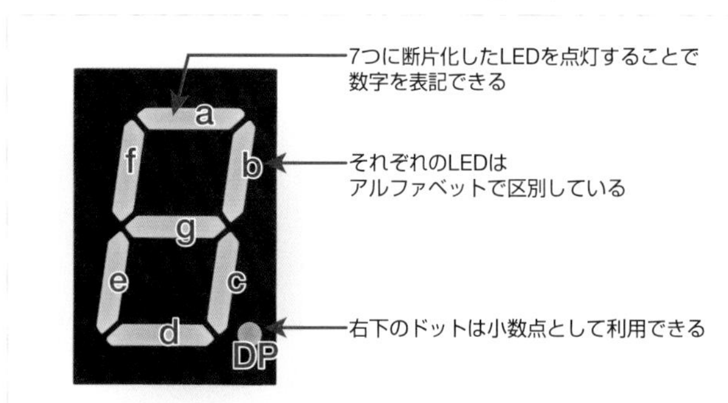
7つに断片化したLEDを点灯することで
数字を表記できる
a
f
b
g
e
c
d
DP
それぞれのLEDは
アルファベットで区別している
右下のドットは小数点として利用できる

＊7セグメントLEDの端子

7セグメントLEDの背面には、制御用端子が備わっています。それぞれのLEDにアノードとカソードがあります。このうち一方が独立した端子として7セグメントLEDに装備されており、もう一方の端子はまとめられています。アノードとカソードのどちらがまとめられているかは、製品によって異なります。まとめられている端子は「**アノードコモン**」と「**カソードコモン**」があり、アノードコモンは各LEDのアノードをまとめ、カソードコモンは各LEDのカソードがまとまっています。

ほとんどの7セグメントLEDは、端子の配置が同じです。中央上下の2端子はアノードコモンまたはカソードコモンです。どちらを利用しても動作します。それ以外は各LEDに接続されています。

なお、端子は表から見た状態で左下が1番、その右が2番……と反時計回りに番号が割り当てられています。裏返した場合は、右下が1番、その左が2番……と時計回りになるので注意しましょう。

例えば「a」のLEDであれば7番端子、「b」は6番端子、「g」は10番端子、「DP」は5番端子となっています。

ただし、すべての7セグメントLEDがこのように配置されているわけではありません。サイズの小さな製品の場合は、左右に端子が配置されていることもあります。必ず製品のデータシートを確認しておきましょう。

●「7セグメントLED」の端子（カソードコモン）

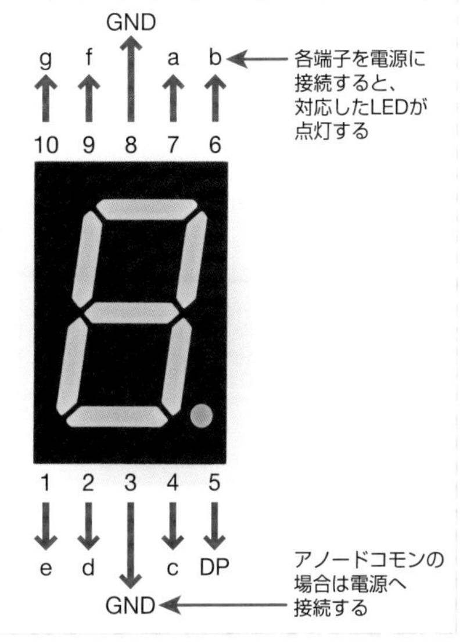

●アノードコモンとカソードコモン

カソードコモン

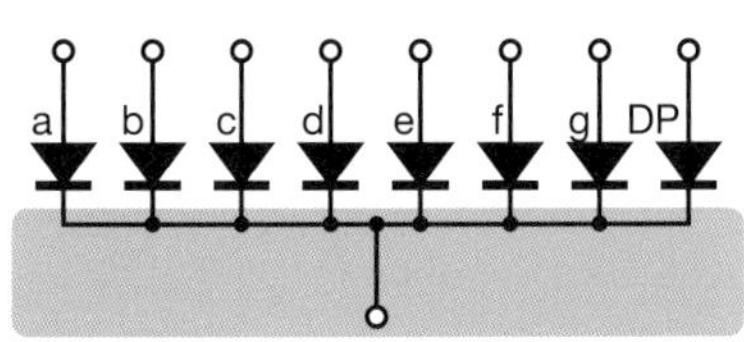

LEDのカソードがまとまっている

アノードコモン

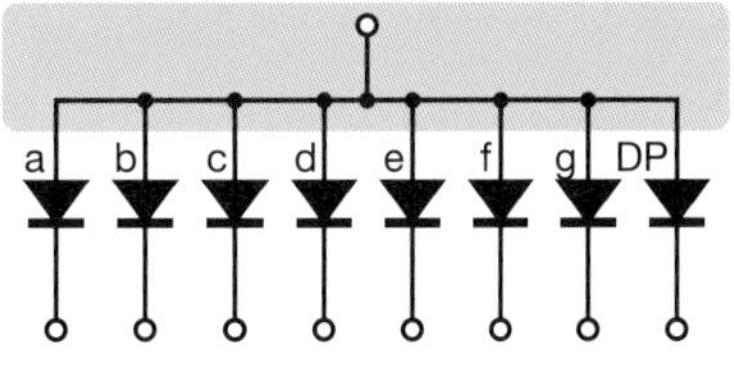

LEDのアノードがまとまっている

＊7セグメントLEDの種類

サイズ、点灯色、明るさが異なった様々な形状の7セグメントLEDが販売されています。例えば、秋月電子通商の「7ｾｸﾞﾒﾝﾄLED」カテゴリーや、千石電商の「7セグ/16セグ」カテゴリーなどから探せます（いずれも表記はサイトのママ）。

7セグメントLEDを選択する場合には「大きさ」「点灯色」「コモンの種類」に注意します。

大きさは、高さが1cmの小さいものから、3cmを超えるものなど様々です。小さな7セグメントLEDを選択する場合は、端子の位置が横に付いていることがあるので注意しましょう。

色は赤、青、緑、黄色、白など様々な種類があります。ただし、色によってはLEDのVfやIfが異なります。高い電圧や大きな電流が必要となる7セグメントLEDを利用する場合は、直接Arduinoのデジタル入出力端子には接続できないので注意しましょう。

また、アノードコモンかカソードコモンかどちらを利用するかは間違えないようにします。電子回路を考えたうえで、どちらを利用するかを選択しましょう。

14セグメントLED、16セグメントLED

7セグメントLEDは数字を表記するのには向いています。しかし、数字以外にもアルファベットも表示できれば表現が広がります。しかし、7セグメントLEDでアルファベットを表示するのは困難です。例えば、「W」を表示しようとなると、中央部分の縦線を7セグメントLEDでは表現できません。

アルファベットの表示にも対応できるのが「14セグメントLED」です。7セグメントLEDの各セグメントに加え、中央部分に「米」の字を加えたような形になっています。14個のLEDで構成されており、文字の表現が広がります。

制御は7セグメントLED同様、14本のアノードまたはカソードにデジタル出力して各セグメントを点灯、消灯して表現することとなります。

●アルファベットも表現できる「14セグメントLED」

このほか、上と下のLEDをそれぞれ2つに分割した16セグメントLEDなども販売されています。

直接デジタル入出力端子に接続して7セグメントLEDを点灯する

実際に7セグメントLEDを利用してみましょう。本書ではPara Light Electronics製**カソードコモンの7セグメントLED「C-551SRD」**を利用した例を紹介します。他の7セグメントLEDを使う場合は、端子の位置や接続する抵抗などに注意して利用しましょう。

7セグメントLEDを点灯する場合には、それぞれのLEDに電流制御用の抵抗を接続する必要があります。LED同様にそのまま接続すると、大電流が流れて7セグメントLEDが壊れてしまう恐れがあります。また、抵抗はそれぞれのLEDに接続するようにします。コモンに1つ抵抗を接続しただけでは、点灯するLEDの数によって各LEDに流れる電流が異なってしまい、点灯する明るさが異なります。

●それぞれのLEDに抵抗を付ける

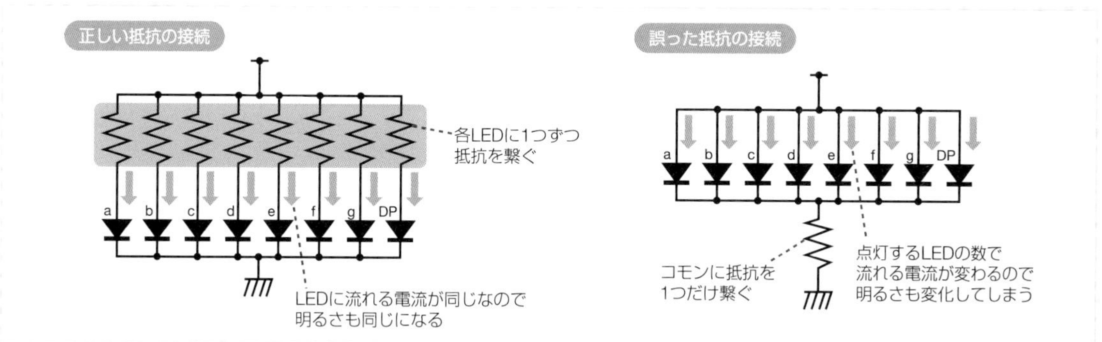

制限抵抗は、7セグメントLEDのVfとIf、Arduinoのデジタル入出力端子に流せる電流によって考慮する必要があります。C-551SRDのVfは1.8V、Ifは20mAであるため、計算すると160Ωと求まります。

しかし、Arduinoのデジタル入出力端子は1端子あたり40mAまで、すべてのデジタル入出力端子の電流が合計で200mAの制限があります。

7セグメントLEDは、数字部分の7個のLEDとドットの合計8個のLEDが同時に点灯する場合があります。もし160Ωの抵抗を選択した場合は、1つのLEDあたり20mA流すと、すべてのLEDを点灯すると160mAの電流が流れることになります。Arduinoの制限の合計200mAよりも下回りますが、残り40mAをほかの用途で利用することとなり、場合によっては足りなくなることも考えられます。

そこで、LEDを点灯する電流を小さくすることでほかの電子部品にも十分な電流を回すことができるようになります。そこで、制限抵抗を大きくして1つのLEDに流れる電流を小さくしましょう。

例えば、制限抵抗に330Ωを選択すると、電流は約10mAとIfよりも半分の電流で済むこととなります。これですべてのLEDを点灯した場合も80mAと少ない電流で動作が可能となります。

電流を抑えるとLEDの明るさが落ちます。もし、明るさを落としたくない場合は、トランジスタなどを利用してデジタル入出力端子以外から電源を供給するとよいでしょう。

電子回路は次の図のようになります。7セグメントLEDのアノードに330Ωの抵抗をそれぞれ接続し、デジタル入出力端子の2番から9番のそれぞれの端子に接続するようにしました。

●7セグメントLEDを点灯する回路

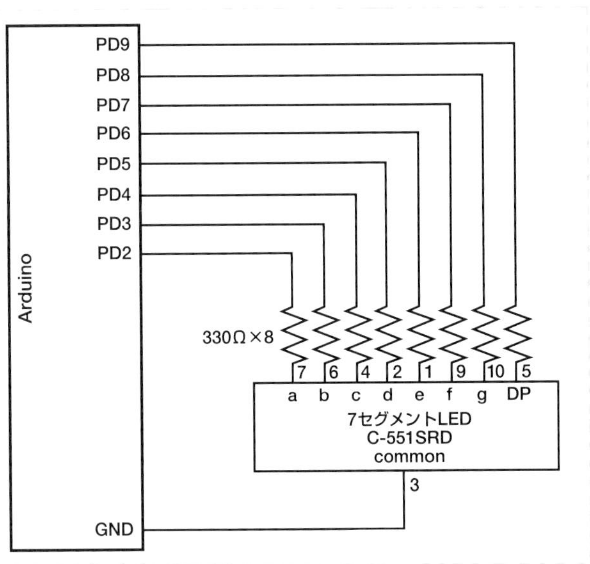

実際の配線は右の図のように接続します。配線が多くなるので間違えないように接続しましょう。

●7セグメントLEDの接続図

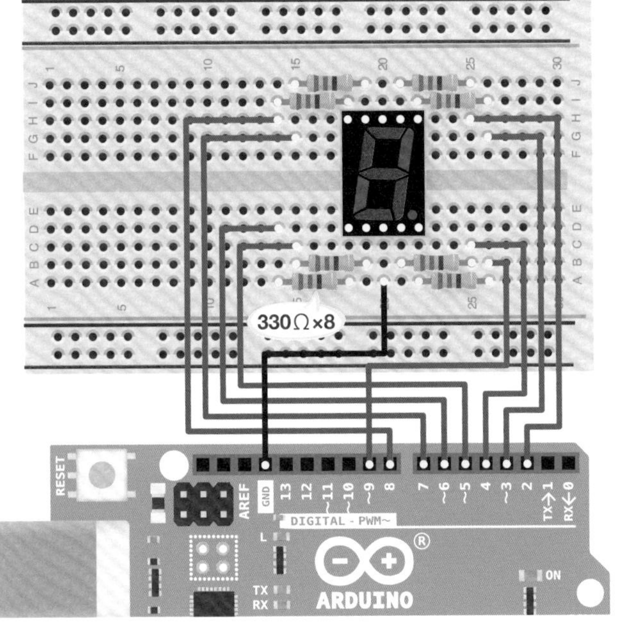

NOTE

LEDの電源制御用抵抗について

LEDに接続する抵抗値を求める方法については、p.68のNOTEを参照してください。

利用部品

- 7セグメントLED「C-551SRD」……1個
- 抵抗 330Ω……8個
- ブレッドボード……1個
- ジャンパー線(オス—オス)……9本

＊7セグメントLEDを点灯する

回路ができあがったら7セグメントLEDを点灯してみましょう。7セグメントLEDに接続したデジタル入出力端子を出力に設定して、HIGHにすると点灯、LOWにすると消灯します。例えば、「5」と表示する場合は次のようなプログラムにします。

●7セグメントLEDに「5」と表示するプログラム

arduino_parts/7-1/7seg_five.ino

```
const int SEG_PIN[7] = { 2, 3, 4, 5, 6, 7, 8 }; ①
const int DP_PIN = 9; ②

void setup() {
    int i;

    for ( i = 0; i < 7; i++ ){          ┐
        pinMode( SEG_PIN[i] , OUTPUT ); │ ③
    }                                   │
    pinMode( DP_PIN , OUTPUT );         ┘
}

void loop() {
    digitalWrite( SEG_PIN[0], HIGH );   ┐
    digitalWrite( SEG_PIN[1], LOW );    │
    digitalWrite( SEG_PIN[2], HIGH );   │
    digitalWrite( SEG_PIN[3], HIGH );   │ ④
    digitalWrite( SEG_PIN[4], LOW );    │
    digitalWrite( SEG_PIN[5], HIGH );   │
    digitalWrite( SEG_PIN[6], HIGH );   ┘
    digitalWrite( DP_PIN , LOW );  ⑤
}
```

①7セグメントLEDの各LEDに接続したデジタル入出力端子の番号を定義します。配列を使って順にa、b、……gのデジタル入出力端子番号を列挙します。

②右下のドットに接続したデジタル入出力端子の番号を指定します。

③各端子を出力モードに切り替えます。この際、for文を使うことでSEG_PIN配列に列挙したデジタル入出力端子を繰り返して出力モードに切り替えられます。

④各端子の出力を設定します。「5」と表示する場合は、bとeをLOW、それ以外をHIGHと指定します。

⑤ドットを点灯するかを指定します。

プログラムが完成したら、Arduinoに転送します。すると、7セグメントLEDが「5」という形状で点灯します。各端子の出力を変更すると、ほかの数字を表示できます。

数字の形状をあらかじめ決めて7セグメントLEDに表示する

前述した方法では点灯の都度、表示するLEDをdigitalWrite()で指定する必要があって手間がかかります。例えば、5の次に8と表示するには、同じ行数だけ出力を変更するプログラムを記述する必要があります。

表示する数字の形状があらかじめ決まっているのであれば、表示する数字の形状を配列などに格納しておくことで、簡単に数字を変更できるようになります。例えばSEG_SHAPEという配列を用意しておき、0番目の配列には「0」の点灯パターン、1番目は「1」の点灯パターン……のように格納しておきます。こうすることで、「SEG_SHAPE[5]」と指定するだけで「5」を表示するパターンを取り出せるようになります。

パターンは数字で表して配列に格納する必要があります。そこで、次の図のように0ビット目はa、1ビット目をbのように各LEDを2進数で表すようにします。こうすることでパターンを数値化できます。

●表示パターンを数値化する

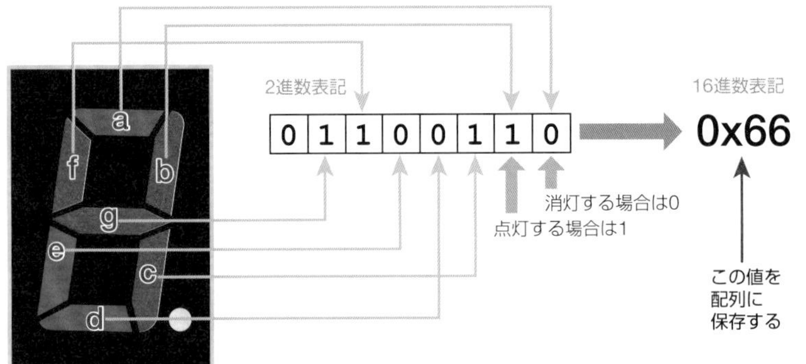

表示数字	2進数表記	16進数表記
0	00111111	0x3f
1	00000110	0x06
2	01011011	0x5b
3	01001111	0x4f
4	01100110	0x66
5	01101101	0x6d
6	01111101	0x7d
7	00000111	0x07
8	01111111	0x7f
9	01101111	0x6f

保存していた表示パターンは、論理演算の「AND」を利用することで簡単に取り出せます。AND論理演算では、2つの値でどちらも1の場合は「1」となり、それ以外の場合は「0」となるようになっています。

●AND論理演算

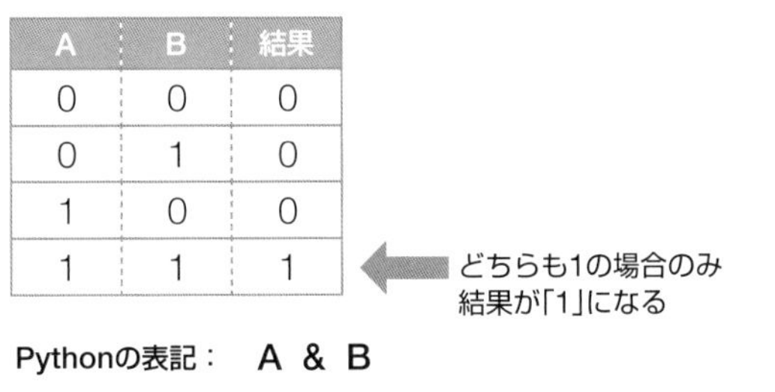

A	B	結果
0	0	0
0	1	0
1	0	0
1	1	1

どちらも1の場合のみ
結果が「1」になる
Pythonの表記：　A & B

利用したいパターンと取り出したいビットだけを1にした2進数とANDをとると、特定のビットだけ取り出すことができます。

この結果をそのままdigitalWrite()で出力することで点灯、消灯を切り替えられます。なお、LOWは「0」、HIGHは「0以外」となるため、どこかのビットが1となっている場合は点灯するようにできます。このため、3ビット目を取り出して結果が「100」のようになった場合でもLEDが点灯できます。

●AND論理演算で特定のビットを取り出す

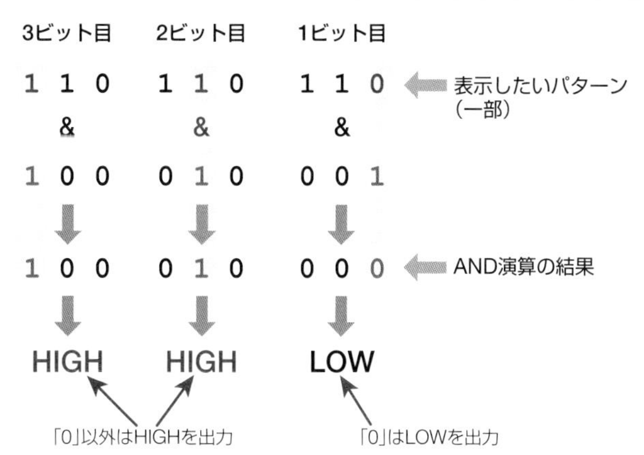

実際のプログラムは次のようになります。

●パターンを使って数字を7セグメントLEDに表示するプログラム

arduino_parts/7-1/7seg_pattern.ino

```
const int SEG_PIN[7] = { 2, 3, 4, 5, 6, 7, 8 };
const int DP_PIN = 9;

const char SEG_SHAPE[10] = { 0x3f, 0x06, 0x5b, 0x4f, 0x66, 0x6d, 0x7d, 0x07, 0x7f, 0x6f }; ①

void setup() {
    int i;

    for ( i = 0; i < 7; i++ ){
        pinMode( SEG_PIN[i] , OUTPUT );
    }
    pinMode( DP_PIN , OUTPUT );
}

void loop() {
    int disp_number = 5; ②
    int disp_dp = 0; ③
    char shape;

    shape = SEG_SHAPE[ disp_number ]; ④

    digitalWrite( SEG_PIN[0], shape & 0x01 ); ─┐
    digitalWrite( SEG_PIN[1], shape & 0x02 );  │
    digitalWrite( SEG_PIN[2], shape & 0x04 );  │
    digitalWrite( SEG_PIN[3], shape & 0x08 );  │ ⑤
    digitalWrite( SEG_PIN[4], shape & 0x10 );  │
    digitalWrite( SEG_PIN[5], shape & 0x20 );  │
    digitalWrite( SEG_PIN[6], shape & 0x40 ); ─┘
    digitalWrite( DP_PIN ,disp_dp );

}
```

①表示パターンを配列に格納します。
②表示したい数字を指定します。
③ドットを表示する場合は「1」、表示しない場合は「0」と指定します。
④表示する数字のパターンを取り出し、shape変数に入れます。
⑤各LEDに出力します。AND演算子で各ビットの状態を確認して「1」なら点灯、「0」なら消灯します。

プログラムができたら、disp_numberに表示したい数字を指定してから、Arduinoに転送します。
なお表示部分は、次のようにwhile文を使って記述を短くすることもできます。

●表示部分を短く記述したプログラム

arduino_parts/7-1/7seg_pattern_short.ino

```
const int SEG_PIN[7] = { 2, 3, 4, 5, 6, 7, 8 };
const int DP_PIN = 9;

const char SEG_SHAPE[10] = { 0x3f, 0x06, 0x5b, 0x4f, 0x66, 0x6d, 0x7d, 0x07, 0x7f, 0x6f };

void setup() {
    int i;

    for ( i = 0; i < 7; i++ ){
        pinMode( SEG_PIN[i] , OUTPUT );
    }
    pinMode( DP_PIN , OUTPUT );
}

void loop() {
    int i;
    int disp_number = 5;
    int disp_dp = 0;
    char shape;

    shape = SEG_SHAPE[ disp_number ];

    i = 0;
    while ( i < 7 ){
        digitalWrite( SEG_PIN[i], shape & ( 0x01 << i ) );      ①
        i = i + 1;
    }

    digitalWrite( DP_PIN ,disp_dp );
}
```

①プログラムでは、0から6まで繰り返し、SEG_PIN配列で対象のピンを順に選択します。ビットは1を左にいくつシフト（<<）させるかで指定しています。

ビット演算のシフト

ビット演算でシフトを利用すると、ビットを右または左に移動させることができます。左側にシフトするには「 値 << シフトの数」のように記述します。例えば、2進数で「0b00000001」を左に3つシフトして「0b00001000」としたい場合は「0x01 << 3」と指定します。なお、右方向に移動したい場合は「値 >>シフトの数」とします。

7セグメントドライバーICを使う

7セグメントLEDの点灯で役立つ電子部品に「**7セグメントドライバーIC**」があります。7セグメントドライバーICは、表示したい数値を2進数で入力すると、その数字に合った数字の形状に7セグメントLEDを点灯させることができるICです。これを使うと、前述したような数字の形状を準備する必要がありません。

表示する数字を2進数（4ビット）で出力するため、数字部分の表示はデジタル入出力端子を4本接続するだけですみ、それぞれのLEDに接続するより3本節約できます。

さらに、LEDを点灯する電源はICに接続した電源を利用するため、デジタル入出力端子の電流の制限を考える必要がなくなります。ただし、部品点数が増えるため、接続が多少複雑になります。

＊7セグメントLEDを動かす7セグメントドライバーIC「74HC4511」

7セグメントドライバーICにはいくつかの種類があります。アノードコモン向けやカソードコモン向け、数字の形状が違うなど様々です。テキサス・インスツルメンツ社製の「**74HC4511**」は、カソードコモン向け7セグメントドライバーICです。

74HC4511は、右のような一般的なICの形状をしています。16番端子に電源、8番端子にGNDに接続します。Arduinoから表示したい数字は1、2、6、7番の4端子に接続して入力します。すると9から15番端子から出力します。ここに7セグメントLEDを接続すれば、数字が表示されます。接続する端子は7セグメントLEDの所定の端子に接続します。

●7セグメントLEDを点灯制御する7セグメントドライバー「74HC4511」

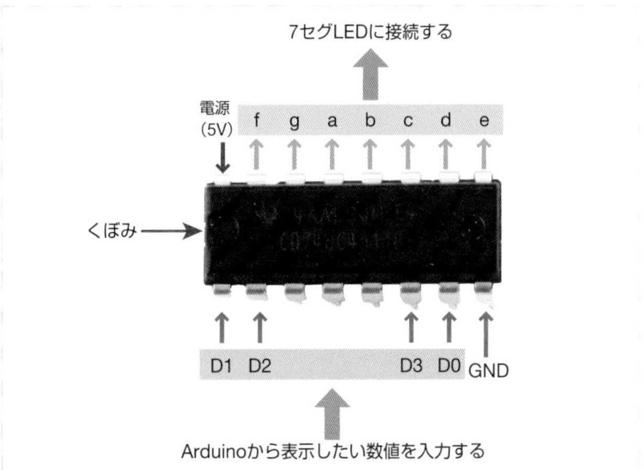

東芝製の TC4511

東芝が製造する7セグメントLEDドライバーの「TC4511」も74HC4511と同様に動作できます。74HC4511の代わりにTC4511にしても数字を表示可能です。

＊74HC4511を使って7セグメントLEDを点灯する

74HC4511を使って、7セグメントLEDに数字を表示してみましょう。

74HC4511を使った回路図は右のようにします。入力はデジタル入出力端子PD2からPD5を利用しました。

74HC4511は数字のみの表示を処理するため、右下のドットは別途デジタル入出力端子に接続して制御するようにします。74HC4511の3から5番端子は複数の桁を表示する場合に利用します。今回は1桁のみなので、3、4番端子は5Vに、5番端子はGNDに接続しておきます。

●74HC4511を使った7セグメントLED点灯回路

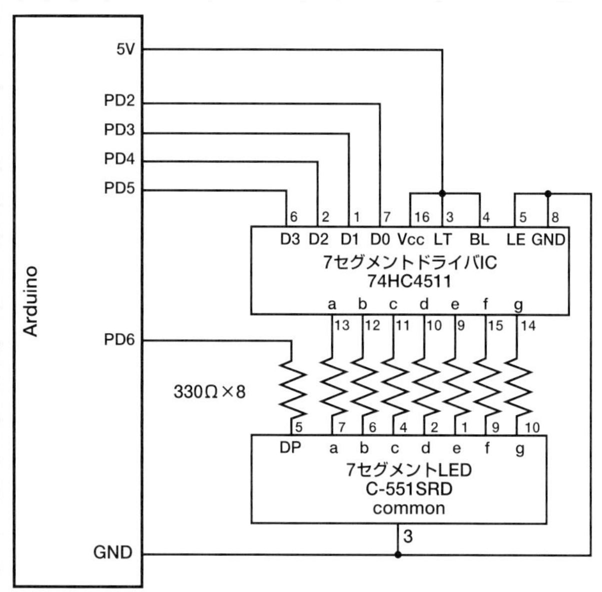

実際に接続するには次の図のように配線します。

●74HC4511と7セグメントLEDの接続図

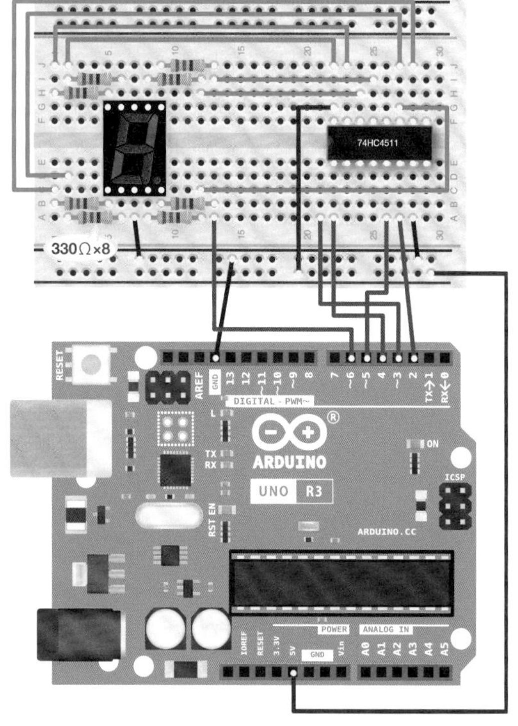

利用部品

- 7セグメントLED「C-551SRD」……1個
- 7セグドライバ「74HC4511」……1個
- 抵抗 330Ω……8個
- ブレッドボード……1個
- ジャンパー線（オス―オス）……17本

プログラムで7セグメントLEDを点灯する

回路ができたら7セグメントLEDに数字を表示してみましょう。次のようなプログラムを作成します。

●7セグメントLEDドライバーを使って表示するプログラム

arduino_parts/7-1/7seg_driver.ino

```
const int BIT_PIN[4] = { 2, 3, 4, 5 }; ①
const int DP_PIN = 6;

void setup() {
    int i;

    for ( i = 0; i < 4; i++ ){
        pinMode( BIT_PIN[i] , OUTPUT );
    }
    pinMode( DP_PIN , OUTPUT );
}

void loop() {
    int i;
    int disp_number = 5; ②
    int disp_dp = 0; ③

    i = 0;
    while ( i < 4 ){
        digitalWrite( BIT_PIN[i], disp_number & ( 0x01 << i ) );   ④
        i = i + 1;
    }

    digitalWrite( DP_PIN ,disp_dp );
}
```

①74HC4511に接続したデジタル入出力端子の番号を指定します。順にD0、D1、D2、D3に対応するように指定します。

②表示する数字を指定します。

③右下のドットを点灯するには1、点灯しない場合は0にします。

④digitalWriteで74HC4511に数字を送ります。1ビット1つの線で送ります。数字をビットに分けるため、p.212で説明したように数字をAND演算子で特定のビットを取り出して出力します。

プログラムができたら、disp_numberに表示したい数字を指定してから、Arduinoに転送します。すると、指定した数字が表示されます。

Section 7-2

複数の数字を表示する

複数の7セグメントLEDを使えば、価格や時間、センサーで計測した結果などの表示が可能となります。複数の7セグメントLEDを点灯するには、ダイナミック制御という動作方法で制御します。

複数の7セグメントLEDを使って数字を表示

7セグメントLEDは1桁の数字を表示します。複数の7セグメントLEDを並べて利用すれば、表示する数字の桁を増やすことができます。4つの7セグメントLEDを並べれば0～9999まで表示でき、カウントや時間、計測した値などを表示できます。右下のドットも使えば、「2.718」のような小数も表示できます。

●複数の7セグメントLEDを接続して多数の桁の数字を表示する

ダイナミック制御で複数の7セグメントLEDを表示する

7セグメントLEDは、アノードが7端子（ドットを除く）、カソードが1端子の8端子を接続する必要があります。複数の桁の7セグメントLEDを接続する場合は、その分接続する端子数も増えます。仮に4桁であれば、アノードは7×4＝28端子必要です。

Arduino Unoで利用できるデジタル入出力端子は14端子を搭載するため、アノード28端子分を用意することができません。

●7セグメントLEDを別々に接続すると端子が多くなる

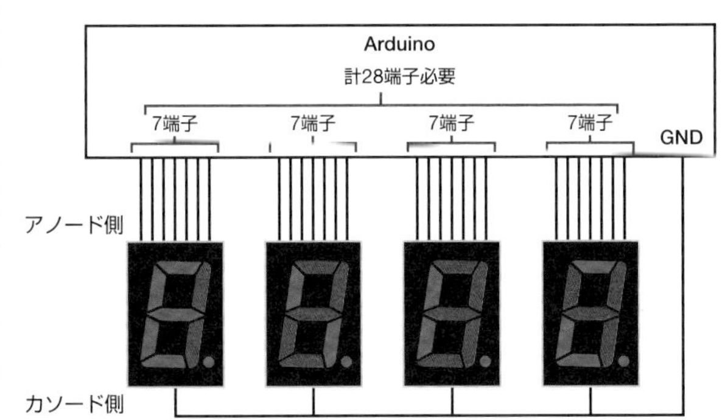

そこで、複数の7セグメントLEDを点灯するに「**ダイナミック制御**」と呼ばれる方法を利用して点灯制御します。ダイナミック制御は、各桁を順に点灯する方法です。4桁の7セグメントLEDを点灯する場合には、1桁目を点灯した後、2桁目、3桁目、4桁目と順に切り替えて点灯します。4桁目まで達したら、再度1桁目から点灯を繰り返します。これを短い時間で切り替えれば、人の目にはすべての桁の7セグメントLEDが点灯しているように見えます。

●高速に切り替えて点灯する「ダイナミック制御」

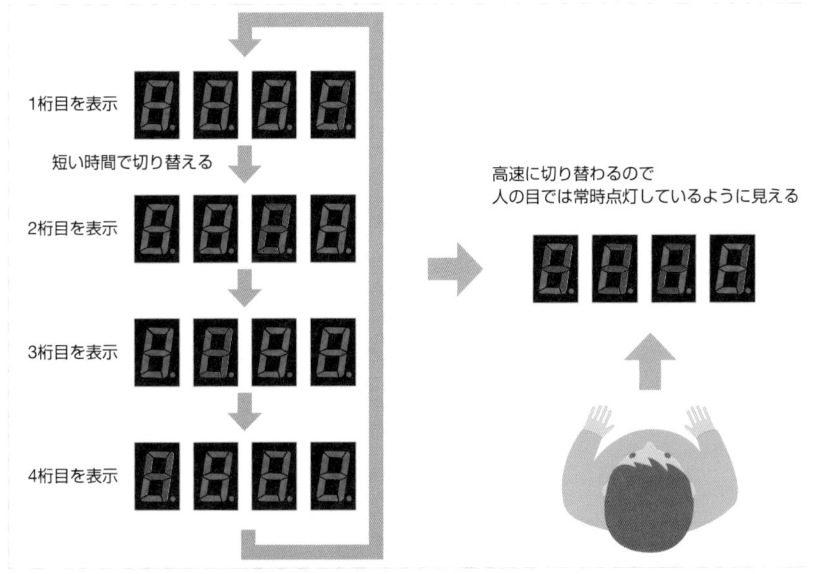

ちなみに、前述のようなすべての7セグメントLEDを別々に制御する方法を「**スタティック制御**」と呼びます。

ダイナミック制御する場合は、7セグメントLEDのアノード各端子をまとめて接続します。4桁であれば、1桁目、2桁目、3桁目、4桁目の「a」の端子をまとめて、デジタル入出力端子に接続します。同様に「b」「c」……「g」とまとめておきます。こうすることで、スタティック制御では28端子必要だったのが、ダイナミック制御では7端子だけで済みます。

●ダイナミック制御の接続

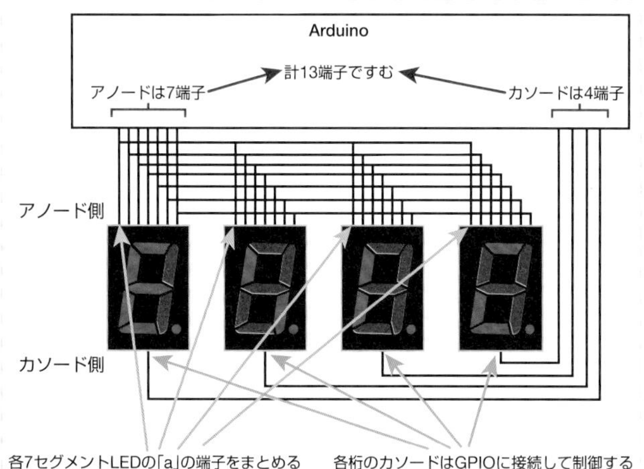

また、それぞれの桁のカソードは別々にデジタル入出力端子に接続します。4桁の場合はデジタル入出力端子に4端子接続することとなります。よって、ダイナミック制御では計13端子のデジタル入出力端子に接続することとなり、スタティック制御の28端子よりも接続する端子数は大幅に少なくできます。

アノード側のデジタル入出力端子の出力を制御して4桁目に表示したい数字を出力します。例えば、「1」と表示する場合は「b」と「c」にHIGHを出力し、それ以外は「LOW」を出力します。カソード側は表示対象の4桁目をLOWに出力し、点灯しない桁はHIGHを出力します。

LEDはアノードがHIGH、カソードがLOWになっている場合に点灯できるため、カソード側がHIGHになっている7セグメントLEDはすべて点灯しなくなります。よってbとcのLEDのみが4桁目に表示されることとなります。

1桁目、2桁目、3桁目、4桁目、1桁目……の順に点灯することで、すべての桁の数字を表示できます。

●点灯する桁だけカソードをLOWにする

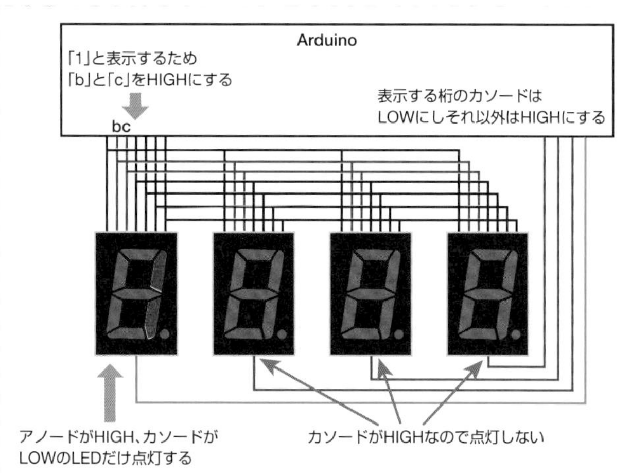

複数の桁がまとまった7セグメントLED

1桁の7セグメントLEDを複数使う場合は、前述したようにアノードをそれぞれ接続する手間がかかります。そこで、複数の桁分の7セグメントLEDがまとまった製品を使うと便利です。内部でアノードがまとまっているため、アノードを接続する手間がありません。

なお、複数桁の7セグメントLEDでもアノードコモンとカソードコモンの製品があります。アノードコモンの場合はアノード側で表示する桁を制御し、カソード側でそれぞれの桁でどのLEDを点灯するかを選択します。カソードコモンの場合は逆となり、カソード側で桁を、アノード側で点灯するLEDの選択をします。利用用途によってどちらを使うかを選択します。

●4桁表示の7セグメントLED

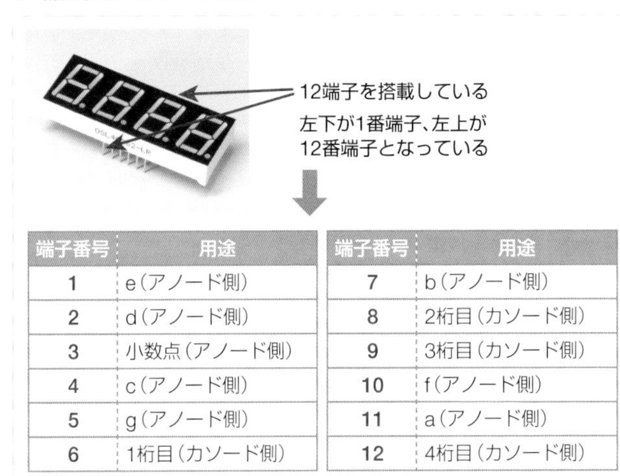

12端子を搭載している
左下が1番端子、左上が
12番端子となっている

端子番号	用途	端子番号	用途
1	e(アノード側)	7	b(アノード側)
2	d(アノード側)	8	2桁目(カソード側)
3	小数点(アノード側)	9	3桁目(カソード側)
4	c(アノード側)	10	f(アノード側)
5	g(アノード側)	11	a(アノード側)
6	1桁目(カソード側)	12	4桁目(カソード側)

4桁の7セグメントLEDを表示する

4桁表示できる7セグメントLEDを使って数値を表示してみましょう。ここではOptoSupply社製の4桁**7セグメントLED「OSL40562-LRA」**を例に解説します。

数を表示する場合は、p.215で説明した「**7セグメントドライバーIC**」が利用できます。7セグメントドライバーを使えば、アノード側は4端子で済むため、デジタル入出力端子に接続する端子数がさらに少なくなります。

回路は次の図のように作成します。LEDの電流制御抵抗は、アノード側に1つずつ取り付けておきます。また、カソードは表示する桁を制御するため、デジタル入出力端子へ接続しておきます。

●4桁表示の7セグメントLEDを点灯する回路図

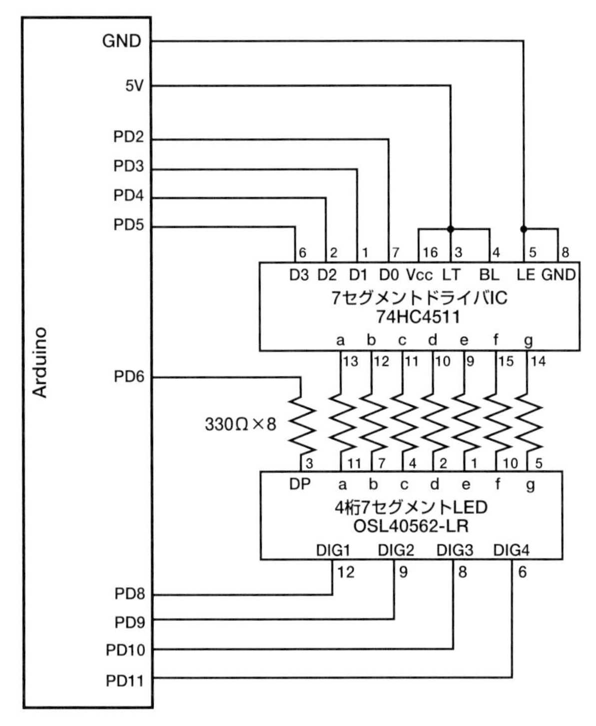

NOTE

63列のブレッドボード

本書ではここまで、一般的に利用されている30列のブレッドボードを使ってきました。しかし、次ページで図示している4桁表示できる7セグメントLEDの配線では、63列のブレッドボードを使用して配線しています。63列のブレッドボードは300円程度で入手可能です（p.265を参照）。

次ページの図のように接続します。接続するジャンパー線が多いため、間違えないよう注意しましょう。

●4桁表示の7セグメントLEDを点灯する接続図

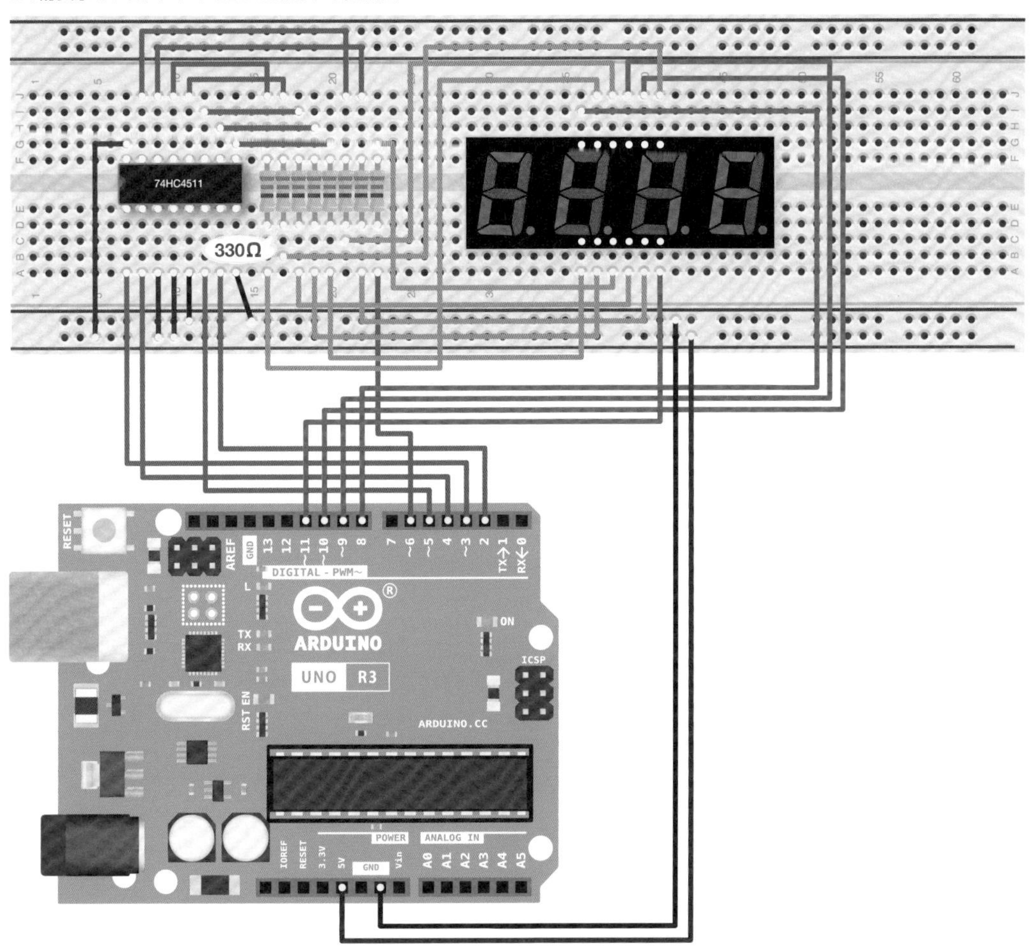

利用部品

- 4桁7セグメントLED「OSL40562-LRA」……1個
- 7セグドライバ「74HC4511」……1個
- 抵抗 330Ω……8個
- ブレッドボード（63列）……1個
- ジャンパー線（オス―オス）……31本

NOTE

LED の電源制限用抵抗について

LEDに接続する抵抗値を求める方法については、p.68を参照してください。

NOTE

4 桁 7 セグメント LED のカソードの表記

4桁7セグメントLEDのOSL40562-LRAではカソードの端子が「DIG1」、「DIG2」のように表記されています。DIGの後に記載されている数値は左から何番目の7セグメントLEDであるかを表しています。そのため、4桁目はDIG1、3桁目はDIG2のように実際の桁数とは逆になるので注意しましょう。

東芝製の 7 セグメント LED ドライバー

テキサスインスツルメンツ社製の74HC4511の代わりに東芝製のTC4511を利用しても同様に動作します。

＊プログラムで点灯制御する

回路ができたら、4桁の数を表示するプログラムを作りましょう。次のように作成します。

●4桁の7セグメントLEDを表示する

arduino_parts/7-2/7seg_4dig.ino

```
const int BIT_PIN[4] = { 2, 3, 4, 5 }; ①
const int DIG_PIN[4] = { 11, 10, 9, 8}; ②
const int DP_PIN = 6; ③

const int DIG = 4; ④
const int WAIT_TIME = 5; ⑤

void setup() {
    int i;

    for ( i = 0; i < 4; i++ ){
        pinMode( BIT_PIN[i] , OUTPUT );
    }
    pinMode( DP_PIN , OUTPUT );

    for ( i = 0; i < 4; i++ ){
        pinMode( DIG_PIN[i] , OUTPUT );                ⑥
        digitalWrite( DIG_PIN[i], HIGH );
    }
}

void loop(){
    int disp_number[4] = { 1, 2, 3, 4 }; ⑦
    int disp_dp[4] = { 0, 0, 0, 0 }; ⑧
    int dig, i;

    while ( dig < DIG ){
        i = 0;
        while ( i < 4 ){ ⑨
            digitalWrite( BIT_PIN[i], disp_number[dig] & ( 0x01 << i ) ); ⑩
            i = i + 1;
        }

        digitalWrite( DP_PIN, disp_dp[dig] ); ⑪
        digitalWrite( DIG_PIN[dig], LOW ); ⑫
        delay( WAIT_TIME ); ⑬
        digitalWrite( DIG_PIN[dig], HIGH ); ⑭
        dig = dig + 1;
    }
}
```

①74HC4511に接続したデジタル入出力端子の番号を指定します。順にD0、D1、D2、D3に対応するように指定します。

②7セグメントLEDのカソードに接続したデジタル入出力端子の番号を指定します。1桁目から順にデジタル入出力端子の番号をカンマで区切りながら列挙します。

③ドットの表示を制御するため、7セグメントLEDのDP端子に接続したデジタル入出力端子の番号を指定します。

④表示する桁数を指定します。今回は4桁の7セグメントLEDを利用するので「4」と指定します。

⑤1桁を点灯する時間を指定します。点灯時間を短くすれば連続して点灯しているように見えます。

⑥カソード側のデジタル入出力端子の設定を出力に設定します。この際、出力をHIGHに切り替え、すべての桁が表示されないようにしておきます。

⑦表示する数字を指定します。指定は各桁を分けて、1桁目から順にカンマで区切りながら列挙します。例えば、「4321」と表示する場合は「[1, 2, 3, 4]」と指定します。

⑧右下のドットを桁ごとに指定します。点灯するには1、点灯しない場合は0にします。例えば、3桁目の後にドットを点灯したい場合は「[0, 1, 0, 0]」と指定します。

⑨各桁を順に点灯制御します。1桁ずつの点灯処理を4回繰り返すことで、4桁の数値が表示できます。

⑩対象の桁に点灯する数値を2進数にして74HC4511に数値を送ります。対象の数値はdisp_number配列に保存された値を利用します。

⑪ドットを点灯するかを指定します。

⑫表示対象の桁のカソードをLOWにしてLEDを点灯します。

⑬指定した時間だけ待機して、LEDを短い時間だけ点灯状態にします。

⑭カソードをHIGHに切り替えて、LEDを消灯します。

プログラムができたら、disp_numberに表示したい数字を指定します。数値は各桁で分けて、1桁目から順にカンマで区切りながら列挙します。

プログラムをArduinoに転送すると、7セグメントLEDに4桁の数値が表示されます。動作を詳細に確認したい場合は、プログラム内の「WAIT_TIME」を「1000」（1秒）などに変更して、1桁を点灯する時間間隔を長くしてみましょう。1桁目から順にLEDを切り替えて点灯するのが分かります。

NOTE

表示する数を数値で指定する

今回作成したプログラムは表示する数の指定を1桁ずつに分け、それぞれの配列に格納するようにしました。しかし実際は、数値が1桁ずつ分かれているわけではありません。この場合は、数値を各桁に分けるプログラムで変換することで、一般的な数値で指定できます。

数値を指定して7セグメントLEDに表示可能にするプログラムを「7seg_4dig_sprit.ino」として用意しました。sprit_num()関数に表示したい数値と、分割した数値を格納する配列を引き渡すことで、分離するようになっています。使い方は、disp_numberに表示する数値指定するだけです。

表示をLEDマトリクスドライバーモジュールに任せる

前述のArduinoで7セグメントLEDを点灯制御する方法は、プログラムで点灯制御をするため、プログラムが停止してしまったり、プログラムの一部の処理が遅延したりした場合に、表示処理が停止してしまいます。停止すると、現在対象の桁だけが表示された状態となり、他の桁は消灯した状態となってしまいます。

これは、7セグメントLEDの表示をArduinoが処理していることによって発生する問題です。解決策として、7セグメントLEDを独自に点灯制御する部品を利用する方法があります。この種の部品は独自に表示パターンを保管しており、そのパターンを使って7セグメントLEDを点灯します。数値を変更する場合は、Arduinoから点灯制御する部品へ表示したい値を送信します。これでArduinoとのプログラムとは独立するため、Arduino側でプログラムが止まってしまっても点灯し続けることができます。

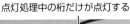

●プログラムが停止すると表示がおかしくなる

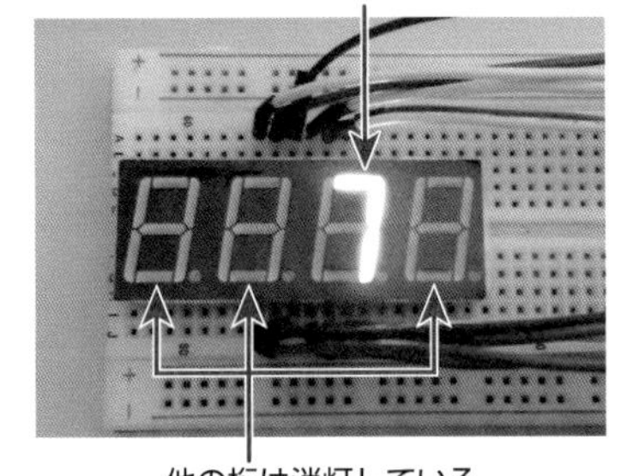
点灯処理中の桁だけが点灯する
他の桁は消灯している

7セグメントLEDの点灯制御をする部品に、Adafruit社製の**LEDマトリクスドライバーモジュール「HT16K33」**があります。各端子に出力する状態をドライバー内で保管しておき、一定の間隔で点灯処理をします。

HT16K33では、表示したい値をI^2Cを介してArduinoから受け取るようになっています。このため、Arduinoとの接続はSDAとSCLの信号線で済むため、配線が少なくて済む利点もあります。

●LEDマトリクスドライバーモジュール「HT16K33」

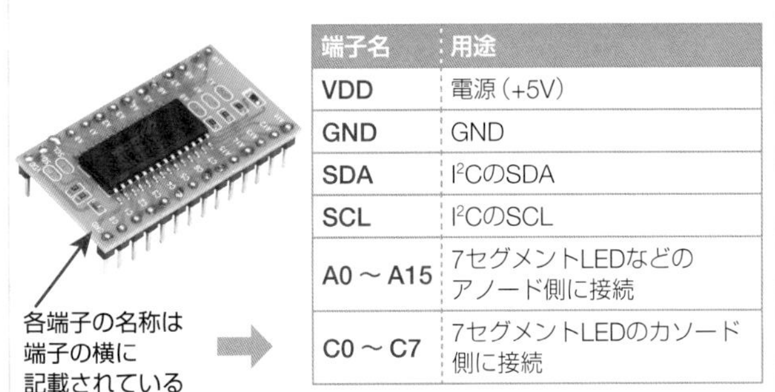
各端子の名称は
端子の横に
記載されている

端子名	用途
VDD	電源（+5V）
GND	GND
SDA	I^2CのSDA
SCL	I^2CのSCL
A0 ～ A15	7セグメントLEDなどのアノード側に接続
C0 ～ C7	7セグメントLEDのカソード側に接続

HT16K33を使って7セグメントLEDを点灯する

HT16K33を利用して4桁の7セグメントLEDを点灯してみましょう。HT16K33には、「A」から始まる名称の端子と「C」から始まる名称の端子があります。「A」から始める名称の端子には7セグメントLEDのアノードに接続します。この際、LEDの電流制御用の抵抗を接続しておきます。例えば、「A0」には7セグメントLEDの「a」、「A1」には「b」、「A2」には「c」……のように接続します。

カソードは「C」から始まる端子に接続します。例えば、「C0」に「DIG1」、「C1」に「DIG2」、「C2」に「DIG3」……のように接続します。

ArduinoからのSDAとSCLはHT16K33のSDAとSCLへ接続します。

●HT16K33を利用した回路図

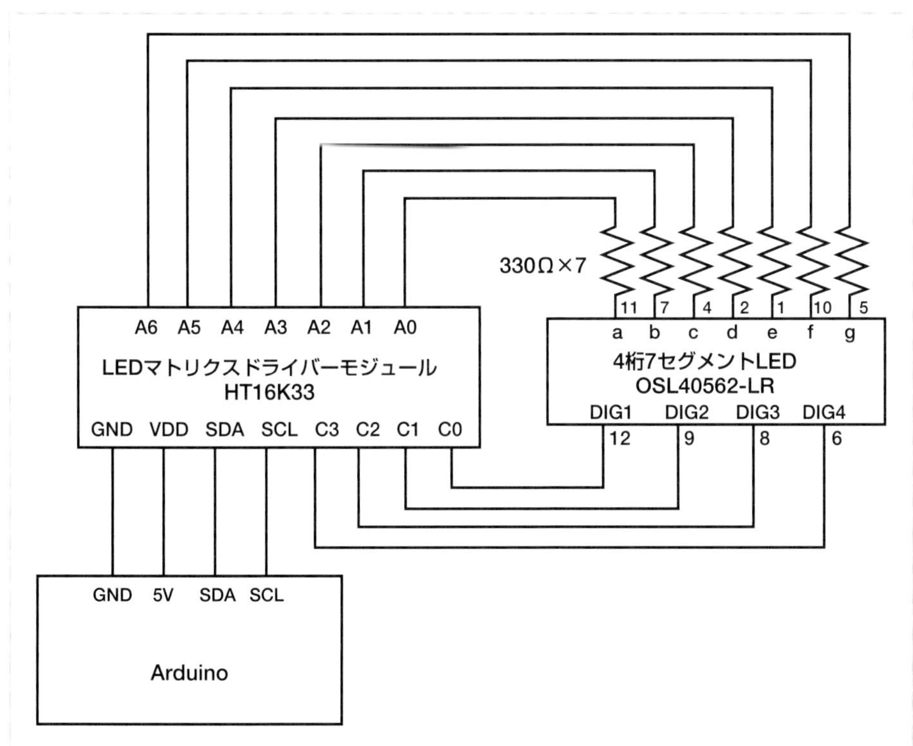

実際には次ページの図のように接続します。接続するジャンパー線が多くなるため、間違えないよう注意しましょう。

NOTE

LEDの電源制限用抵抗について

LEDに接続する抵抗値を求める方法については、p.68を参照してください。

NOTE

ドット表示は非対応

ここで紹介する回路およびプログラムは、7セグメントLEDの右下にあるドットの点灯には対応していません。

●HT16K33を利用した接続図

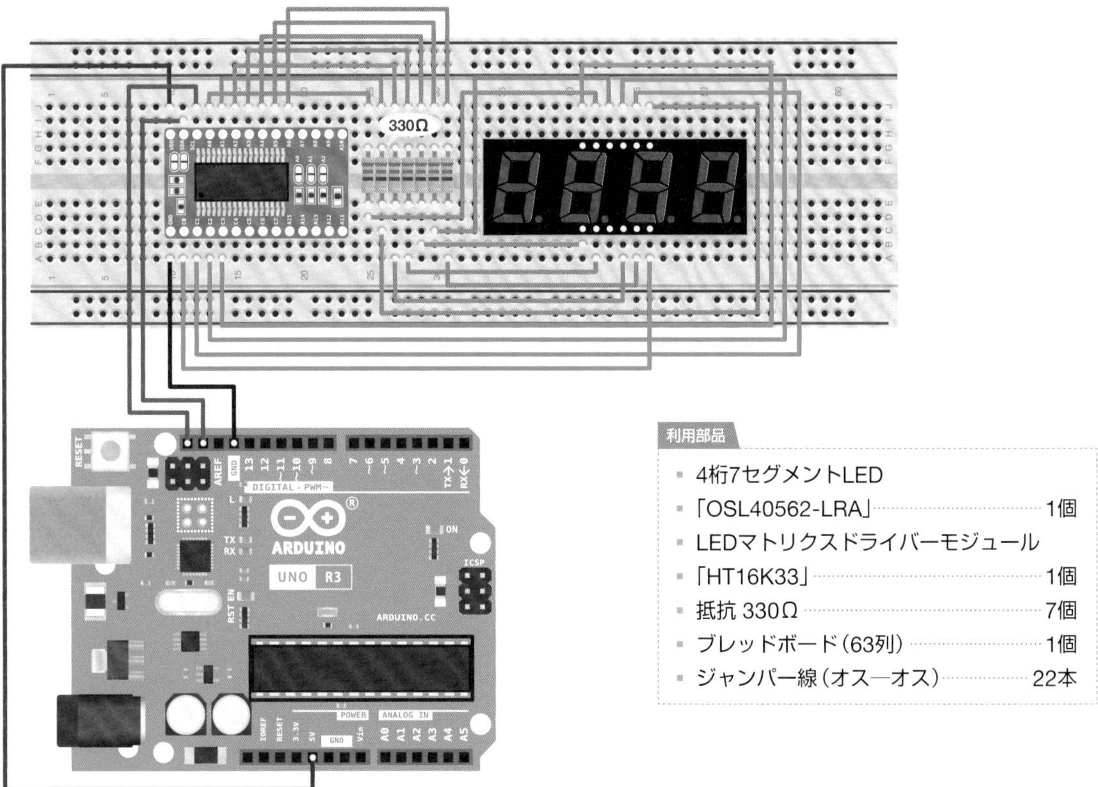

＊プログラムで点灯制御する

回路ができたら数値を表示するプログラムを用意しましょう。プログラムは次のように作成します。

●4桁の7セグメントLEDを表示する

arduino_parts/7-2/7seg_driver.ino

```
#include <Wire.h>

const int HT16K33_ADDR = 0x70;  ①
const int DIGIT = 4;  ②

const char SEG_CHAR[10] = { 0x3f, 0x06, 0x5b, 0x4f, 0x66, 0x6d, 0x7d, 0x07, 0x7f, 0x67 };  ③

void sprit_num( int value, int dig, int *output ) {   ④
    int i = 0;
    while ( i < dig ){
        output[i] = value % 10;
        value = value / 10;
        i = i + 1;
    }
}
```

次ページへ続く

```
void setup(){
    Wire.begin();  ⑤
    Wire.beginTransmission( HT16K33_ADDR );
    Wire.write( 0x21 );
    Wire.write( 0x01 );
    Wire.endTransmission();
    delay(10);
    Wire.beginTransmission( HT16K33_ADDR );    ⑥
    Wire.write( 0x81 );
    Wire.write( 0x01 );
    Wire.endTransmission();
    delay(10);
}

void loop(){
    int number = 1234;  ⑦
    int disp_val[ DIGIT ];
    int i;

    sprit_num( number, DIGIT, disp_val );  ⑧

    i = 0;
    while( i < DIGIT ){  ⑨
        Wire.beginTransmission( HT16K33_ADDR );
        Wire.write( i * 2 );                            ⑩
        Wire.write( SEG_CHAR[ disp_val[i] ] );
        Wire.endTransmission();
        delay(10);
        i = i + 1;
    }
}
```

①HT16K33_ADDRには、HT16K33のI^{2}Cアドレスを指定します。I^{2}Cアドレスは0x70となっています。

②7セグメントLEDの桁数を指定します。今回は4桁の7セグメントLEDを利用するので「4」と指定します。

③表示する数の形状を設定します（詳しくはp.211を参照）。

④sprit_num()関数は、数値の各桁を分離して配列に格納する関数です（詳しくはp.225を参照）。

⑤I^{2}Cを利用できるようにします。

⑥HT16K33の初期設定をします。

⑦numberに表示したい数値を指定します。

⑧sprit_num()関数を利用して、表示する数値を配列に変換します。

⑨数値を繰り返して1桁ずつHT16K33に送ります。

⑩HT16K33に値を書き込みます。この際、SEG_CHARで指定した数値の形状を送るようにします。

プログラムができたら、numberに表示したい数字を指定し、Arduinoへ転送します。すると、7セグメントLEDに数値が表示されます。I^{2}CのSDAやSCLといった通信の端子を抜いたとしても、HT16K33が数字表示をし続けるため、7セグメントLEDに数字が表示されたままになります。

Section 7-3 ドットで絵を表示する（マトリクスLED）

ドットマトリクスLEDは、多数のLEDが碁盤の目のように配置された部品です。特定のLEDを点灯させることで、簡単な絵を表示させることが可能です。点灯制御には、LEDマトリクスドライバーモジュールを利用します。

ドット状のLEDを点灯して絵を表示できるマトリクスLED

LEDをたくさん集めて並べて点灯させれば、絵を表示できます。LEDを碁盤の目のように並べれば、特定のLEDだけを点灯させることで自由な絵を表示することができます。右上から左下、左上から右下に向かって斜めにLEDを点灯させれば「×」を表すことができるでしょう。

「**マトリクスLED**」は、あらかじめ多数のLEDが碁盤の目のように配置されている電子部品です。例えば、8×8のLEDが配置されたマトリクスLEDであれば、64個のLEDのうちの必要な部分だけを点灯すると、絵を表示できます。右の写真のように顔を表示することも可能です。

●マトリクスLEDで顔を表示する

＊マトリクスLEDの仕組み

マトリクスLEDには、たくさんのLEDが配置されています。すべてのLEDに端子を用意されていると、膨大な端子数になります。

そこで、マトリクスLEDでは7セグメントLEDと同じように、アノードやカソードを共有して端子に接続されています。縦の列が同じLEDのアノードに接続され、横の行が同じLEDのカソードに接続されています。

LEDはアノードを電源の＋側、カソードを－側に接続すれば点灯します。マトリクスLEDでも、点灯対象のアノードがある列を電源の＋側に、カソードがある行を電源の－側に接続すれば点灯します。

●マトリクスLEDの内部構造

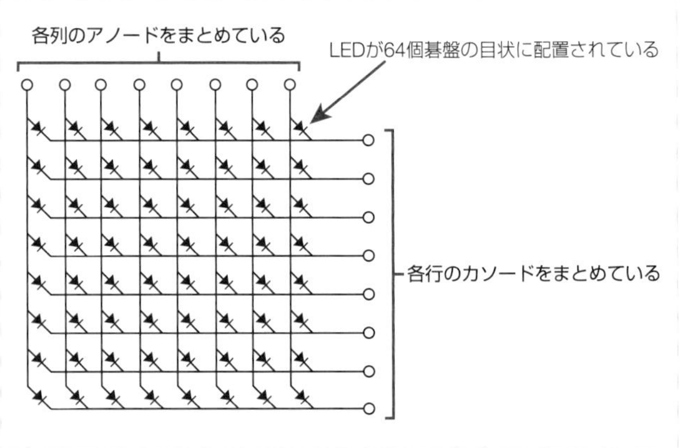
各列のアノードをまとめている
LEDが64個碁盤の目状に配置されている
各行のカソードをまとめている

マトリクスLEDを点灯するには、7セグメントLEDの点灯方法で説明したダイナミック制御を使います。7セグメントLEDのダイナミック制御では、それぞれの桁のカソードを制御することによって点灯対象の桁を選択しました。

マトリクスLEDの場合は、それぞれの列を制御して、点灯対象の行を選択するようにします。点灯したい行だけをLOWにし、他の行はHIGHにしておきます。次に点灯したいLEDのある列だけをHIGHにします。すると、LOWにしている行と、HIGHにした列が交わるLEDだけが点灯します。

あとは、各行を短い時間で切り替えて全体のLEDが点灯しているようになります。

●ダイナミック制御でのマトリクスLEDの点灯制御

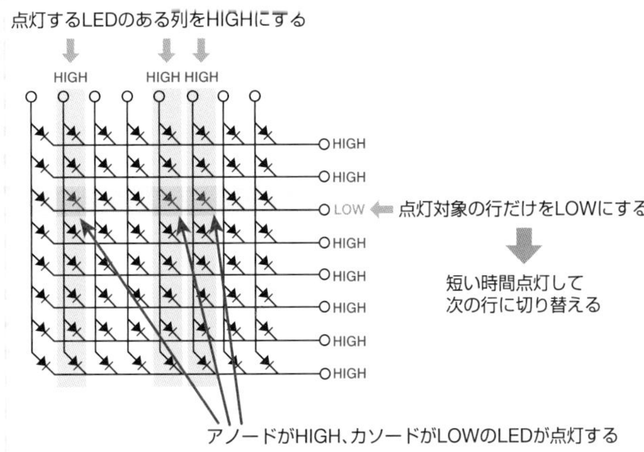
点灯するLEDのある列をHIGHにする
HIGH
HIGH HIGH
HIGH
HIGH
LOW
点灯対象の行だけをLOWにする
HIGH
HIGH
HIGH
HIGH
HIGH
短い時間点灯して
次の行に切り替える
アノードがHIGH、カソードがLOWのLEDが点灯する

NOTE

ダイナミック制御について

ダイナミック制御の詳しい説明についてはp.218を参照してください。

多数のLEDが並んだマトリクスLED

マトリクスLEDには碁盤の目状にLEDが配置されています。LEDの配置数は商品によって異なります。縦8個×横8個の計64個のLEDが配置されているのが一般的ですが、縦7個×横5個の計35個のLEDが配置されているマトリクスLEDもあります。

●配置されるLEDの数が異なるマトリクスLED

また、マトリクスLEDは点灯色が赤、青、黄色、白など様々です。各LEDに3色のLEDが格納されているフルカラーのマトリクスLEDもあります。フルカラーのマトリクスLEDは、各LEDについて自由な色で点灯できるため表現力も向上します。

マトリクスLEDは、LEDで構成されているため、点灯のためのVfとIfが示されています。例えば、OptoSupply社製の、赤色に点灯する8×8マトリクスLED「OSL641501-BRA」であれば、Vfが2.1V、Ifが20mAとなっています。実際に点灯する場合は、この値を確認して電流制限抵抗を接続します。

LEDの電源制限用抵抗について

LEDに接続する抵抗値を求める方法については、p.68を参照してください。

＊マトリクスLEDの端子

マトリクスLEDは、列、行それぞれの端子が搭載されています。8×8のマトリクスLEDであれば、8行、8列、計16端子が備わっています。各端子がどの行、列に接続されているかは、商品のデータシートを確認するようにします。OSL641501-BRAであれば、右の図のように割り当てられています。多くのマトリクスLEDでは、同じような端子配列になっていますが、異なる場合もあるので、必ずデータシートを確認しておきましょう。

●マトリクスLEDの端子

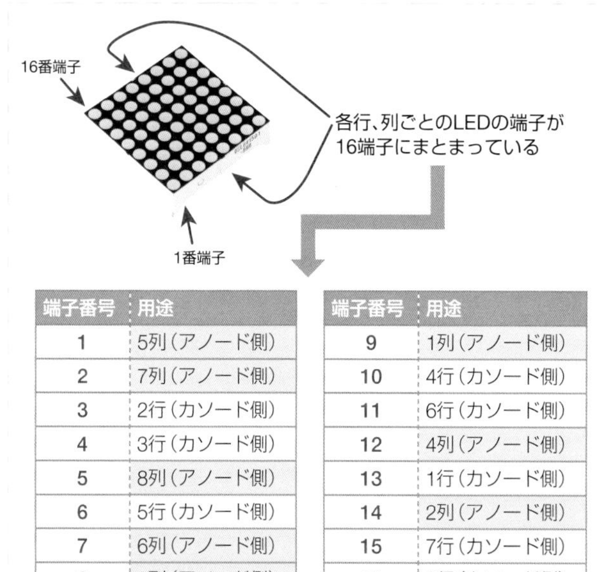

端子番号	用途
1	5列（アノード側）
2	7列（アノード側）
3	2行（カソード側）
4	3行（カソード側）
5	8列（アノード側）
6	5行（カソード側）
7	6列（アノード側）
8	3列（アノード側）

端子番号	用途
9	1列（アノード側）
10	4行（カソード側）
11	6行（カソード側）
12	4列（アノード側）
13	1行（カソード側）
14	2列（アノード側）
15	7行（カソード側）
16	8行（カソード側）

》マトリクスLEDを表示する

マトリクスLEDを使って簡単な絵を表示してみましょう。ここでは、先にも紹介したOSL641501-BRAを利用する方法を説明します。

マトリクスLEDを直接Arduinoに接続して点灯制御する場合、16端子のデジタル入出力端子が必要で、Arduinoに搭載されているデジタル入出力端子の半分以上の端子を占有してしまいます。また、常にプログラムで点灯制御をする必要があるため、他の処理でプログラムの実行が遅くなると、点灯が一時的に消えてしまう恐れもあります。

そこで、p.226で説明した「**LEDマトリクスドライバーモジュール**」を利用します。各LEDの点灯状態を記録しておき、自動的にマトリクスLEDを点灯制御します。

マトリクスLEDの点灯回路は次のように作成します。

●マトリクスLEDを点灯する回路図

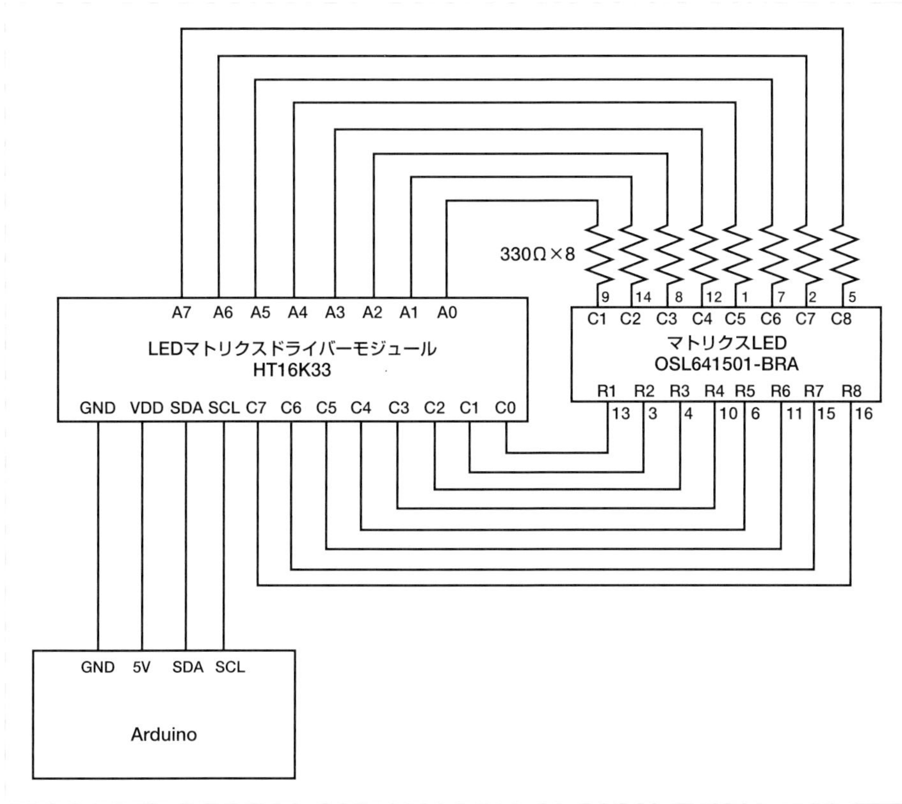

実際には次ページの図のように接続します。マトリクスLEDは、1つのブレッドボード上に配置できません。そこで、もう一枚のブレッドボードを用意し、橋渡しするようにマトリクスLEDを接続するようにします。接続する際には、ジャンパー線が多くなるため、間違えないよう注意しましょう。また、接続する先が遠い箇所にある場合は、長いジャンパー線を使うようにします。

NOTE

LEDの電源制限用抵抗について

LEDに接続する抵抗値を求める方法については、p.68を参照してください。

利用部品

- マトリクスLED「OSL641501-BRA」……1個
- LEDマトリクスドライバーモジュール「HT16K33」……1個
- 抵抗 330Ω……8個
- ブレッドボード(30列・63列)……2個
- ジャンパー線(オス—オス)……20本

●マトリクスLEDを点灯する接続図

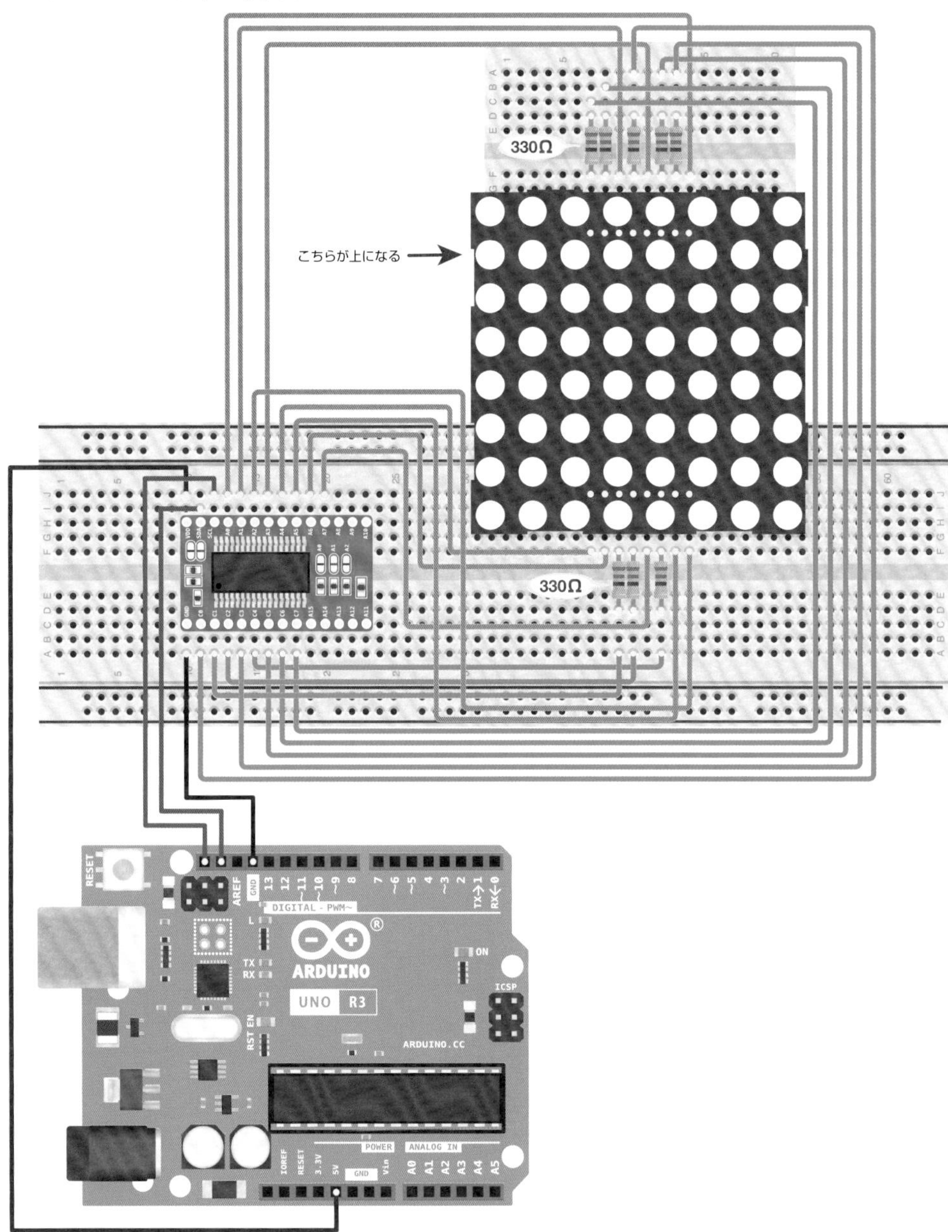

＊ プログラムで点灯制御する

回路ができたら顔の絵を表示するプログラムを用意しましょう。次のように作成します。

●マトリクスLEDを点灯する

arduino_parts/7-3/matrix.ino

```
#include <Wire.h>

const int HT16K33_ADDR = 0x70;

const int matrix_row = 8;
const int matrix_col = 8;    ①

void setup(){
    Wire.begin();
    Wire.beginTransmission( HT16K33_ADDR );
    Wire.write( 0x21 );
    Wire.write( 0x01 );
    Wire.endTransmission();
    delay(10);
    Wire.beginTransmission( HT16K33_ADDR );
    Wire.write( 0x81 );
    Wire.write( 0x01 );
    Wire.endTransmission();
    delay(10);
}

void loop(){
    char output[8];
    int row;

    output[0] = 0b00111100;
    output[1] = 0b01000010;
    output[2] = 0b10100101;
    output[3] = 0b10000001;    ②
    output[4] = 0b10100101;
    output[5] = 0b10011001;
    output[6] = 0b01000010;
    output[7] = 0b00111100;

    row = 0;
    while( row < matrix_row ){  ③
        Wire.beginTransmission( HT16K33_ADDR );
        Wire.write( row * 2 );
        Wire.write( output[ row ] );    ④
        Wire.endTransmission();
        row = row + 1;
    }
}
```

①マトリクスLEDに配置されたLEDの行数、列数を指定します。「matrix_row」に行の数、「matrix_col」に列の数を指定します。

②マトリクスLEDに表示するパターンを設定します。データはそれぞれの行がマトリクスLEDの各行に当たります。「1」としている場所を点灯、「0」としている場所を消灯します。データの指定方法についてはページ中ほどで解説します。

③各行ごとに点灯制御します。そのため、while文で繰り返しながら、各行の点灯するパターンをLEDマトリクスドライバーモジュールに送ります。

④各行のパターンをLEDマトリクスドライバーモジュールに送ります。①で指定したデータの対象の行のデータを送り込みます。これを行の数だけ繰り返せば、すべての表示パターンがLEDマトリクスドライバーモジュールに送り込まれます。

②で説明した点灯パターンのデータは、1と0の2進数で表記するようにします。「1」は点灯、「0」は消灯を表します。各行がそれぞれのマトリクスLEDの行にあたり、行内の8個の0または1が列にあたります。なお、はじめの「0b」は2進数を表すための記号となり、実際のデータが「0b」の後からの8個の数字となります。

データは、配列として格納します。特定の行のデータを取得する場合はoutput[2]のように指定します。④では表示パターンを送るために「output[row]」としてリスト内の1つのデータを取り出しているのが分かります。

NOTE

複数のデータを格納しておく配列

配列についての詳しい説明は、p.283を参照してください。

●表示パターンのデータ形式

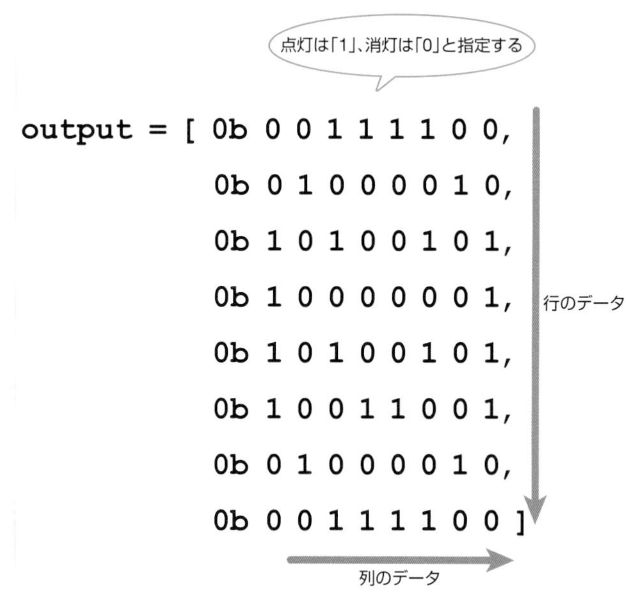
点灯は「1」、消灯は「0」と指定する
output = [0b 0 0 1 1 1 1 0 0,
0b 0 1 0 0 0 0 1 0,
0b 1 0 1 0 0 1 0 1,
0b 1 0 0 0 0 0 0 1,
0b 1 0 1 0 0 1 0 1,
0b 1 0 0 1 1 0 0 1,
0b 0 1 0 0 0 0 1 0,
0b 0 0 1 1 1 1 0 0]
行のデータ
列のデータ

プログラムができたら、Arduinoに転送します。すると、表示パターンがLEDマトリクスドライバーモジュールに送られ、マトリクスLEDに表示されます。

Section 7-4

文字を表示する（キャラクターディスプレイ）

キャラクターディスプレイは、画面上にアルファベットや数字などの文字を表示させることができる電子部品です。表示したい文字データを送るだけで良いため、手軽に表示処理が可能です。メッセージを表示したり、センサーで計測した結果を表示するなどの用途で活用できます。

文字を表示できるキャラクターディスプレイ

表示したい情報は、数字や簡単な絵だけではありません。アルファベットや数字などの文字で文章を表示できれば、多くの情報を通知できます。例えば、センサーで計測した結果を表示したり、メールを受信したらメールの送り主の名前を表示したり、操作手順を文章で表示したりと、文字情報を使った様々な応用が可能です。

LEDで文字を表示するのは限界があります。先のマトリクスLEDを使っても、表示文字数分のマトリクスLEDを用意する必要がありますし、制御用の回路を製作する手間もあります。

文章を表示するのに便利な電子部品が「**キャラクターディスプレイ**」です。画面上に数十文字程度のアルファベットや数字、記号を表示できる部品で、簡単な文章などを手軽に表示できます。一般的なディスプレイのような絵や写真は表示できませんが、文字ベースの情報を知らせるには十分役立ちます。

表示には数本の通信線をArduinoと接続するか、I²Cで通信するためにSDAとSCLを繋ぐだけで利用できる利点があります。

●アルファベットや数字などの文字を表示できるキャラクターディスプレイ

＊液晶や有機ELの製品が販売

キャラクターディスプレイには表示方式がいくつかあります。液晶方式を利用している場合は、省電力で駆動できる利点があります。ただし、暗い場所では見えないためバックライトの点灯が必要です。

一方、有機ELを利用したキャラクターディスプレイは、文字自体が発光するため暗い場所でも表示できます。

また視認性が高いため、明るい場所でも文字をはっきりと見ることができます。

●液晶方式と有機EL方式

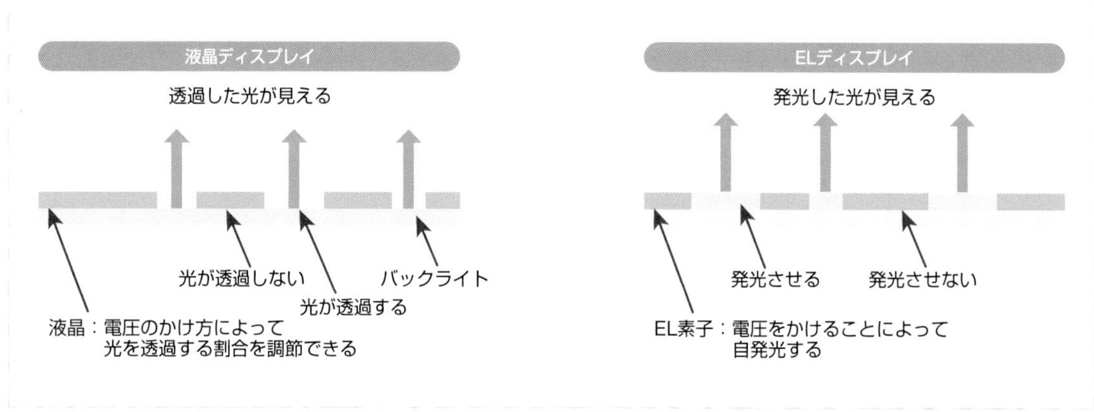

＊パラレルやI²Cで通信

キャラクターディスプレイをArduinoで制御する場合、Arduinoとのデータをやりとりする方式が重要です。キャラクターディスプレイには、デジタル入出力端子を複数本まとめてデータを送るパラレル通信方式と、SDAとSCLの2本の通信線で接続するI²C通信方式があります。

パラレル通信方式はI²Cを使わずにデジタル入出力端子のデジタル入出力だけで通信できる利点があります。しかし、データ線に4または8本、制御用の通信線に4本程度接続する必要があり、接続の手間がかかります。

一方でI²C方式を利用している場合は、2本の通信線を接続するだけで動作します。ただし、Arduino側でI²C通信を利用するための設定などが必要です。

●キャラクターディスプレイとの主な通信方式

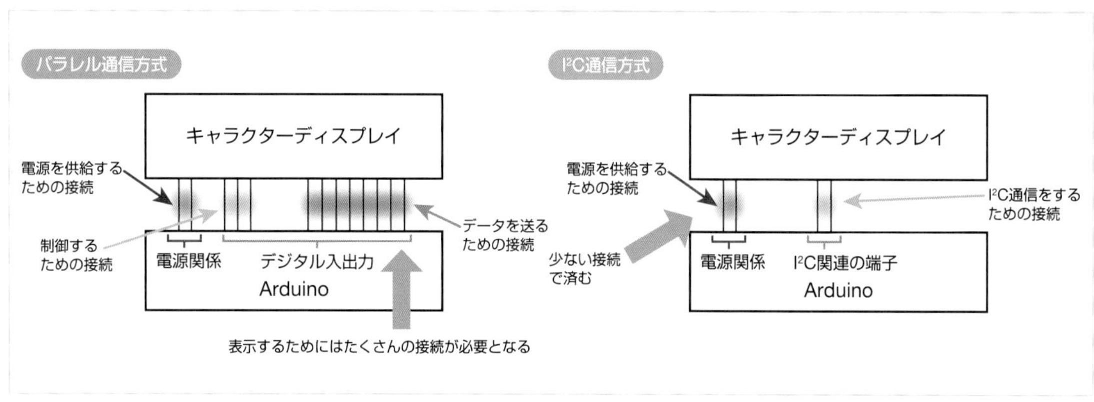

＊表示文字数と表示可能な文字

キャラクターディスプレイでは、画面上に表示できる文字数が限られています。このため、オンラインショップの販売ページやデータシートには、何文字表示できるかが記載されています。例えば、Sunlike Display Tech社製の有機ELディスプレイ「SO1602AWWB」の場合、2行16文字の計32文字まで表示可能です。さらに、1行に20文字表示できたり、4行表示できるなど、より多くの文字を表示できる製品もあります。

表示できる文字の種類も製品によって異なります。数字やアルファベットなどの基本的な記号のほかに、「¥」や「£」「€」「Å」などといった各国特有の記号や文字、カタカナなどを表示できる製品もあります。さらに、ユーザーが独自に製作した文字を登録できる製品もあります。

表示可能な文字は、各商品のデータシートに記載されています。

●表示可能な文字が記載されたデータシート

SUNLIKE DISPLAY　Model No: SO1602A

＊購入可能なキャラクターディスプレイ

購入可能な主要キャラクターディスプレイには、次の表のような製品があります。キャラクターディスプレイを選択する場合は、表示方式、通信方式、表示文字数などから選択しましょう。

●購入可能な主なキャラクターディスプレイ

製品名	表示文字数	表示形式	バックライト	色	通信方式	参考価格
SC1602BS-B	16文字×2行	液晶	無	黒文字	パラレル	500円（秋月電子通商）
SC1602BSLB	16文字×2行	液晶	有	黒文字	パラレル	700円（秋月電子通商）
SC1602BBWB	16文字×2行	液晶	有	白文字	パラレル	800円（秋月電子通商）
ACM1602NI	16文字×2行	液晶	有	黒文字	I²C	1,280円（秋月電子通商）
SC2004CSLB	20文字×4行	液晶	有	黒文字	パラレル	1,500円（秋月電子通商）
SC2004CSWB	20文字×4行	液晶	有	青文字	パラレル	1,700円（秋月電子通商）
SC2004CBWB	20文字×4行	液晶	有	白文字	パラレル	1,700円（秋月電子通商）
AQM0802A-FLW-GB	8文字×2行	液晶	有	黒文字	I²C	470円（秋月電子通商）
AQM1602Y-RN-GBW	16文字×2行	液晶	無	黒文字	I²C	450円（秋月電子通商）
AQM1602Y-FLW-FBW	1文字×2行	液晶	有	黒文字	I²C	645円（秋月電子通商）
IAE-AQM1602A	16文字×2行	液晶	無	黒文字	I²C	550円（秋月電子通商）
SO1602AWWB	16文字×2行	有機EL	－	白文字※	I²C	1,580円（秋月電子通商）
SO2002AWYB	20文字×2行	有機EL	－	黄色文字	I²C	1,680円（秋月電子通商）

※ 文字色が黄色、緑の商品もある

キャラクターディスプレイごとに表示方法は異なります。本書では、Sunlike Display Tech社製の有機ELキャラクターディスプレイ「**SO1602AW**」シリーズ、および「**SO2002AW**」シリーズの2種類の使い方を解説します。他のキャラクターディスプレイを利用する場合は、通信プログラムを別途用意する必要がありますので、ご注意ください。

有機ELキャラクターディスプレイを利用する

有機ELキャラクターディスプレイの画面上部に、接続端子が搭載されています。出荷状態ではピンヘッダは取り付けられていないため、ブレッドボードなどに差し込んで利用する場合は、同梱されているピンヘッダーをはんだ付けします。

端子は、1番、2番端子に電源とGNDを接続すると電源を供給できます。3番端子の「/CS」はLOWにすることで、キャラクターディスプレイを制御対象にできます。4番端子はI^2Cアドレスを選択できます。3.3Vに接続した場合、I^2Cアドレスは「0x3d」、GNDに接続した場合は「0x3c」になります。

7番端子にI^2CのSCLに接続します。SDAは、8番端子が入力、9番端子が出力に分かれています。Arduinoに接続する場合は、8番、9番端子どちらもArduinoのSDAに接続します。そのほかの端子は利用されていないので何も接続しません。

また、20文字2行が表示できるSO2002AWシリーズは左側に端子が搭載されていますが、利用する端子はSO1602AWシリーズと同様です。

●有機ELキャラクターディスプレイの端子

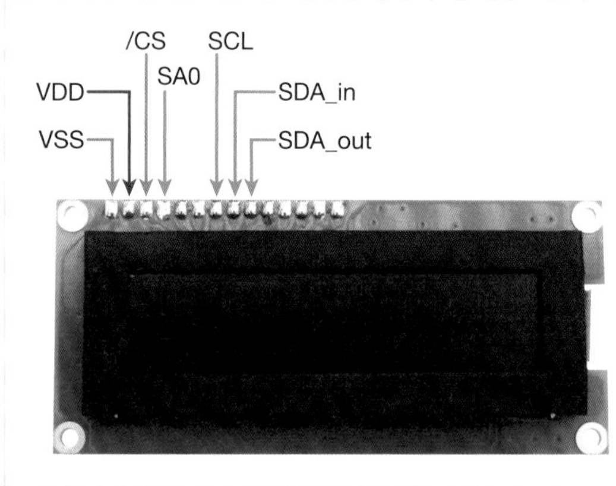

端子番号	名称	用途
1	VSS	GNDに接続
2	VDD	電源に接続。Arduinoの3.3Vに接続する
3	/CS	LOWにした場合に制御可能となる。通常はGNDに接続しておく
4	SA0	I^2Cアドレスの選択。接続先がGNDの場合は「0x3c」、VDDの場合は「0x3d」
7	SCL	I^2Cの同期信号
8	SDA_in	I^2Cのデータ入力
9	SDA_out	I^2Cのデータ出力

I^2Cの電圧を変換する「レベルコンバータ」

Arduino Unoは、5Vの電源で動作しています。このため、I^2Cの通信信号についても5Vが出力するようになっています。同じ5Vの信号でやりとりできるI^2Cデバイスについては問題なく利用できますが、今回利用するSO

1602AWは、3.3Vの信号を扱うようになっています。このため、直接Arduinoと接続して通信するには向きません。電圧が異なるデバイス間で直接通信すると、電圧が足りなくて信号が正しく認識できないなど、動作に影響をおよぼすことがあります。

そこで、電圧が異なるデバイス間を繋ぐ場合は「**レベルコンバータ**」を介して接続します。レベルコンバータでは、3.3Vと5Vといった異なる信号の電圧を変換して通信を正しくできるようにするモジュールです。

例えば秋月電子通商では、I²Cの通信信号の電圧を変換できる「I²Cバス用双方向電圧レベル変換モジュール」が販売されています。150円で購入することができます。

I²Cバス用双方向電圧レベル変換モジュールは、「VREF1」「SDA1」「SCL1」端子にArduinoからの電源とI²C関連の端子を接続し、「VREF2」「SDA2」「SCL2」端子に有機ELキャラクタデバイスの電源とI²C関連の端子を接続することで変換されるようになります。

●I²Cの信号電圧を変換する「I²Cバス用双方向電圧レベル変換モジュール」

》Arduinoでキャラクターディスプレイに文字を表示する

Arduinoに接続するには、右の回路図のようにします。I²CのSDAとSCLはレベルコンバーターを利用し、5Vから3.3Vに変換して接続するようにします。また、SO1602AWは3.3Vで動作するため、3.3V電源に接続するようにします。

なお、SA0端子をGNDに接続し、I²Cアドレスを「0x3c」としています。

●有機ELキャラクターディスプレイに文字を表示する回路図

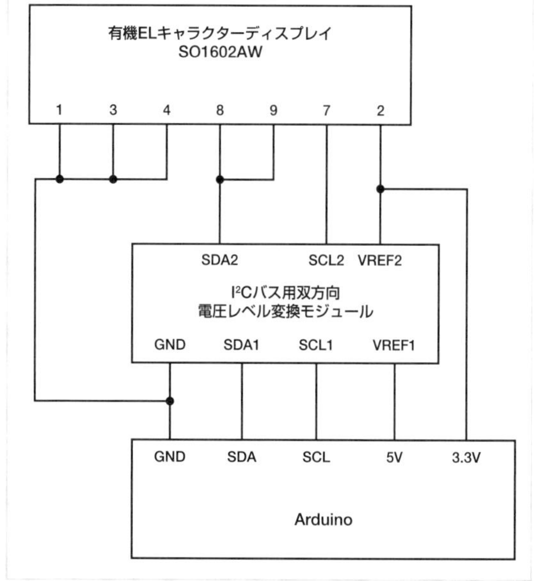

実際の配線は次の図のように接続します。ディスプレイ上側に端子が付いているので、方向を間違えないようにしましょう。接続する際、ディスプレイの8番と9番端子の間にジャンパー線で接続するのを忘れないようにします。

●有機ELキャラクターディスプレイの接続図

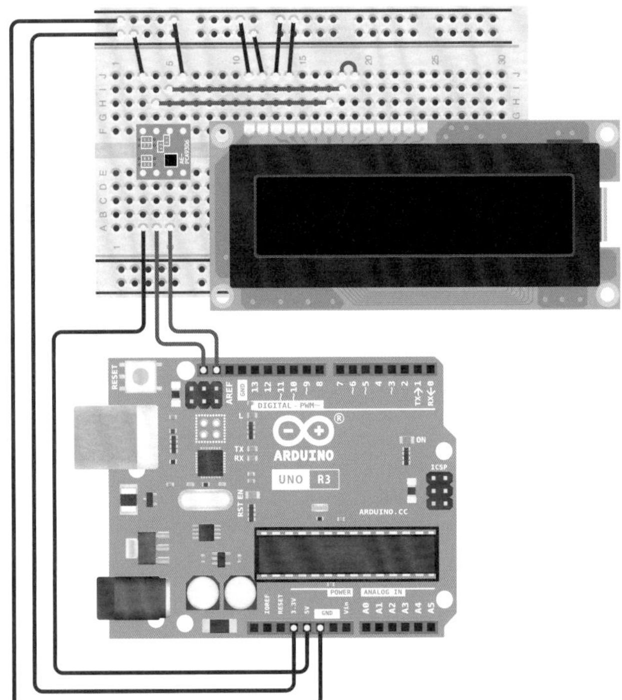

利用部品

- 有機ELキャラクターディスプレイ「SO1602AW」あるいは「SO2002AW」……1個
- I²Cバス用双方向電圧レベル変換モジュール……1個
- ブレッドボード……1個
- ジャンパー線（オス―オス）……14本

＊ プログラムで文字を表示する

回路ができたら、プログラムで文字を表示してみましょう。文字の表示のためには、様々なコマンドを有機ELキャラクタディスプレイに送信する必要があり、それをいちいち製作していては手間がかかります。

そこで、本書ではSO1602AWシリーズとSO2002AWシリーズを制御するためのライブラリ「SO1602」を用意しました。本書のサポートページから「SO1602.zip」ファイルをダウンロードして、p.29の手順でArduino IDEに読み込んでおきます。

●キャラクタディスプレイに文字を表示する

arduino_parts/7-4/char_disp.ino

```
#include <Wire.h>
#include <SO1602.h> ①

const int SO1602_ADDR = 0x3c; ②

SO1602 oled( SO1602_ADDR ); ③

void setup()
{
    Wire.begin(); ④
    oled.begin(); ⑤
    oled.set_cursol( 0 ); ⑥
    oled.set_blink( 0 ); ⑦
    oled.clear(); ⑧
}

void loop()
{
    oled.move( 0x00, 0x00 ); ⑨
    oled.charwrite("Let's Enjoy"); ⑩
    oled.move( 0x02, 0x01 );─────┐
    oled.charwrite("Arduino !");─┘ ⑪
}
```

①有機ELキャラクターディスプレイ表示用のライブラリを読み込みます。ライブラリ名がSO1602ですが、SO2002AWシリーズでも利用可能です。

②有機ELキャラクターディスプレイのI²Cアドレスを指定します。4番端子のアドレス設定を変更している場合は「0x3d」のように変更しておきます。

③有機ELキャラクターディスプレイ制御用のインスタンスを作成します。この際、有機ELキャラクターディスプレイのI²Cアドレスを指定します。

④I²Cを利用できるよう初期化します。

⑤SO1602のライブラリを利用できるよう初期化します。

⑥下線状のカーソルを表示するか指定します。「0」で非表示、「1」で表示します。

⑦四角状のカーソルを表示するか指定します。「0」で非表示、「1」で表示します。

⑧画面内の文字をすべて消去します。

⑨表示位置を移動します。「桁, 行」の順に指定します。「0,0」で一番左上に移動します。

⑩指定した文字を表示します。

⑪2行目に移動して文字を表示します。

プログラムができたら、Arduinoに転送します。すると、1行目に「Let's Enjoy」、2行目に「Arduino !」と表示されます。

Section 7-5 文字や画像を表示する（グラフィックディスプレイ）

グラフィックディスプレイは、文字や図形、画像などを自由に表示できる電子部品です。センサーなどで計測した計測値を表示するだけでなく、グラフを表示させることもできます。

自由に表示が可能なグラフィックディスプレイ

Section 7-4で説明したキャラクターディスプレイは文字のみの表示に制限されます。しかし、文字だけでなく記号や画像などを表示したい場合もあります。例えば、温度センサーで計測した温度の変化をグラフ化して表示したり、カメラで撮影した写真を確認したいといった場合です。

このような場合に役立つのが「**グラフィックディスプレイ**」です。グラフィックディスプレイには小さな点（画素）が格子状に並んでおり、それぞれの点を点灯するか消灯するかを制御することで、文字や記号、画像などを自由に表示できます。前述した計測値をグラフとして表示したり、画像を表示するだけではなく、文字サイズを小さくすることで1画面で長い文書を表示させたり、ゲームの画面表示したりなど様々な応用が可能です。

●格子状に配置された画素を点灯するかを制御することで表示できる「グラフィックディスプレイ」

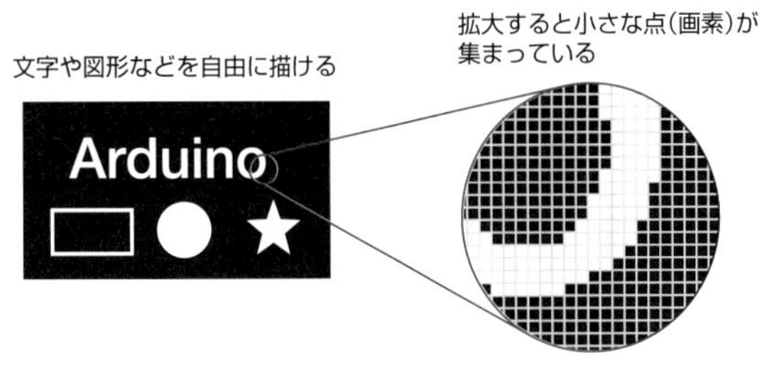
文字や図形などを自由に描ける
Arduino
拡大すると小さな点(画素)が
集まっている

電子部品として販売されているグラフィックディスプレイは、数万から数十万画素程度のものが一般的です。また、単色や多色で表示できるディスプレイも販売されています。

表示方式はキャラクターディスプレイと同様に、液晶や有機EL、E-Ink(電子ペーパー）など様々な方式のグラフィックディスプレイが販売されています。

電子工作で利用するグラフィックディスプレイの多くでは、Arduinoとデータのやりとりをするために、パラレル通信、I^2C通信、SPI通信が使われています。送信するデータの頻度によってどの通信方式を使うかを判断します。パラレル通信やI^2C通信は通信速度が遅いため、更新の頻度が少ない用途に向いています。動画を再生するような、画面更新の頻度が高い場合はSPI通信の製品を使うようにすると良いでしょう。

NOTE

パソコンのディスプレイ

パソコンで利用されているディスプレイもグラフィックディスプレイの一種です。ただし、電子工作向けに販売されているグラフィックディスプレイよりも画素数が圧倒的に多く、たくさんの情報を画面上に表示できるようになっています。例えば、フルHD（1920×1080）の場合、約200万画素となっています。
このようなディスプレイは、画素数が多く、表示データも多くなります。このため、VGAやDVI、HDMI、DisplayPortといったインタフェースを利用してパソコンとディスプレイの間で表示データをやりとりしています。
Arduinoでもこれらのインタフェースを別途準備すれば、パソコン向けのディスプレイの表示可能です。

＊購入可能なキャラクターディスプレイ

購入可能な主要グラフィックディスプレイには、次の表のような製品があります。グラフィックディスプレイを選択する場合は、表示可能画素数、色数、通信方式を比較して選びましょう。また、Arduinoで動作させるためのライブラリが用意されているかも、選択の際の重要な要素です。ライブラリが用意されていない場合は、自分でスクラッチで表示用プログラムを作成する手間がかかるためです。

●購入可能な主なグラフィックディスプレイ

製品名	画素数	色	表示形式	バックライト	通信方式	参考価格
SD1306	128×64	白	有機EL	－	I²C	580円（秋月電子通商）
SSD1331	96×64	RGB	有機EL	－	SPI	1,280円（秋月電子通商）
SH1106	128×64	白	有機EL	－	SPI	1,991円（スイッチサイエンス）
SSD1308Z	128×64	白	有機EL	－	I²C	1,980円（秋月電子通商）
SSD1351	128×96	RGB	有機EL	－	SPI	6,149円（スイッチサイエンス）
AQM1248A	128×48	黒	液晶	無	SPI	450円（秋月電子通商）
AQM1248A	128×48	黒	液晶	有	SPI	500円（秋月電子通商）
SG12232C	122×32	黒	液晶	有	パラレル	1,000円（秋月電子通商）
TG12864E-02A	128×64	青	液晶	有	パラレル	1,300円（秋月電子通商）
ATM0177B3A	128×160	RGB	液晶	有	I²C	1,200円（秋月電子通商）
WAVESHARE-19192	240×240（円形）	RGB	液晶	有	SPI	1,903円（スイッチサイエンス）

表示方法は利用するグラフィックディスプレイによって異なります。本書では、SUNHOKEY Electronics社製の有機ELグラフィックディスプレイ「**SSD1306**」（I²C通信）の使い方を解説します。他のグラフィックディスプレイを利用する場合は、それに合ったライブラリを自分で準備する必要があります。

SSD1306を利用する

SSD1306は、横128画素、縦64画素まで表示できる単色グラフィックディスプレイです。秋月電子通商やAmazonなど多くのショップで数百円程度で手軽に入手可能です。単色表示な上、画面サイズも小さいですが、Section 7-4で説明したキャラクターディスプレイよりたくさんの情報を表示できるほか、センサーなどの計測した結果をグラフとして表示するといった使い方もできます。SSD1306の中には横128画素、縦32画素と横長の製品も販売されています。また、表示色は白、青、黄色などが販売されています。

ArduinoなどのマイコンとはI^2CまたはSPIで接続して通信します。製品によってI^2C端子を搭載する場合とSPI端子を搭載する場合があります。本書では、I^2C端子を搭載するSSD1306を利用することにします。GND、VCC（電源）、SCL、SDAの4端子を備えており、それぞれをArduinoに接続することで動作します。I^2Cアドレスは「0x3C」または「0x3D」のいずれかです。どちらのI^2Cアドレスであるかは、背面にある「IIC ADDRESS SELECT」を見ると分かります。抵抗が「0x78」側に接続されている場合はI^2Cアドレスは「0x3C」、「0x7A」側の場合は「0x3D」となります。抵抗をはんだで付け替えることでI^2Cアドレスが変更できます。

文字や図形などを描画の際には、画面のどこに表示するかを指定することとなります。この際利用するのが座標です。横方向をX軸、縦方向をY軸とし、座標は（X, Y）と表記します。左上が（0,0）で、右に行くほどXの値が大きくなり、下に行くほどY軸の値が大きくなります。右下の座標は（127,63）となります。

●SSD1306の外見と端子

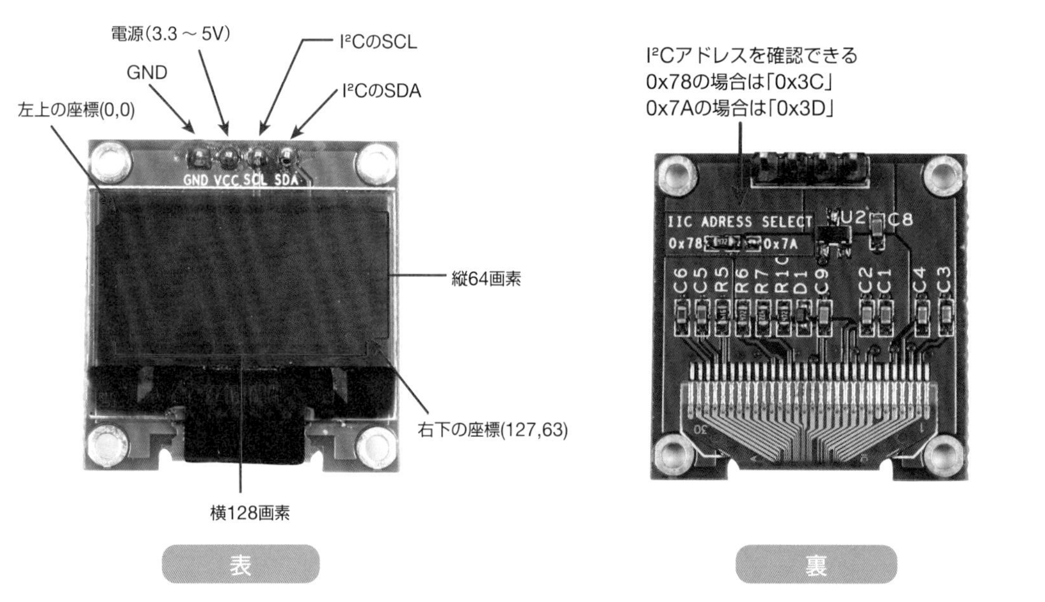

》Arduinoでグラフィックディスプレイに文字や図形を表示する

Arduinoに接続するには、右の回路図のようにします。VCCは5Vに接続して電源を供給するようにします。

利用部品

- グラフィックディスプレイ「SSD1306」……1個
- ブレッドボード……1個
- ジャンパー線（オス—オス）……4本

実際の配線は下の図のように接続します。

●SSD1306に表示する回路図

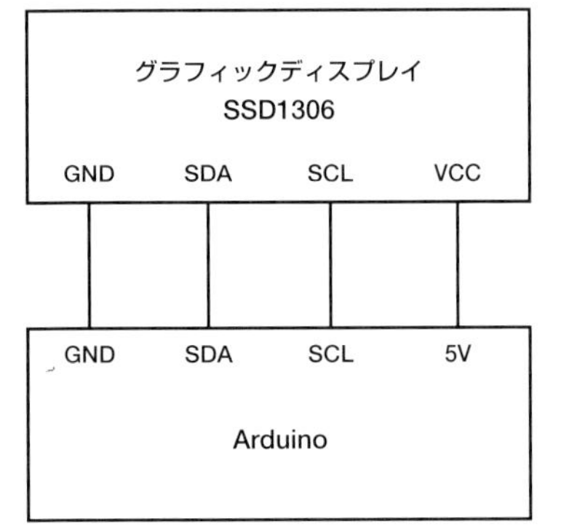

●SSD1306の接続図

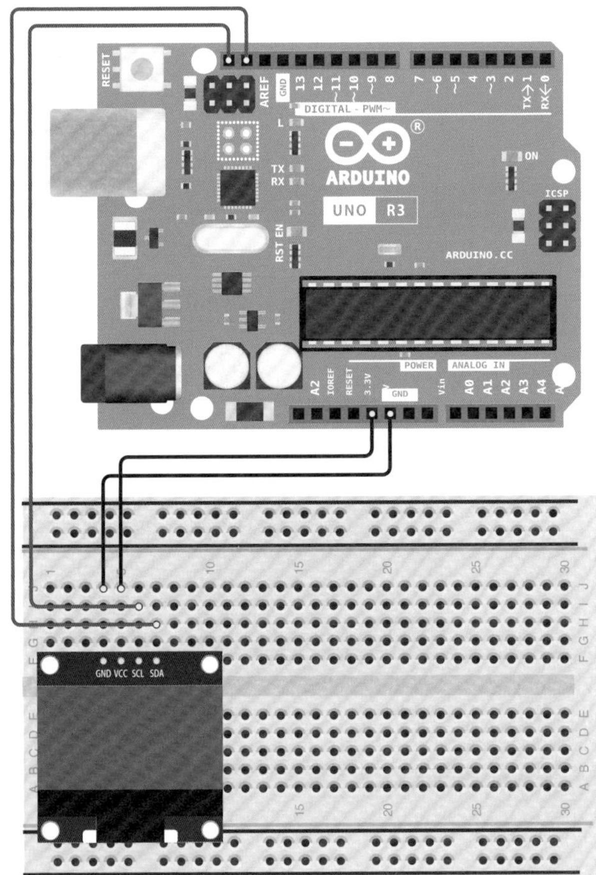

＊ライブラリをインストールする

SSD1306に表示するには、Adafruitが提供しているライブラリを利用します。ライブラリは、p.28で「ライブラリの管理」で検索と導入が可能です。Arduino IDE上の「スケッチ」メニュー➡「ライブラリをインクルード」➡「ライブラリの管理」の順に選択します。画面上部の検索窓に「ssd1306」と検索して表示された「Adafruit SSD1306」を選択して「インストール」をクリックして導入します。

●ライブラリのインストール

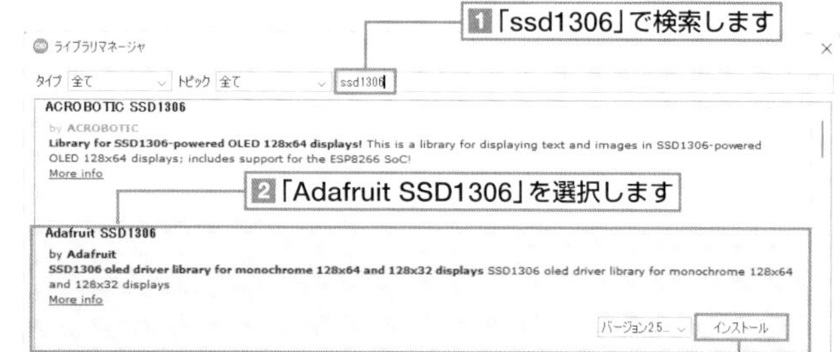

＊プログラムで文字や図形を表示する

ライブラリを用意したら、プログラムを作成して文字や字形を表示してみましょう。ここでは、下の図のように1画面目に文字列、2画面目に図形を表示し、それを何度も画面を切り替えるようにしています。

文字列の画面では、文字色を黒、背景を白にして「Arduino」と表示し、その下に文字色を白、背景色を黒にして「Enjoy! Electronic kit.」と表示します。また、右下には、繰り返した回数を表示しています。

図形の表示では、画面中央に直線を表示し、その上側に四角形、三角形、円を表示します。また、下側には中を塗った四角形、三角形、円を表示します。

●ディスプレイに文字列と図形を表示

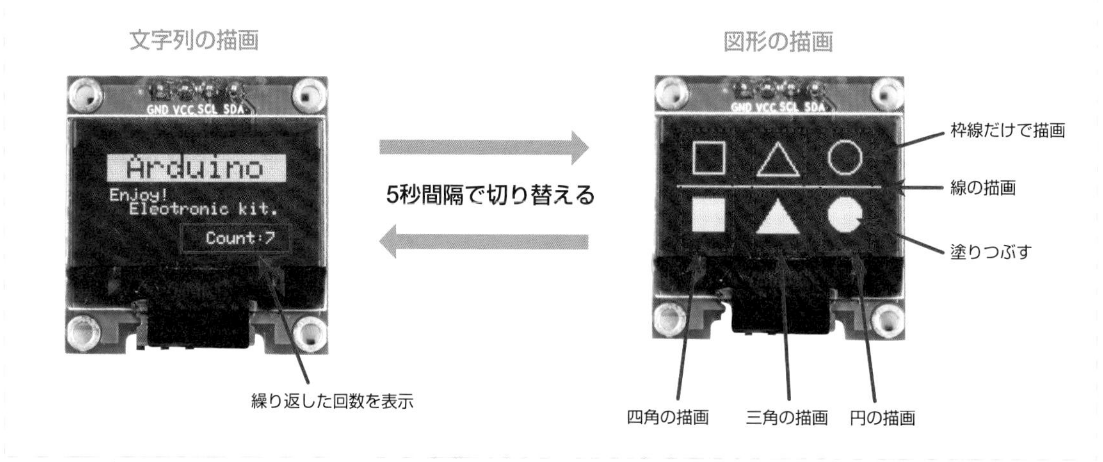

AdafruitのSSD1306ライブラリでは、文字列などをディスプレイに直接書き込んで表示しているわけではありません。Arduino上で仮想的な画面となる画面描画エリアを確保し、そこに表示したい文字列や図形などを書き込みます。準備ができたら画面描画エリア内容をディスプレイに送り込むことで画面に表示するようになっています。

実際のプログラムは、次のように作成します。

●キャラクタディスプレイに文字を表示する

arduino_parts/7-5/graph_disp.ino

```
#include <Wire.h>
#include <Adafruit_GFX.h>          ①
#include <Adafruit_SSD1306.h>

const int SCREEN_WIDTH = 128;      ②
const int SCREEN_HEIGHT = 64;
const int SCREEN_ADDRESS = 0x3C;  ③

Adafruit_SSD1306 display( SCREEN_WIDTH, SCREEN_HEIGHT, &Wire);  ④

int count = 1;

void setup() {
    display.begin( SSD1306_SWITCHCAPVCC, SCREEN_ADDRESS );  ⑤
    display.clearDisplay();  ⑥
    display.display();  ⑦
    delay( 1000 );
}

void loop() {
    display.clearDisplay();
    display.setTextSize( 2 );  ⑧
    display.setTextColor( SSD1306_BLACK, SSD1306_WHITE );  ⑨
    display.setCursor( 10, 10 );  ⑩
    display.print( " Arduino " );  ⑪
    display.setCursor( 0, 30 );
    display.setTextColor( SSD1306_WHITE, SSD1306_BLACK );
    display.setTextSize( 1 );
    display.println( "  Enjoy!" );  ⑫
    display.print( "    Electronic kit." );
    display.setCursor( 70, 55 );
    display.print( "Count:" );
    display.print( count );  ⑬
    display.display();  ⑭
    delay( 5000 );

    display.clearDisplay();
    display.drawLine( 0, 32, 127, 32, SSD1306_WHITE );  ⑮
    display.drawRect( 10, 5, 20, 20, SSD1306_WHITE );  ⑯
    display.drawTriangle( 63, 5, 50, 25, 76, 25, SSD1306_WHITE );  ⑰
    display.drawCircle( 105, 14, 10, SSD1306_WHITE );  ⑱
```

次ページへ続く

```
    display.fillRect( 10, 40, 20, 20, SSD1306_WHITE ); ⑲
    display.fillTriangle( 63, 40, 50, 60, 76, 60, SSD1306_WHITE ); ⑳
    display.fillCircle( 105, 49, 10, SSD1306_WHITE ); ㉑
    display.display(); ㉒
    delay( 5000 );

    count = count + 1;
}
```

①AdarfuitのSSD1306用ライブラリと画像描画ライブラリを読み込みます。

②ディスプレイのサイズを指定します。

③ディスプレイのI²Cアドレスを指定します。

④ディスプレイ制御用のインスタンスを作成します。この際、ディスプレイのサイズを渡します。

⑤ディスプレイを初期化します。この際、ディスプレイのI²Cアドレスを渡します。

⑥画面描画エリアを消去します。

⑦画面描画エリアをディスプレイの転送します。ここでは、全画面を消去しています。

⑧フォントのサイズを指定します。

⑨テキストの色を指定します。1番目の引数に文字本体の色、2番目に背景の色指定をします。「SSD1306_WHITE」で白、「SSD1306_BLACK」で黒になります。

⑩描画を開始する座標（X,Y）を指定します。

⑪print()内に指定した文字列を表示します。

⑫println()を利用すると、文字列を表示した後に改行します。

⑬print()に変数を指定すると変数の内容を表示します。

⑭画面描画エリアをディスプレイに転送し、文字列を画面の表示します。

⑮線を描画します。引数には線の引き始めの座標（X,Y）と、引き終わりの座標（X,Y）、色を列挙します。

⑯四角形を描画します。引数には左上と右下の座標（X,Y）、色を列挙します。

⑰三角形を描画します。引数には各頂点の座標（X,Y）、色を列挙します。

⑱円を描画します。引数には中心の座標（X,Y）、半径、色の順に列挙します。

⑲中を塗った四角形を描画します。

⑳中を塗った三角形を描画します。

㉑中を塗った円を描画します。

㉒画面描画エリアをディスプレイに転送し、図形を表示します。

＊SSD1306ライブラリの描画に利用する代表的な関数

AdafruitのSSD1306用ライブラリでは、次のような関数を使って描画が可能です。ここで紹介している関数以外にも、画像の表示や文字のスクロールなどを実現する関数も用意されています。そのほかの関数については、AdafruitのWebサイト（https://learn.adafruit.com/adafruit-gfx-graphics-library）を参照してください。

色で指定できるのは、白の「SSD1306_WHITE」と黒の「SSD1306_BLACK」のいずれかです。なお、青や黄色で表示するSSD1306の場合でも、青や黄色の表示部分では「SSD1306_WHITE」を指定するようにします。

■ 画面の表示

display()

画面描画エリアの内容をSSD1306に転送し、実際のディスプレイに描画します。

■ 画面の消去

clearDisplay()

画面描画エリアの内容をすべて消去します。実際に消去するには、display()を実行する必要があります。

■ 点の描画

drawPixel(X座標, Y座標, 色)

指定した座標に点を描画します。

■ 線の描画

drawLine(始点のX座標, 始点のY座標, 終点のX座標, 終点のY座標, 色)

指定した始点から終点まで線を描画します。

■ 四角の描画

drawRect(左上のX座標, 左上のY座標, 右下のX座標, 右下のY座標, 色)

fillRect(左上のX座標, 左上のY座標, 右下のX座標, 右下のY座標, 色)

四角を描画します。この際、左上の座標と右下の座標を指定します。また、drawRect()では外枠線のみ描画し、fillRect()では、四角の内部を塗りつぶします。

■ 円の描画

drawCircle(中心のX座標, 中心のY座標, 半径, 色)

fillCircle(中心のX座標, 中心のY座標, 半径, 色)

円を描画します。円の中心の座標と半径を指定します。また、drawCircle()では外枠線のみ描画し、fillCircle()では、円の内部を塗りつぶします。

■ 角丸四角の描画

drawRoundRect(左上のX座標, 左上のY座標, 横幅, 縦幅, 半径, 色)

fillRoundRect(左上のX座標, 左上のY座標, 横幅, 縦幅, 半径, 色)

角が丸まった四角を描画します。左上の座標と横幅と縦幅のサイズを指定します。半径には角の丸ませる円の半径を指定します。また、drawRoundRect()では外枠線のみ描画し、fillRoundRect()では、角丸四角の内部を塗りつぶします。

■ 三角の描画

drawTriangle(頂点0のX座標, 頂点0のY座標, 頂点1のX座標, 頂点1のY座標, 頂点2のX座標, 頂点2のY座標, 色)

fillTriangle(頂点0のX座標, 頂点0のY座標, 頂点1のX座標, 頂点1のY座標, 頂点2のX座標, 頂点2のY座標, 色)

指定した3点の座標を頂点とする三角形を描画します。drawTriangle()では外枠線のみ描画し、fillTriangle()では、三角形の内部を塗りつぶします。

■ カーソル位置の指定

setCursor(X座標, Y座標)

文字列の描画を開始する座標を指定します。指定した座標を左上として文字列が描画されるようになります。

■ テキストの色の指定

setTextColor(色, 背景色)

テキストの描画色と背景色を指定します。なお、背景色の指定は省略できます。

■ テキストのサイズの指定

setTextSize(サイズ)

テキストの描画サイズを指定します。サイズは1、2、3のいずれかでしています。1が最も小さく、3が最も大きくなります。

■ 折り返しの指定

setTextWrap(値)

テキストが画面端に達したら次の行に折り返すかを指定します。値に「true」と指定すると折り返しが有効になり、「false」と指定すると折り返しされません。

■ 文字列の描画

print(文字列)

println(文字列)

指定した文字列を描画します。print()の場合は、カーソル位置は描画した文字列の最後まで移動します。println()の場合は文字列を描画した後にカーソル位置が次の行に移動します。

Chapter

8

ブザー・メロディー

音は目が届かない場所へも伝わるため、異常を知らせるといった用途に活用できます。電子部品ではブザーを利用することで、簡単に音を鳴らせます。また、メロディーICは電気を流すことで音楽を再生します。

Section 8-1

ブザーで警告音を発する

圧電ブザーは、電源に接続すると音が鳴る電子部品です。Arduinoのデジタル入出力端子に接続すれば、警告音としてブザーを鳴らせます。プログラムや制御している工作に異常が発生した際に、ブザーを鳴らして知らせることができます。

》ブザーを鳴らす「圧電ブザー」

ブザーは音を出す装置です。音を出す装置は、視線が届かない相手に情報（異常など）を伝えられる特徴があります。例えば、稼働中のロボットが転倒したり、プログラムに異常が発生して不動になったり、第三者に不正制御されたりといった場合に、いち早く異常を知らせるのに役立ちます。LEDやディスプレイの場合、注視していないと異常に気づかないことがありますが、ブザーであれば見ていなくても異常を伝えることができます。

「**圧電ブザー**」を利用すると、電子工作で手軽に警告音を鳴らせます。

＊圧電ブザー

●圧電ブザーの外見

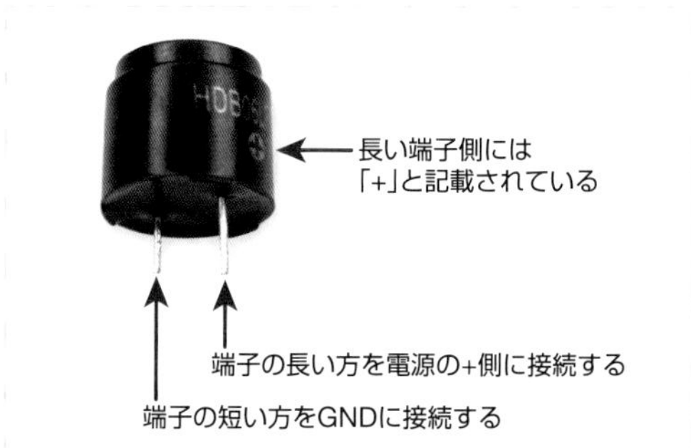
長い端子側には
「+」と記載されている
端子の長い方を電源の+側に接続する
端子の短い方をGNDに接続する

圧電ブザー（電子ブザー）は、端子に電源を接続することでブザーが鳴る電子部品です。電圧をかけるだけで鳴動するので手軽に音を鳴らせます。

圧電ブザーには極性があるので、端子の長さや刻印を確認して正しく電源への接続が必要です。

圧電ブザーには内部に発振回路が内蔵されていて、電圧をかけると音が鳴ります。圧電ブザーに似た形状の電子パーツに「**圧電スピーカー**」がありますが、圧電スピーカーには発振回路が内蔵されていないため、別途発振回路を接続する必要があります。ここでは圧電ブザーの制御方法を解説するので、購入の際は間違わないようにしましょう。

圧電ブザーを購入する際には、動作電圧を確認します。動作電圧が高すぎると、Arduinoの電源出力では鳴動しなかったり、音が小さくなってしまうためです。Arduinoで動作させるには、3～5Vで動作する圧電ブザーを選択しましょう。なお、これよりも高い電圧や大きな電流が必要な圧電ブザーを使う場合は、別途電源を接続し、トランジスタを用いて制御するようにします。

現在購入できる主要な圧電ブザーを次ページの表にまとめました。

●購入可能な主な圧電ブザー

製品名	動作電圧	参考価格
HDB06LFPN	4～8V	100円(秋月電子通商)
UGCM1205XP	4～7V	70円(秋月電子通商)
UDB-05LFPN	3～7V	80円(秋月電子通商)
SDC1610MT-01	8～16V	100円(秋月電子通商)
PB04-SE12HPR	3～16V	100円(秋月電子通商)
PKB24SPCH3601	3～20V	150円(秋月電子通商)
PB10-Z338R	3～24V	250円(秋月電子通商)
PB03SD12NPR	3～18V	100円(秋月電子通商)
PB47-Z337R	8～16V	750円(秋月電子通商)
TMB-05B	4～6.5V	283円(千石電商)
HS-6612	12V	451円(千石電商)
EB3105A-30C140-12V	2.4～15V	525円(千石電商)

圧電ブザーの音量

圧電ブザーは、製品によっては非常に大きな音を鳴らすものがあります。圧電ブザーを鳴らす場合は、あらかじめタオルなどをかぶせてから試しましょう。

圧電スピーカー

圧電スピーカーについてはp.258を参照してください。

圧電ブザーを使う

DB Products社製の圧電ブザー「HDB06LFPN」を利用してArduinoから制御してみましょう。HDB06LFPNは4から8Vの電圧をかける必要があります。Arduinoのデジタル入出力端子は5Vの出力が可能なため、動作するための電圧を供給可能ですが、圧電ブザーの動作には数十mAの電流が流れます。このため、直接Arduinoのデジタル入出力端子に接続しないようにします。

Arduinoで制御するには、トランジスタを用います。トランジスタに圧電ブザーを動作させる回路を接続してトランジスタでオン・オフを切り替えるようにします。

Arduinoとは右の図のように接続します。HDB06LFPNは、5Vの電源で動作します。そこで、Arduinoの5V端子に接続します。また、デジタル入出力端子からトランジスタを介して圧電ブザーの回路に接続するようにします。今回はデジタル入出力端子 5番に接続して制御します。

●圧電ブザーを制御する回路図

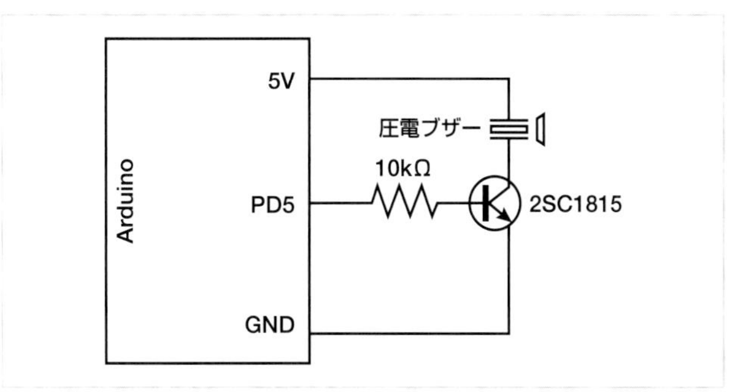

トランジスタでの制御

トランジスタについてはp.72を参照してください。

実際には次の図のように接続します。

利用部品

- 圧電ブザー「HDB06LFPN」……………1個
- トランジスタ「2SC1815」……………1個
- 抵抗　10kΩ……………1個
- ブレッドボード……………1個
- ジャンパー線（オス―オス）……………4本

●Arduinoに圧電ブザーを接続

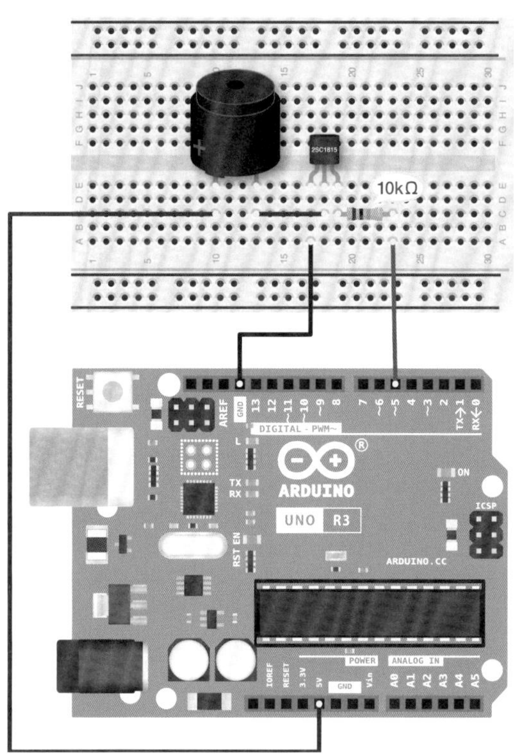

＊Arduinoで圧電ブザーを鳴動するプログラム

接続したら、プログラムを作成して圧電ブザーを鳴らしてみましょう。圧電ブザーの制御は、LEDの点滅制御同様に、デジタル入出力端子の出力をHIGHまたはLOWに切り替えることでブザーの鳴動を切り替えられます。

次のようにプログラムを作成します。

①圧電ブザーを接続したデジタル入出力端子の番号を指定します。

②デジタル入出力端子を出力モードに切り替えます。

③デジタル入出力端子の出力をHIGHに切り替え、圧電ブザーを鳴らします。その後delay()で3秒間待機してブザーを3秒間鳴らします。

④デジタル入出力端子の出力をLOWに切り替えブザーを停止します。10秒間待機してから再度ブザーを鳴らすようにしています。

●圧電ブザーを鳴動する

arduino_parts/8-1/buzzer.ino

```
const int BUZZER_PIN = 5; ①

void setup(){
    pinMode( BUZZER_PIN, OUTPUT ); ②
}

void loop(){
    digitalWrite( BUZZER_PIN, HIGH ); ③
    delay( 3000 );

    digitalWrite( BUZZER_PIN, LOW ); ④
    delay( 10000 );
}
```

プログラムが完成したら、Arduinoへ転送します。するとブザーが3秒間鳴り、10秒間停止する動作を繰り返します。

Section 8-2 メロディーを鳴らす

メロディーICは給電するとメロディーが電気信号として出力され、スピーカーにつなぐことでメロディーを鳴らせます。人感センサーなどと組み合わせると、来客をメロディーで知らせるといった応用が可能です。

メロディーを手軽に鳴らせる「メロディーIC」

「**メロディーIC**」は、内部に音楽データを格納して給電することで音楽を鳴らす電子部品です。簡単に音楽を鳴らせるため、センサーと組み合わせて来客を知らせたり、メロディーが流れるバースデーカードで利用されたりしています。メロディーICには、1曲を格納したタイプと、複数の曲を格納し選択して音楽を再生できるタイプがあります。

1曲格納タイプは、電源、GND、出力端子を搭載しており、電源に接続すれば出力端子から音楽を電気信号で出力できます。出力端子にスピーカーなどをつなげば音楽が鳴るため、手軽に音楽再生ができるのが特徴です。

複数の曲を格納したタイプは、電源や出力端子のほかに曲を選択する端子が搭載されています。端子にスイッチなどを接続することで曲の選択や再生方法を選択できます。曲の選択方法は製品によって異なるため、データシートを参照して利用する必要があります。

現在購入できる主なメロディーICを表にまとめました。

●メロディーICの外見

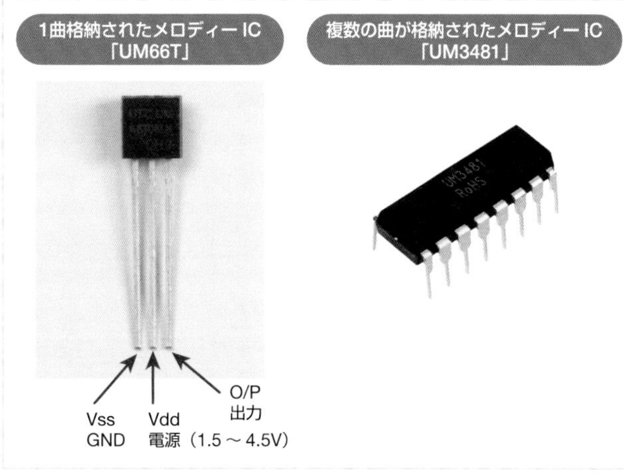

●購入可能な主なメロディーIC

製品名	曲名	参考価格
UM66T-05L	ホームスイートホーム	150円（秋月電子通商）
UM66T-08L	ハッピーバースデー	150円（秋月電子通商）
UM66T-09L	ウェディングマーチ	150円（秋月電子通商）
UM66T-11L	オーラリー	150円（秋月電子通商）
UM66T-19L	エリーゼのために	150円（秋月電子通商）
UM66T-32L	カッコウワルツ	150円（秋月電子通商）
SM6201-2L	ゆりかごの唄、ブラームスの子守歌、ロッカバイベィビィ	100円（秋月電子通商）
HK322-1	クリスマスソング（8曲）	150円（秋月電子通商）
HK322-6	オーラリー、君呼ぶワルツ、ユー・アー・マイ・サンシャイン、白銀の糸、懐かしき（やさしき）愛の歌、君を愛す	150円（秋月電子通商）

》音を出力する「スピーカー」

メロディーICから出力するメロディーは電気信号で、そのままでは音として出力されません。メロディーを音として鳴らすには**スピーカー**を利用して電気信号を音に変換します。

音は、空気の振動として伝わります。スピーカーは、電気信号を空気の振動に変える装置です。電気信号に従って板などを振るわせることで空気を振動させて音を発生させます。

スピーカーには、磁石を利用する「**電磁式スピーカー**」と、圧電素子を利用した「**圧電スピーカー**」があります。

電磁式スピーカーは、電磁石に電気信号をかけ、電磁石付近に配置した永久磁石と引き合ったり反発することで空気を振動させて音を発生させます。消費電力は大きいですが、大きな音を鳴らすことができます。また、音質が良いという特徴もあります。このため、テレビやステレオなどのオーディオ機器に使われています。

圧電スピーカーは、圧電セラミックと金属板が接合されています。電気信号をかけると圧電セラミックが伸び縮みします。これにより空気を振動させ音を発生させます。圧電スピーカーは省電力で動作します。仕組みも簡単なため、軽量で安価なのも特徴です。ただし、音が比較的小さく、音質も良くありません。

●圧電スピーカーの仕組み

圧電セラミック
端子
金属板

端子に電圧をかける
圧電セラミックが伸びる
+
−
金属板がたわむ

逆に電圧をかける
圧電セラミックが縮む
−
+
金属板が逆にたわむ

音声の電気信号を入力する
空気を振動させて音として伝わる
電気信号を
圧電スピーカーにかける

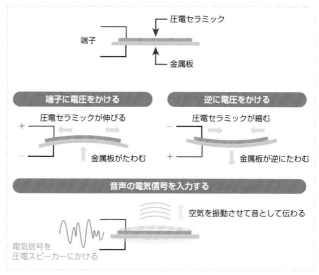

今回は、安価に購入できる圧電スピーカーを利用した方法を紹介します。本書では解説しませんが、電磁式スピーカーでメロディーICの音を鳴らすことも可能です。

＊圧電スピーカーの種類

圧電スピーカーには、スピーカーの圧電セラミックや金属部分がむき出しになったものと、プラスチックのケースに格納された製品があります。むき出しの圧電スピーカーは安価に購入できます。しかし、そのままでは音が小さいので、板に貼り付けるなどして音が大きくなるようにする必要があります。プラスチックのケースに格納された製品はケース内で音が反響して大きくなるので、そのまま

●圧電スピーカーの外見

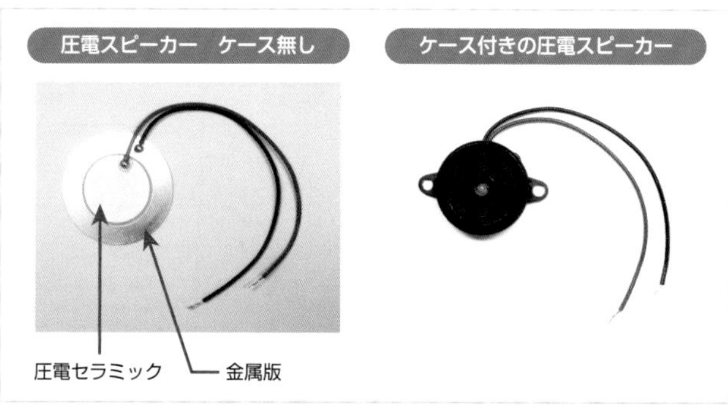

でも十分な音量が得られます。

現在購入できる主要な圧電スピーカーを右の表にまとめました。

●購入可能な主な圧電スピーカー

製品名	参考価格
SPT08	100円（秋月電子通商）
SPT15	100円（秋月電子通商）
PKM13EPYH4000-A0	30円（秋月電子通商）
PKM17EPPH4001-B0	40円（秋月電子通商）
PKM22EPPH2001-B0	50円（秋月電子通商）
FGT-15T-6.0A1W40	50円（秋月電子通商）
FGT-31T-3.7A1	70円（秋月電子通商）
7BB-27-4L0	80円（秋月電子通商）
7BB-20-6L0	110円（千石電商）
7BB-35-3L0	210円（千石電商）
7BB-41-2L0	310円（千石電商）

メロディー ICを利用する

ここでは、1曲格納されたメロディー IC「**UM66T**」シリーズを利用してArduinoからメロディーを鳴らす制御をしてみましょう。

UM66Tは、製品によって格納されている曲が異なりますが、使い方は基本的に同じです。好きな曲のメロディー ICを選択してください。ここでは「ハッピー・バースデー」が格納されたUM66T-08Lを利用してみます。圧電スピーカーは、プラスチックケースに格納された「**SPT08**」を使います。

ArduinoからUM66Tでメロディーを鳴らすには、給電する・しないを切り替えることで実現できます。しかし、UM66Tの電源は1.5～4.5Vの範囲です。Arduinoのデジタル出力は5VでUM66Tの動作電圧より高く、そのままではUM66Tが故障する恐れがあります。そこで、Section5-1で利用した**FET**を使って、3.3Vの電源で給電する・しないと切り替えるようにします。回路図では、FETでUM66TにGNDへつなげるか否かで制御しています。この場合も、GNDをつなげない状態にすると電源が供給されない状態になります。

Arduinoから制御するためにデジタル入出力端子 5番に接続し、FETを制御します。HIGHを出力すると、メロディー ICに3.3Vの電源が供給されるようになり、メロディーが電気信号になって出力されます。出力端子を圧電スピーカーに接続することでメロディーが鳴ります。

●メロディーを鳴らす回路

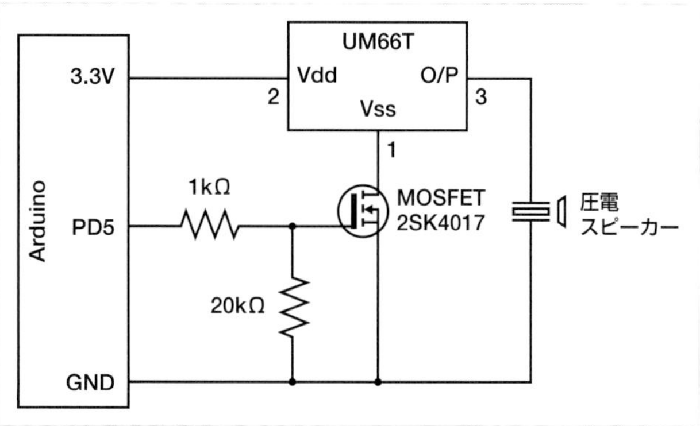

NOTE

FET での制御

MOSFETについてはp.134を参照してください。

Section 8-2

メロディーを鳴らす

実際にはメロディーICと圧電スピーカーを次の図のように接続します。

利用部品

- メロディーIC「UM66T-08L」……1個
- 圧電スピーカー「SPT08」……1個
- FET「2SK4017」……1個
- 抵抗　1kΩ……1個
- 抵抗　20kΩ……1個
- ブレッドボード……1個
- ジャンパー線（オス―オス）……5本

●Arduinoにメロディー ICを接続

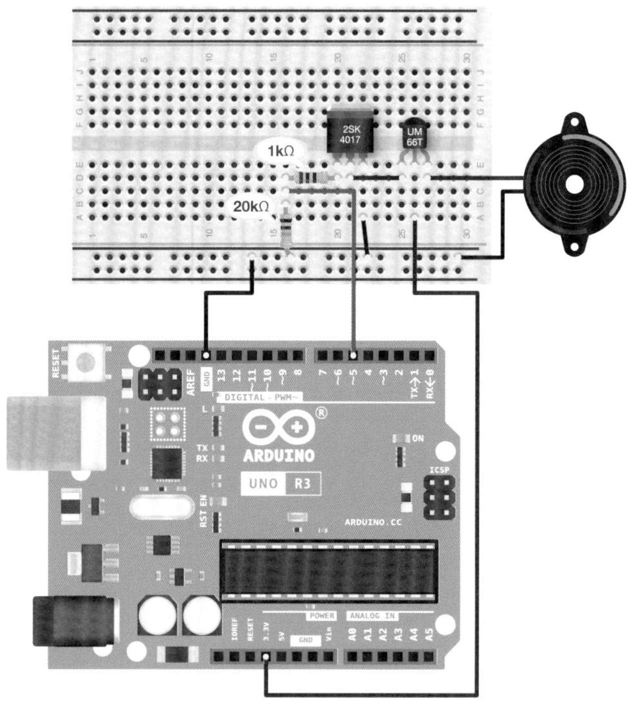

＊Arduinoでメロディーを鳴らすプログラム

接続したらプログラムを作成してメロディーを鳴らしてみましょう。メロディーICの制御は、LEDの点滅制御同様に、デジタル入出力端子の出力をHIGHまたはLOWに切り替えることでメロディーのオン・オフを切り替えられます。

次のようにプログラムを作成します。

①メロディーICを接続したデジタル入出力端子の番号を指定します。

②デジタル入出力端子を出力モードに切り替えます。

③デジタル入出力端子の出力をHIGHに切り替え、メロディーを鳴らします。その後delay()で5秒間待機し、メロディーを5秒間鳴らし続けます。

④デジタル入出力端子の出力をLOWに切り替えメロディーICを停止します。10秒間待機してから再度メロディーを鳴らすようにしています。

●メロディーを鳴らす

arduino_parts/8-2/melody.ino

```
const int MELODY_PIN = 5; ①

void setup(){
    pinMode( MELODY_PIN, OUTPUT ); ②
}

void loop(){
    digitalWrite( BUZZER_PIN, HIGH ); ③
    delay( 5000 );

    digitalWrite( BUZZER_PIN, LOW ); ④
    delay( 10000 );
}
```

プログラムが完成したらArduinoへ転送します。すると、5秒間メロディーが鳴り10秒間停止を繰り返します。

Appendix

付録

ここでは、Arduinoや電子回路に必要な部品の購入方法や、本書で利用した部品の一覧などを紹介します。またプログラムの基本的な作り方や電子回路の基礎についても紹介します。

Appendix 1 電子工作に必要な機器・部品

Arduinoを使う場合に必要となる機器や部品を紹介します。さらに、電子工作をするための基本的な電子部品とその機能について解説します。

Arduinoの入手

Arduinoは、一般の家電量販店やパソコンショップでは販売されていません（ただし、最近はヨドバシカメラなどの一部家電量販店でも取り扱われていることがあります）。主に、秋葉原や日本橋など電子パーツを扱う一部の店舗で取り扱っています。秋葉原であれば、千石電商や秋月電子通商などで購入可能です。

Arduinoは一部のオンラインショップでも購入可能です。主なオンラインショップを以下に示しました。Webサイトにアクセスし、検索ボックスで「Arduino」と検索したりカテゴリからたどることで商品の購入画面に移動できます。

- **スイッチサイエンス**
  https://www.switch-science.com/
- **Amazon**
  https://www.amazon.co.jp/
- **若松通商**
  https://www.wakamatsu-net.com/biz/
- **秋月電子通商**
  http://akizukidenshi.com/
- **ストロベリー・リナックス**
  http://strawberry-linux.com/
- **せんごくネット通販**
  https://www.sengoku.co.jp/index.php
- **共立電子**
  https://eleshop.jp/shop/
- **ヨドバシカメラ**
  https://www.yodobashi.com/

Arduino Unoが約3,000円、Arduino Nano Everyが約1,500円程度です。Arduinoは輸入製品で、取扱店舗や輸入時期により価格が異なります。ちなみにArduino Unoはほとんどの販売店で扱っていますが、Arduino DueやArduino Nanoなどは扱っていない店舗もあります。

必要な周辺機器を準備しよう

Arduinoを用意してもそれだけでは利用できません。Arduinoへプログラムを転送するためにパソコンは必須です。また、電気を供給するACアダプターや電子工作に必要な各部品も用意しておきましょう。ここでは、必要な周辺機器について説明します。

＊パソコン

Arduinoは単体で動作するマイコンボードですが、プログラムを転送しなければ何も動作しません。Arduinoで利用するプログラムの作成や、作成したプログラムをArduinoへ転送するためにはパソコンが必須です。

パソコンはWindows、Macのいずれでも問題ありません。

＊USBケーブル

パソコン上で作成したプログラムは、**USBケーブル**を利用してArduinoへ転送します。さらに、USBは給電できるため、転送用ケーブルを介してパソコンからArduinoへ給電することも可能です。USBケーブルがあればACアダプターを用いずにArduinoを動作させられます。

接続に利用するUSBケーブルは、一方が「USB Aオス」(パソコン接続側)、もう一方が「USB Bオス」(Arduino接続側)になっているケーブルを選択します。商品には「USB2.0ケーブル A-Bタイプ」などと記載されています。

また、ArduinoのエディションによってminiUSBやmicroUSBなどの形状が異なるUSBコネクタを搭載していることがあります。この場合は、それぞれのコネクタに合ったUSBケーブルを用意します。

●USBケーブルの一例

＊ACアダプター

Arduinoをパソコンに USB接続せずに動作させる場合は、「**ACアダプター**」からの給電が必要です。Arduino本体左下にある黒い端子にACアダプターを接続できます。

ACアダプターには、出力形式、出力電圧、供給可能な電流が記載されています。Arduinoを動作させるには、直流7～12Vの電圧が必要です。出力電圧が直流9VのACアダプターを選択すると良いでしょう。「DC9V」などと記載されています。

供給可能な電流は、値が大きいほど大容量の電力が必要な機器を動作させられます(ACアダプターの供給電流が大きくても、供給を受ける側には必要な電流のみ流れます)。Arduino Uno本体だけであれば、最低42mAで動作できます。しかし、Arduino本体以外にも、Arduinoに接続した電子部品でも電気を使います。Arduino本体の動作だけを考えて小電流のACアダプターを選択すると、供給電流が不足してArduinoが停止してしまう恐れがあります。1A以上の電流を供給できるACアダプターを選択するようにしましょう。

ACアダプターの端子部分であるプラグの形状やサイズにも注意が必要です。Arduinoの電源端子に接続するには外形5.5mm、内径2.1mmのプラグが搭載されたACアダプターを選択します。さらに、プラグ中央がプラス電極となっている「**センタープラス**」の製品を選択する必要があります。

ACアダプターは電子パーツ販売店で購入できます。出力電圧がDC9V、電流1.3Aの商品であれば約700円前後で購入可能です。

前述したように、ArduinoはUSBケーブルでパソコンへ接続しても、パソコンから給電され動作できます。つまり、USB端子が搭載されたACアダプターをUSBケーブルで接続すれば給電できるということです。USB形式のACアダプターはスマートフォンなどに利用されているため、比較的容易に入手できます。

USB形式のACアダプターを購入する際に注意が必要なのが、出力できる電流です。一般的なACアダプター同様、供給できる電流が少ないと突然Arduinoが停止してしまう恐れがあるためです。USB形式のACアダプターも、1A出力できるものを選択すると良いでしょう。1A出力可能なUSB形式のACアダプターならば、500円程度で購入が可能です。

●ACアダプターの一例

KEYWORD

ACアダプター

電気には、常に一定の電圧を保ち続ける「**直流**」(**DC**:Direct Current)と周期的に電圧が変化する「**交流**」(**AC**:Alternating Current)の2種類の電気の流れ方があります。例えば、直流であれば5Vの電圧が常に供給されます。一方、交流の場合は+5Vと-5Vを周期的に変化します。
家庭用のコンセントからは交流100Vが供給されます。しかし、パソコンやArduinoなどの機器では、直流で動作する仕組みとなっているため、直流から交流へ変換が必要となります。この際利用されるのが「AC/DCコンバータ」(ADC)です。
また、Arduinoは5Vの電圧で動作するようになっていますが、家庭用コンセントの100Vでは大きすぎます。そこで100Vから5Vに出圧の変換が必要です。
この2つの機能を兼ね備えたのが「**ACアダプター**」です。家庭用コンセントからArduinoで利用できる電圧までACアダプター1つで変換できます。

＊各種電子パーツ

Arduinoは、本体に搭載されたインタフェースに電子パーツを接続して制御できます。制御できる電子パーツは、明かりを点灯するLED、数字を表示できる7セグメントLED、文字などを表示できる液晶デバイス、物を動かすのに利用するモーター、明るさや温度などを計測する各種センサーなど様々です。これらパーツを動作させたい電子回路によって選択します。

●電子パーツの一例

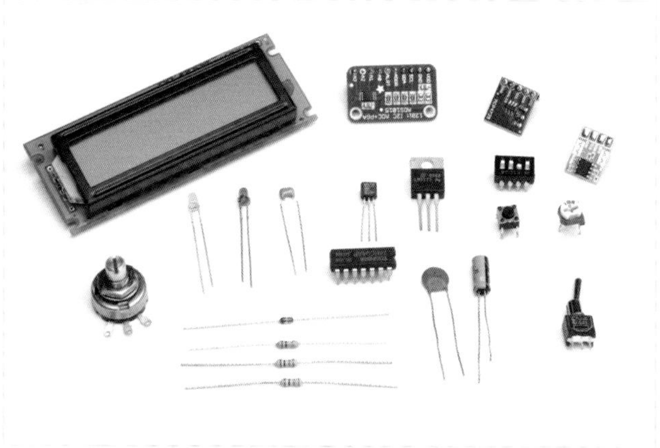

電子部品の購入先

電子部品は、一般的に電子パーツ店で販売しています。東京の秋葉原や、名古屋の大須、大阪の日本橋辺りに電子パーツ店の店舗があります。このほかにも、東急ハンズやホームセンターなどで部品の一部は購入可能です。

ただし、これらの店舗では種類が少ないため、そろわない部品については電子パーツ店を頼ることになります。電子パーツ店が近くにない場合は、通販サイトを利用すると良いでしょう。**千石電商**（http://www.sengoku.co.jp/）や**秋月電子通商**（http://akizukidenshi.com/）、**マルツ**（http://www.marutsu.co.jp/）などは、多くの電子部品をそろえています。また、**スイッチサイエンス**（http://www.switch-science.com/）や**ストロベリー・リナックス**（http://strawberry-linux.com/）では、表示器やセンサーなどの機能デバイスをすぐに利用できるようにしたボードが販売されています。秋月電子通商やスイッチサイエンスなどでは、液晶ディスプレイなど独自のモジュールやキット製品を販売しています。

簡単に電子回路を作成できる「ブレッドボード」と「ジャンパー線」

電子回路を作成するには、「基板」と呼ばれる板状の部品に電子部品をはんだ付けする必要があります。しかし、はんだ付けすると部品が固定されて外せなくなります。はんだ付けは、固定的な電子回路を作成するには向きますが、ちょっと試したい場合には手間がかかる上、固定した部品は再利用しにくいので不便です。

そこで役立つのが「**ブレッドボード**」です。ブレッドボードにはたくさんの穴が空いており、その穴に各部品を差し込んで利用します。各穴の縦方向に5～6つの穴が導通しており、同じ列に部品を差し込むだけで部品が導通した状態になります。

ブレッドボードの中には、右図のように上下に電源とGND用の細長いブレットボードが付属している商品もあります。右図のブレッドボードでは、横方向に約30個の穴が並んでおり、これらがつながっています。電源やGNDといった多用する部分に利用すると良いでしょう。

様々なサイズのブレッドボードが販売されていますが、まずは30列のブレッドボードを購入すると良いでしょう。例えば、1列10穴（5×2）が30列あり、電源用ブレッドボード付きの商品であれば、200円程度で購入できます。

●手軽に電子回路を作成できる「ブレッドボード」

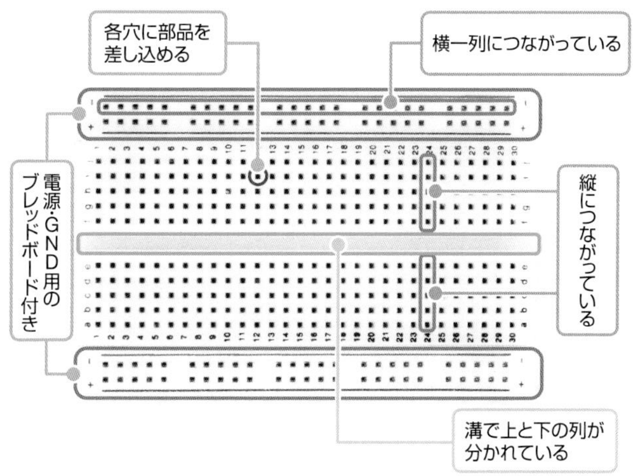
各穴に部品を
差し込める
横一列につながっている
電源・GND用の
ブレッドボード付き
縦につながっている
溝で上と下の列が
分かれている

多数の電子部品を接続する場合は、さらに大きなブレッドボードを使うと良いでしょう。例えば、63列のブレッドボードであれば300円程度で購入できます。

別の列同士をつなげるには「**ジャンパー線**」を利用します。ジャンパー線は両端の導線がむき出しになっており、電子部品同様にブレッドボードの穴に差し込めます。

ジャンパー線には端子部分が「オス型」のものと「メス型」のものが存在します。ブレッドボードの列同士を接続するには両端がオス型（オス―オス型）のジャンパー線を利用します。Arduinoのデジタル・アナログ入出力ソケットはメス型となっているため、両端がオス型のジャンパー線を利用できます。

オス―オス型のジャンパー線は30本程度あれば十分です。例えば、秋月電子通商ではオス―オス型ジャンパー線（10cm）は20本入り150円で購入できます。

KEYWORD

オス型とメス型

電子部品では、先端が凸状に穴に差す形式の端子を「オス型」、凹状に差し込まれる形式の端子を「メス型」と呼びます。

●ブレッドボード間の列やArduinoのソケットに接続する「ジャンパー線」

電圧や電流を制御する「抵抗」

「**抵抗**」は、使いたい電圧や電流を制御するために利用する部品です。例えば、回路に流れる電流を小さくし、部品が壊れるのを抑止したりできます。

抵抗は1cm程度の小さな部品です。左右に長い端子が付いており、ここに他の部品や導線などを接続します。端子に極性はなく、どちら向きに差し込んでも動作できます。

抵抗は、使用材料が異なるものが複数存在し、用途に応じて使い分けます。電子回路で利用する場合、通常は「カーボン抵抗」でかまいません。抵抗の単位は「**Ω（オーム）**」で表します。

抵抗は1本5円程度で購入できます。100本100円程度でセット売りもされています。

抵抗は、本体に描かれている帯の色で抵抗値が分かるようになっています。それぞれの色には、右の表のような意味があります。

●抵抗値の読み方

帯の色	それぞれの意味			
	1本目	2本目	3本目	4本目
	2桁目の数字	1桁目の数字	乗数	許容誤差
黒	0	0	1	—
茶	1	1	10	±1%
赤	2	2	100	±2%
橙	3	3	1k	—
黄	4	4	10k	—
緑	5	5	100k	—
青	6	6	1M	—
紫	7	7	10M	—
灰	8	8	100M	—
白	9	9	1G	—
金	—	—	0.1	±5%
銀	—	—	0.01	±10%
色無し	—	—	—	±20%

1本目と2本目の色で2桁の数字が分かります。これに3本目の値を掛け合わせると抵抗値になります。例えば、右図のように「紫緑黄金」と帯が描かれている場合は「750kΩ」と求められます。

4本目は抵抗値の誤差を表します。誤差が少ないほど精密な製品であることを表しています。右図の例では「金」ですので「±5%の誤差」（±37.5kΩ）が許容されています。つまり、この抵抗は「787.5k～712.5kΩ」の範囲であることが分かります。

●抵抗値の判別例

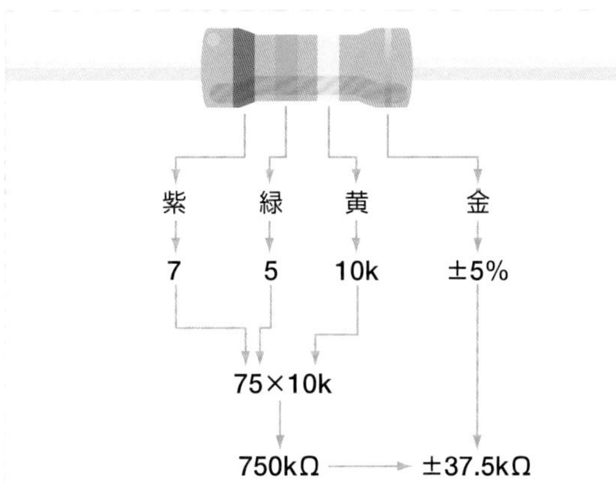

NOTE 区切りのいい値の抵抗が販売されていない場合

電子パーツ店で抵抗を購入する場合、5kΩといった区切りのいい値の抵抗が販売されていないことがあります。一方で、330Ωなどの一見すると中途半端な値の抵抗が揃っていたりすることもあります。

これは、抵抗の誤差を考慮するため「**E系列**」という標準化した数列に合わせられているためです。小さな値であれば誤差の範囲は小さいですが、大きな値であると誤差が大きくなります。例えば1Ωであれば、0.95～1.05Ωですが、10kΩであると9.5k～10.5kΩと誤差が広がります。このため、10kと10.01kΩのように誤差がかぶる抵抗を準備しても無意味です。

電子工作では、5%の誤差のある抵抗がよく利用されています。5%の抵抗では「**E24系列**」に則って抵抗が作られています。例えば1k～10kΩの範囲のE24の抵抗値は「1k」「1.1k」「1.2k」「1.3k」「1.5k」「1.6k」「1.8k」「2.0k」「2.2k」「2.4k」「2.7k」「3.0k」「3.3k」「3.6k」「4.3k」「4.7k」「5.1k」「5.6k」「6.2k」「6.8k」「7.5k」「8.2k」「9.1k」「10k」となっています。このため、5kΩのような切りのいい数値の抵抗は販売されていません。

なお、E系列でも利用が少ない抵抗は販売されていないことがあります。例えば、秋月電子通商では「1k」「1.2k」「1.5k」の抵抗は販売されていますが、「1.1k」「1.3k」「1.6k」「1.8k」の抵抗は販売されていません。

電子部品はどんなものであっても誤差があるので、計算などで正しい値を導いたとしても、おおよそ近い値を選択するようにしましょう。

Appendix 2

はんだ付け

電子工作では、導線を接続したり、基板に部品やヘッダピンを取り付けたりするのに「はんだ付け」をします。はんだ付けの手順や注意点について説明します。

部品や導線を取り付ける「はんだ付け」

ブレッドボードを利用すると、部品を差し込むだけで電子回路を作成できます。しかし、ブレッドボードを使った電子回路は容易に部品が外れてしまうこともあり、本格的な運用には向きません。通常は、ユニバーサル基板や回路を印刷したプリント基板などに部品や導線を取り付けて運用します。

購入した電子部品によっては、出荷時点ではヘッダピンが取り付けられておらず、ユーザーが自分でヘッダピンの取り付けをする必要があるものがあります。モーターなどは、ブレットボードに差し込めないため、端子に導線を溶接して回路を接続する必要があります。

このように、電子部品などを取り付ける際に「**はんだ付け**」は欠かせません。はんだ付けは、200度程度で溶ける金属「**はんだ**」を、高温になる「**はんだごて**」で加熱して取り付けたい場所に流し込み、冷やして固め、部品などを固定させることです。

はんだ付けに必要な機器

はんだ付けをするには、「**はんだ**」「**はんだごて**」「**はんだごて台**」の3つが必要です。

●はんだ

「**はんだ**」は部品を取り付けるために溶かし込む材料です。いわば接着剤のような役割をします。はんだにはいくつかの種類があります。取り付ける素材によって、利用するはんだが異なります。電子工作で使用するのであれば、「電子工作用」などと記載されたはんだを選択しましょう。電子工作用は約200度程度で溶かすことが可能です。

●電子工作用のはんだの例

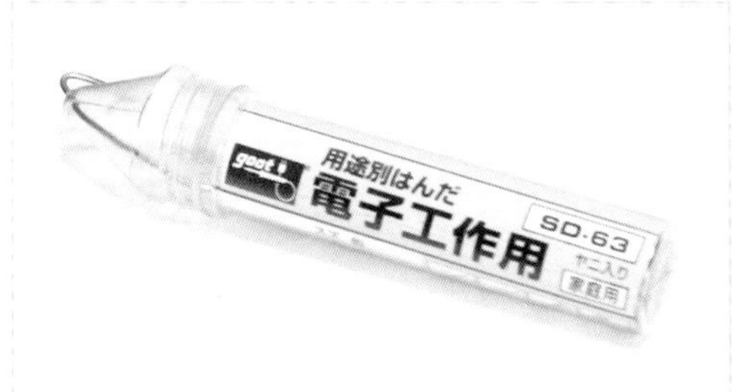

はんだには「**ヤニ入り**」と「**ヤニ無し**」の2種類があります。ヤニ入りは、はんだの中に松ヤニが入っており、部品同士が付きやすくなっています。一方、ヤニ無しは松ヤニが入っておらず、部品が付きにくくなっています。ヤニ無しはんだを使う場合には、一般的に「**フラックス**」と呼ぶ補助剤を使ってはんだ付けをします。通常は「ヤニ入り」はんだを選択してください。

はんだは電子パーツ販売店で販売されています。3m程度であれば約400円で購入可能です。

●はんだごて

はんだを溶かすのに利用するのが「**はんだごて**」です。はんだごては製品によって加熱可能な温度が異なります。使用するはんだの種類によって、はんだごてを選択します。

電子工作の場合は、約500度まで加熱できる「30W」のはんだごてを選択します。これよりも加熱可能な温度が低いはんだごてを使うと、はんだが溶けない恐れがあります。逆に可能温度が高いはんだごてを使うと、はんだをすぐに溶かすことができますが、短時間で作業を終了しないと電子部品が壊れてしまう恐れがあります。

●電子工作用のはんだごての例

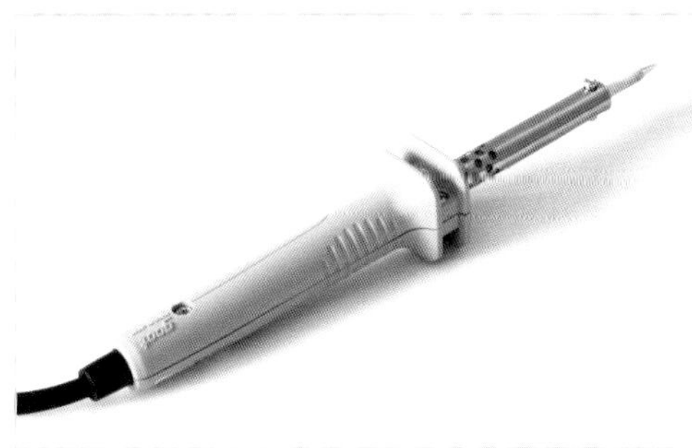

はんだごては、加熱するこて先を変更できるようになっています。細かいはんだ付けをする場合には細いこて先に変更します。通常は、はんだごてに標準で付属してあるこて先を使って問題はありません。

はんだごては、30Wの入門用であれば約1,000円程度で購入できます。

効率のよいはんだごて

熱の効率がよいはんだごては、消費電力が低くても高温に加熱できる商品もあります。詳しくは、各商品の仕様に記載されている温度を参照してください。

●はんだごて台

はんだごては高温になるため、そのまま机などに置くと焦げてたり溶けたりしてしまいます。

そこで、はんだごてを置く「**はんだごて台**」を用意しておきます。はんだごて台にはスポンジが付いています。スポンジを水で濡らしておき、ここにはんだごてのこて先をすりつけることで、こて先をきれいにできます。

はんだごて台は、簡易型の商品であれば約300円、しっかりした商品であれば約1,000円で購入できます。また、はんだごて台にクリップや虫眼鏡が付いている商品もあります。

●はんだごて台の例

はんだ付けをする

1 はんだごて台のスポンジを水で濡らしておきます。はんだごてをはんだごて台に乗せてから、はんだごてをコンセントに差し込みます。はんだごては1分程度で加熱し、はんだ付けができる状態になります。

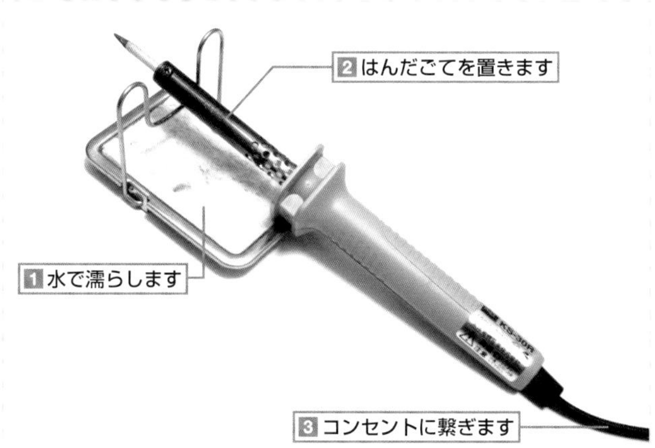
2 はんだごてを置きます
1 水で濡らします
3 コンセントに繋ぎます

2 基板などに、取り付けたい部品を差し込みます。この際、部品が動かないよう十分固定しておきます。例えば、抵抗のような長い端子を備える部品であれば、端子を曲げて固定します。固定できない部品の場合は、はんだ付け用の固定クリップ台を用いたり、マスキングテープなどを用いて固定するとよいでしょう。

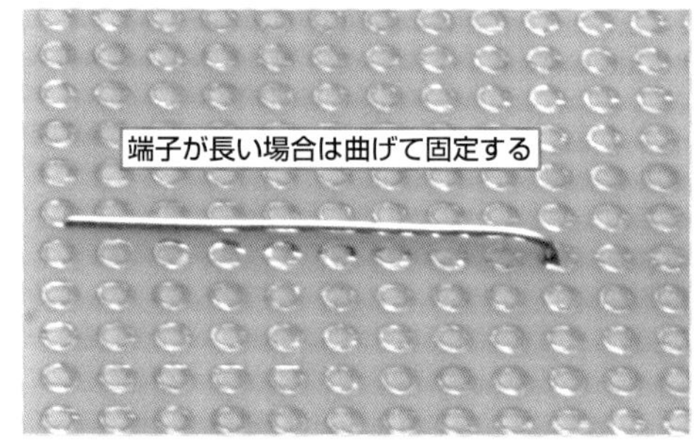
端子が長い場合は曲げて固定する

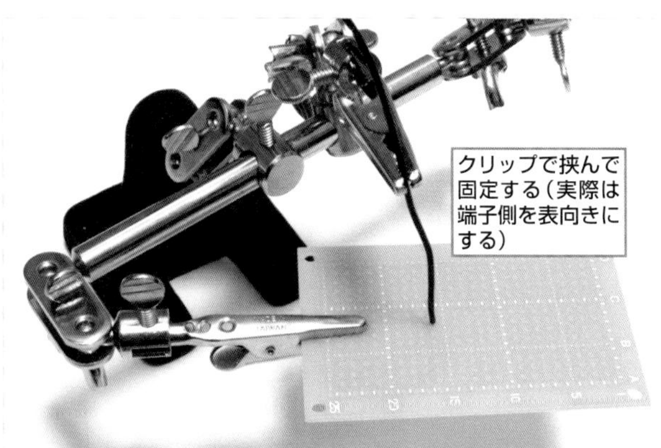
クリップで挟んで固定する（実際は端子側を表向きにする）

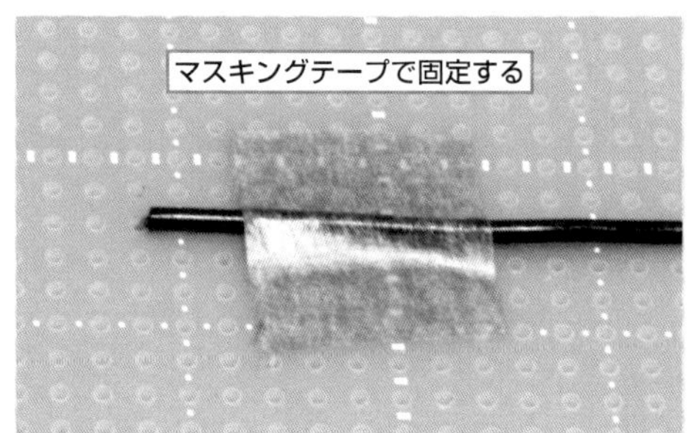
マスキングテープで固定する

3 はんだごてを利き手で持ちます。グリップの部分を鉛筆のように持ちます。逆の手にははんだを5cm程度伸ばして持ちます。

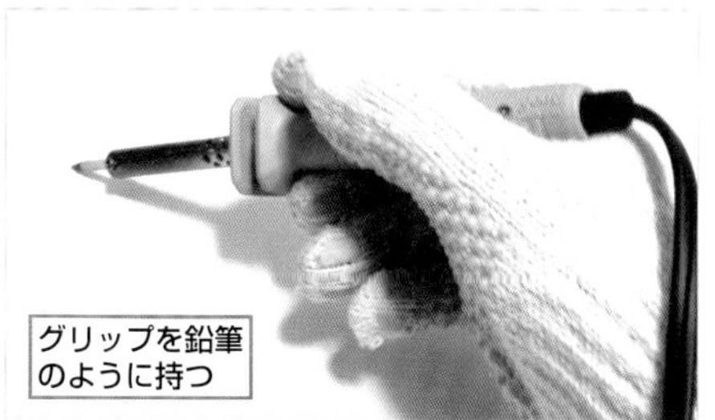
グリップを鉛筆
のように持つ

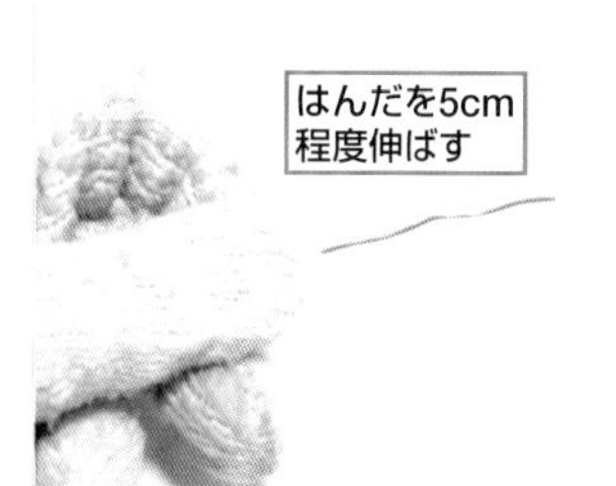
はんだを5cm
程度伸ばす

4 はんだ付けする部品の金属部分を、はんだごてのこて先に当てて加熱します。

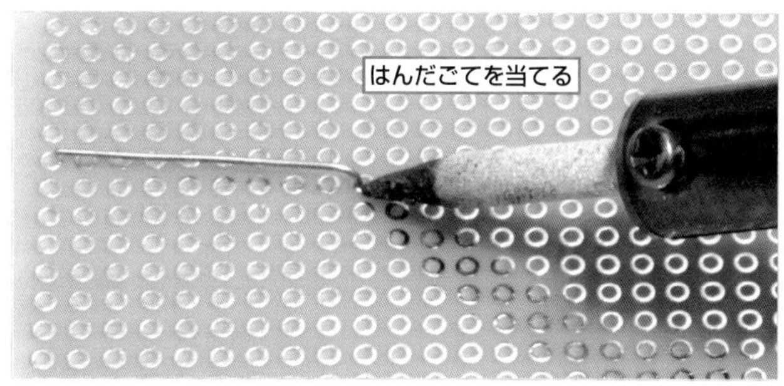
はんだごてを当てる

5 2秒程度加熱したら、はんだを取り付ける部品に押しつけます。この際、はんだごてのこて先に直接はんだがくっつかないようにします。

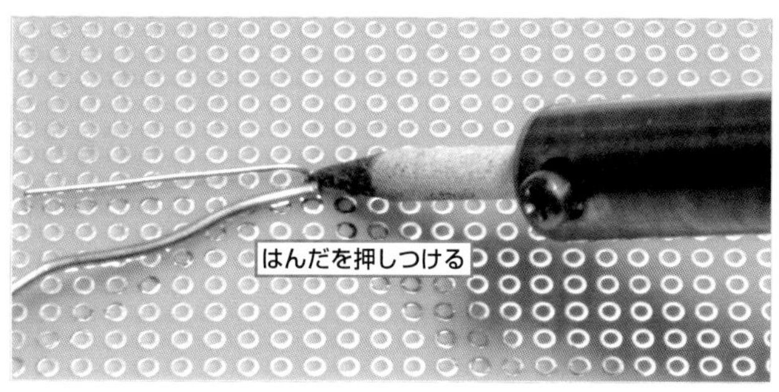
はんだを押しつける

6 十分はんだが溶けたら、はんだ➡はんだごての順に離します。離す順番が逆だと、はんだが固まって離れなくなります。

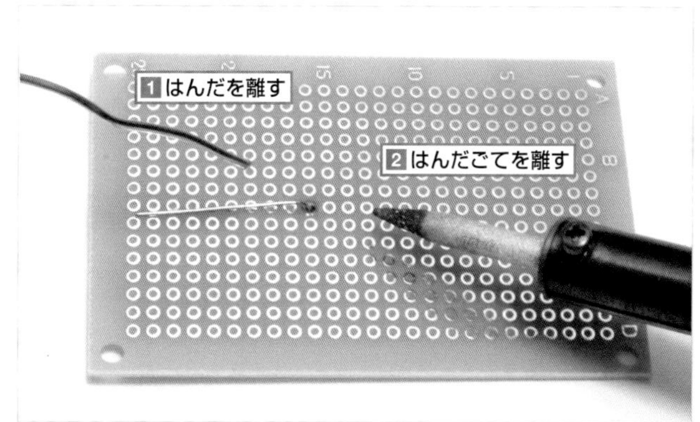
1 はんだを離す
2 はんだごてを離す

7 はんだが「富士山」のような形状をしていれば、きれいにはんだ付けができています。軽く部品を動かしてみて、はんだ付けした部分が動くようであれば正しくはんだ付けがされていません。再度はんだ付けをします。
なお、4から7の手順は10秒以内で完了するようにしましょう。これは、電子部品によっては熱に弱く、長時間加熱すると壊れてしまう恐れがあるためです。

●良いはんだ付けの例

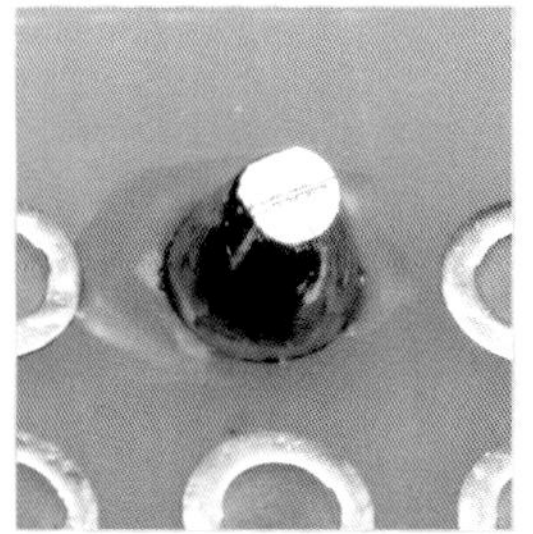
富士山型になっている

●悪いはんだ付けの例

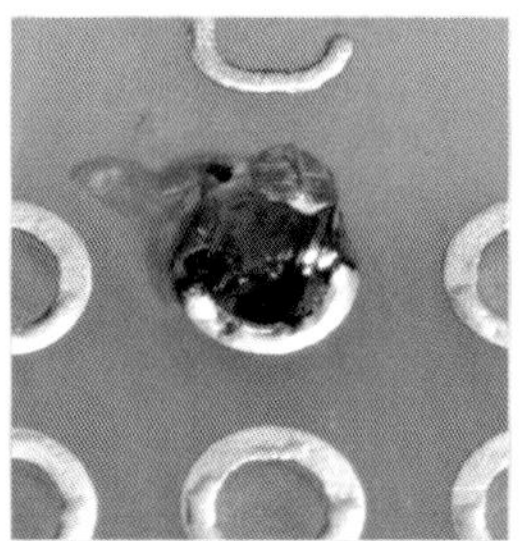
はんだが少ない

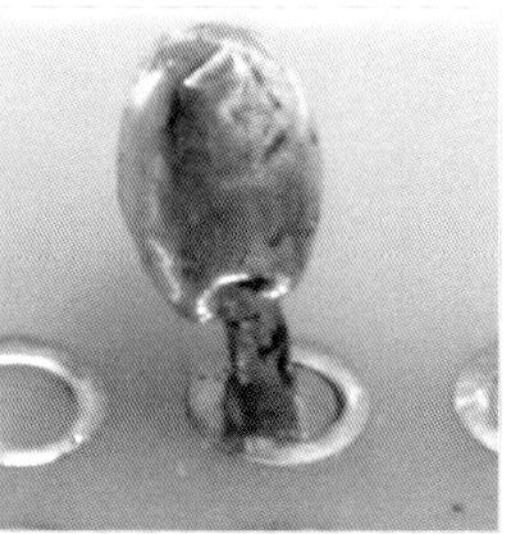
はんだが基板に付いていない

はんだが多すぎる

8 部品の端子が余っている場合は、ニッパーを使って切り取ります。端子を切る場合は、指で押さえるなどして飛ばないようにしましょう。

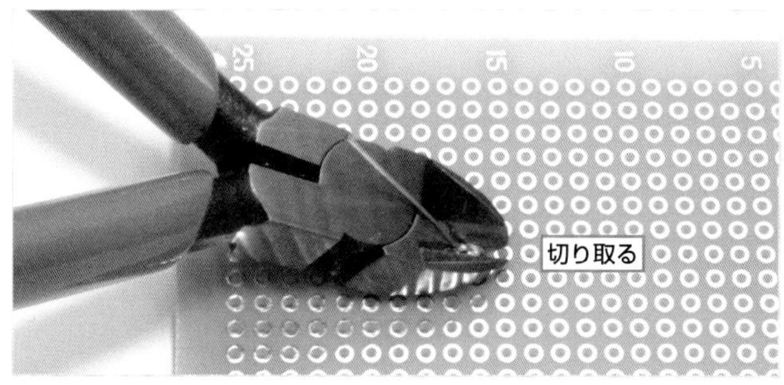

NOTE

はんだを取り除きたい場合

はんだを多く流し込んでしまったり、隣の端子まで一緒にはんだ付けしてしまった場合には、余分なはんだを取り除きます。「**はんだ吸い取り線**」や「**はんだクリーナー**」といった商品を使うとはんだを取り除けます。
はんだ吸い取り線を使う場合は、除去したい部分にはんだ吸い取り線を当て、その上からはんだごてを押しつけます。すると、溶けたはんだがはんだ吸い取り線に浸透し、余分なはんだを除去できます。

●はんだを除去できるはんだ吸い取り線の例

電子回路への給電

Arduinoから電子回路へ電気を送り、回路を動作することが可能です。しかし、供給する電流には制限があります。制限以上の必要な部品を利用する場合は、別途電子回路へ電気を供給する必要があります。

Arduinoのデジタル入出力の制限

Arduinoのデジタル入出力端子では、5Vの電圧を出力して電子部品を動作できます。例えば、LEDを直接デジタル入出力へ接続すれば、出力を切り替えることでLEDの点灯や消灯することが可能です。

しかし、Arduinoのデジタル入出力端子で流せる電流は決まっています。1つの端子に対して40mAまでの電流が流せます。LEDのような10mAも流さない部品であれば問題なく動作できますが、モーターのように数百mAも流れる電子部品を接続しても、動かすことはできません。また、過電流が流れるとArduino自体が壊れる恐れがあります。

●1つのデジタル入出力端子に流せる電流の制限

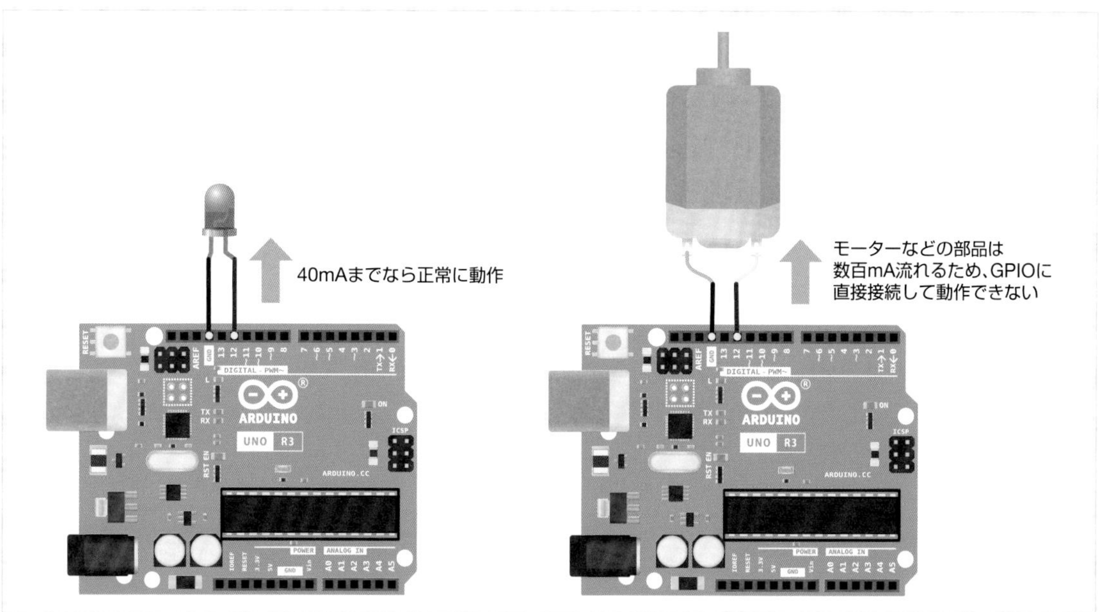
40mAまでなら正常に動作
モーターなどの部品は
数百mA流れるため、GPIOに
直接接続して動作できない
ARDUINO
UNO
R3

デジタル入出力端子の全体について流せる電流も決まっています。すべてのデジタル入出力端子に流れる電流の総和は200mA以下である必要があります。10mAの流れるLEDを複数点灯したい場合でも、20個同時に点灯させようとすると、200mAと過電流になってしまいます。

Arduino自体も電力定格があり、Arduinoに流せる最大電流が決まっています。Arduino Unoの場合、USBからは500mAまでの給電に対応していますが、それ以上の電流が流れると、保護部品により電気の流れがカットされることがあります。

一方、電源ジャックからの給電では、電圧を変換する部品が1Aまでなので、Arduino自体では1Aの電流まで流せます。

●すべてのデジタル入出力端子に流せる電流の制限

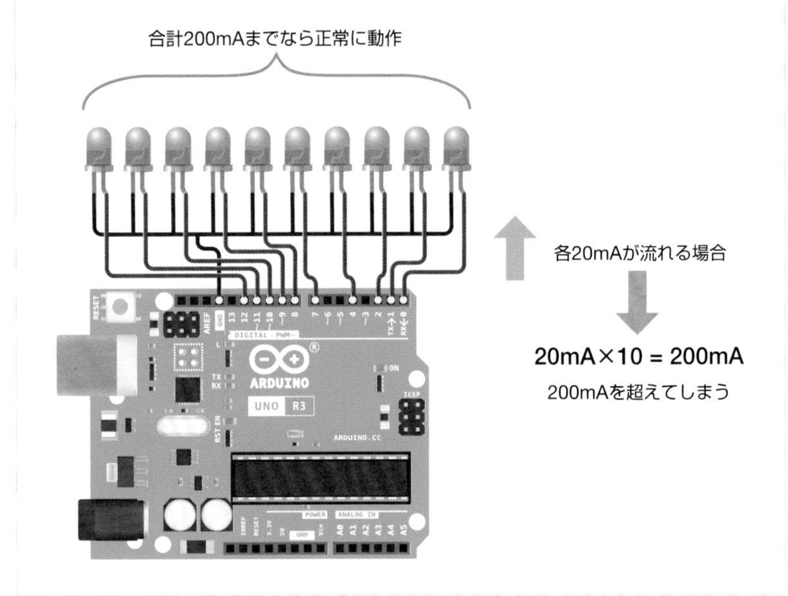

電力定格は、Arduino本体を動作させる電力だけでなく、Arduinoに接続している電子回路で消費する電力に対しても制限されます。つまり、デジタル入出力端子でほとんど電流が必要ない場合でも、Arduinoの電源端子から電子部品へ多くの電流を流すと、Arduinoの定格を超えてしまい強制的に再起動などする恐れがあります。

電力定格はArduinoのエディションによって異なります。大電流が流れるような用途に利用する場合は、電力定格の大きなArduinoを利用するのも1つの選択肢です。

別のルートから電子回路へ電気を供給する

Arduinoの供給する電気だけでは電子回路を動かせない場合は、他のルートから電気を直接電子回路へ供給するようにします。例えば、電池やACアダプターを電子回路へ接続して供給します。

別途電源を用意すれば、Arduinoからの流れる電流が少なくなるため、Arduinoが突然再起動してしまったり壊れてしまう危険性がなくなります。

この際、別途供給している電源からArduinoへ電気が流れ込まないように注意します。例えば、別途9Vの電池を接続すると、Arduinoのデジタル入出力端子との電圧に差が生じてしまうため、Arduinoへ思わぬ電流が流れ込んでしまいます。流れ込んだ電流によってArduinoが壊れてしまう危険性もあります。

そこで、別の電源を接続した場合は、トランジスタやFET、各種ドライバーICなどを利用してArduinoに電流が流れないようにします。

●電子回路に外部から電力を供給する

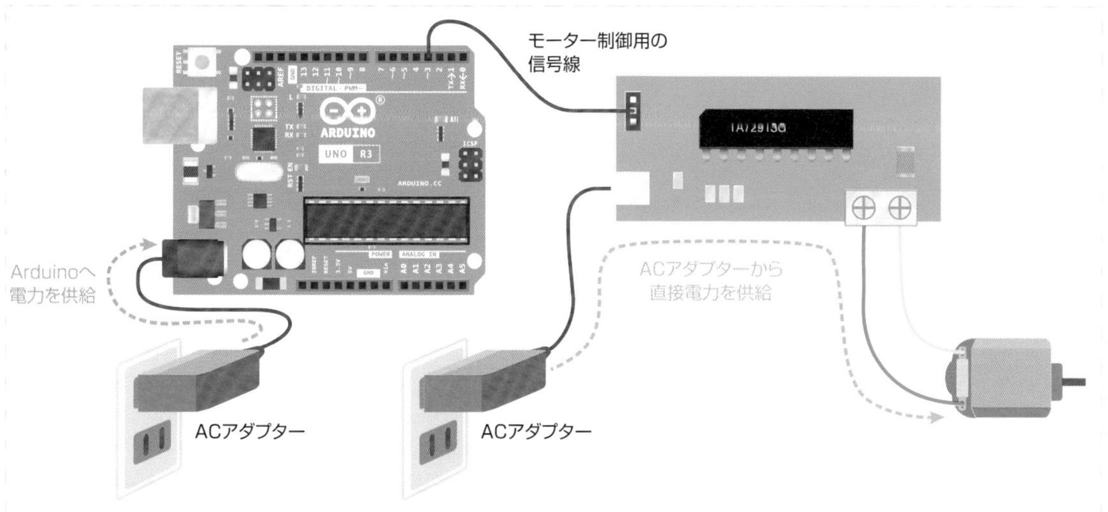

●外部電源で動作する電子回路をArduinoから制御する部品例

NOTE

Arduino を電池で駆動させる

Arduinoは本体消費電力が少ないため、電力消費が少ない電子部品だけ使う場合なら、電池だけでも十分動作します。例えば、温度センサーで周囲の温度を計測して、キャラクターLCDディスプレイに表示するだけなら、乾電池駆動でも十分です。なお、モーターのような電力消費が大きい電子部品も乾電池による動作は可能ですが、駆動時間が短くなるので注意が必要です。モーター駆動用の別の電池など利用するといいでしょう。

電池を接続する場合は、電源関連のソケットにある「VIN」に電池の＋極を接続し、GNDに－極を接続すると、Arduinoが起動します。なお、接続する電池は、6Vから20Vの電池を使用します。例えば、四角形の乾電池「006P」は9Vの電圧が出力できます。普通の乾電池1本（1.5V）だけ接続した場合、電圧が不足して正常に動作しません。

●乾電池でArduinoを動作させる

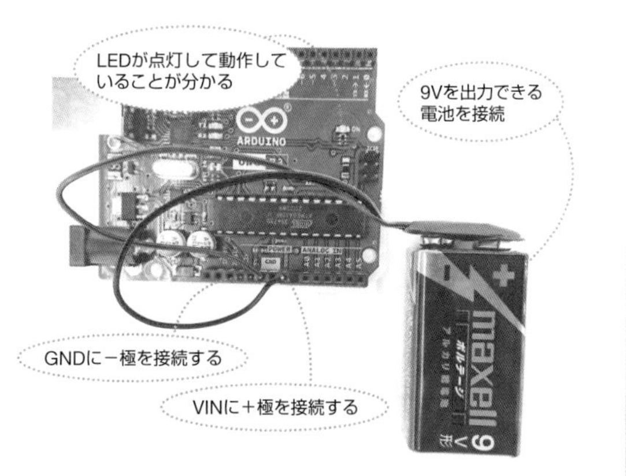

Arduino IDEとプログラム作成の基本

Arduinoを制御するプログラムはArduino IDEで作成できます。プログラムは所定の命令などを文字列で記述します。ここでは、Arduino IDEの使い方と、プログラムの基本を説明します。

Arduino IDEの画面構成

Arduino IDEを起動すると、下図のような編集画面が表示されます。

●Arduino IDEの画面

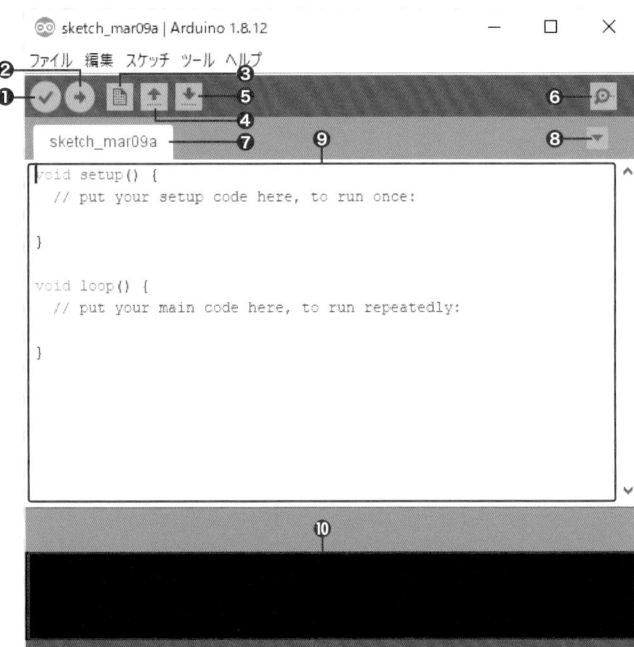

❶ 検証
作成したプログラムに誤りがないかを確かめます。誤りが存在すると、メッセージエリアに内容が表示されます

❷ マイコンボードに書き込む
作成したプログラムを検証した後、Arduinoに転送します

❸ 新規ファイル
新たなプログラムを作成する際にクリックします

❹ 開く
保存しておいたArduinoのプログラムを読み込みます

❺ 保存
作成したプログラムをファイルに保存します

❻ シリアルモニタ
Arduinoからのシリアル通信で送られた内容を表示します

❼ タブ
作成したプログラムは複数のタブに分けて表示可能です。タブをクリックすることで表示を切り替えられます

❽タブメニュー
新たなタブを表示したり、タブを閉じたりするなど、タブを操作するメニューを表示します

❾ 編集エリア
ここにプログラムを作成します

❿ メッセージエリア
プログラムの検証結果やArduinoへの転送の状態などのメッセージを表示します

Arduino IDEでプログラム作成

Arduino IDEでプログラム（スケッチ）を作成するには、編集エリアにプログラムを記述します。

プログラムができたら、画面左上の✓をクリックしてプログラムを検証します。右図のように「コンパイルが完了しました。」と表示されれば、プログラムは問題ありません。

もし、正常でない場合は、右図のようにメッセージエリアにエラーが表示されます。右図では「digitalWrit」が誤り（「e」が抜けている）であると表示されています。間違っている行には赤でハイライト表示されます。

NOTE

異なる文字色で表示される

プログラムを作成している際に、voidやifといった予約語というプログラムで利用する命令や宣言、pinModeといった関数は、異なる文字色で表示されます。このため、文字色を見ることで入力ミスがないかを確かめることができます。

●プログラムの検証

●プログラムが誤っている場合

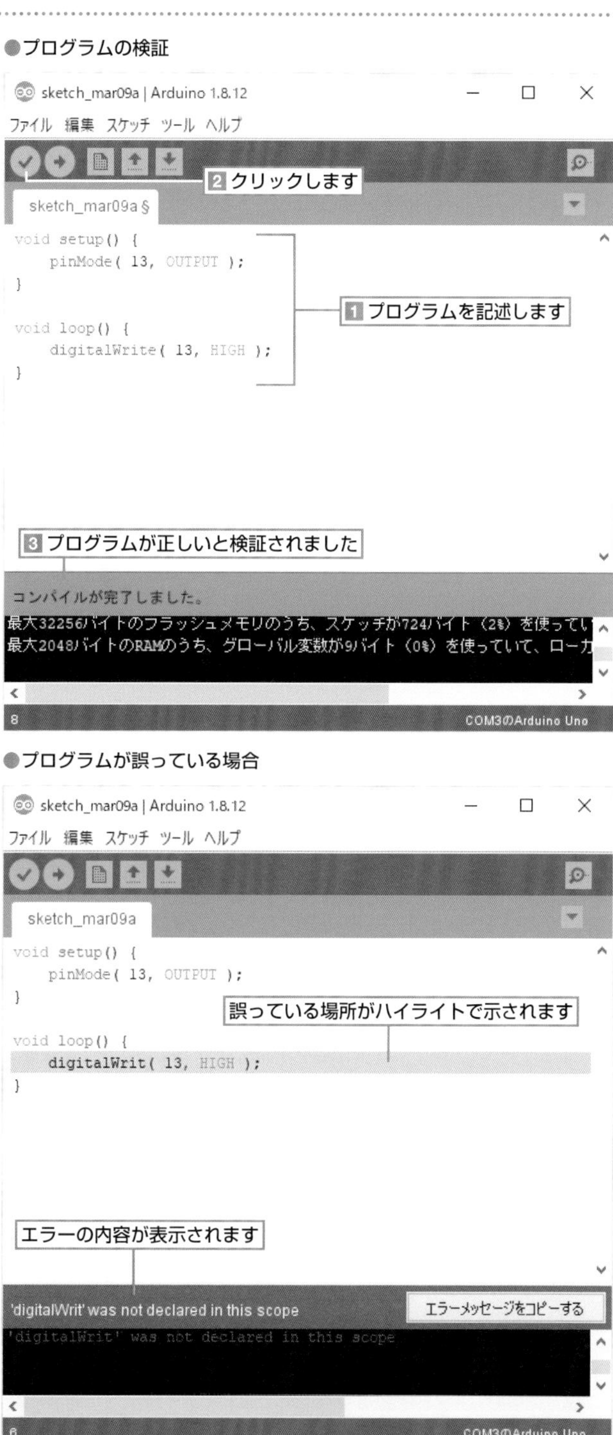

sketch_mar09a | Arduino 1.8.12
ファイル 編集 スケッチ ツール ヘルプ
2 クリックします
sketch_mar09a §
void setup() {
pinMode(13, OUTPUT);
}
void loop() {
digitalWrite(13, HIGH);
}
1 プログラムを記述します
3 プログラムが正しいと検証されました
コンパイルが完了しました。
最大32256バイトのフラッシュメモリのうち、スケッチが724バイト（2%）を使ってい
最大2048バイトのRAMのうち、グローバル変数が9バイト（0%）を使っていて、ローカ
8
COM3のArduino Uno
sketch_mar09a | Arduino 1.8.12
ファイル 編集 スケッチ ツール ヘルプ
sketch_mar09a
void setup() {
pinMode(13, OUTPUT);
}
誤っている場所がハイライトで示されます
void loop() {
digitalWrit(13, HIGH);
}
エラーの内容が表示されます
'digitalWrit' was not declared in this scope
エラーメッセージをコピーする
'digitalWrit' was not declared in this scope
6
COM3のArduino Uno

＊Arduinoにプログラムを転送する

プログラムが正しく作成できたら、Arduinoに転送します。

ArduinoをUSBケーブルでパソコンと接続して画面左上の➡をクリックすると、プログラムがArduinoに転送されます。

メッセージエリアに「ボードへの書き込みが完了しました。」と表示されたら正常にArduinoに送られました。転送が完了すると、Arduinoがリセットされ転送したプログラムの実行が開始されます。

●Arduinoへのプログラムの転送

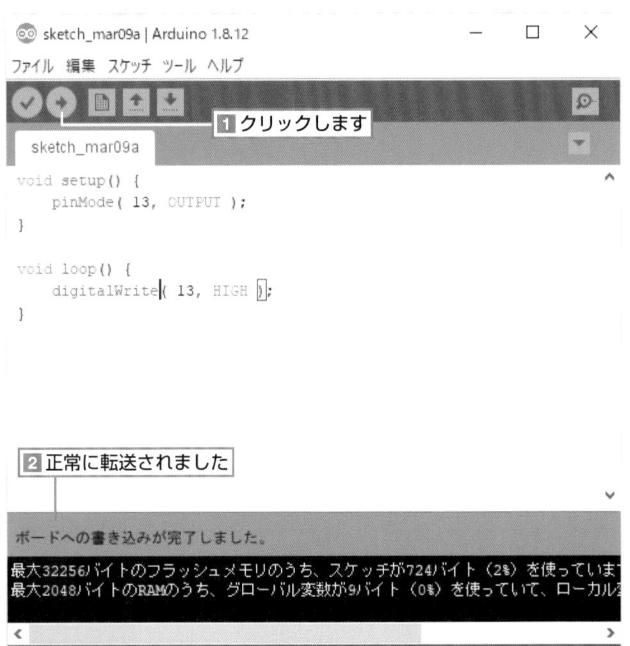
sketch_mar09a | Arduino 1.8.12
ファイル 編集 スケッチ ツール ヘルプ
1 クリックします
sketch_mar09a
void setup() {
pinMode(13, OUTPUT);
}
void loop() {
digitalWrite(13, HIGH);
}
2 正常に転送されました
ボードへの書き込みが完了しました。
最大32256バイトのフラッシュメモリのうち、スケッチが724バイト（2%）を使っていま
最大2048バイトのRAMのうち、グローバル変数が9バイト（0%）を使っていて、ローカル
6
COM3のArduino Uno

》シリアル通信でArduinoからの情報をパソコン上に表示する

Arduinoとパソコン間でシリアル通信することで、センサーから取得した値を確認したり、正しくプログラムが動作しているかなどといったArduinoの状態をパソコンで確認できます。

シリアル通信でArduinoから取得した情報は、Arduino IDEの「**シリアルモニタ**」を使って確認が可能です。

シリアルモニタを利用するには、シリアルポートを正しく選択しておく必要があります。p.25を参考に、シリアルポートを選択しておきます。

＊シリアル通信を使ったプログラム作成

シリアル通信を利用するには、Serialライブラリを利用します。例えば、プログラムを次のように入力します。

①シリアル通信するには、setup()関数の中に「Serial.begin()」で初期化します。括弧の中に通信速度を指定します。通信速度は「bps」の単位で指定します。

●シリアル通信をするプログラム

arduino_parts/Appendix4/message.ino

```
void setup() {
    Serial.begin( 9600 );    ①シリアル通信の初期化します
}

void loop() {
    Serial.println("From Arduino Message.");    ②文字列をArduinoからパソコンに送ります

    delay(1000);
}
```

②Arduinoからパソコンに情報を転送するには、「Serial.println()」を利用します。括弧の中に転送する文字列を指定します。また、文字列はダブルクォーテーションで括っておきます。また、「Serial.print()」を使うと、文字の表示後に改行しないようにできます。

作成できたら、Arduino IDE画面左上のをクリックしてArduinoにプログラムを転送しておきます。

＊通信内容を表示する

プログラムをArduinoへ転送すると、プログラムが実行されてデータがシリアル通信でパソコンに転送されます。この内容を確認するには「シリアルモニタ」を利用します。Arduino IDE画面右上のをクリックすると、シリアルモニタのウインドウが表示されます。この中に、Arduinoから転送された文字列が表示されます。

正常に文字列が表示できない場合は、画面右下の通信速度を、プログラム上で指定した通信速度と同じにします。今回の場合は「9600 bps」を選択しておきます。

●シリアルモニタでArduinoからの情報を表示する

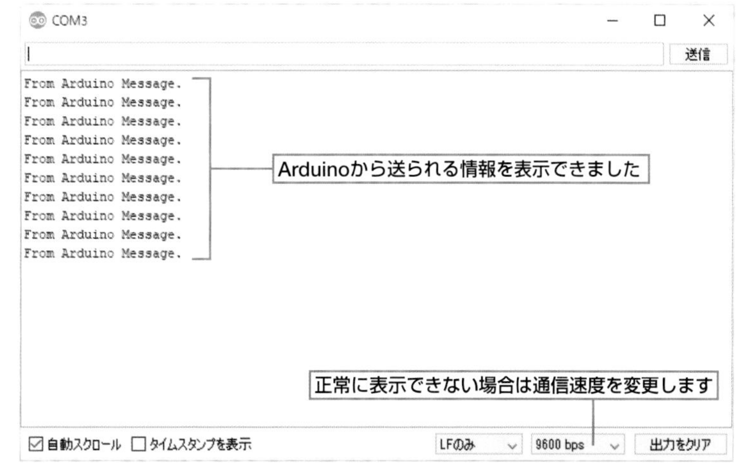

プログラムの基本構成

Arduino IDEでプログラムを作成する際、次の図のような構成が基本になります。

●プログラムの基本構成

❶ 宣言等

初めの部分は、利用するライブラリやプログラム全体で利用する変数や関数などを宣言するのに利用します。また、プログラムの内容説明するコメント文を記述することもできます。

❷ 初めに実行する関数

「setup()」関数は、Arduinoを起動した後に一度だけ実行する関数です。ここに接続した電子デバイスの初期設定や、利用するライブラリの設定などします。

Arduinoのプログラムではsetup()関数が必須です。

関数名の前には、データの型として「void」と記述します。プログラム本体は、変数名の後に記述した「{」「}」の間に記述します。

❸ 繰り返し実行する関数

「loop()」関数は繰り返し処理する関数です。ここにプログラムの本体を記述します。また、関数の最後まで達すると、loop()の初めに戻り再度実行します。Arduinoのプログラムではloop()関数が必須です。

setup()関数同様に、変数名の前に「void」と記述し、プログラム本体は「{」「}」内に記述します。

プログラムを実行すると、❶→❷→❸の順に実行されます。❸の実行が終了すると再度❸の先頭に戻り、実行を繰り返します。

> **KEYWORD**
> **関数**
> 特定の機能をまとめたプログラムのことを「**関数**」といいます。関数を利用することで、特定の機能を関数名を指定するだけで実行します。関数についてはp.286を参照してください。

> **KEYWORD**
> **変数**
> データを一時的に保持しておく領域を「**変数**」といいます。プログラムの実行結果や、計算結果、センサーの値などを保持しておき、後の処理で利用することが可能です。変数については次ページを参照してください。

> **KEYWORD**
> **データ型**
> Arduino IDEではデータにいくつかの種類（**データ型**）があります。例えば、整数、小数、負の数を扱えるか、どこまでの数値を扱えるかなどが異なります。データを格納しておく変数では、データ型をあらかじめ指定しておき、データ型にあった値を格納するようにします。また、関数は実行した結果を出力する「**戻り値**」にもデータ型を決めます。また、戻り値がない場合は、「void」と指定します。詳しくはp.282を参照してください。

● 各命令の行末に「;」を付ける

各命令の最後には**セミコロン**「;」を付加します。このセミコロンが次の命令との区切りとなることを表しています。セミコロンを忘れると、前の命令と後の命令が繋がっている状態になり、エラーになってしまいます。

● 括弧は必ず対にする

Arduino IDEのプログラムでは処理の範囲を表すのに各種括弧を使用します。この括弧が、必ず閉じ括弧と対になっている必要があります。右図のように括弧が対になっていないと、処理の終わりなどを正しく認識できずエラーが発生してしまいます。

●括弧は必ず対にする

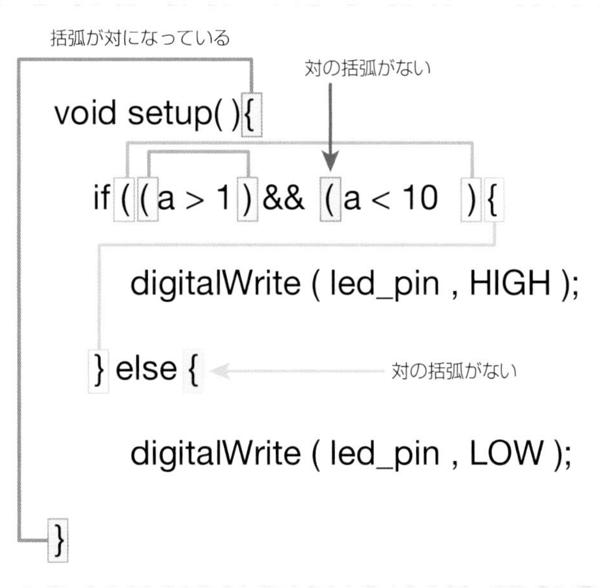

値を保存しておく「変数」

Arduino IDEでは「**変数**」を使うことで、計算した結果やセンサーの状態などを保存しておけます。保存した値は自由に読み出すことができ、他の処理や計算を利用できます。

変数を利用するには、あらかじめ定義が必要です。定義する場所は、一般的にプログラムの宣言部分や関数の初めに指定します。定義するには「データ型 変数名;」のように記述します。変数名にはアルファベット、数字、記号の「_」が利用できます。また、大文字と小文字は区別されるので気をつけましょう。

例えば、名前を「value」とした変数を用意する場合は、右のように指定します。

```
int value;
```

また、カンマで区切ることで複数の変数を一度に定義できます。

```
int value, str, flag;
```

定義時に値を代入しておくこともできます。この場合は、変数名の後に「=」で代入する値を指定します。

```
int value = 1;
```

POINT

変数名には予約語を利用できない

変数名には、予約語と呼ばれるいくつかの文字列は指定できません。予約語には「if」「while」「for」などがあります。変数名を入力した際に文字がオレンジや青に変化した場合は、予約語として利用されているので他の変数名に変更しましょう。

変数の値を変更したい場合は、「変数名 = 値」のように記述します。valueの値を「10」に変更する場合は右のように記述します。

```
value = 10;
```

変数を利用するには、利用した場所に変数名を指定します。例えば、valueに格納した値をシリアルモニタに表示したい場合は、Serial.println()関数に変数名を指定します。

```
Serial.println( value );
```

NOTE

変更しない値を格納する「定数」

LEDの端子など決まった値の場合、プログラム実行中に変更する必要はありません。このようなケースでは「**定数**」として定義する方法が使われます。定数で定義すると、プログラム中で内容の変更ができなくなります。定数と定義する場合は、定義のデータ型の前に「const」を付けます。例えば、int型であれば「const int LED = 13;」のように定義します。
また、「#define」を使っても定数のように定義できます。#defineを使う場合は「#define LED 13」のように記述します。この際、変数の場合とは異なり「=」で代入したり、行末には「;」を付けないので注意しましょう。

＊変数のデータ型

Arduino IDEの変数は、データの種類（**データ型**）がいくつか用意されており、用途に応じて使い分ける必要があります。定義したデータ型とは異なる値を代入しようとするとエラーが発生してしまいます。

主なデータ型は次表の通りです。

●主なデータ型

データ型	説明	利用できる範囲
boolean	0または1のいずれかの値を代入できます。ON、OFFの判断などに利用します	0,1
char	1バイトの値を代入できます。文字の代入に利用されます	-128 ～ 127
int	2バイトの整数を代入できます。整数を扱う変数は通常int型を利用します	-32,768 ～ 32,767
long	4バイトの整数を代入できます。大きな整数を扱う場合に利用します	-2,147,483,648 ～ 2,147,483,647
float	4バイトの小数を代入できます。割り算した答えなど、整数でない値を扱う場合に利用します	$-3.4028235 \times 10^{38}$ ～ 3.4028235×10^{38}

「int型」は32,767までしか扱えません。これ以上大きな数値を扱う場合は「long型」で定義します。また、int型やlong型は整数だけ扱えます。もし、割り算の答えや、センサーからの入力など値が小数である場合は「float型」を利用します。

POINT 正の数のみ扱う

char型やint型、long型では、データ型の前に「unsigned」を付加すると、正の整数のみ扱えるようになります。また、負の数を扱うより倍の正の数を扱えます。例えば、int型ならば「0 ～ 65,535」まで代入可能です。

NOTE 文字列を代入する

Arduino IDEの変数では文字列をそのまま扱える変数がありません。文字列を扱いたい場合は、char型を複数使って、それぞれに1文字ずつ代入する必要があります。

この際に「**ポインタ**」というデータの扱い方を利用して文字列を代入します。ポインタとは、変数の値を保存しておくメモリーのアドレス（場所）を記録しておく方法です。変数の値を代入する場合は、ポインタが示したアドレスに値を記録します。

この方法では、ポインタのアドレスから連続的にメモリーに書き込んでいくことができるため、複数の保存領域が必要な文字列を扱う場合に利用されます。

ポインタを利用する場合は、変数の定義時に変数名の前に「*」を付加します。例えば、変数名を「str」とする場合は、以下のように定義します。

```
char *str;
```

ポインタの変数に値を代入するなど、値を扱いたい場合、変数名の「*」は記述しません。例えば、strに「Arduino」と代入する場合は、ダブルクォーテーションでくくって次のように記述します。

```
str = "Arduino";
```

＊複数の値を格納しておく「配列」

変数は関連する値をまとめておくことができます。例えば、10回計測した値をそれぞれ保存しておきたい場合には、変数が10個必要となります。この際、「**配列**」という変数をまとめる方式を使うと、1つの名前で複数の値を格納できます。

配列はプログラムのはじめに定義をしておきます。定義は次のように配列名と格納する値をイコールで結びます。格納する値は、カンマで区切って指定します。

```
データ型 配列名[] = { 値1, 値2, 値3,・・・ };
```

例えば、list_valueという名前の配列を作成し、中に「10」「5」「31」の3つの整数を格納したい場合は、右のように定義します。

```
int list_value[] = { 10, 5, 31 };
```

値を何も格納しない配列を定義する

配列内に値を何も格納せずに定義することも可能です。この場合は、以下のように記述します。

```
データ型 配列名[サイズ];
```

サイズには格納するデータの数を指定します。例えば、10個の値を格納できる配列を定義する場合はサイズを「10」とします。

配列に格納された値を利用する場合には、配列名の後に利用したい値のある番号を指定します。番号は0、1、2、3・・・の順と0から始まるので注意しましょう。

```
配列名[番号]
```

例えば、先ほど定義したlist_valueの2番目（プログラムでは1を指定）の値をシリアル通信で表示したい場合は右のように記述します。すると、シリアルモニターに「5」と表示されます。

```
Serial.println ( list_value[1] );
```

配列内の値は変更できます。利用する場合に同様に配列名に対象の番号を指定し、イコールで変更したい値を指定します。

```
配列名[番号] = 値;
```

例えば、3番目の値を「20」に変更する場合は、右のように記述します。

```
list_value[2] = 20;
```

NOTE

配列の大きさを調べる

定義した配列のサイズは「sizeof()」を使うことで調べられます。sizeof()の後に対象の配列名を指定すると、配列のバイト数が表示されます。例えば、以下のようにchar型で10個の配列を定義したとします。

```
char chr_value[10];
```

プログラム内でsizeof()を使って配列を表示するようにすると、10と表示され10バイトであることが分かります。

```
Serial.println( sizeof( chr_value ) );
```

ただし、sizeof()の結果はバイト数となるので注意が必要です。1バイトのchar型であれば配列のサイズとsizeof()の結果が同じになりますが、2バイトのint型では倍の数、4バイトのlong型では4倍の結果となります。このため、配列の大きさを知りたい場合は、それぞれの型に合ったバイト数で割る必要があります。次のように記述することで、型の大きさによらず配列のサイズを取得できるようになります。

```
sizeof( 配列名 ) / sizeof( データ型 )
```

例えば、int型の配列（int_value）であれば以下のように記述することで配列のサイズが表示できます。

```
Serial.println( sizeof( int_value ) / sizeof( int ) );
```

同じ処理を繰り返す

Arduino IDEでは、loop()関数内に書き込んだ処理を繰り返します。また「**while**」文を利用することで、loop()関数内の別の繰り返し処理や、別の関数内での繰り返し処理をします。whileの記述方法は右図の通りです。

NOTE

条件式

条件式については次ページを参照してください。

●「while」での繰り返し

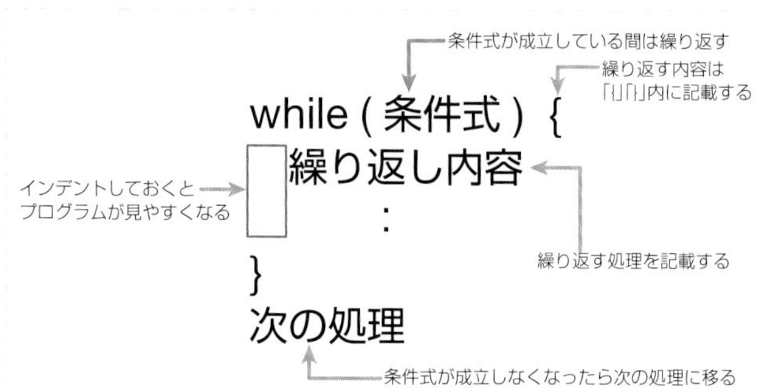

while文は、その後に指定した条件式が成立している間、繰り返しを続けます。括弧の中の条件式が成立しなくなったところで、繰り返しをやめて次の処理に進みます。

while文の条件式の後に処理する命令等を記述します。この際「{」「}」でくくることで、この中の命令を繰り返し処理するようになります。括弧内はインデントしておくことで、繰り返している部分が一目で分かります。

NOTE

見出し「for」と「do while」

繰り返しは「while」の他にも「for」と「do while」があります。
「for」は、繰り返しに利用する変数の初期値の設定、条件式、変数の変更を一括して指定できます。次のように利用します。

```
for ( 初期化; 条件式; 変数の変更) {
    繰り返し内容
}
```

「do while」は、whileと同様に条件式を指定して繰り返します。ただし、繰り返し処理を実行した後に条件を判別します。「do while」は次のように利用します。

```
do {
    繰り返し内容
} while ( 条件式 );
```

このとき、whileの条件式の後にセミコロン（;）を忘れないようにします。

条件によって処理を分岐する

プログラムの基本的な命令の1つとして「**条件分岐**」があります。条件分岐とは、ある条件によって実行する処理を分けることができる命令です。例えば、センサーの状態によってLEDの点灯・消灯を切り替えたりできます。

条件分岐するには、条件式と条件分岐について理解する必要があります。

条件式で判別する

条件分岐するには、分岐する判断材料が必要です。この判断に利用する式のことを「**条件式**」といいます。Arduino IDEでは「**比較演算子**」を利用します。比較演算子には右のようなものが利用できます。

●Arduino IDEで利用できる比較演算子

比較演算子	意味
A == B	AとBが等しい場合に成立する
A != B	AとBが等しくない場合に成立する
A < B	AがBより小さい場合に成立する
A <= B	AがB以下の場合に成立する
A > B	AがBより大きい場合に成立する
A >= B	AがB以上の場合に成立する

例えば、変数「value」が10であるかどうかを確認する場合は右のように記述します。

```
value == 10
```

複数の条件式を合わせて判断することも可能です。右のような演算子が利用できます。

●複数の条件式を同時に判断に利用できる演算子

演算子	意味
A && B	A、Bの条件式がどちらも成立している場合のみ成立します
A || B	A、Bのどちらかの条件式が成立した場合に成立します
! A	Aの条件式の判断が逆になります。つまり、条件式が不成立な場合に成立したことになります

例えば、valueの値が0以上10以下であるかを判別するには右のように記述します。

```
( value >= 0 ) && ( value <= 10 )
```

＊条件分岐で処理を分ける

条件式の結果で処理を分けるには「**if**」文を利用します。ifは右図のように利用します。

ifは、その後に指定した条件式を確認します。もし、成立している場合はその次の行に記載されている処理します。

また、「**else**」を利用することで、条件式が成立しない場合の処理を指定できます。この「else」は省略可能です。

ifを利用する場合は、while同様に条件式および「else」の後に「{」「}」内に処理する内容を記述します。

●「if」文での条件分岐

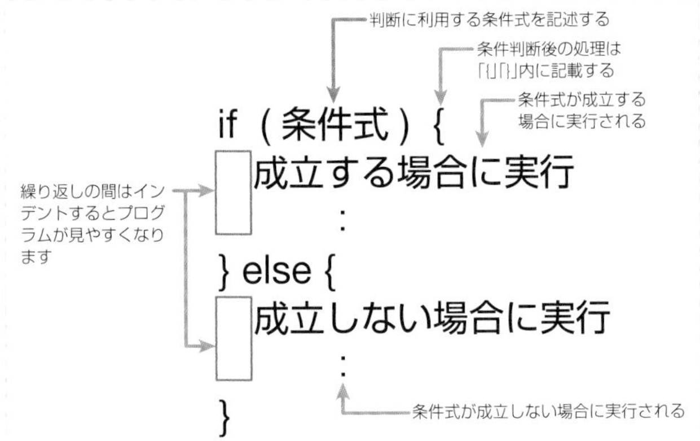
判断に利用する条件式を記述する
条件判断後の処理は「{」「}」内に記載する
条件式が成立する場合に実行される
if（条件式）{
成立する場合に実行
繰り返しの間はインデントするとプログラムが見やすくなります
} else {
成立しない場合に実行
}
条件式が成立しない場合に実行される

NOTE

if は複数の条件式を判断できる

ifは、1つの条件式が成立しているか不成立であるかを判断するだけでなく、複数の条件式を判断して処理を分けられます。この場合は、右のように「else if」で条件を追加します。
「else if」を使えば、条件式はいくつでも増やすことが可能です。

```
if (条件式1) {
    条件式1が成立する場合に実行
} else if (条件式2) {
    条件式2が成立する場合に実行
} else if (条件式3) {
    条件式3が成立する場合に実行
} else {
    すべての条件が成立しない場合に実行
}
```

》機能を提供する「関数」

「**関数**」は、特定の機能をまとめておく機能で、利用時に関数名を指定するだけで機能を利用できます。複数のパラメータを引き渡すことができるため、条件が異なった処理をすることができます。何度も利用する処理や長い処理を関数として準備しておくことで、プログラム自体がすっきりとします。

Arduino IDEのプログラムでは、たくさんの関数を利用できます。例えば、デジタル出力をする「digitalWrite()」やシリアルモニタに表示する「Serial.println()」は関数です。初期に実行する「setup()」やプログラムの本体となる「loop()」も関数です。

NOTE

ライブラリの読み込み

Arduino IDEでは「**ライブラリ**」という形式で、プログラムで利用できる関数などを追加できます。このライブラリをプログラムで利用できるようにするには、プログラムの先頭で「インクルード」する必要があります。インクルードは、プログラムの先頭に「#include」と記述し、読み込むライブラリ名を指定します。例えばI^2Cのライブラリを使うには次のように指定します。

```
#include <Wire.h>
```


＊独自の関数を作成する

関数を作成するには、「関数の宣言」と「関数本体」をプログラム内に記述します。

関数の宣言は、setup()関数の前に右の形式で記述します。

```
戻り値の型 関数名(引き渡す値);
```

関数名は、アルファベットや数字、一部の記号を利用して任意の名称を付けられます。

関数名の後に、関数へ引き渡す値を決められます。前述したLEDの点滅をする場合は、回数と間隔を引き渡します。この場合は、引き渡した値を格納する変数名を、カンマで区切りながら指定します。このとき、データの型の指定も必要です。

関数名の前には、「戻り値」の型を指定します。戻り値とは、関数を終了する際に戻す値のことです。関数で計算した結果や、関数が正常に動作したかなどを戻すことができます。関数の宣言ではこの戻す値のデータ型を指定します。また、戻す値が無い場合は「void」と指定します。

前述のLEDが点滅する関数を宣言するには右のように記述します。関数の宣言の末尾に「;」を付けるのを忘れないようにします。

```
void led_blink(int count, int interval);
```

実際に関数の処理の本体部分は、loop()関数の後に関数を指定します。

関数本体は、関数の宣言を記述し、その後に「{」「}」を付加してプログラム本体を記述します。関数の内容は、通常のプログラム作成同様に記述できます。

```
戻り値の型 関数名(引き渡す値){
    関数本体
}
```

電子回路の基礎

電子回路を作成するには、いくつかのルールに則って作業する必要があります。そこで、実際にArduinoで電子回路を制御する前に、基本的なルールについて確認しておきましょう。

電源と素子で電子回路が作れる

電子回路の基本を説明します。電子回路は、電気を供給する「**電源**」と、その電気を利用してさまざまな動作をする「**素子**」を、導通性の金属性の線である「**導線**」で接続することで動作します。

電源は、家庭用コンセントや電池などがそれにあたります。電源から供給した電気は、導線を通じて各素子に送られ、電気を消費して素子が動作します。電球を光らせたり、モーターを回したり、といった動作です。

●電源と素子を導線で接続すれば電子回路が完成

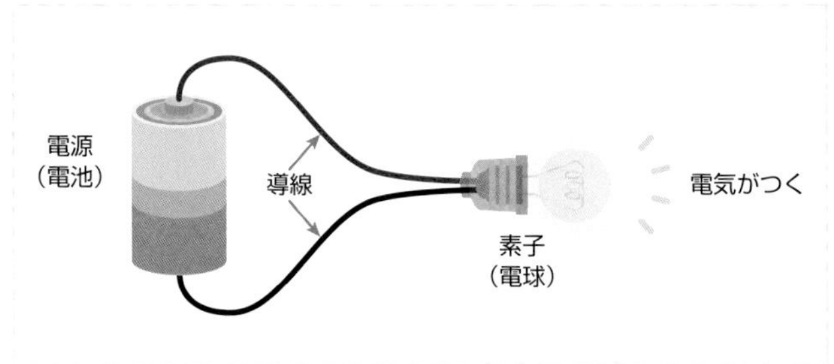

基本的に、電子回路はこのように構成されています。他に複数の素子を接続したり、素子を動作させるために必要な電気の量を調節したりして、様々な機器が出来上がっているわけです。

しかし、闇雲に電源や素子をつなげれば動作するというわけではありません。目的の動作をさせるには、適切な電源や素子を選択し、適切に素子を接続する必要があります。そのためには素子の特性を理解して、どの素子を利用するかを選択するなどといった知識が必要となります。

そこで、ここでは基本的な電気の性質や電子回路の知識を解説します。

電源は電気を流す源（みなもと）

コンセントや電池など、電気を供給する源が電源です。電源が送り出せる電気の力を表す数値として「**電圧**」があります。電圧の単位は「**ボルト（V）**」です。この値が大きい電源ほど、電気を流せる能力が高いことを表します。身近なものでは電池1本「1.5V」、家庭用コンセント「100V」などがあります。電池よりも家庭用コンセントから送り出される電気の力が大きいことが分かります。

Arduinoは、電源ソケットの出力として5Vまたは3.3Vが供給できます。これらを使って、電池と同じように電子回路への電気の供給が可能です。

電圧には以降で解説する特性があるので覚えておきましょう。

＊1. 直列に接続された素子の電圧は足し算

電源から直列に複数の素子を接続した場合、それぞれの素子にかかる電圧の総和が電源の電圧と同じになります。

例えば、右図のように5Vの電源に2つの電球を直列に接続した場合、それぞれの電球にかかる電圧を足し合わせると5Vになります。また、片方の電球に3Vの電圧がかかっていたと分かる場合、もう片方の電球には2Vの電圧がかかっていると導けます。

●直列接続の素子にかかる電圧の関係

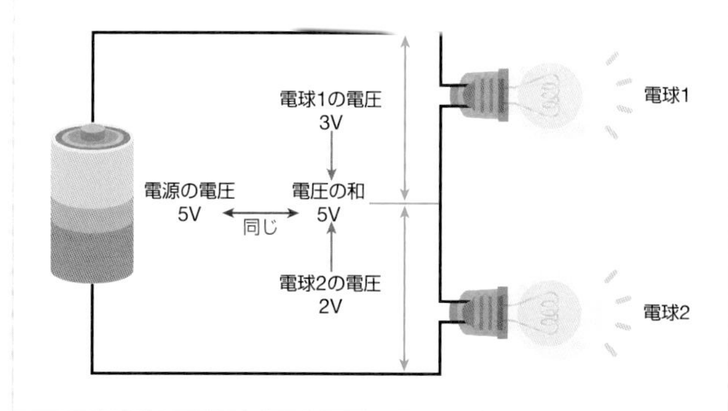

＊2. 並列に接続された素子の電圧は同じ

複数の素子を並列に接続した場合、それぞれの素子にかかる電圧は同じになります。もし、5Vの電源から並列に2つの電球に接続した場合、それぞれにかかる電圧は電源と同じ5Vとなります。

●並列接続の素子にかかる電圧の関係

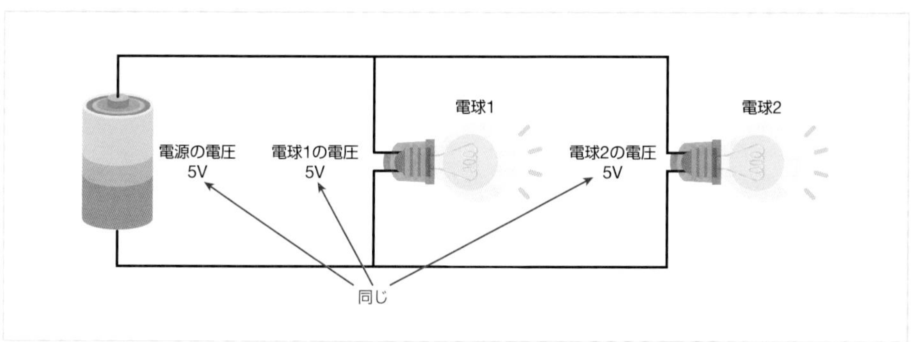

KEYWORD

電圧と電位差

電圧は、ある1点からもう1点までの差を示しています。電池の場合はマイナス側からプラス側までの差を示しています。もし、10Vの位置から30Vの位置までの電圧を示す場合、「30V - 10V」と計算でき、電圧は「20V」となります。また、電圧のことを「**電位差**」とも呼びます。

一方、遥か遠く（「基点」または「無限遠」といいます）からの電位差のことを「**電位**」と呼びます。

電気の流れる量を表す「電流」

電源からは「**電荷**」と呼ばれる電気の素が導線を流れます。この電荷の流量を表すのが「**電流**」です。電流が多ければ、素子で利用する電気も多くなります。つまり、電流が多いほどLEDなどは明るく光ります。

電流を数値で表す場合「**アンペア（A）**」という単位が利用されます。家庭にあるブレーカーに「30A」などとあるのを目にしたことがあるでしょう。これは、30Aまでの電流を流すことが可能であることを示しています。

電流は次のような特性があるので覚えておきましょう。

＊1. 直列に接続された素子の電流は同じ

電源から直列に複数の素子を接続した場合、それぞれの素子に流れる電流は同じです。ホースに流れる水は、水漏れがなければどこも水流量が同じであるのと同様です。例えば、2つの電球が直列に接続されており、一方の電球に10mAの電流が流れていれば、もう一方の電球にも10mAが流れます。

●直列接続の素子にかかる電流の関係

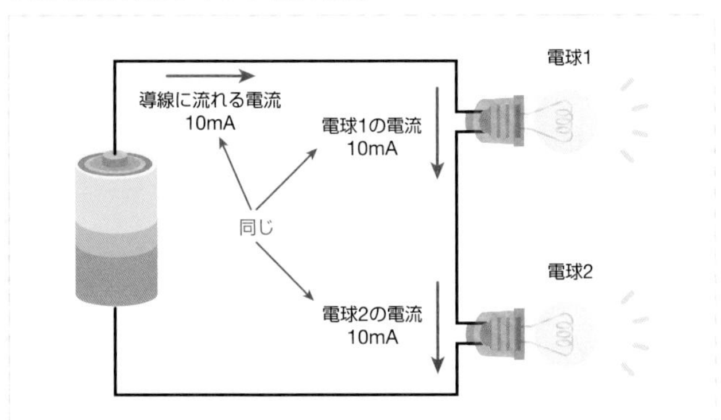

＊2. 並列に接続された素子の電流は足し算

複数の素子を並列に接続した場合、それぞれの素子に流れる電流の合計は、分かれる前に流れる電流と同じになります。もし、電源に2つの電球が接続されており、それぞれの電球に10mA、20mA流れていたとすると、分かれる前は30mA流れていることになります。

●並列接続の素子に流れる電流の関係

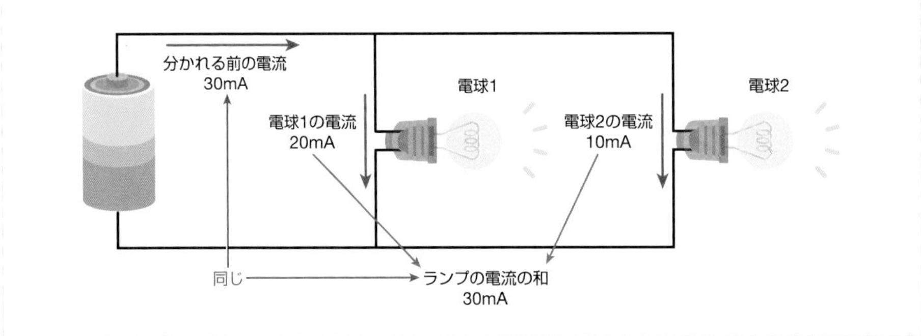

NOTE

実際に流れるのは「電子」

導線などは、金属の原子が集まって構成されています。原子は中央にプラスの電気的な性質を持つ「原子核」（陽子と中性子）と、その周りを電気的にマイナスの性質を持つ「**電子**」が回っています。

原子核は原子の形状をなすものであり、その場からは動きません。一方、電子は小さな粒子状であり隣の原子に移動が可能となっています。電子が次々と別の原子に移動していくことで、マイナスの電気的な粒子が、導線上を移動していきます。

また、電子回路では電子のことを「**マイナス電荷**」と呼びます。マイナス電荷が流れると逆方向にプラスの電気的な性質を持つ電荷が流れているように見えるので、電子と逆方向に「**プラス電荷**」が流れていると見なしています。

電子回路では、プラス電荷の流れる量のことを電流と呼んでいます。

NOTE

電気のおおよその数値の大きさを感覚的に身につけよう

長さや重さであれば、数値をみればおおよそ長い、短い、軽い、重いといったことが感覚的にわかります。例えば、徒歩で歩くときに100m先であればすぐ近くと思いますが、10km先となると遠すぎて歩くのは無理だと判断します。
電気でもおおよその数値の大きさについて感覚的にわかっていれば、十分であるか危ないかなどを判断できます。もし大きすぎると感じられれば、再度確認して数値に間違いがないかを確かめることができます。
電子工作では、3～10V程度の電源を利用しています。また、Arduinoでは5Vが基準となっています。このため、「0から5V」程度であれば特に問題はありませんが、50Vや100Vの電圧がかかっている場合は再度確認したほうがよいでしょう。また、Arduinoに10Vといった5V以上の電圧がかかっている場合も注意が必要です。逆に1V以下の場合は電圧が足りないことがあるので、確認しましょう。
一方電流の場合は、「1mAから100mA」程度であれば特に問題はありません。1Aや10Aといった電流は大きすぎるので、確認しましょう。ただし、高輝度に点灯するLEDやモーターといった電気をたくさん利用する電子パーツの場合は1Aや2Aなど大きな電流が流れることがあります。逆に1mAより小さい場合は電流が少ないので電子パーツが正しく動作しないことがあります。なお、信号をやり取りするような使い方ではほとんど電流が流れませんが、問題はありません。

電圧、電流、抵抗の関係を表す「オームの法則」

電子回路の基本的な公式の1つとして「**オームの法則**」があります。オームの法則とは、「抵抗にかかる電圧」と「抵抗に流れる電流」、それに「抵抗の値」の関係を表す式で、右図のように表記されます。

この式を利用すると、電圧、電流、抵抗のうち2つが分かれば、残りの1つを導き出すことができます。例えば、5Vの電源に1kΩの抵抗を接続した場合、次の式のように電流の値を求められます。

5V ÷ 1kΩ = 5V ÷ 1000Ω = 0.005A = 5mA

●オームの法則

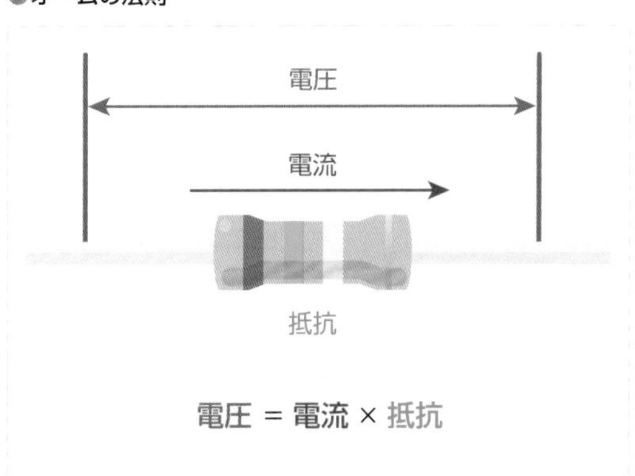

オームの法則では電流と抵抗を掛け合わせた値が電圧なので、電圧を抵抗で割ると、電流を求めることができます。つまり、電圧の5Vから抵抗の1kΩを割ると、電流を5mAと求められます。

これは、電子回路を作る際、素子やArduinoに流れる電流が規定以下であるかなどを導き出すのに利用されます。重要な公式なので覚えておきましょう。

KEYWORD

オームの法則に当てはまらない素子

オームの法則はすべての素子で利用できるわけではありません。抵抗のように、電圧と電流が比例して変化する素子のみに使える式です。例えば、LEDはある電圧以上にならないと電流は流れず、電圧と電流は比例的に変化しないため、オームの法則で電流を求めることはできません。

電子回路の設計図である「回路図」

電子回路を作成する際、どのような回路にするかを考え、「**回路図**」と呼ばれる設計図を作成します。回路図はそれぞれの部品を簡略化した記号を用い、各部品を線で結んで作成します。

●電子回路の設計図「回路図」の一例

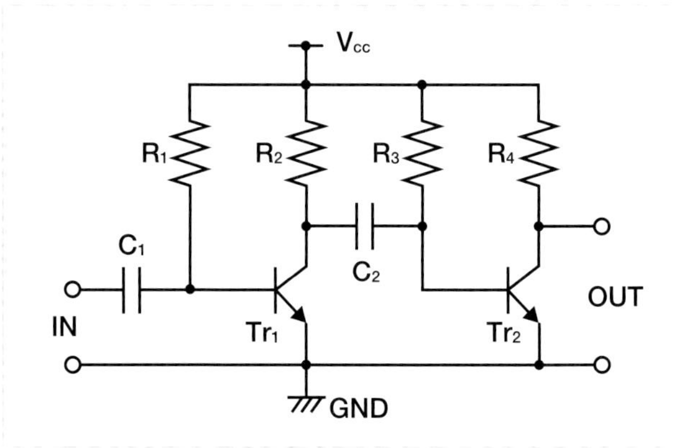

＊電源記号の別表記

電源は電気を供給する部品であるため、たくさん配線を引きます。1つの電源記号にたくさんの配線を引くと線の数が多くなり、回路図が見づらくなります。

そこで、電源は他の記号に置き換えることができます。＋側、－側それぞれの記号を、右図のように変えられます。電源のプラス側であることを表す「Vdd」、マイナス側であることを表す「GND」という文字を、それぞれの記号付近に記述していることもあります。

●電源記号の別表記

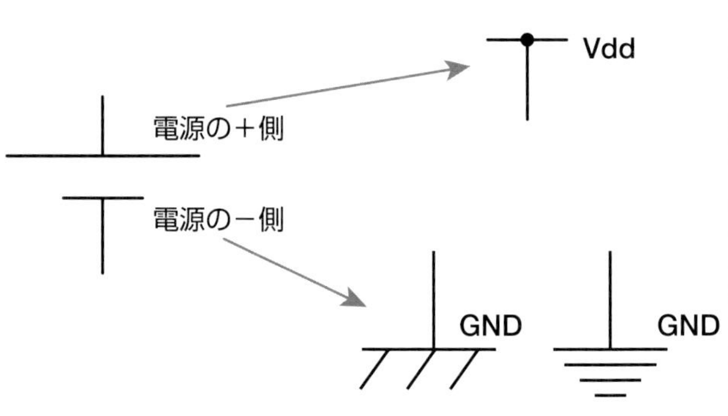

KEYWORD

Vdd

電源のプラス側をあらわす表記として「Vdd」が利用されます。VはVoltage（電圧）に由来しています。また、ほかにも「**Vcc**」と表記される場合があります。従来、「Vdd」と「Vcc」は接続する素子の種類によって使い分けられていました。Vddは電界効果トランジスタ（FET：p.133）に、Vccはバイポーラトランジスタ（p.73）に接続することを表しました。しかし最近ではVddとVccを特に使い分けずに記述するケースもあります。ちなみに、VddのdはドレインIを表し、Vccのcはコレクタを表します。後述するグランドの表記として、「**Vee**」（eはエミッタの意味）や「**Vss**」（sはソースの意味）と表記する場合もあります。

KEYWORD

グランド（GND）

一般的に電源のマイナス側を「**グランド**」と呼びます。電圧の基準として、地面（Ground）を利用したため、この名称が使われています。実際には電子回路のマイナス側と地面の電位は一致しないことがありますが、そのままグランドと呼ばれることが一般的です。また、グランドは省略して「**GND**」と記載したり、「**アース**」と呼ばれる場合もあります。

Appendix 6 Arduino IDEリファレンス

Arduino IDEでは、各種制御に関数を利用します。ここでは、Arduino IDEに標準搭載するライブラリの関数などについて紹介します。

データ型

変数や関数の戻り値にはデータの型（**データ型**）が決まっています。次のようなデータ型を指定可能です。データ型の前に「unsigned」を指定すると正の整数のみ（倍の正の値まで）扱えるようになります。

また、関数で戻り値がない場合は「void」を指定します。

データ型	説明	利用できる範囲
boolean	0または1のいずれかの値を代入できます。ON、OFFの判断などに利用します	0,1
char	1バイトの値を代入できます。文字の代入に利用されます	-128 ～ 127
int	2バイトの整数を代入できます。整数を扱う変数は通常int型を利用します	-32,768 ～ 32,767
long	4バイトの整数を代入できます。大きな整数を扱う場合に利用します	-2,147,483,648 ～ 2,147,483,647
float	4バイトの小数を代入できます。割り算した答えなど、整数でない値を扱う場合に利用します	-3.4028235×10^{38} ～ 3.4028235×10^{38}

＊配列

変数には複数のデータを集めた「**配列**」が利用できます。配列を使うには、変数名の後に大括弧（[]）を指定します。例えば、char型で配列名を「buf」とする場合は、「char buf[];」のように指定します。

また、大括弧の中に数値を指定することで、配列の大きさを指定できます。例えば、10個のデータを扱えるようにするには、「char buf[10];」とします。

配列のデータを扱うには、大括弧の中に扱うデータの番号を指定します。番号は0から数え始めます。4番目の配列に20を代入する場合は、「buf[3] = 20;」とします。

演算子

計算を行うには「+」「-」「*」「/」**演算子**で数値をつなぎます。「%」では割った値の余りを求められます。

また、計算結果などを変数に代入するには、「=」を利用します。例えば、変数「a」と変数「b」の足した結果を変数「ans」に代入する場合は、「ans = a + b;」と指定します。

「++」と「--」を使うと、変数の値に1を足すまたは引くことが可能です。

＊比較演算子

比較演算子では、2つの値を比較して成立しているかどうかを確認します。成立した場合には「1」(true)を、不成立の場合は「0」(false)を返します。

右表の比較演算子が利用可能です。例えば、変数「a」が10より大きいかを比較する場合には「a > 10」と指定します。

比較演算子	説明
==	2つの値が同じである場合に成立したとみなします
!=	2つの値が異なる場合に成立したとみなします
<	前の値より後ろの値が大きい場合に成立したと見なします
>	前の値より後ろの値が小さい場合に成立したと見なします
<=	前の値より後ろの値が大きいまたは同じである場合に成立したと見なします
>=	前の値より後ろの値が小さいまたは同じである場合に成立したと見なします

＊論理演算子

複数の条件式を合わせて判断する場合には、**論理演算子**を利用します。右表のような論理演算子が利用できます。

演算子	意味
A && B	A、Bの条件式がどちらも成立している場合のみ成立します
A ll B	A、Bのどちらかの条件式が成立した場合に成立します
! A	Aの条件式の判断が逆になります。つまり、条件式が不成立な場合に成立したことになります

≫制御文

制御文を利用することで、条件により処理を分岐したり、繰り返して処理が可能です。次のような制御文が利用可能です。

＊条件分岐「if」

指定した条件式が成立した場合に続く処理を行う場合は「**if**」を用います。条件分岐は右のように記述します。

```
if ( 条件式 ) {
    成立した場合に実行する
}
```

また「**else**」を用いることで、条件が成立しない場合に処理を行うようにできます。

```
if ( 条件式 ) {
    成立した場合に実行する
} else {
    不成立の場合に実行する
}
```

さらに、「**else if**」を使うことで他の条件式を指定できます。「else if」を複数用いることで、さらに多くの条件分岐が行えます。

```
if ( 条件式A ) {
    条件式Aが成立した場合に実行する
} else if ( 条件式B ) {
    条件式Bが成立した場合に実行する
} else {
    どちらの条件式とも不成立の場合に実行する
}
```

＊条件分岐「switch case」

指定した変数の値によって条件を分岐する場合は「**switch case**」を用います。各条件は「case」の後に条件とする値を指定します。また、かならずcaseの最後に「:」を付加します。すべての条件に成立しない場合は、「default:」の処理を行います。

```
switch ( 対象の変数 ) {
    case 条件1:
     値が条件1の場合に実行する
    case 条件2:
     値が条件2の場合に実行する
    :
    default:
     すべての条件が成立しない場合に実行する
}
```

＊繰り返し「while」

指定した条件が成立している間、繰り返し処理を行う場合は「**while**」を用います。条件式の判断は最初に行い、その後繰り返し処理を行います。

```
while ( 条件式 ) {
   条件式が成立する間、繰り返し実行する
}
```

＊繰り返し「do while」

「**do while**」はwhile同様に、指定した条件式が成立する間、繰り返し処理を行います。do whileの場合、条件の判断は繰り返しの内容を実行した後に行います。whileの条件式の後にセミコロン（;）を忘れないようにしましょう。

```
do {
   条件式が成立する間、繰り返し実行する
} while ( 条件式 );
```

＊繰り返し「for」

変数の初期化、条件式、変数の変化を一括して指定できる繰り返し文が「**for**」です。初期化は初めの1度のみ実行され、条件式で判断して繰り返し処理を行います。また、繰り返し処理を行った後に値の更新を行い、条件判断を行います。

```
for ( 初期化; 条件式; 値の更新 ) {
   条件式が成立する間、繰り返し実行する
}
```

＊繰り返しの中止「break」

繰り返し処理や条件分岐で、「**break**」を指定することで繰り返しや条件分岐後の処理を終了し、次の処理に移ります。

＊繰り返しを続ける「continue」

繰り返し処理で、「**continue**」を指定することで現在の繰り返し処理を中止し、条件式の判断を行います。

＊関数を終了する「return」

「**return**」を用いると、関数を終了して読み出し元の関数に戻ります。この際、returnの後に指定した値を元の関数に引き渡します。

基本ライブラリ

Arduino IDEでは、デジタルの制御などの関数やクラスが用意されています。これら関数は呼び出さずにそのまま使えます。

＊デジタル・アナログ入出力関連

Arduinoのデジタル入出力やアナログ入力を利用するには各関数を利用します。利用の際には、対象となるソケット番号を指定します。

項目名	デジタル入出力のモードを切り替える
関数名	`void pinMode(uint8_t pin, uint8_t mode)`
引 数	uint8_t pin　対象のデジタル入出力のソケット番号 uint8_t mode　切り替えるモードを指定する
戻り値	なし
説 明	指定したデジタル入出力ソケットのモードを、入力または出力に切り替えます。設定を行うデジタル入出力のソケット番号と切り替えるモードを指定します。モードは、出力にする場合は「OUTPUT」、入力にする場合は「INPUT」、プルアップした入力にする場合は「INPUT_PULLUP」と指定します。

項目名	デジタル入出力の出力を行う
関数名	`void digitalWrite(uint8_t pin, uint8_t value)`
引 数	uint8_t pin　対象のデジタル入出力のソケット番号 uint8_t value　出力する状態（5VはHIGH、0VはLOW）
戻り値	なし
説 明	指定したデジタル入出力ソケットに出力します。5Vを出力したい場合は「HIGH」、0Vを出力したい場合は「LOW」を指定します。

項目名 デジタル入出力の入力を行う

関数名 **int digitalRead(uint8_t pin)**

引数 uint8_t pin　対象のデジタル入出力のソケット番号

戻り値 ソケットの入力の状態をHIGHまたはLOWで返す

説明 指定したデジタル入出力のソケットの状態を確認します。5Vの場合は「HIGH」、0Vの場合は「LOW」を返します。

項目名 アナログ入力の基準電圧を設定する

関数名 **void analogReference(uint8_t mode)**

引数 uint8_t mode　基準電圧の選択方法を指定する

戻り値 なし

説明 アナログ入力は、ソケットにかかる電圧によって値が入力されます。通常であれば0Vの場合に0、5Vの場合に1023の値となります。Arduinoでは1023となる電圧である「基準電圧」を変更できます。変更にはanalogReference()関数を利用します。基準電圧は、「DEFAULT」と指定すると5V、「INTERNAL」と指定すると1.1Vと設定されます。また、「EXTERNAL」と指定すると、「AREF」ソケットにかけている電圧を基準電圧とします。ただし、AREFソケットには5V以上の電圧をかけてはいけません。

項目名 アナログ入力の入力を行う

関数名 **int analogRead(uint8_t pin)**

引数 uint8_t pin　対象となるアナログ入力のソケット番号

戻り値 対象ソケットの状態を0から1023で返す

説明 指定したアナログ入力のソケットの状態を確認します。状態は0から5Vの範囲で、0から1023の間の値を返します。例えば、2Vであればおおよそ「409」を返します。

項目名 デジタル入出力でアナログ(PWM)出力を行う

関数名 **void analogWrite(uint8_t pin, int value)**

引数 uint8_t pin　対象となるデジタル入出力のソケット番号
int value　出力する値を0から255の範囲で指定する

戻り値 なし

説明 Arduino Unoのデジタル入出力では、擬似的なアナログ値である「PWM」での出力に対応しています。0Vと5Vの状態を時間の割合で調整することで擬似的なアナログ電圧となります。例えば、100を出力すると、擬似的に2V程度の電圧となります。
Arduino UnoのPWMに対応したソケットは、PD3、PD5、PD6、PD9、PD10、PD11となります。

項目名 デジタル入出力に矩形波を出力する

関数名 **void tone(uint8_t pin, unsigned int frequency, unsigned long duration)**

引数 uint8_t pin　対象となるデジタル入出力のソケット番号
unsigned int frequency　出力する周波数
unsigned long duration　出力を行う時間（ミリ秒）

戻り値 なし

説明 デジタル入出力から矩形波（0Vと5Vの状態を繰り返す波形）を出力します。出力には周波数をHz単位で指定します。また、durationに時間を指定することで、特定の時間の間出力を行えます。

項目名 矩形波の出力を停止する

関数名 **void noTone(uint8_t _pin)**

引 数 uint8_t pin 対象となるデジタル入出力のソケット番号

戻り値 なし

説 明 tone()関数で出力を開始した矩形波を停止します。

項目名 パルスの検出を行う

関数名 **unsigned long pulseIn(uint8_t pin, uint8_t state, unsigned long timeout)**

引 数

uint8_t pin	対象となるデジタル入出力のソケット番号
uint8_t state	計測する状態（HIGIまたはLOW）
unsigned long timeout	タイムアウトまでの時間（マイクロ秒）

戻り値 パルスの長さ（マイクロ秒）を返す

説 明 瞬時的にHIGHとLOWの状態が切り替わるようなパルスを検出します。検出するパルスはstateによってHIGH、LOWを選択します。HIGHを指定した場合は、0Vから5Vに変化した際に計測を行います。またパルス検出が開始されてから元の状態に戻るまでの時間をマイクロ秒単位で返します。timeoutでは、検出を行う時間をマイクロ秒単位で指定でき、この時間を超えると「0」を返します。

項目名 1バイトのデータを1つのソケットに出力する

関数名 **void shiftOut(uint8_t dataPin, uint8_t clockPin, uint8_t bitOrder, uint8_t val)**

引 数

uint8_t dataPin	データを出力するデジタル入出力のソケット番号
uint8_t clockPin	クロックを出力するデジタル入出力のソケット番号
uint8_t bitOrder	出力するデータの順序をMSBFIRSTまたはLSBFIRSTで指定する
uint8_t val	出力する1バイトのデータ

戻り値 なし

説 明 1バイトのデータを、所定のクロックタイミングで順に1ビットずつ出力します。例えば、「e3」を出力する場合は、「11100011」の順に出力します。clockPinで指定したソケットには、タイミングを計るクロックが出力され、このクロックに合わせて1ビットずつ出力を行います。
出力するデータがbitOrderで順序を指定できます。「MSBFIRST」を指定した場合は上位ビットから、「LSBFIRST」を指定した場合は下位ビットから出力されます。

項目名 1ビットずつ入力し、1バイトのデータを取得する

関数名 **uint8_t shiftIn(uint8_t dataPin, uint8_t clockPin, uint8_t bitOrder)**

引 数

uint8_t dataPin	データを入力するデジタル入出力のソケット番号
uint8_t clockPin	クロックを出力するデジタル入出力のソケット番号
uint8_t bitOrder	入力するデータの順序をMSBFIRSTまたはLSBFIRSTで指定する

戻り値 入力したデータを1バイトで返す

説 明 1つのデジタル入出力ソケットから1ビットずつ入力を行い、1バイトのデータを取得します。各ビットはclockPinで入力したクロックでタイミングを決めます。また、データの順序は、「MSBFIRST」で上位ビットから、「LSBFIRST」で下位ビットから入力します。

＊時間関連

項目名 プログラム実行からの経過時間を取得する

関数名 **unsigned long millis(void)**
unsigned long micros(void)

引 数 なし

戻り値 プログラム実行からの経過時間（ミリ秒またはマイクロ秒）を返す

説明 プログラムの実行を開始してから、millis()またはmicros()関数が実行されるまでの経過時間を取得します。millis()関数はミリ秒単位で、micros()関数はマイクロ秒単位で経過時間を返します。

項目名 プログラムの実行を所定時間待機する

関数名
```
void delay(unsigned long mtime)
void delayMicroseconds(unsigned int utime)
```

引数

unsigned long mtime	待機時間（ミリ秒）
unsigned int utime	待機時間（マイクロ秒）

戻り値 なし

説明 指定した時間だけ待機します。delay()関数ではミリ秒単位、delayMicroseconds()関数ではマイクロ秒単位で指定します。

＊数学関連

項目名 2つの値を比べる

関数名
```
min(a,b)
max(a,b)
```

引数

a	1つ目の数値
b	2つ目の数値

戻り値 min()は小さい方の数値を返す。max()は大きい方の値を返す

説明 指定した2つの値を比べて、min()は小さい値を、max()は大きい値を返します。指定する値はどのデータ型でも対応します。

項目名 絶対値を取得する

関数名
```
abs(x)
```

引数

x	数値

戻り値 絶対値を返す

説明 負の数を正の数にする絶対値を取得します。指定する値はどのデータ型でも対応します。

項目名 値を所定の範囲内に納める

関数名
```
constrain(atm,low,high)
```

引数

atm	対象の値
low	範囲の最小値
high	範囲の最大値

戻り値 範囲を超えない値を返す

説明 atmがlowとhighの範囲内の場合はそのままatmを返します。また、atmがlowより小さい場合はlowを、highより大きい場合はhighを返します。指定する値はどのデータ型でも対応します。

項目名 異なる範囲の値に変換する

関数名
```
long map(long value, long fromLow, long fromHigh, long toLow, long toHigh)
```

引数

long value	対象の値
long fromLow	元の範囲の最小値
long fromHigh	元の範囲の最大値
long toLow	変換対象の範囲の最小値
long toHigh	変換対象の範囲の最大値

戻り値 変換した値を返す

説明 与えた値を、元の範囲から変換対象の範囲に割合で変換します。例えば、元の範囲を1から10までとし、変換対象の範囲を1から100とした場合は、10倍された値を返します。また、値が元の範囲外である場合は、最小値または最大値となって返されます。

項目名 べき乗計算を行う

関数名 `double pow(float base, float exponent)`

引数

float base	基数を指定します
float exponent	乗数を指定します

戻り値 baseをexponent分べき乗した値を返す

説明 べき乗した計算を行います。baseには底となる数値を、exponentにはべき乗の値を指定します。例えば、pow(2,4)とすると「2の4乗」、つまり「16」が返ります。

項目名 平方根を計算する

関数名 `double sqrt(x)`

引数

x	数値

戻り値 数値の平方根を計算した値を返す

説明 平方根を計算します。例えば、sqrt(3)とすると、「1.73205081・・・」が返ります。指定する値はどのデータ型でも対応します。

項目名 三角関数の計算をする

関数名

```
double sin(float rad)
double cos(float rad)
double tan(float rad)
```

引数

float rad	計算する数値

戻り値 計算結果の値

説明 正弦（sin）、余弦（cos）、接弦（tan）の計算を行います。計算する値はラジアン単位で指定します。また、「PI」と記述すれば円周率（3.1415926535897932384626433832795）が代入されます。

項目名 乱数の種を指定する

関数名 `void randomSeed(unsigned int seed)`

引数

unsigned int seed	乱数の種

戻り値 なし

説明 乱数を初期化し、乱数に利用する種の値を指定します。種の値によって乱数列が作成されます。この乱数列は種が同じであれば同じ乱数列となります。そのため、プログラムを実行するごとに同じタイミングで乱数を取得すると、同様な値を取得する可能性があります。もし、完全に異なる乱数列を取得したい場合は、アナログ入力を指定し、環境ノイズからの値を利用するとよいでしょう。

項目名 乱数を取得する

関数名 `long random(long min, long max)`

引数

long min	範囲の最小値
long max	範囲の最大値

戻り値 取得した乱数

説明 指定した範囲内の乱数を取得します。また、minの値を省略した場合は、0からmaxの範囲の乱数を取得します。

＊ビット・バイト関連

項目名 与えた値の下位または上位バイトを取得する

関数名 `uint8_t lowByte(w)`
`uint8_t highByte(w)`

引 数

w	対象の値

戻り値 上位または下位のバイトを返す

説 明 与えた値を16進数にした際の、上位または下位の1バイトを返します。例えば16進数で「a74b」であれば、lowByte()の場合は「4b」、highByte()の場合は「a7」を返します。指定する値はどのデータ型でも対応します。

項目名 指定したビットを取得する

関数名 `bitRead(value, bit)`

引 数

value	対象の値
bit	取り出すビットの桁

戻り値 取得したビットを返す

説 明 指定した値を2進数にした際に、下位から数えた桁にあるビットを返します。例えば、145であれば、2進数に直すと「10010001」となり、5桁目を取得すると「1」を返します。指定する値はどのデータ型でも対応します。

項目名 特定の桁を変更した値を返す

関数名 `bitWrite(value, bit, bitvalue)`
`bitSet(value, bit)`
`bitClear(value, bit)`

引 数

value	対象の値
bit	取り出すビットの桁
bitvalue	変更する値

戻り値 変更した値を返す

説 明 指定した値を2進数にした際に、下位から数えた桁にあるビットをbitvalueに指定した値に変更します。例えば、bitWrite(234,2,0)とした場合を考えると、234の2進数は「11101010」となり、下位から数えた2桁目を「0」に変えると「11101000」つまり「232」を返します。

また、bitSet()は指定の桁を「1」に、bitClear()は指定の桁を「0」に変更します。

項目名 指定した桁のビットを1にした際の値を求める

関数名 `bit(n)`

引 数

n	調べるビットの桁

戻り値 指定したビットを1にした値を返す

説 明 2進数で下位からの指定した桁を「1」にした場合の値を返します。例えば、bit(6)とした場合は、「00100000」となり、「32」が返ります。

＊割り込み関連

Arduinoでは、処理を割り込む機能を搭載しています。例えば、重要な処理が発生した際に優先して実行を開始するなどしています。

また、特定のソケットの状態変化によって、所定の関数を実行できる割り込み機能が搭載されています。例えば、ソケットがLOWからHIGHに変化したらディスプレイに表示するといった処理が行えます。

割り込みに利用できるソケットはあらかじめ決まっています。また、それぞれのソケットには割り込みチャンネル番号が割り当てられています。Arduino Unoであれば、PD2を0チャンネル、PD3を1チャンネルとして使用できます。

項目名 割り込みを有効にする

関数名 `interrupts()`

引数 なし

戻り値 なし

説明 割り込み処理を有効にします。割り込みはプログラムの実行タイミングがずれる場合があります。

項目名 割り込みを無効にする

関数名 `noInterrupts()`

引数 なし

戻り値 なし

説明 割り込み処理を無効にします。タイミングが重要なプログラムを実行する際には一時的に割り込みを無効にしておくとよいでしょう。また、割り込みを無効にすると、シリアル通信の受信が無効になるなど、一部の機能が利用できなくなります。

項目名 ソケットの状態によって割り込みを行う

関数名 `void attachInterrupt(uint8_t ch, void (*)(void), int mode)`

引数

uint8_t ch	割り込みチャンネル
void (*)(void)	割り込み時に実行する関数
int mode	割り込みを行うタイミング

戻り値 なし

説明 PD2、PD3の状態によって割り込みを実行します。割り込みのタイミングはmodeに指定します（下表）。割り込みを認識すると、(*)(void)で指定した関数を実行します。

LOW	LOWの状態
CHANGE	ソケットの状態に変化があった場合
RISING	LOWからHIGHに変化した場合
FALLING	HIGHからLOWに変化した場合

項目名 特定のチャンネルの割り込みを無効にする

関数名 `void detachInterrupt(uint8_t ch)`

引数

uint8_t ch	対象の割り込みチャンネル

戻り値 なし

説明 対象の割り込みチャンネルについて、割り込みを無効にします。

＊シリアル通信関連

ArduinoのUSBは**シリアル通信**を行えます。シリアル通信を行うことでArduino IDEのシリアルモニタでArd uinoの状態を確認するなど行えます。また、PD0、PD1はシリアル通信のソケットとなっています。

シリアル通信には、「HardwareSerial」クラスを利用します。また、あらかじめ作成された「Serial」インスタンスを使って通信を行います。

項目名 **シリアル通信を初期化する**

関数名 **`void begin(unsigned long speed)`**

引数 unsigned long speed　通信速度

戻り値 **なし**

説明 シリアル通信を初期化します。また、通信する速度を指定します。速度は、300、1200、2400、4800、9600、14400、19200、28800、38400、57600、115200から選択します。

項目名 **シリアル通信を終了する**

関数名 **`void end()`**

引数 **なし**

戻り値 **なし**

説明 シリアル通信を終了します。終了することで、PD0とPD1をデジタル入出力として利用できます。

項目名 **読み込み可能なバイト数を調べる**

関数名 **`int available(void)`**

引数 **なし**

戻り値 **残りのバイト数**

説明 受信したデータの現在位置から最後までの容量を調べます。残り容量はバイト単位で返します。

項目名 **1バイト読み込む**

関数名 **`int read(void)`**

引数 **なし**

戻り値 **読み込んだ1バイトを返す**

説明 操作位置にある1バイトを読み出した値を返します。また、読み出した後は、1バイト分次に進みます。

項目名 **1バイト読み込み、読み取り位置を動かさない**

関数名 **`int peek(void)`**

引数 **なし**

戻り値 **読み出した1バイト。正常に読み込めない場合は「-1」を返す**

説明 受信したデータの操作位置にある1バイトを読み出した値を返します。また、読み出した後は、操作位置をそのままにしておきます。このため、次に読み込みを行う際に同じ1バイトが読み込まれます。

項目名 **バッファからデータを削除する**

関数名 **`void flush(void)`**

引数 **なし**

戻り値 **なし**

説明 バッファに保存されている受信データを破棄します。

項目名 データを送信する

関数名
```
size_t write(data)
size_t write(const uint8_t *buf, size_t size)
```

引 数

uint8_t data	送信するデータ
const uint8_t *buf	送信する配列データ
size_t size	データの長さ

戻り値 送信したデータのバイト数

説 明 Arduinoからデータを送信します。送信データは、数値は文字、配列などを指定できます。配列を指定する場合はデータの長さを指定します。

項目名 文字列を送信する（改行なし）

関数名
```
size_t print(data, BASE)
```

引 数

data	書き込むデータ
BASE	書き込みデータの基数

戻り値 送信したデータのバイト数

説 明 指定した文字列やデータを送信します。データは文字列や数値、変数などを指定可能です。また、続けて数値が10進数であるか、16進数であるかなどの基数を指定できます。

項目名 文字列を送信する（改行あり）

関数名
```
size_t println(data, BASE)
```

引 数

data	書き込むデータ
BASE	書き込みデータの基数

戻り値 送信したデータのバイト数

説 明 指定した文字列やデータを送信します。データは文字列や数値、変数などを指定可能です。また、続けて数値が10進数であるか、16進数であるかなどの基数を指定できます。送信したデータの後に改行を付加します。

＊ソフトウェアシリアル通信関連

デジタル入出力のPD0、PD1は、マイコン内で持っているシリアル通信用の機能を利用して通信をしています。高速通信にも対応していますが、PD0、PD1のみしか利用できません。他の端子を利用してシリアル通信をする場合は「**ソフトウェアシリアル**」を利用します。

ソフトウェアシリアルとは、プログラムで通信の処理をする方式で、どの端子を使っても通信が可能となります。しかし、プログラムでの処理が必要となるため、高速の通信に対応しません。正しく通信できない場合は、通信速度を遅くすることで通信ができるようになることがあります。

ソフトウェアシリアル通信には、「SoftwareSerial」クラスを利用します。インスタンスを作成してそれを使って通信をします。インスタンスの作成時には、RxD、TxD、入力ビットを反転するか（省略可）を指定します。例えば、RxDをPD4、TxDをPD5にしてmySerialというインスタンス名にする場合は、右のように記述します。

```
SoftwareSerial mySerial( 4, 5 );
```

以降、作成した「mySerial」インスタンスを使って通信をします。

項目名 ソフトウェアシリアル通信の初期化する

関数名 `void begin(unsigned long speed)`

引数

unsigned long speed	通信速度

戻り値 なし

説明 ソフトウェアシリアル通信を初期化します。また、通信する速度を指定します。速度は、300、1200、2400、4800、9600、14400、19200、28800、38400、57600、115200から選択します。

項目名 読み込み可能なバイト数を調べる

関数名 `int available(void)`

引数 なし

戻り値 残りのバイト数

説明 受信したデータの現在位置から最後までの容量を調べます。残り容量はバイト単位で返します。

項目名 バッファオーバフローが発生しているかを調べる

関数名 `bool overflow( void )`

引数 なし

戻り値 オーバーフロー発生時は「True」(1)、正常時は「False」(0)を返す

説明 受信したデータがバッファからあふれていないかを確かめます。あふれている場合はTrueが戻ります。Arduino Unoのバッファサイズは64バイトです。

項目名 1バイト読み込む

関数名 `int read(void)`

引数 なし

戻り値 読み込んだ1バイトを返す

説明 操作位置にある1バイトを読み出た値を返します。また、読み出した後は、1バイト分次に進みます。

項目名 1バイト読み込み、読み取り位置を動かさない

関数名 `int peek(void)`

引数 なし

戻り値 読み出した1バイト。正常に読み込めない場合は「-1」を返す

説明 受信したデータの操作位置にある1バイトを読み出た値を返します。また、読み出した後は、操作位置をそのままにしておきます。このため、次に読み込みを行う際に同じ1バイトが読み込まれます。

項目名 データを送信する

関数名 `size_t write(data)`
`size_t write(const uint8_t *buf, size_t size)`

引数

uint8_t data	送信するデータ

戻り値 送信したデータのバイト数

const uint8_t *buf	送信する配列データ
size_t size	データの長さ

説明 Arduinoからデータを送信します。送信データは、数値は文字、配列などを指定できます。配列を指定する場合はデータの長さを指定します。

項目名 文字列を送信する（改行なし）

関数名 `size_t print(data, BASE)`

引数

data	書き込むデータ
BASE	書き込みデータの基数

戻り値 送信したデータのバイト数

説明 指定した文字列やデータを送信します。データは文字列や数値、変数などを指定可能です。また、続けて数値が10進数であるか、16進数であるかなどの基数を指定できます。

項目名 文字列を送信する（改行あり）

関数名 `size_t println(data, BASE)`

引数

data	書き込むデータ
BASE	書き込みデータの基数

戻り値 送信したデータのバイト数

説明 指定した文字列やデータを送信します。データは文字列や数値、変数などを指定可能です。また、続けて数値が10進数であるか、16進数であるかなどの基数を指定できます。送信したデータの後に改行を付加します。

項目名 受信の対象にする

関数名 `void listen( void )`

引数 なし

戻り値 なし

説明 ソフトウェアシリアル通信では、複数のシリアル通信を同時にできます。しかし、受信については、1つのソフトウェアシリアルしかできず、他のソフトウェアシリアルが受信したデータは破棄されます。
listen()を実行すると、対象のソフトウェアシリアル通信の受信データを受け付けるようになります。この際、他の端子の受信データは破棄されます。

項目名 受信可能かを調べる

関数名 `bool isListening( void )`

引数 なし

戻り値 受信中である場合は「True」(1)を返す

説明 現在、受信中であるかを確かめます。受信中の場合はTrueを返します。listen()関数で受信対象を切り替える場合に、現在受信にしている端子が受信中でないかを確かめるのに利用します。

＊サーボモーター関連

サーボモーター制御用ライブラリ「Servo」を使うと、サーボモーターを制御できます。ライブラリを使うには、プログラムの先頭に「#import <Servo.h>」と記述してライブラリを読み込んでおきます。

サーボモーターの制御用端子を、ArduinoのPWMが出力できるデジタル入出力ソケットに接続します。プログラムでは、それぞれのサーボモーターごとにServoクラスの「インスタンス」を作成して制御します。

項目名 サーボモーターのインスタンスに接続されたデジタル入出力端子の番号の指定

関数名 `unit8_t attach(int pin, int min, int max)`

引数

int pin	サーボモーターを接続した入出力端子のソケット番号

int min	角度が0度の時のパルス幅（マイクロ秒単位）。初期値は544
int max	角度が180度の時のパルス幅（マイクロ秒単位）。初期値は2400

戻り値 インデックス値

説明 作成したインスタンスに、制御対象のデジタル入出力端子を指定します。minとmaxで、0度および180度の際のパルス幅を指定できます。minとmaxは省略可能。

項目名 設定されているデジタル入出力端子が割り当てられているかの確認

関数名 `bool attached( void )`

引数 なし

戻り値 割り当てられている場合はTrue、割り当てられていない場合はFalseを返す

説明 指定したインスタンスにattach()関数でデジタル入出力端子が割り当てられているかを確認します。

項目名 インスタンスに割り当てられている端子の解放

関数名 `void detach( void )`

引数 なし

戻り値 なし

説明 attach()関数で割り当てられているデジタル入出力端子を解放し、未割り当ての状態にします。

項目名 所定の角度にサーボモーターを動かす

関数名 `void write(int value)`

引数 int value　目的の角度

戻り値 なし

説明 指定した角度（度数）までサーボモーターを動かします。

項目名 パルス幅を指定してサーボモーターを動かす

関数名 `void writeMicroseconds(int value)`

引数 int value　パルス幅をマイクロ秒単位で指定

戻り値 なし

説明 サーボモーターの制御用PWM信号のパルス幅を指定してサーボモーターを動かします。

項目名 現在のサーボモーターの角度を調べる

関数名 `int read( void )`

引数 なし

戻り値 角度

説明 現在のサーボモーターの角度を調べます。実際には、直前に動かした際に指定した角度を返します。

Wireライブラリ

I²Cデバイスを制御するには、「Wire」ライブラリを利用します。ライブラリはArduino IDEに標準搭載されているためインストールの必要はありません。また、ライブラリを利用する際には「#include <Wire.h>」と呼び出しておきます。

Wireライブラリでは、I²C制御用の「TwoWire」クラスが用意されています。実際にI²Cデバイスをライブラリ

上で作成されている「Wire」インスタンスを用います。

項目名	I²Cを初期化する
関数名	`void begin(int address)`
引数	int address　Arduinoをスレーブとして利用する場合のアドレス
戻り値	なし
説明	I²Cの初期化を行います。引数に何も指定しない場合は、Arduinoから制御を行うマスターとして動作します。また、Arduinoをスレーブとして利用する場合は、スレーブ制御に用いる任意のアドレスを指定します。

項目名	ほかのI²Cデバイスからデータを要求する
関数名	`uint8_t requestFrom(int address, int quantity, int stop)`
引数	int address　対象のI²Cスレーブアドレス int quantity　データのバイト数 int stop　「1」を指定するとデータの転送後に停止メッセージ送信し、接続を終了する。「0」を指定するとデータ転送後でも接続を保持する
戻り値	受信したデータのバイト数
説明	ほかのI²Cデバイスからデータの要求を行います。取得したデータはavailable()またはreceive()関数で取り出せます。

項目名	I²Cスレーブにデータ送信を開始する
関数名	`void beginTransmission(int address)`
引数	int address　対象のI²Cスレーブアドレス
戻り値	なし
説明	指定したアドレスのI²Cデバイスに対してデータ転送を開始します。データ本体はwrite()関数を利用して転送を行います。

項目名	I²Cスレーブデバイスとのデータ転送を終了する
関数名	`uint8_t endTransmission(int stop)`
引数	int stop　「1」を指定するとデータの転送後に停止メッセージ送信し、接続を終了する。「0」を指定するとデータ転送後でも接続を保持する
戻り値	転送完了を成功したかを返す
説明	I²Cスレーブデバイスとの通信が完了したら、endTransmission()関数で終了をします。正しく終了できたら戻り値として「0」を返します。1から4が返ってきた場合は、通信が失敗したなどのエラーが発生していることを表します。

項目名	I²Cスレーブデバイスにデータを転送する
関数名	`size_t write(data)` `size_t write(arraydata, length)`
引数	data　I²Cスレーブデバイスにデータを転送します arraydata　配列型のデータ length　転送するデータのバイト数
戻り値	転送したデータのバイト数を返す
説明	beginTransmission()関数で接続したI²Cスレーブデバイスに対してデータを転送します。数値や文字列、配列を指定して転送できます。配列を指定する場合は、送信するバイト数も指定します。

項目名	読み込み可能なデータ数を調べる

関数名 **int available(void)**
引数 なし
戻り値 読み込み可能なバイト数
説明 受信済みのデータで、read()関数で読み込んでいない残りのバイト数を確認します。

項目名 I²Cデバイスからデータを読み込む
関数名 **int read(void)**
引数 なし
戻り値 受信したバイト数を返す
説明 requestForm()関数で指定したI²Cスレーブデバイスに対してデータを読み込みます。

＊SPIライブラリ

SPIデバイスを制御するには、「SPI」ライブラリを利用します。ライブラリはArduino IDEの標準搭載されているため、インストールの必要はありません。また、ライブラリを利用するには「#include <SPI.h>」と呼び出しておきます。

SPIライブラリでは、SPI制御用の「SPIClass」クラスが用意されています。実際にSPIデバイスと通信する場合には、あらかじめ用意された「SPI」インスタンスを用います。

項目名 SPIを初期化する
関数名 **void begin(void)**
引数 なし
戻り値 なし
説明 SPIを初期化して通信ができるようにします。

項目名 SPIを終了する
関数名 **void end(void)**
引数 なし
戻り値 なし
説明 SPI通信を終了し、SPIを無効化します。以降、begin()で初期化しない限りSPIデバイスとの通信はできません。

項目名 バッファオーバフローが発生しているかを調べる
関数名 **void setBitOrder(uint8_t bitOrder)**
引数 bitOrder 順序
戻り値 なし
説明 SPIでデータを送受信する際、下位ビットまたは上位ビットのどちらから送るかを指定します。下位ビットの場合は「LSBFIRST」、上位ビットの場合は「MSBFIRST」を指定します。

項目名 通信速度を指定する
関数名 **void setClockDivider(uint8_t clockDiv)**
引数 clockDiv 通信速度

戻り値 なし

説明 SPIでの通信速度を指定します。通信速度は、Arduinoのマイコンのクロック周波数の何分の一であるかを指定します。Arduino Unoはクロック周波数が16MHzです。
半分の8MHzで通信する場合は「SPI_CLOCK_DIV2」、四分の一の4MHzである場合は「SPI_CLOCK_DIV4」のように指定します。指定できる引数は以下の通り。

値	割る値	Arduino Unoでの通信周波数
SPI_CLOCK_DIV2	1/2	8MHz
SPI_CLOCK_DIV4	1/4	4MHz
SPI_CLOCK_DIV8	1/8	2MHz
SPI_CLOCK_DIV16	1/16	1MHz
SPI_CLOCK_DIV32	1/32	512kHz
SPI_CLOCK_DIV64	1/64	256kHz
SPI_CLOCK_DIV128	1/128	128kHz

項目名 通信モードを指定する

関数名 `void setDataMode(uint8_t dataMode)`

引数

dataMode	モード

戻り値 なし

説明 SPIでは、データのやりとりのタイミングなどがデバイスによって異なります。このタイミングが合っていないと正しく通信ができません。setDataMode()では、タイミングのモードを指定ができます。0から3の値で指定します。モードは以下の通りです。

モード	CPOL	CPHA
0	0	0
1	0	1
2	1	0
3	1	1

CPOLは、クロック極性を表します。データのやりとりをしていない場合のクロックの状態を示します。CPHAは、クロック位相を表します。データを読み取る際、High→Lowに切り替わったタイミングか、Low→Highに切り替わったタイミングかのどちらかであるかを指定します。

項目名 データを送受信する

関数名
```
uint8_t transfer(uint8_t data)
uint16_t transfer16(uint16_t data)
void transfer(void *buf, size_t count)
```

引数

data	送信するデータ
buf	送信するデータの配列
count	配列のサイズ

戻り値 受信したデータ

説明 SPIでは、データの送信と受信を同時に通信します。transfer()関数では、引数に指定したデータをSPIデバイスに送り、受信したデータを戻り値として返します。
送信するデータは、8ビットまたは16ビットの1データ、または複数のデータを格納した配列で指定します。配列を指定する場合は、配列のサイズを指定する必要があります。

Appendix 7 本書で利用した電子部品

本書の各サンプルで利用した電子部品の一覧を掲載します。電子部品の購入の参考にしてください。なお、電子部品によっては取り扱いがないことがありますのでご了承ください。

電子部品を購入する

電子部品一覧には、電子パーツの製品名やオンラインショップでの参考価格や、オンラインショップの通販コードも掲載しています。各オンラインショップの検索ボックスに通販コードを入力することで対象の電子部品を見つけることができます。

なお、電子部品一覧は2022年6月現在の販売状況を参考にしています。電子部品によっては今後、メーカーの生産終了などを受けて入手できなくなることがあります。その点あらかじめご了承ください。

●本書共通の電子部品

電子部品名	利用個数	取扱オンラインショップ情報			
		参考価格(セット数)	オンラインショップ名	通販コード	備考
ブレッドボード	1個	300円(1個)	秋月電子通商	P-09257	型番：BB-102
		418円(1個)	千石電商	EEHD-4MAL	型番：MB-102
		682円(1個)	スイッチサイエンス	EIC-16020	
オス―オス型ジャンパー線	約30本	220円(約60本)	秋月電子通商	C-05159	長さは100～250mm
		845円(75本)	千石電商	EEHD-0SLD	長さは100、200mm
		572円(30本)	スイッチサイエンス	EIC-UL1007-MM-015	長さは150mm

Chapter 3

	電子部品名	利用個数	取扱オンラインショップ情報			
			参考価格(セット数)	オンラインショップ名	通販コード	備考
Section 3-1	赤色LED	1個	20円(1個)	秋月電子通商	I-11655	型番：OSDR5113A
			32円(1個)	千石電商	EEHD-4FE3	型番：L053SRD
	抵抗200Ω	1個	100円(100本)	秋月電子通商	R-25201	定格電力：1/4W
			90円(10本)	千石電商	2ATS-7UH6	定格電力：1/4W
Section 3-2	赤色LED	1個	20円(1個)	秋月電子通商	I-11655	型番：OSDR5113A
			320円(10個)	千石電商	EEHD-4FE3	型番：L053SRD
	抵抗200Ω	1個	100円(100本)	秋月電子通商	R-25201	定格電力：1/4W
			90円(10本)	千石電商	2ATS-7UH6	定格電力：1/4W
	半固定抵抗1kΩ	1個	40円(1個)	秋月電子通商	P-03271	
			63円(1個)	千石電商	8ABY-J8M4	

	電子部品名	利用個数	取扱オンラインショップ情報			
			参考価格（セット数）	オンラインショップ名	通販コード	備考
Section 3-3	高演色性高輝度LED	1個	200円（10個）	秋月電子通商	I-04762	型番：OSWR4356D1A
	トランジスタ 2SC1815	1個	100円（10個）	秋月電子通商	I-17089	2SC1815-GR
			32円（1個）	千石電商	EEHD-4ZNJ	2SC1815-GR
	抵抗33Ω	1個	100円（100本）	秋月電子通商	R-03941	定格電力：1/4W
			90円（10本）	千石電商	3ANS-7UHA	定格電力：1/4W
	抵抗20kΩ	1個	100円（100本）	秋月電子通商	R-03940	定格電力：1/4W
			90円（10本）	千石電商	5A5S-6FJG	定格電力：1/4W
Section 3-4	フルカラーLED（カソードコモン）	1個	50円（1個）	秋月電子通商	I-02476	型番：OSTA5131A
	抵抗120Ω	1個	100円（100本）	秋月電子通商	R-25121	定格電力：1/4W
			90円（10本）	千石電商	4ASS-7UHB	定格電力：1/4W
	抵抗150Ω	1個	100円（100本）	秋月電子通商	R-25151	定格電力：1/4W
			90円（10本）	千石電商	6ATS-6UH3	定格電力：1/4W
	抵抗300Ω	1個	100円（100本）	秋月電子通商	R-25301	定格電力：1/4W
			90円（10本）	千石電商	5AUS-6UHM	定格電力：1/4W
Section 3-5	マイコン内蔵RGB LEDモジュール	3個	70（1個）	秋月電子通商	M-08414	
	ピンヘッダ1×3	1個	30（1個）	秋月電子通商	C-03949	

Chapter 4

	電子部品名	利用個数	取扱オンラインショップ情報			
			参考価格（セット数）	オンラインショップ名	通販コード	備考
Section 4-1	スライドスイッチ	1個	20円（1個）	秋月電子通商	P-08790	基板用
			105円（1個）	千石電商	4AWB-MRGU	基板用
Section 4-2	タクトスイッチ	1個	10円（1個）	秋月電子通商	P-03647	別色の商品有
			21円（1個）	千石電商	5DLE-TGMU	
	抵抗10kΩ	1個	100円（100本）	秋月電子通商	R-25103	定格電力：1/4W
			90円（10本）	千石電商	7A4S-6FJ4	定格電力：1/4W
Section 4-3	マイクロスイッチ	1個	140円（1個）	秋月電子通商	P-14659	1回路2接点
			116円（1個）	千石電商	2A2R-85M8	1回路2接点
	QIコネクタ（オス）	2個	50円（10個）	秋月電子通商	C-09247	
			69円（5個）	千石電商	EEHD-4ERM	
	チルトスイッチ	1個	100円（1個）	秋月電子通商	P-02349	
			240円（1個）	千石電商	EEHD-08FY	
	リードスイッチ	1個	200円（5個）	秋月電子通商	P-03676	
			158円（1個）	千石電商	8AT5-B7GZ	
	74HC14	1個	40円（1個）	秋月電子通商	I-10923	
			53円（1個）	千石電商	758P-A6EU	
	積層セラミックコンデンサー10μF	1個	200円（10個）	秋月電子通商	P-03095	

	電子部品名	利用個数	取扱オンラインショップ情報			
			参考価格（セット数）	オンラインショップ名	通販コード	備考
Section 4-3	抵抗470Ω	1個	100円（100本）	秋月電子通商	R-25471	定格電力：1/4W
			90円（10本）	千石電商	7AVS-6UHK	定格電力：1/4W
	抵抗10kΩ	1個	100円（100本）	秋月電子通商	R-25103	定格電力：1/4W
			90円（10本）	千石電商	7A4S-6FJ4	定格電力：1/4W
Section 4-4	半固定抵抗10kΩ	1個	40円（1個）	秋月電子通商	P-03277	
			63円（1個）	千石電商	3ACY-J8MF	

Chapter 5

	電子部品名	利用個数	取扱オンラインショップ情報			
			参考価格（セット数）	オンラインショップ名	通販コード	備考
Section 5-1	DCモーター FA-130RA	1個	100円（1個）	秋月電子通商	P-06437	リード線付有（P-09169）
			330円（1個）	千石電商	EEHD-0A3G	リード線、プーリー付き
	MOSFET 2SK4017	1個	30円（1個）	秋月電子通商	I-07597	
	ダイオード 1N4007	1個	10円（1個）	秋月電子通商	I-08332	
			21円（1個）	千石電商	EEHD-4V5J	
	積層セラミックコンデンサー0.1μF	1個	25円（1個）	秋月電子通商	P-10147	
			105円（1個）	千石電商	EEHD-5AMW	
	抵抗1kΩ	1個	100円（100本）	秋月電子通商	R-25102	定格電力：1/4W
			90円（10本）	千石電商	7AXS-6UHC	定格電力：1/4W
	抵抗20kΩ	1個	100円（100本）	秋月電子通商	R-03940	定格電力：1/4W
			90円（10本）	千石電商	5A5S-6FJG	定格電力：1/4W
Section 5-2	モータードライバーモジュール	1個	450円（1個）	秋月電子通商	K-09848	DRV8835使用
	DCモーター FA-130RA	1個	100円（1個）	秋月電子通商	P-06437	リード線付有（P-09169）
			330円（1個）	千石電商	EEHD-0A3G	リード線、プーリー付き
	積層セラミックコンデンサー0.1μF	1個	25円（1個）	秋月電子通商	P-10147	
			105円（1個）	千石電商	EEHD-5AMW	
Section 5-3	マイクロサーボ SG-90	1個	440円（1個）	秋月電子通商	M-08761	

Chapter 6

	電子部品名	利用個数	取扱オンラインショップ情報			
			参考価格（セット数）	オンラインショップ名	通販コード	備考
Section 6-1	CdS 1MΩ GL5528	1個	40円（1個）	秋月電子通商	I-05859	
	フォトダイオード S13948	1個	100円（1個）	秋月電子通商	I-13874	
	フォトトランジスタ NJL7502L	1個	100円（2個）	秋月電子通商	I-02325	
			53円（1個）	千石電商	EEHD-04CV	
	抵抗1kΩ	1個	100円（100本）	秋月電子通商	R-25102	定格電力：1/4W
			90円（10本）	千石電商	7AXS-6UHC	定格電力：1/4W
	抵抗10kΩ	1個	100円（100本）	秋月電子通商	R-25103	定格電力：1/4W
			90円（10本）	千石電商	7A4S-6FJ4	定格電力：1/4W

Section	電子部品名	利用個数	取扱オンラインショップ情報			
			参考価格(セット数)	オンラインショップ名	通販コード	備考
Section 6-2	焦電型赤外線センサー SB612A	1個	600円(1個)	秋月電子通商	M-14064	
Section 6-3	フォトリフレクタ LBR-127HLD	1個	50円(1個)	秋月電子通商	P-04500	
	フォトインタラプタ CNZ1023	1個	20円(1個)	秋月電子通商	P-09668	
	抵抗220Ω	1個	100円(100本)	秋月電子通商	R-25221	定格電力：1/4W
			90円(10本)	千石電商	8ATS-7UHP	定格電力：1/4W
	抵抗100kΩ	1個	100円(100本)	秋月電子通商	R-25104	定格電力：1/4W
			90円(10本)	千石電商	5A8S-6FJK	定格電力：1/4W
Section 6-4	温度センサー LM61CIZ	1個	60円(1個)	秋月電子通商	I-11160	
	デジタル温度センサー BME280	1個	1380円(1個)	秋月電子通商	K-09421	
			1650円(1個)	千石電商	EEHD-4WUX	基板デザインが異なる
			1650円(1個)	スイッチサイエンス	SSCI-022361	基板デザインが異なる
	I^2Cバス用双方向電圧レベル変換モジュール PCA9306	1個	200円(1個)	秋月電子通商	M-05452	
			500円(1個)	千石電商	EEHD-5JFF	基板デザインが異なる
			693円(1個)	スイッチサイエンス	SFE-BOB-15439	基板デザインが異なる
Section 6-5	加速度センサー LIS3DH	1個	600円(1個)	秋月電子通商	K-06791	
			941円(1個)	スイッチサイエンス	SFE-SEN-13963	基板デザインが異なる
Section 6-6	赤外線距離センサー GP2Y0E03	1個	680円(1個)	秋月電子通商	I-07547	
	超音波距離センサー HC-SR04	1個	300円(1個)	秋月電子通商	M-11009	
			630円(1個)	スイッチサイエンス	SFE-SEN-15569	

Chapter 7

Section	電子部品名	利用個数	取扱オンラインショップ情報			
			参考価格(セット数)	オンラインショップ名	通販コード	備考
Section 7-1	7セグメントLED カソードコモン	1個	40円(1個)	秋月電子通商	I-04125	製品名：LTS-547BJR、別色の商品有
			200円(1個)	千石電商	EEHD-4K5U	製品名：LA-601ML、緑発色
	7セグメントドライバー	1個	80円(1個)	秋月電子通商	I-14057	TC4511
			179円(1個)	千石電商	EEHD-5HKX	74HC4511
	抵抗330Ω	8個	100円(100本)	秋月電子通商	R-25331	定格電力：1/4W
			90円(10本)	千石電商	8AUS-6UHY	定格電力：1/4W

	電子部品名	利用個数	取扱オンラインショップ情報			
			参考価格（セット数）	オンラインショップ名	通販コード	備考
Section 7-2	4桁7セグメントLED カソードコモン	1個	200円（1個）	秋月電子通商	I-03955	製品名：OSL40562-LRA、別色の商品有
	7セグメント ドライバー	1個	80円（1個）	秋月電子通商	I-14057	TC4511
			179円（1個）	千石電商	EEHD-5HKX	74HC4511
	LEDマトリクス ドライバー モジュール　HT16K33	1個	300円（1個）	秋月電子通商	M-11246	
	抵抗330Ω	8個	100円（100本）	秋月電子通商	R-25331	定格電力：1/4W
			90円（10本）	千石電商	8AUS-6UHY	定格電力：1/4W
Section 7-3	8×8マトリクスLED	1個	200円（1個）	秋月電子通商	I-05738	製品名：OSL641501-BRA、別色の商品有
			284円（1個）	千石電商	EEHD-4PVJ	別色の商品有
	LEDマトリクス ドライバー モジュール　HT16K33	1個	300円（1個）	秋月電子通商	M-11246	
	抵抗330Ω	8個	100円（100本）	秋月電子通商	R-25331	定格電力：1/4W
			90円（10本）	千石電商	8AUS-6UHY	定格電力：1/4W
Section 7-4	有機ELキャラクタディスプレイモジュール	1個	1580円（1個）	秋月電子通商	P-08277	別色の商品有
	I²Cバス用 双方向電圧レベル変換モジュール　PCA9306	1個	200円（1個）	秋月電子通商	M-05452	
			500円（1個）	千石電商	EEHD-5JFF	基板デザインが異なる
			693円（1個）	スイッチサイエンス	SFE-BOB-15439	基板デザインが異なる
Section 7-5	グラフィックディスプレイSSD1306	1個	580円（1個）	秋月電子通商	P-12031	

Chapter 8	電子部品名	利用個数	取扱オンラインショップ情報			
			参考価格（セット数）	オンラインショップ名	通販コード	備考
Section 8-1	圧電ブザー HDB06LFPN	1個	100円（1個）	秋月電子通商	P-00161	
	トランジスタ 2SC1815	1個	100円（10個）	秋月電子通商	I-17089	2SC1815-GR
			32円（1個）	千石電商	EEHD-4ZNJ	2SC1815-GR
	抵抗10kΩ	1個	100円（100本）	秋月電子通商	R-25103	定格電力：1/4W
			90円（10本）	千石電商	7A4S-6FJ4	定格電力：1/4W
Section 8-2	三端子メロディIC （ハッピー・バースデー）	1個	150円（5個）	秋月電子通商	I-07052	曲違い有り
	圧電スピーカー	1個	100円（2個）	秋月電子通商	P-01251	SPT08
	MOSFET 2SK4017	1個	30円（1個）	秋月電子通商	I-07597	
	抵抗1kΩ	1個	100円（100本）	秋月電子通商	R-25102	定格電力：1/4W
			90円（10本）	千石電商	7AXS-6UHC	定格電力：1/4W
	抵抗20kΩ	1個	100円（100本）	秋月電子通商	R-03940	定格電力：1/4W
			90円（10本）	千石電商	5A5S-6FJG	定格電力：1/4W

INDEX

数字・記号

A

B

C

D

E

F

G

H

I

J

L

M

N

O

P

R

S

INDEX

Arduino IDEの関数

▶本書のサポートページについて

本書で解説に使用したプログラムコードは、弊社のWebページからダウンロードすることが可能です。詳細は、以下のURLに設置されているサポートページを併せてご参照ください。

ダウンロードする際には、圧縮ファイルの展開・伸長ソフトが必要です。展開ソフトがない場合には必ずパソコンにインストールしてから行ってください。また、圧縮ファイル展開時にパスワードが求められますので、下記のパスワードを入力して展開を行ってください。

◆本書のサポートページ

http://www.sotechsha.co.jp/sp/1305/

◆展開用パスワード（すべて半角英数文字）

2022arduinoep

著者紹介

福田（ふくだ） 和宏（かずひろ）

株式会社飛雁、代表取締役。工学院大学大学院電気工学専攻修士課程卒。大学時代は電子物性を学んでいたが、学生時代にしていた雑誌社のアルバイトがきっかけで、ライター業を始める。現在は、主に電子工作やLinux、スマートフォンの関連記事や企業向けマニュアルの執筆、ネットワーク構築、教育向けコンテンツ作成などを手がける。
「サッポロ電子クラフト部」（https://sapporo-elec.com/）を主催。物作りに興味のあるメンバーが集まり、数ヶ月でアイデアを実現することを目指している。

■主な著書

- 「これ1冊でできる！ラズベリー・パイ超入門 改訂第7版」「電子部品ごとの制御を学べる！ Raspberry Pi 電子工作実践講座 改訂第2版」「これ1冊でできる！ Arduinoではじめる電子工作 超入門 改訂第3版」「実践！ CentOS 7サーバー徹底構築　改訂第二版　CentOS 7(1708)対応」（すべてソーテック社）
- 「Arduino[実用]入門―Wi-Fiでデータを送受信しよう!」（技術評論社）
- 「ラズパイで初めての電子工作」「日経Linux」「ラズパイマガジン」「日経ソフトウェア」「日経パソコン」「日経PC21」「日経トレンディ」（日経BP社）

電子部品ごとの制御を学べる！

Arduino（アルドゥイーノ） 電子工作 実践講座

改訂第3版

2022年7月31日　初版　第1刷発行

著　　　者　福田和宏
カバーデザイン　植竹裕
発　行　人　柳澤淳一
編　集　人　久保田賢二
発　行　所　株式会社ソーテック社
〒102-0072　東京都千代田区飯田橋4-9-5　スギタビル4F
電話（注文専用）03-3262-5320　FAX 03-3262-5326
印　刷　所　大日本印刷株式会社

ISBN978-4-8007-1305-6